城乡规划编制技术手册

Urban-Rural Planning Compiling Technique Manual

深圳市城市规划设计研究院　主编

中国建筑工业出版社

图书在版编目（CIP）数据

城乡规划编制技术手册／深圳市城市规划设计研究院主编．—北京：中国建筑工业出版社，2015.7
ISBN 978-7-112-18131-5

Ⅰ．①城… Ⅱ．①深… Ⅲ．①城乡规划－技术手册
Ⅳ．①TU984-62

中国版本图书馆CIP数据核字（2015）第102733号

责任编辑：徐 冉
责任校对：张 颖 刘 钰

城乡规划编制技术手册
深圳市城市规划设计研究院 主编

*

中国建筑工业出版社出版、发行（北京西郊百万庄）
各地新华书店、建筑书店经销
北京嘉泰利德公司制版
北京中科印刷有限公司印刷

*

开本：787×960 毫米 1/16 印张：20 字数：495千字
2015年6月第一版 2016年9月第二次印刷
定价：58.00元
ISBN 978-7-112-18131-5
（27366）

编写组名单

编委会主任 主编	司马晓					
编委会副主任	黄卫东	乔建平				
执行主编	杜 雁					
副主编	李 晨	李 峰	吴晓莉	岳 隽		
编委会成员	丁 年	陈 敏	王代明	姜应文	郭立德	朱震龙
	朱 骏	孔祥伟	刘 磊	单 樑	周剑锋	杨 潇
	伍 炜	王陈平	朱先智	李启军	盛 鸣	刘龙胜
	母少辉	吴 鹏	张光远	郭 晨	欧阳丹	陈小祥
主要编写人员	刘晓燕	尹晓婷	余思雨	王紫瑜	杨 梅	樊 华
	柯登证	王吉勇	王金川	陈君丽	邵 伟	魏 晨
	王 嘉	刘高峰	荆万里	苏茜茜	占思思	赵映辉
	俞绍武	王 健	叶 彬	彭 剑	韩刚团	刘应明
	曾 振	莫汉康	刘可心	范丽君	胡爱兵	黄威文
	卢媛媛	程 龙	董 恬	江 腾	曾小禛	杜 兵
	陈永海	何 瑶	刘冰冰	云 发	金 隽	

使用说明

自 1975 年国家恢复城市规划以来，城市规划体系成功地指导了我国城镇建设从百废待兴到全面稳步发展，对城市规划的理解也从“单向落实计划需求的工具”转为“调整空间利益的公共政策”。当前社会经济发展已出现一系列的新常态：2014 年城镇化水平接近 55%，经济运行进入“总量上升、增速放缓”的稳定发展阶段，公众参与的深度和广度前所未有，以大数据为代表的信息化技术冲击越来越强……经过三十余年的快速发展，我们进入了城乡规划的反思期。

规划需要传承与变革，面对来自社会各阶层、各专业领域的呼声，规划师的最大困境是如何做出正确抉择，而对城乡规划技术方法的熟练掌握才是判断与反思的前提。先有传承，才能有变革，尤其是当全国每年新增近 5000 名规划技术人员，近十年编制的规划项目数量激增的背景下，规划编制规范性的重要程度不亚于创新性，这也是我们的编写初衷。2013 年深圳市城市规划设计研究院受中国建筑工业出版社委托，组织编写《城乡规划编制技术手册》（以下简称《手册》），读者定位四类：一是具有一定城市规划管理与编制经验、希望了解其他类型规划的技术人员；二是新近入职的规划技术人员；三是高校的城市规划专业学生；四是对城乡规划有兴趣的社会其他人员。

《手册》分为两大部分：规划编制指引和规划术语。规划编制指引以《城市规划编制办法》（2006）为依据，结合 30 年来国内外开展的大量有影响力的规划实践，重点解决各类规划“是什么，编什么，如何编”的问题，同时反思并适当探讨未来的创新编制趋势。规划术语收录了《城市规划基本术语标准》之外反映我国城镇发展特征的 60 个词条，涵盖城市规划的空间管控、技术支持、多规统筹、土地管理、精细化设计、市政规划新技术等多项内容，是对现行城乡规划技术标准的有益补充和重要完善。为方便查找使用，按照规划术语第一个字的汉语拼音排序。

适应不同地域、不同阶段的城镇发展特征是《手册》编制过程中面临的巨大挑战。编写组先后实地走访北京、广州、上海、武汉、重庆、哈尔滨、西安等多个城市的规划管理和编制部门，收集各地规划编制法规与技术规定，梳理各地 30 年来的城乡规划建设经验。对提供帮助的规划管理部门、设计研究机构和前辈同仁，在此一并致以诚挚的谢意。

深圳市城市规划设计研究院是一个与深圳共同成长的规划设计机构，有幸完整地跟踪了中国城镇化过程中的典型实践。作为城乡规划技术人员，有机会总结 30 年城乡规划编制技术变迁，更深感荣幸与不安，与其说是编写《手册》，毋宁说是一份真实“记录”，一份因热爱与期待的记录。受水平所限，《手册》不可避免地存在一些疏漏和不足，我们希望它能作为一个开放的平台，继续收集使用者的意见与建议，不断地修订与完善。

《城乡规划编制技术手册》编写组

2015 年 4 月

目 录

第一部分

规划编制指引

第一章　城镇体系规划

城镇体系规划是我国目前唯一具有法定地位的区域性空间规划，是指导城市总体规划制定的重要依据。具体来说，城镇体系规划以区域城镇和城乡协调发展为目标，确定区域城镇化和城镇发展战略，合理安排区域城镇布局，协调城镇发展与产业配置的时空关系，对区域土地和各项资源利用、基础设施和社会设施配置、环境保护等要素进行统筹协调和综合安排。

城镇体系规划始于1980年代，大规模编制工作兴起于1990年代，并建立起覆盖全国的四个层次规划序列：全国城镇体系规划—省域城镇体系规划—市域城镇体系规划—县（市）域城镇体系规划。其中，实施效果较好的是省域城镇体系规划，市域城镇体系规划则不尽如人意。究其原因，省级政府是我国现行体制中真正有区域调控职能的行政层级，而“市带县（市）”背景下，市级政府的资源配置往往更倾向于中心城市，市域城镇体系规划在区域协调的职能上相对薄弱。

当前，我国城镇发展步入新的阶段。一方面，国家、城市的竞争力越来越依赖于城镇群（参见规划术语——城镇群）所在区域的竞争力，区域经济一体化进程加速使得城镇间竞争与合作的矛盾日益凸显，旨在处理区域协调发展问题的“城镇群规划”成为新一轮热点；另一方面，“省直管县”、“强县扩权”等行政管理改革的方向逐渐明朗，城镇体系规划序列逐渐由层级完善的“国家—省域—市域—县（市）域”向更加扁平化的“国家—省域—县（市）域”转变。

本章在国家相关法律规范的基础上，结合近年来规划实践，重点介绍全国城镇体系规划、省域城镇体系规划、城镇群协调发展规划三个部分。其中，全国城镇体系规划主要依据《全国城镇体系规划纲要（2005-2020）》的内容进行说明，省域城镇体系规划主要依据《省域城镇体系规划编制审批办法》（2010）进行说明，城镇群协调发展规划主要参考各地已完成和在编的案例进行总结分析得出。

1.1 全国城镇体系规划

全国城镇体系规划是对全国城镇发展和城镇空间布局的统筹安排，是引导城镇健康发展的重要政策依据，是各省、自治区、直辖市制定城镇体系规划和城市总体规划的依据。

1.1.1 编制基础

（1）编制目的

全国城镇体系规划是在国家城镇化政策指导下，按照循序渐进、节约土地、节约资源、保护环境、集约发展、合理布局的原则，在空间上落实和协调国家发展的各项要求，明确城镇发展目标、发展战略，明确国家城镇空间布局和调控重点，转变城镇发展模式，提高资源配置效率，提高城镇综合承载能力，促进城镇化健康发展。

（2）编制期限

全国城镇体系规划的编制期限一般为 20 年，近期与当前的国民经济和社会发展规划相协调，远期与国家中长期规划相协调。

（3）编制和审批主体

全国城镇体系规划由国务院城乡规划行政主管部门组织编制，报国务院审批。

（4）编制历程

20 世纪 80 年代以来，建设部先后组织多次全国范围的城镇空间布局研究，以 1985 年、1999 年、2005 年三次最具代表性。

1985 年的《2000 年全国城镇布局发展战略要点》重在“布局”，规划任务是把国家确定的重大项目规划落实在地域上，把大的建设布局体现出来，把城镇布局、生产力布局和人口布局三者结合，促进小城镇发展。规划主要针对当时城镇职能分工不合理、沿海沿江城市发展不充分、交通运输与城市发展不协调、部分城市发展与资源条件不相适应等一系列问题。虽然本次规划并没有履行正式的上报和审批程序，但对城镇发展起到了相当重要的作用：城市整体布局得到调整；沿江、沿海、沿交通干线成为我国城市发展最迅速的地区；交通部、铁道部、国家海洋局等在制定本行业的长远发展规划时都把规划作为重要的参考文件；小城市得到前所未有的发展。

1999 年的《全国城镇体系规划》重在“政策性引导”，建立全国性的协调机制。当时我国社会经济正处于全面发展的转型期，规划实施“积极的城镇化战略”，提出重点发展东部地区的长江三角洲、珠江三角洲、京津唐、辽中南、山东半岛、闽东南，中部地区的江汉平原、中原地区、湘中地区、松嫩平原，西部地区的四川盆地、关中地区等 12 个城市密集地区。本次规划适应政府转变职能的需要，为中央政府引导全国城镇的整体协调发展提供宏观调控的依据和手段。相对均衡的区域发展政策虽然在一段时间内解决了促进农村经济发展、带动第三产业、扩大投资需求等问题，但是长远来看发展重点不突出，规划提出的城市群在级别、内容上相差甚远。

2005年的《全国城镇体系规划纲要（2005-2020）》根据国际政治经济发展趋势、国家未来的产业政策、人口迁移的趋势和不同地区的特点，分析了中国城镇化的现状特征和未来发展路径，特别是对城镇发展前提条件的分析、多样化的城镇化政策分区、多中心的城镇空间结构以及资源保护、分省区的发展指引均有很大创新。规划主要内容包括：综合评价城镇发展的资源环境条件和特征；预测城镇化水平和城镇规模（参见规划术语——城镇化水平）；提出城镇空间发展策略；确定城镇的空间布局和发展指引；提出省域城镇发展指引要点；统筹安排城镇交通、市政、社会等公共设施；确定保护城镇生态环境等的原则和措施；突出中央政府对空间发展的要求，分层次、分类别提出具有针对性的政策和措施。

1.1.2 编制内容

《全国城镇体系规划纲要（2005-2020）》主要技术内容包括以下方面：通过分析国际政治经济发展的新格局以及我国未来人口迁移的新趋势和国家产业发展的新动态，提出我国城镇化和城镇发展的需求；以健康城镇化为目标，确定积极稳妥的城镇化战略；通过对自然地理和土地、水资源、生态环境等方面的条件分析，指出我国城镇化和城镇发展的重点；按照因地制宜的原则，提出我国东、中、西、东北多样化的城镇化政策要求；构建大都市连绵区、城镇群、全球职能城市、区域中心城市、陆路边境口岸城市等多元、多极、网络化的城镇空间结构；建立以交通为核心的城镇发展支撑体系；加强对土地、水等资源的节约利用；加强对跨区域城镇发展和省域城镇体系规划的引导。

1.2 省域城镇体系规划

1.2.1 编制基础

（1）编制原则

编制省域城镇体系规划，应当以科学发展观为指导，坚持城乡统筹（参见规划术语——城乡统筹），促进区域协调发展；坚持因地制宜，分类指导；坚持走有中国特色的城镇化道路，节约集约利用资源、能源，保护自然人文资源和生态环境。

（2）编制依据

①国家现行的法律、法规、技术规范，如《城乡规划法》（2008）、《省域城镇体系规划编制审批办法》（2010）；

②地方性的法规、技术规范等，主要指省级政府颁布的规范，如广东省颁布的《广东省城乡规划条例》（2013）；

③经法定程序批准的上位规划，如全国城镇体系规划，国家及省、自治区制定的国民经济和社会发展规划；

④国家现行的其他法律、规章、技术规范等。

（3）编制目的

省域城镇体系规划作为省、自治区人民政府管理城乡空间的法定规划，是省、自治区人民政府实施城乡规划管理、合理配置省域空间资源、优化城乡空间布局、统筹基础设施和公共设施建设的基本依据；是落实全国城镇体系规划，引导本省（自治区）的城镇化和城镇发展，指导下层次规划编制的公共政策。

（4）编制期限

省域城镇体系规划的编制期限一般为20年，也可以对资源生态环境保护和城乡空间布局等重大问题作出更长远的预测性安排。

（5）编制和审批主体

省域城镇体系规划由省、自治区人民政

府组织编制并报国务院审批。

（6）编制历程

总体来看，省域城镇体系规划编制大致经历了两个阶段：

1994年《城镇体系规划编制审批办法》出台，全国各省、自治区开始第一轮省域城镇体系规划的编制工作，这一轮规划工作重点为组织生产力布局，构建“三结构一网络”（城镇等级规模结构、城镇职能结构、城镇空间结构和市政交通设施网络），为快速城镇化提供规划指引。1999年国务院批复了第一个省域城镇体系规划——《浙江省城镇体系规划（1996-2010）》。

2010年住房和城乡建设部制定《省域城镇体系规划编制审批办法》（2010）（1994年《城镇体系规划编制审批办法》同时废止），以江苏、浙江、新疆等地为代表的省、自治区逐步开展第二轮省域城镇体系规划的编制，在当时的城镇协调发展背景下，这一轮编制过程中政策分区、空间管制（参见规划术语——空间管制）、行动计划等与省级事权挂钩的区域治理内容逐渐受到重视，工作重点向协调生产力布局转变。

1.2.2 编制内容

2010年《省域城镇体系规划编制办法》（2010）明确了省域城镇体系规划编制的三大核心任务：引导城镇化健康发展，合理配置空间资源与重大设施，加强管治。内容涉及四个方面：

（1）省域城镇化目标与战略

结合地区特色分析城镇发展的综合条件，制定有针对性的城镇化发展方向、目标以及战略。如东北三省重点研究老工业基地振兴的区域发展问题；陕西、甘肃关注资源枯竭型城镇的转型发展问题；内蒙古、宁夏、西藏则突出生态脆弱地区的环境保护与城镇协调发展，尤其是农牧地区的城镇发展问题。

（2）省域城镇空间组织

通过分析研究省域城镇空间发展的规律，对全省的空间结构与布局提出指引，并配合一系列实施措施以引导要素与资源的流动。新一轮省域城镇空间管控的重点由“布局”转向“政策引导”，明确城镇布局结构不再是城镇体系规划的结果，而是管控空间的前提：在体系结构引导下，立足本省政府事权，明确需要由省政府协调的重点地区和重点项目，并提出协调的原则。

（3）省域城镇支撑体系

省域城镇支撑体系通常包括综合交通体系、资源环境保护与利用、区域基础设施、公共服务设施四类（参见规划术语——公共服务设施），解决的是城镇布局与资源本底相匹配、与重大项目相协调的问题。综合交通体系规划通过构建区域性高速公路网、铁路交通圈、城际轨道交通系统和郊区铁路系统，旨在促进要素在空间上按照规划目标流动（参见规划术语——综合交通系规划）；资源环境的保护与利用是保护省域空间本底条件不受破坏的基本前提；区域基础设施和公共服务设施则为空间集聚提供必要的支撑。

（4）实施措施

通过空间管治、次区域发展指引来保障规划实施。空间管治基于省级事权，针对“必须从省级政府的层面采取直接或间接的管理，以发挥其影响全省战略性发展方向的作用”的地区（如生态敏感地区、特殊政策地区），按照不同级别提出相应的管理要求。省域层面的空间战略与结构布局比较宏观，容易忽视区域的内部差异与重点（如新疆的南疆与北疆地区），需要根据地区特征，制定差异化的次区域城镇发展指引，既是对规划要点的分解落实，也是指导下层次规划制定的重要依据。

1.2.3 工作流程与技术要点

省域城镇体系规划的工作流程一般分为规划纲要审查与规划成果上报审批两个阶段。

（1）规划纲要阶段

1）基础资料收集与调研

省域城镇体系规划调研内容涉及综合资料、自然条件、自然资源、演变历程、历史文化、人口资料、经济社会、土地利用、公共设施、生态环境、综合交通、旅游资料、市政基础设施、综合防灾等各个方面。

2）基础研究工作

①上版省域城镇体系规划实施评估

通过开展省域城镇体系规划实施评估，

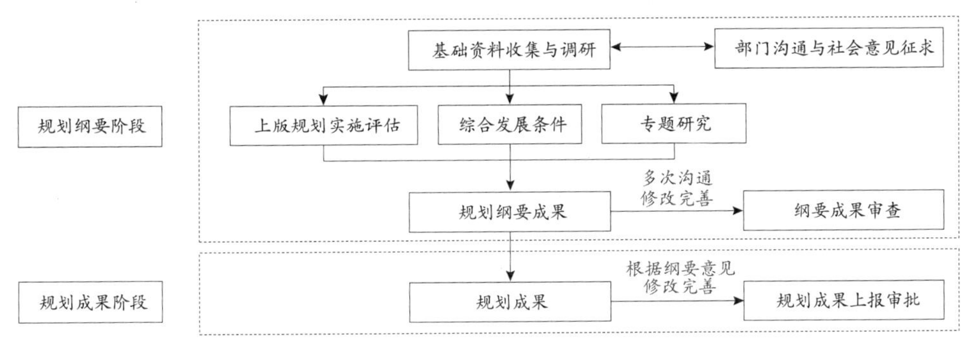

图 1-2-1 省域城镇体系规划编制流程示意图

省域城镇体系规划基础资料收集与调研的主要内容 表 1-2-1

调研类型	关键内容
综合资料	全面了解省域城镇体系规划的编制背景、基础，以及与相关规划的协调重点，包括国家、省级法律法规、政策文件等；国家、省级相关规划（国民经济和社会发展五年规划、城镇体系规划、土地利用总体规划、主体功能区规划）；历版省域城镇体系规划和省内各城市总体规划
自然条件	分析省域城镇发展的限制性条件，包括工程地质、水文气象等条件
自然资源	分析省域城镇发展的资源性条件，包括土地资源、水资源、矿产资源、生物资源、能源资源等
演变历程	掌握省域内城镇体系的空间变迁格局，包括城镇演变、行政区划变迁等
历史文化	分析省域城镇发展的文化本底条件，包括省级以上历史文化名城（参见规划术语——历史文化名城）、名镇、名村的数量及其分布，国家级和省级文物保护单位数量、名录，国家非物质文化遗产名录及其分布，历史文化遗产名录及其分布，地域文化发展演变等
人口资料	分析省域内人口变迁规律，包括常住人口、流动人口的数量、构成、变化规律等
经济社会	分析省域的经济地位以及产业特征，包括在全国的经济总量变化、区域内各城市经济格局演变、产业发展特征问题、产业集群及产业分工等
土地利用	分析省域的土地利用及空间布局格局，包括现状城镇空间结构，建设用地、耕地、基本农田等的面积和相关指标
公共设施	分析现状公共设施的服务能力，体系、规模、级配是否与现状城镇发展相匹配
生态环境	掌握省域内现状需要保护的资源类型，包括各级自然保护区、重要生物栖息地、水源保护区等的等级、面积、分布、环境质量等
综合交通	分析省域内现状综合交通体系布局与城镇发展的协调关系，包括公路、铁路、航道、航空、管道、岸线和港口、对外口岸、客货运站场、各城市内部交通结构等
旅游资料	掌握省域内旅游资源分布及旅游业发展情况，包括各级风景名胜区、旅游资源点的分布，历年省域、分地（市）游客人数、旅游总收入、旅游从业人数等
市政基础设施	分析省域内现状基础设施布局与城镇发展的协调关系，包括给水、污水、供电、通信、燃气、环卫等专项系统
综合防灾	全面掌握省域内的地质灾害、防洪、抗震防灾、气象防灾等情况

对规划的制定和实施情况进行反馈，促进规划引导和经济社会发展。评估内容对应省域城镇体系规划编制内容，主要针对城乡整体发展要求、城乡空间资源配置、支撑体系建设和实施措施四个方面展开。

通过对城乡整体发展要求的评估，充分认识规划实施所处的总体环境特征，主要体现在经济社会发展目标、城镇化水平和质量、区域发展差距和城乡差距等方面。通过对城乡空间资源配置的评估，充分认识区域的资源、能源、环境承载力以及省域城镇体系规划对城乡空间发展的影响，主要体现在空间管制、城镇政策分区等方面。通过对支撑体系建设的评估，充分认识省域城镇网络组织的完善程度，主要体现在交通体系、基础设施和服务设施等方面。通过对实施措施的评估，充分认识下层级规划是否深化完善省域城镇体系规划内容，以及配套政策是否保障省域城镇体系规划内容的实施。

②城镇发展综合条件评价

对城镇化的发展阶段，城镇体系的历史、现状，城镇的土地、建设、交通、市政、生态、旅游等方面发展状况进行综合分析，客观评价省域城镇发展的综合能力。

③专题研究

在对上版省域城镇体系规划实施评估、现状分析总结的基础上，选择重要内容进行专题研究，一般包括区域关系及协调专题研究、环境承载力专题研究、人口城镇化专题研究、土地利用专题研究、产业发展专题研究、综合交通专题研究等。

3）纲要技术要点

编制省域城镇体系规划纲要的目的是综合评价省、自治区城镇化发展条件及对城乡空间布局的基本要求，分析研究省域相关规划和重大项目布局对城乡空间的影响，明确规划编制的原则和重点，提出城镇化目标和拟采取的对策和措施，为编制规划成果提供依据。

①编制原则和重点

分析评价现行省域城镇体系规划实施情况，明确规划编制原则、重点和本阶段应当解决的主要问题。

②区域协调要求

按照全国城镇体系规划的要求，提出本省（自治区）在国家城镇化与区域协调发展中的地位和作用。

③城镇化目标与战略

分析城镇化和城镇发展的区域差异及其相关影响因素，提出城镇化的目标、任务及要求。

④空间发展格局

按照城乡区域全面协调可持续发展的要求，综合考虑经济社会发展与人口资源环境条件，提出优化城乡空间格局的规划要求，包括省域城乡空间布局、城乡居民点体系和相应的优化策略。

⑤重大基础设施布局

提出省域综合交通和重大市政基础设施、公共设施布局的建议；提出需要从省域层面重点协调、引导的地区，以及需要与相邻省（自治区、直辖市）共同协调解决的重大基础设施布局等相关问题。

⑥资源利用和环境保护

综合评价土地资源、水资源、能源、生态环境承载能力等城镇发展支撑条件和制约因素，提出城镇化进程中重要资源、能源合理利用与保护、生态环境保护和防灾减灾的要求。

⑦区域空间管制

按照保护资源、生态环境和优化省域城乡空间布局的综合要求，研究提出适宜建设区、限制建设区、禁止建设区的划定原则、划定依据及管制要求。

4）规划纲要成果

规划纲要成果包括纲要文本、纲要说明、纲要图纸和研究报告。纲要文本中应当参照

《省域城镇体系规划编制审批办法》(2010)第二十六条的规定，明确表述规划的强制性内容。纲要说明主要参照《省域城镇体系规划编制审批办法》(2010)第二十四条相关规定。纲要图纸主要包括：城镇空间结构规划图、城镇等级规模规划图、综合交通规划图、重大基础设施规划布局图、生态建设与环境保护规划图和空间管制规划图等。

5)纲要意见征求和审查

根据《省域城镇体系规划编制审批办法》(2010)第十二条、十三条、十四条的相关要求，规划纲要上报需要征求同级人民政府有关部门和下一级人民政府的意见、国务院城乡规划主管部门的审查意见，并附各方面意见的采纳情况。

(2)规划成果阶段

1)技术要点

①城乡统筹发展要求

明确省、自治区城乡统筹发展的总体要求。包括城镇化目标和战略，城镇化发展质量目标及相关指标，城镇化路径和相应的城镇协调发展政策和策略；城乡统筹发展目标、城乡结构变化趋势和规划策略；根据省、自治区内的区域差异提出分类指导的城镇化政策。

②城镇空间布局和规模控制

明确省域城镇空间和规模控制要求。包括城镇空间结构、城镇等级规模结构和农村居民点体系；需要从省域层面重点协调、引导地区的定位及协调、引导措施；优化农村居民点布局的目标、原则和规划要求。

③城镇职能结构

根据城镇的区位、城镇发展潜力以及城镇对区域发展的影响力等因素综合评定城镇的综合实力，结合城镇等级规模结构，按照优化调整、合理分工、完善功能等指导思想，确定城镇职能结构。城镇职能结构一般形成以区域中心城市、省域中心城市、县(市)域中心城市、重点镇和一般镇构成五级体系，同时各级城镇要进一步明确职能分工、重点发展产业和空间发展等。

④产业空间布局

产业空间布局是立足现有产业发展基础，保持地区发展积极性和发展活力，根据资源区位条件和产业升级要求，大力引导不同地区各类产业的空间聚集和整合，形成以主要农业产业区、加工制造业聚集区、重型装备制造业聚集区、高新技术产业聚集区、物流基地、特色旅游区和临港产业聚集区等为聚集区的产业空间布局。

⑤综合交通体系

构建与城镇空间布局相协调的区域综合交通体系，包括省域综合交通发展目标、策略，省域综合交通网络和重要交通设施布局，综合交通枢纽及规划要求。

⑥基础设施支撑体系

明确城镇基础设施支撑体系。包括城乡统筹的区域重大基础设施和公共设施布局原则和规划要求；中心镇基础设施和基本公共设施的配置要求；农村居民点建设和环境综合整治的总体要求；综合防灾与重大公共安全保障体系的规划要求等。

⑦资源利用和环境保护

明确资源利用与资源生态环境保护的目标、要求和措施。包括土地资源、水资源、能源等的合理利用与保护，历史文化遗产的保护，地域传统文化特色的空间识别，生态环境保护。

⑧区域空间管制

明确空间开发管制要求，特别要明确包括限制建设区、禁止建设区的区位和范围，提出管制要求和实现空间管制的措施，为省域内各县(市)在城市总体规划中划定“四线”等规划控制线提供依据(参见规划术语——四线)。

⑨对下层次城乡规划编制的要求

明确对下层次城乡规划编制的要求。结

合本省、自治区的实际情况，综合提出对各地区在城镇协调发展、城乡空间布局、资源生态环境保护、交通和基础设施布局、空间开发管制等方面的规划要求。

⑩行动计划

按照战略性、针对性、时效性、可操作性、可考核等原则，针对省域城镇化进程中存在的问题，结合城镇化发展目标，制定区域协调发展、产业转型发展、设施服务均等、生态环境保护等一系列行动计划，同时将行动计划及目标任务分解到各个职能部门。

⑪实施措施

明确规划实施的政策措施。包括各级政府实施本计划的职责和任务；制定城乡统筹和城镇协调发展的政策；进一步深化落实规划内容，包括加强空间管制的实施，推进重大建设项目选址管理，完善省内区域协调机制；加强规划实施的相关制度建设（包括产业、交通、设施、生态等），增强省域城镇体系规划实施的立法保障。

2）成果形式

根据《省域城镇体系规划编制审批办法》（2010）第十九条的相关规定，省域城镇体系规划成果应当包括规划文本、图纸、附件。

规划文本是对规划的目标、原则和内容提出规定性和指导性要求的文件。省域城镇体系规划的强制性内容参照《省域城镇体系规划编制审批办法》（2010）第二十六条的规定。附件是对规划文本的具体解释，包括综合规划报告、专题规划报告和基础资料汇编。

规划图纸主要包括：城镇等级规模现状图、城镇空间结构规划图、城镇等级规模规划图、综合交通体系规划图、产业空间布局图、生态建设与环境保护规划图、区域重大基础设施规划图、重点地区城镇发展规划示意图和空间管制规划图。

3）规划成果公示及上报审批

《省域城镇体系规划编制审批办法》（2010）第十六条明确要求，省域城镇体系规划报送审批前，省、自治区人民政府应当将规划成果予以公告，并征求专家和公众的意见。公告时间不得少于三十日。

根据《省域城镇体系规划编制审批办法》（2010）第十二条、十三条、十四条、十六条、十七条、十八条的相关要求，规划成果上报需要征求同级人民政府有关部门和下一级人民政府的意见、国务院城乡规划主管部门的审查意见、专家和公众的意见以及省、自治区人民代表大会常务委员会的审议意见，并附各方面意见的采纳情况。

省域城镇体系规划规划成果上报材料：省域城镇体系规划成果（含文本、图纸、说明和研究报告）；规划协调论证的说明和规划编制工作的说明；相关意见，包括同级人民政府有关部门和下一级人民政府的意见及采纳情况，国务院城乡规划主管部门审查意见及采纳情况，专家和公众的意见及采纳情况，省、自治区人民代表大会常务委员会审议意见及采纳情况；城市政府和上级规划行政主管部门认为需要提交的其他材料。

1.2.4 发展趋势

省域城镇体系规划的编制必须充分认识国家空间格局演进、城镇化政策导向、政府管理模式转变等宏观背景。概括近年国内相关实践，主要呈现以下发展趋势：

（1）由注重经济开发向经济、社会、文化、生态综合发展转变

在资源日益稀缺、环境质量下降的背景下，省域城镇体系规划应明确生态资源环境对城镇发展的约束作用，对于重要的生态控制线、重大基础设施控制线、重大河流湖泊控制线、重大历史文化遗产控制线等突出其刚性控制，调控内容及程序要予以明确。实施层面，结合考虑与相关部门协调，可划定资源开发与设施共享地区、生态环境协调区等，作为协调管理的空间平台。

（2）由注重物质空间布局向制定区域空间政策指引转变

计划经济体制下的城镇体系规划框架带有浓厚的“蓝图”色彩，但是省域层级政府管理的抓手更多是区域协调政策，并不直接指导城市建设。因此，省域城镇体系规划的关注重点逐渐倾向于城镇化政策分区、城镇发展政策指引。对于城镇化政策分区，强调对城镇建设空间和产业空间布局进行引导，明晰城镇用地发展的思路和措施。城市发展指引包括区域中心城市指引、地区中心城市指引、县域中心城镇指引，分别提出功能定位、产业发展方向、建设重点等内容。

（3）由建设性、蓝图性的部门规划向政策性、实施性的综合规划转变

以往省域城镇体系规划以物质空间布局为主，无法从真正意义上解决区域发展失衡、生态环境协调等问题，应进一步厘清政府与市场、省级与地方的关系，通过空间管制等手段为区域发展提供政策指引。此外，以往省域城镇体系规划更多体现了省级城乡规划建设部门的事权，规划制定完成后缺乏明确的实施主体，未来需要在规划编制全过程中统筹协调多部门利益并综合考虑社会发展权益，充分结合国民经济和社会发展规划、国土规划、环境保护规划等相关规划制定可实施的计划（参见规划术语——综合规划）。

1.3　城镇群协调发展规划

1.3.1　编制基础

（1）编制原则

城镇群协调发展规划本质是为了有针对性地解决区域内部实际存在的城镇协调问题，目前仍属于非法定规划范畴。现行规划体系的实施机制并不足以支撑全面目标的搭建，因此有限目标与具体行动是规划编制的两个重点，具体的编制目的、编制依据、内容体系、实施机制根据区域实际情况确定，并无统一规定。

（2）编制期限

编制期限并无明确规定，一般与城市总体规划期限相协调，多为二十年。如《珠江三角洲城镇群协调发展规划》的规划期限为2004-2020年，《长株潭城市群区域规划》的规划期限为2003-2020年。

（3）编制和审批主体

跨省域城镇群协调发展规划一般由住房和城乡建设部单独编制或联合城镇群所在地的各省人民政府共同组织编制，报国务院审批；跨市域城镇群协调发展规划一般由省住房城乡建设部门单独编制或联合所在地的市人民政府共同组织编制，报上级人民政府审批。

（4）编制历程

1990年以来，城镇群协调发展规划逐步开始编制，理论体系与方法内容不断探索完善，其中三个规划实践起到了较为重要的作用。

1994年的《珠江三角洲经济区城市群规划》首次尝试城市群跨境空间协调规划，该规划以城市群为重点，对珠三角区域经济和空间发展进行整体规划，首次将“大都市区”的概念引入城市群规划中，并针对都会区、市镇密集区、开敞区和生态敏感区四种用地发展模式提出相应的发展策略指引，对随后全国开展的省域城镇体系规划和城镇密集地区规划，都具有重要的启示作用。

2002年的江苏三大都市圈规划（即《苏锡常都市圈规划（2001-2020）》、《徐州都市圈规划（2001-2020）》、《南京都市圈规划（2002-2020）》）针对不同的规划对象采用不同的策略和方法，建立了完善的都市圈规划

内容体系，指出都市圈规划是从更大的空间范围协调行政区之间、城市之间和城乡之间的发展，突出区域性设施的共建共享，提出规划空间治理和相邻地区的规划协调。随后引发国内对大都市区、都市圈、城镇群、大都市连绵带、巨型城市区域等不同类型城镇密集地区的深入辨析与探讨。

2004 年的《珠江三角洲城镇群协调发展规划》重视对城镇群发展战略的政策和机制研究，划定了 9 类政策分区并实施有针对性的战略性政策引导和综合治理，提出了 4 级空间管制，将区域绿地、区域性交通通道纳入省一级监管型管治区域，主要内容纳入 2008 年《珠江三角洲地区改革发展规划纲要》，作为各专项规划的编制依据。规划内容与各级政府、各类部门的事权对应，致力于区域性规划管理制度的建立，在国内率先开展了区域治理研究，对新一轮省域城镇体系规划、城镇群协调发展规划编制影响深远。

1.3.2 工作流程与技术要点

国家和地方尚未出台关于城镇群协调发展规划的工作流程和编制内容方面的具体办法。通过对国内部分地区已完成的城镇群协调发展规划进行对比和归纳分析，其工作流程可分为前期工作、规划成果、上报审批三个工作阶段。

（1）前期工作阶段

一般包括基础资料收集与调研、专题研究两个方面。

跨省域的城镇群协调发展规划，基础资料收集参考省域城镇体系规划；跨市域的城镇群协调发展规划，基础资料收集参考城市

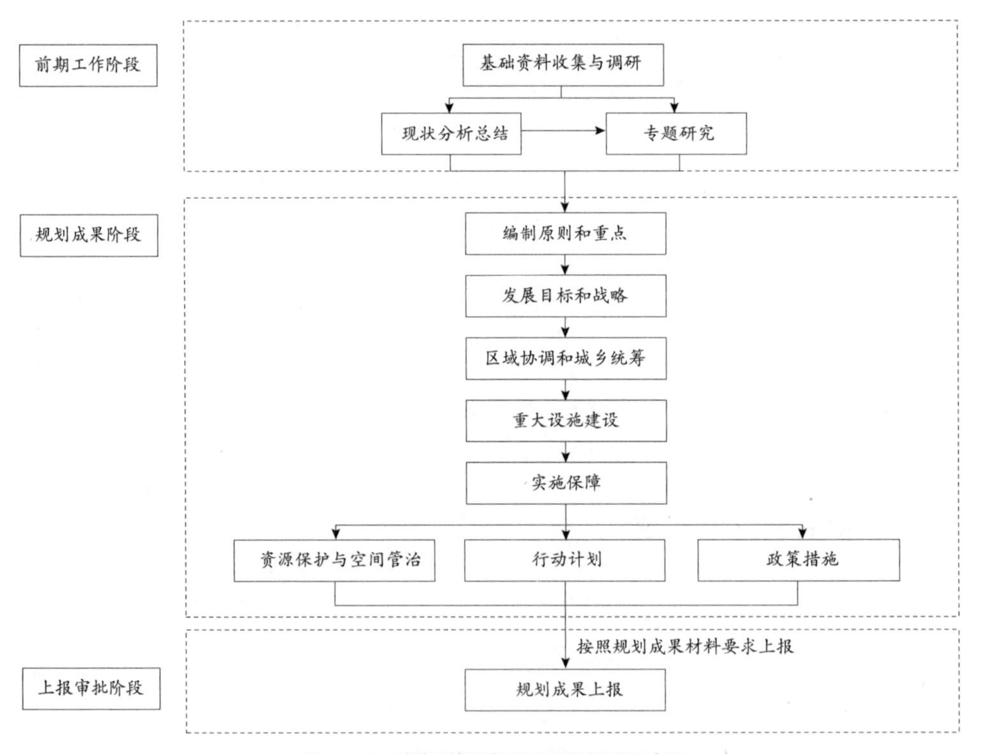

图 1–3–1　城镇群协调发展规划编制流程示意图

城镇群协调发展规划专题研究案例

《京津冀城镇群协调发展规划（2006-2020）》

京津冀城镇群协调发展规划制定了六大专题研究：

- 专题一、区域产业功能体系与空间协同发展；
- 专题二、人口流动与统筹城乡发展；
- 专题三、综合交通体系与城镇发展关系；
- 专题四、海岸线保护利用；
- 专题五、城镇群协调发展与气候环境关系；
- 专题六、区域协调发展实施政策框架与机制。

总体规划。

专题研究应从城镇群协调发展的重要问题出发，针对区域协调、环境保护、人口与城镇化、产业功能、综合交通等方面进行前瞻性研究，为规划编制提供有力支撑。专题研究可参照省域城镇体系规划的专题研究设置，包括区域关系及协调专题研究、环境承载力专题研究、人口城镇化专题研究、土地利用专题研究、产业发展专题研究、综合交通专题研究等。随着城镇群协调发展规划的综合性增强，结合不同地区的发展需要，还可以增加一些专题研究，如海岸线保护利用专题研究、政策实施专题研究等。

（2）规划成果阶段

1）成果内容

结合目前已完成的有影响力的城镇群协调发展规划，对内容体系进行总结归纳，提出以下可供参考的编制要点：

①城镇群发展目标

明确城镇群总体发展目标。通过构建城镇群指标体系，对城镇群发展提出约束性或者指引性的定量化指标。重点涉及经济发展、生态环境、公共设施等方面，包括城镇群总体指标和主要城镇指标两类。城镇群总体指标可包括GDP总量、人均GDP、人口规模、用地规模、城镇化率、森林覆盖率、万人医疗教育等设施标准等；主要城镇指标可包括GDP总量、人均GDP、人口规模、用地规模、城镇化率、人均城镇公共绿地、城镇污水处理率、城镇空气质量达标率、城镇垃圾无害化处理率等。

②城镇群发展战略

从空间、产业、生态、公共设施等方面确定城镇群发展的战略。

空间格局方面，从更大区域着眼分析，确定区域与外围对接的主要发展方向和发展重点，通常包括对外通道建设、资源开发、产业布局等内容。其次，强化城镇群内部重点、轴带，增强核心竞争力，明确区域中心城市，带动区域整体发展。

产业发展方面，根据城镇群的现有产业基础、区位发展条件、产业发展阶段及差异性等特征，构建产业集聚区体系，确定产业发展方向。

生态环境方面，加强生态资源保护，改善自然环境。构建多层次的区域生态保护体系，包括区域生态斑块、区域生态廊道、区域生态节点等。

公共设施建设方面，统筹区域性基础设施和公共服务设施，构建层级清晰、设施共享的公共设施体系，完善跨区域服务功能，提高区域综合服务水平。

③区域空间协调

通过构建区域功能体系和构筑功能协同区来实现区域共同协调发展。

区域功能体系是以空间资源优化配置为基础，对战略性空间资源进行识别，明确区域保护性功能、生产性功能和服务性功能三大类战略性功能空间发展要求。

功能协同区是在充分考虑不同地区资源禀赋和空间差异特征、不同城镇发展条件和发展诉求的基础上，破除行政区划障碍，构筑多个功能协同区。明确各协同区内涉及区域整体发展的功能协调问题，城镇发展重点、协调发展的方向。弱化城镇等级分工，强化建立网络化的城镇关系。

④城乡统筹发展

结合区域内城镇发展阶段，针对城乡土

地二元结构带来的城乡建设混乱等问题，通过探索集体土地流转等制度创新（参见规划术语——集体土地），促进土地资源的集约和高效利用，实现全域统筹发展。

⑤重大设施建设

明确与城镇群空间布局相协调的区域综合交通体系、区域基础设施支撑体系。包括城镇群综合交通网络、重要交通设施布局、综合交通枢纽等方面的规划要求等；城镇群重大基础设施和公共设施布局的规划要求等。

⑥资源保护与空间管治

强调生态环境保护与资源利用，综合评价土地资源、水资源、能源、生态环境承载能力等城镇群发展的支撑条件和制约因素，提出重要资源、能源合理利用与保护、生态环境保护和防灾减灾的要求。

相比省域城镇体系规划，城镇群协调发展规划在空间管制方面更加强调多层级的管制分区以及更有针对性的政策配套。城镇群协调发展规划的空间管制根据空间发展战略和规划建设要求，以深刻影响城镇群长远发展大局的战略性资源和战略性地区为重点，遵循依法行政、有限干预、明晰事权的原则，将规划区划分为不同类型的政策性分区（参见规划术语——规划区），并实施有针对性的战略性政策引导和综合治理计划，以确保城镇群经济、社会、环境的可持续发展。

行动计划案例

《珠江三角洲城镇群协调发展规划（2004-2020）》

珠江三角洲城镇群协调发展规划提出八大行动计划：

行动一、强化“外联”；
行动二、发展“湾区”；
行动三、实施“绿线管制”；
行动四、推进“产业重型化”；
行动五、实现“交通一体化”；
行动六、营造“阳光海岸”；
行动七、建设“新市镇”计划；
行动八、构筑“空间信息平台”。

⑦行动计划

为明确工作重点和行动时序，提出近期组织实施的行动计划，并相应确定省直部门与地方政府在推进行动计划方面的事权。

明确各项行动计划的行动目标、行动范围（按照市、县域）、行动内容、行动机构（包括牵头机构和协作机构）和主要工作。

⑧政策建议

明确规划实施的实体机构，条件成熟时可制定并颁布实施规划的法规。

2）规划成果形式

城镇群协调发展规划的成果形式一般包括：规划文本、说明、研究报告和相应图纸。

规划文本是对规划的目标、原则和内容提出规定性和指导性要求的文件。规划图纸主要包括：城乡体系规划图、城乡空间布局规划图、城乡产业发展布局图、区域生态结构规划图、综合交通规划图、政策分区布局图。

（3）上报审批阶段

城镇群协调发展规划上报一般需提交以下材料：城镇群协调发展规划成果（含文本、说明、图纸和研究报告）；相关意见，包括省、市人大审议意见及采纳情况、专家和社会公众意见及采纳情况等；城市政府和上级规划行政主管部门认为需要提交的其他材料。

1.3.3 发展趋势

概括近年来国内城镇密集地区规划编制的实践，作为政府调控区域空间资源的重要手段，主要呈现出如下一些新的趋势：

（1）以“区域营销”为指向的战略目标

当前，城镇群已成为参与日益激烈的全球竞争体系的空间主体。如果说省域城镇体系规划是一种自上而下的“协调手段”，城镇群规划则更多体现出自下而上的“竞争宣言”，其目标更多是激发区域整体的认同感和信心，营造具发展竞争力的环境，通过“区域营销”

来面向全球提升地区的影响力。区别于以往更加关注区域内部目标定位，近几年我国城镇密集地区的规划编制越来越面向全球，关注更有创意和发展潜力的区域竞争优势，而不是简单在现状基础上推导未来。

（2）以“有限目标”突出针对性的工作模式

相比省域城镇体系规划面面俱到、全面宽泛的规划模式，城镇群协调发展规划可结合城镇密集地区发展的阶段特征和突出问题，有针对性地解决区域的主要问题，包括资源争夺矛盾、污染和环境纠纷、基础设施共享共建、区域产业空间布局整合等。如《浙江省环杭州湾地区城市群空间发展战略》主要是面向“产业—空间”整合型的密集地区规划，在各地市提出的开发区（园区）建设设想基础上，将开发区（园区）扩容、整合并纳入大都市区统一规划和协调。

（3）以“空间政策”为主的引导方式

因地制宜，采取差异化的空间发展策略，分区与分类指导、分级管理结合，加强政府对区域经济社会和资源环境的综合调控。2004 年《珠江三角洲城镇群协调发展规划》的政策区划和分级治理中，提出转变先发地区，重点引导建设模式；扶持后发地区，提供发展的基础条件；对生态敏感地区、战略性资源地区等敏感地区，突出上级政府的控制与协调作用。

（4）以重大行动计划为抓手并落实责任主体

在区域发展战略框架下，通过一系列工作重点及区域发展的行动计划，分阶段、分步骤、分层次的有效实施，以形成区域发展合力。如省政府常务办公会（或若干城市共同组成联席会议）负责区域重要协调事务的决策；省发展改革委员会负责区域社会经济发展的综合协调工作；省建设厅负责区域空间治理的综合协调工作；其他省直部门于各自职能范围内行使协调职能；各市政府负责辖区内省政府行动内容的具体落实执行。

第二章　城市总体规划

《城乡规划法》(2008)赋予城市总体规划重要的法定地位，明确了其在城市发展建设和城市规划调控体系中的地位、功能和作用，它既是编制近期建设规划、详细规划、专项规划和实施城市规划行政管理的法定依据，也是实施城市规划行政管理的法定依据，各类涉及城乡发展和建设的行业发展规划，都应符合城市总体规划的要求。城市总体规划是城市政府引导和调控城乡建设的基本法定依据。

城市总体规划管控的核心在于城市建设用地功能布局的整体、统筹安排。作为中央(含省级)与地方、政府与市场、政府与公众等各个利益主体诉求在空间载体上的集中反映，总体规划在社会经济全面转型过程中一直并将持续发挥至关重要的作用。

《城市规划编制办法》(2006)准确界定了城市总体规划的编制思路、内容和方法，但如何适应地区发展差异以充分体现城市总体规划的综合性、战略性，一直是各地总体规划工作的探索重点。本手册重点介绍总体规划的规范化编制流程和技术要点，同时结合当前城市发展矛盾凸显期和战略机遇期，对总体规划的编制发展趋势作出前瞻性思考。

2.1 编制要求

（1）编制原则

城市总体规划编制遵循城乡统筹、合理布局、因地制宜、土地集约利用等原则；妥善处理城乡关系、保护与发展、新建与改建、近期与远期等关系；充分考虑经济、社会、文化、生态可持续发展的需要。

（2）编制依据与参考

编制依据：

①国家城乡规划方面的法律、法规、技术规范等，如《城乡规划法》（2008）、《城市规划编制办法》（2006）等；

②地方性的法规、技术规范等，如省级、市级政府颁布的规范；

③经法定程序批准的上位规划，如省域城镇体系规划、城市国民经济和社会发展规划、城市土地利用总体规划等；

④国家现行的其他法律、规章、技术规范等进行编制。

编制参考：

经法定程序批准的相关规划，如住房、公共设施、工业、生态、环境、交通、旅游、物流、市政设施、地质灾害、矿产资源开发等专项规划。

（3）规划期限

根据《城乡规划法》（2008）第十七条规定，城市总体规划的规划期限一般为二十年。城市总体规划还应当对城市更长远的发展作出预测性安排。

2.2 编制工作流程与规划内容

总体规划编制工作流程分为前期工作、总体规划纲要、总体规划成果制作三个阶段。

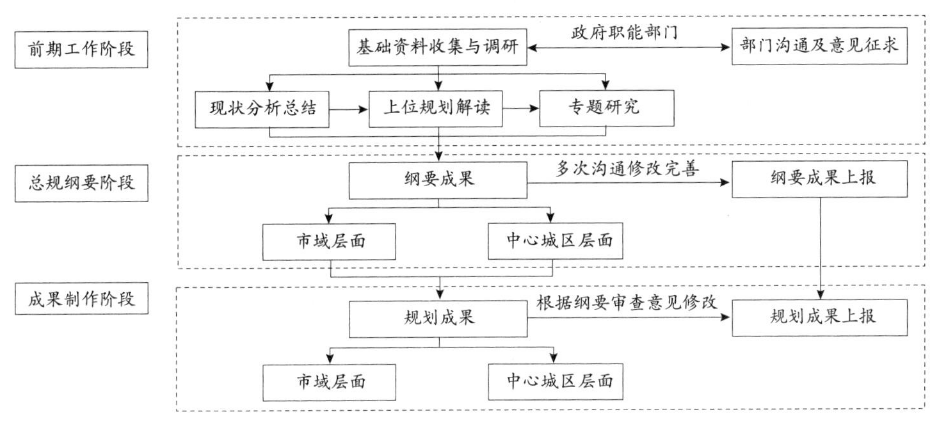

图 2-2-1　总体规划编制流程示意图

2.2.1 前期工作阶段

（1）基础资料收集与调研

总体规划的主要基础资料收集详见下表，调研组织参见规划术语——调研方法。

（2）现状分析总结

现状分析总结是在基础资料收集与调研的基础上，总结城市在地理位置、土地利用、人口、经济、道路交通、市政设施、生态环境等方面的特点，研究各个方面与空间布局

城市总体规划主要基础资料收集与调研汇总表　　表 2-2-1

序号	资料分类	资料包含的主要内容	资料来源	资料收集部门
1）	综合资料	政府及有关部门制定的法律、法规、规范、政策文件、规划成果和行政区域等资料	土地政策及拆迁补偿政策、土地出让管理办法、市国民经济与社会发展规划（政府网、国土局网站）	发改、经信、国土、民政、交通、环保、农业、规划、建设、水利（务）、电力、市政等
2）	自然条件	地形地貌、工程地质、水文及水文地质、气象等	市（县）地方志；现场踏勘；访谈等	国土、测绘、水利（务）、地震、气象等
3）	自然资源	土地资源、水资源、矿产资源、生物资源、能源等	市（县）地方志	国土、水利（务）、农林、环保、发改、统计等
4）	历史发展	城镇发展历史演变、行政区划变动等	市（县）地方志、行政区划图（政府网）	地方志办公室、规划、建设等
5）	历史文化	市域的历史文化名城、名镇、名村，文物保护单位，地下文物埋葬区，非物质文化遗产，历史文化遗产，中心城区的历史城区、历史文化街区、历史地段、历史建（构）筑物、古树名木等	文物统计资料、历史文化名城保护规划	文物、文化等
6）	人口资料	历年户籍人口、城镇人口、农村人口、常住人口，居住半年以上的暂住人口，历年人口性别、年龄、劳动力构成，历年人口自然增长和机械增长，失业率、就业率等	市人口普查资料，人口抽样调查资料，近十年统计年鉴（统计局网站）	统计、计生、公安等
7）	经济社会	历年市域、市区、县（市）、镇（乡）的经济总量、产业发展、社会发展等，历年财政收入、对外贸易、科技贡献率、固定资产投资、三次产业结构及产值构成、优势产业、城市各部门经济情况、城市土地经营、城市建设资金筹措安排等	近十年统计年鉴（统计局网站）；访谈等	统计、发改、经信等
8）	土地利用	市域城镇、乡、村庄建设用地，基本农田，土地出让，土地权属等（参见规划术语——镇、乡、村庄）	市土地利用总体规划，市基本农田保护区位置、面积、土地使用性质，土地出让信息；现场踏勘等	规划、建设、国土等
9）	生态环境	生态保护空间、环境质量、排污量、生态建设工程及主要生态环境问题等	环境保护规划，环境保护专项规划，近五年环境质量状况公报；现场踏勘；访谈等	环保、农林、水利（务）、园林
10）	居住资料	中心城区的各类居住用地、保障性住房用地等	市住房建设规划，市住房发展规划；现场踏勘等	房管、建设等
11）	公共管理与公共服务	中心城区的行政办公、文化、教育科研、体育、医疗卫生、社会福利、外事、宗教等设施的数量、规模、布局等	市地形图，市教育发展规划，教育设施的名称、位置、建筑面积、用地面积、班数、学位数，医疗卫生设施的名称、位置、建筑面积、用地面积、医师数、床位数，其他设施的名称、位置、建筑面积、用地面积；现场踏勘；访谈等	文化、教育、卫生、体育、科技、民政、宗教事务等

序号	资料分类	资料包含的主要内容	资料来源	资料收集部门
12）	商业服务业	中心城区的商业、商务、娱乐康体、公用设施营业网点等主要设施的数量、规模、布局等	现场踏勘；访谈等	商务、文化等部门及金融机构
13）	工业资料	城市工业发展总状况，各类开发区、主要工业企业的职工人数、用地面积、建筑面积、产值、能耗等	市工业经济发展规划；工业布局现状图；开发区现状与规划；大中型企业基本情况；访谈等	经信、外经贸、发改、规划等部门和开发区管理机构
14）	物流仓储	城市物流仓储总状况，仓储性质、职工人数、用地及库场面积、大宗物资流向、运输方式等	大型市场及物流中心现状建设情况，物流园区及物流中心布局现状图；访谈等	交通、经信、发改、规划等部门及物流园区管理机构
15）	绿地资料	中心城区的公园绿地、防护绿地和广场用地等	市地形图，现状建设用地统计表；现场踏勘等	城市园林绿化、建设等
16）	特殊用地	专门用于军事目的和安全保卫等	现场踏勘；访谈等	军事机关、公安等
17）	综合交通	区域交通设施和城市交通设施的等级、布局、运能、运量等；城市交通方式、公交客运情况及社会公共停车场状况，自行车及步行交通状况	市交通发展规划，现状公路网和公路网规划图；现场踏勘等	交通、港务、民航、铁路、发改、外经贸、公安、规划、建设等
18）	旅游资料	旅游镇、旅游村、A级景区、旅游度假区、风景名胜区、其他旅游资源和旅游服务设施等	旅游发展总体规划；市旅游业发展规划	旅游管理、规划、建设等部门及风景区管理机构
19）	市政设施	城市给水、排水、电力、通信、燃气、供热、环卫、防灾等各类专业基础设施的供给及用量情况、设施规模及布局、区域系统框架	各专项规划；现场踏勘；访谈等	发改、规划、建设、经信、城管、水务等部门及各市政专业企事业单位

之间的关系。

区位方面，分析城市所在省、流域等的位置，与省会及周边城市的距离和方位，与重要的经济走廊、交通走廊等的关系，与铁路、高速、公路、机场等的距离和关系。

土地利用方面，分析城市全域和中心城区的土地利用情况，包括总建设用地面积、各类用地面积和占比，各类用地在空间上的分布特点以及形成原因，形成现状用地汇总表。

人口方面，分析城市的常住人口总量、城镇人口、城镇化率、人口增长率、人口结构（年龄结构、性别结构、就业结构），以及人口在空间上的分布特征。

经济方面，分析城市的产业总量、产业集群的分布、各类产业增加值及在本行业中的地位、各类产业增长速度、产业结构，以及各类产业在空间上的分布特点。

道路交通方面，分析机场、铁路、高速等对外交通状况、位置等，交通枢纽的布局，城市道路交通网络格局、交通方式、道路等级等，以及道路交通与各类用地的在空间上的关系。在市政设施方面，分析区域重大市政设施的位置、规模、容量，给水、雨水、污水、电力、通信、燃气、供热等方面的设施、规模、主要走向等。

生态环境方面，分析城市地形地貌、气候等特征，分析植被、水体等生态要素在空间上的分布状况，建立GIS地形分析图形等；分析城市各类污染源的分布及治理情况。

现状图纸主要包括区位分析图、城镇分布现状图、用地现状图、人口现状分布图、产业布局现状分布图、综合交通现状图、基础设施现状图、自然与历史文化遗产保护现状分布图等。

（3）上位规划解读

根据城市总体规划的编制依据，上位规划主要包括省域城镇体系规划、城市国民经济和社会发展规划以及城市土地利用总体规划。

城市总体规划重点解读省域城镇体系规划确定的城市定位、用地规模和人口规模等内容。其中用地规模包括设区市人均建设用地指标、县城人均建设用地指标、建制镇镇区人均建设用地指标等；人口规模包括近期人口规模和远期人口规模等。

城市总体规划重点解读城市国民经济和社会发展规划的城市定位、人口总量，以及产业发展的重点和方向、工业园区的建设和布局等内容。

城市总体规划重点解读城市土地利用总体规划的城市用地分类与总体规划的对应情况、三类土地利用空间管制区与总体规划的“四区”的对应关系状况。在城市用地分类中，国土部门和建设部门各自有不同的分类标准，根据两个规划的不同编制重点，有关城市建设用地原则上以城市总体规划为准，有关非建设用地原则上以土地利用总体规划为准。

（4）专题研究

专题研究不仅为城市总体规划的编制提供了更为科学的支撑，也是城市规划统筹城市各个系统的重要工作平台。专题研究应该在现状分析的基础上，针对城市发展中可能遇到的问题和出现的新情况，从关系到城市未来发展的重要问题出发，对包括生态环境、发展定位、城市经济、综合交通、人口与城镇化、城市风貌和城市更新（参见规划术语——城市更新）等重大问题进行前瞻性研究，为城市总体规划编制提供有力的支撑。

一般而言，总体规划专题研究主要涉及区域协调发展、人口及城镇化、城市产业发展及定位、城市发展规模、城镇风貌特色、城市公共服务设施发展与布局、城市综合交通等内容。

随着城市、经济、社会的转型，总体规划的编制面临更为复杂的情况，除了上述专题研究外，还可能包括城市环境容量与规模预测、生态城市建设与环境保护、城市更新与旧区改造策略、住房政策与居住空间分布、文化特色与历史文化遗存保护、城市地下空间规划与利用（参见规划术语——地下空间）、城乡统筹发展、城市总体设计及密度分区、城市水资源发展、主体功能区划与城市规划实施政策、城市管治模式等。

总体规划的专题研究一览表　　表 2-2-2

一般专题	特色专题
区域协调发展研究 人口及城镇化专题研究 城市产业发展及定位专题研究 城市发展规模研究 城镇风貌特色研究 城市公共服务设施发展与布局专题研究 城市综合交通专题研究 ……	城市环境容量与规模预测专题研究 生态城市建设与环境保护专题研究 城市更新与旧区改造策略专题研究 住房政策与居住空间分布专题研究 文化特色与历史文化遗存保护研究 城市地下空间规划与利用专题研究 城乡统筹发展专题研究 城市总体设计及密度分区研究 主体功能区划与城市规划实施政策研究 城市管治模式专题研究 ……

2.2.2 总规纲要阶段

城市总体规划纲要确定总体规划中的重大问题，对总体规划需要确定的主要目标、方向和内容提出纲领性要求，并作为编制规划成果的依据。分为市域与中心城区两个层次。

（1）市域城镇体系规划

1）区域协调

提出区域协调、设施对接的要求，明确市域总体发展战略中的区域协调内容。

2）空间管制

确定市域需要管制的空间要素，如生态环境（自然保护区、生态林地等）、重要资源（基本农田、水源地及其保护区、湿地和水系、矿产资源密集地区等）、自然灾害高风险区和建设控制区（地质灾害高易发区、行洪区、分滞洪区等）、自然和历史文化遗产（风景名胜区、地质公园、历史文化名城名镇名村、地下文物埋藏区等）等；确定各类要素的空间管制范围，提出综合目标和管制要求。

3）总体发展战略

提出市域总体发展战略以及在城乡统筹、生态、产业、空间、交通及公共设施等方面的分项发展战略。其中，在城乡统筹方面，优化城镇空间布局，明确村庄建设用地、交通设施、市政基础设施、社会服务设施等配套标准和原则。

4）城镇发展规划

预测市域总人口及城镇化水平；根据区域空间发展特点和趋势、空间管制要求，明确市域城镇体系，提出城镇等级与规模、城镇职能和城镇空间结构，确定各级城市、重点城镇的发展定位、人口规模、建设用地规模等。

5）产业发展与布局

提出产业发展方向，制定产业发展战略（策略）；优化产业布局结构（产业经济区、产业发展带、重点园区）。

6）综合交通体系

确定综合交通发展目标和策略；原则提出综合交通设施（公路、铁路、机场、港口、市域轨道等）的布局原则。

7）重大基础设施

确定市域水资源、能源、生态环境保护、城市安全等方面的发展目标、主要标准，以及重大设施的布局。

8）城乡公共服务设施

提出城乡基本公共服务均等化目标；确定城乡主要公共服务设施空间布局优化的原则与配建标准。

9）城市规划区划定

结合城市发展方向、战略性资源的管控要求、水源地保护和重大基础设施布局、行政管辖范围等，提出城市规划区范围（城市增长边界，参见规划术语——城市增长边界）；结合规划区内用地适宜性评价，提出禁建区、限建区、适建区范围。

（2）中心城区层面

1）城市职能、性质和发展目标

分析城市职能，提出城市性质，提出城市发展目标（社会、经济、生态）。城市发展目标与城市性质要在涵义和内容上区分，避免混淆；表达应简洁、有特色。其中城市性质应保持与历版总规的延续性。

城市职能指城市在一定地域内的经济、社会发展中所发挥的作用和承担的分工。城市性质是指城市在一定地区、国家以至更大范围内的政治、经济与社会发展中所处的地位和所担负的主要职能。城市发展目标是一定时期内城市经济、社会、环境的发展所应达到的目标和指标。

2）城市发展规模

预测城市人口规模；明确中心城区空间增长边界，提出建设用地规模；合理安排生态用地、农业用地。

3）总体空间布局

提出城市主要发展方向、空间结构和功能布局；合理安排城市各类用地；提出人均建设用地标准等要求。

4）公共管理和公共服务设施用地

提出各类公共服务设施发展目标和规模。

5）居住用地

提出住房建设目标，确定居住用地规模和布局，明确住房保障的主要任务，提出保障性住房的近期建设规模和空间布局原则等。

6）城市道路系统规划

提出交通发展战略；明确交通发展目标、各种交通方式的功能定位，以及交通政策；提出对外交通设施的布局原则。

7）绿地（水）系统规划

提出绿地系统的建设目标及总体布局；提出主要地表水体及其周边的建设控制要求，对具有重要景观和遗产价值的水体提出建设控制地带及周边区域内土地使用强度的总体控制要求。

8）市政基础设施规划

明确中心城区市政基础设施（给水、污水、雨水、电力、通信、燃气、供热、环卫、综合防灾等）规划的目标、标准和布局。

（3）纲要成果

纲要成果包括纲要文本、说明、图纸和研究报告。

纲要说明主要参照市域和中心城区两个层面的主要内容。纲要文本中应当明确表述规划的强制性内容。强制性内容参照《城市规划编制办法》（2006）第三十二条相关规定。图纸主要包括：①城市区位分析图；②市（县）域城镇体系规划方案图；③城市用地现状图；④城市总体规划方案图；⑤总体布局结构分析图；⑥重要基础设施规划方案图；⑦其他必要的图纸。

（4）纲要上报

纲要上报需要提交以下材料：①城市总体规划纲要成果（含文本、图纸、说明书和研究报告）；②批示文件，主要包括县（市）人民政府申请编制城市总体规划的请示、上级主管部门同意编制总体规划的批准文件；③相关意见，主要包括上级主管部门、市（县）人民政府组织的专家审查意见及采纳情况，有关部门意见及采纳情况，公众意见及采纳情况；④城市政府和上级规划行政主管部门认为需要提交的其他材料。

2.2.3 成果制作阶段

城市总体规划成果制作主要是在已批复总体规划纲要的基础上进行深化，包括市域城镇体系规划和中心城区规划两个层面。

（1）市域城镇体系规划

1）区域协调

提出与相邻行政区域在空间发展布局、重大基础设施和公共服务设施建设、生态环境保护、城乡统筹发展等方面进行协调的建议。

2）空间管制

根据纲要评审意见，深化完善纲要内容。

3）城镇发展规划

根据城乡总体发展需要，划分政策分区并制定发展指引；提出重点市（镇）发展定位、建设用地规模；提出城镇化和城乡统筹具体策略（乡村发展策略、建设模式、乡村整治要求）；提出村镇规划建设指引（配套标准和原则、迁村并点基本原则、村庄布点空间控制要求）。

4）综合交通体系

确定公路、铁路、机场、港口、市域轨道等综合交通设施的功能、等级、布局和用地控制要求。

5）重大基础设施

确定市域水资源、能源、生态环境保护、城乡安全等方面的发展目标、主要标准以及重大设施的用地控制要求。

6）城乡公共服务设施

确定城乡主要公共服务设施的布局、等级、规模和用地控制要求。

7）城市规划区

根据纲要成果，制定"三区"（禁建区、限建区、适建区）相应的空间管制措施。

（2）中心城区层面

1）城市职能、性质和发展目标

根据城市性质和总体发展目标，制定城市综合发展目标体系。

2）城市发展规模

预测中心城区人口可能的阶段增长情况，预测就业岗位规模及支撑设施配置。

3）总体空间布局

明确城市各类用地的具体布局；提出土地使用强度管制区划和相应的控制指标（建筑密度、建筑高度、容积率、人口容量等，参见规划术语——容积率）。

4）产业空间布局

确定中心城区产业空间组织体系和产业空间布局。

5）公共管理和公共服务设施用地

确定公共管理和服务设施中心体系，提出主要公共管理和公共服务设施（行政、文化、教育、体育、卫生等）的位置、规模和建设标准。

6）城市道路系统规划

确定对外交通设施的布局，提出重要交通设施用地控制与交通组织要求；确定主要道路交通设施（城市综合客货运枢纽）的布局；确定城市道路系统，提出主干路的等级、功能、走向，红线和交叉口控制（参见规划术语——红线），以及支路的规划要求；落实公交优先政策，提出轨道、BRT、轻轨、公交专用通道等城市公共交通发展目标、布局以及重要设施用地控制要求；提出城市步行及自行车系统规划原则和指引；提出停车场布局原则，以及大型公共停车设施的布局、规模等控制要求。

7）绿地系统规划

在绿地系统建设目标的指引下，明确公园绿地、防护绿地的布局和规划控制要求。

8）历史文化和传统风貌保护

确定历史文化保护、地方传统特色保护的内容和要求；划定历史文化街区、历史建筑保护范围（紫线），确定各级文物保护单位的范围；研究确定特色风貌保护区域及保护措施。

9）市政基础设施规划

确定中心城区各类市政基础设施的规划目标、建设标准、总体布局，并落实大型设施的位置和用地控制要求。

10）城市旧区改建

划定旧区范围，提出旧区改建的总体目标和人居环境改善的要求；明确近期重点改建的棚户区和城中村。

11）城市地下空间

提出城市地下空间开发利用原则和目标；明确重点地区地下空间开发利用和控制要求。

12）规划实施措施

明确规划期内发展建设时序；提出各阶段规划实施的政策和措施。

（3）规划成果

总体规划成果包括文本、图纸及附件。

文本是对规划的各项目标和内容提出规定性要求的文件。在文本中应当明确表述规划的强制性内容。强制性内容参照《城市规划编制办法》（2006）第三十二条相关规定。根据《关于规范国务院审批城市总体规划上报成果的规定（暂行）》（2013）的要求，城市总体规划文本包括市域城镇体系规划和中心城区规划两个层次。附件包括说明书、基础资料汇编、专题研究等，其中说明书是对文本的具体解释。

总规纲要阶段与成果制作阶段的主要内容汇总表 表 2-2-3

规划层次	规划主要方面	总体规划主要阶段的主要内容	
		总体规划纲要阶段	总体规划成果制作阶段
市域层面	区域协调	提出区域协调、设施对接的要求，明确区域协调内容	提出与相邻行政区域在空间发展布局、重大基础设施和公共服务设施建设、生态环境保护、城乡统筹发展等方面进行协调的建议
	空间管制	确定生态环境、重要资源、自然灾害高风险区、自然历史文化遗产等市域空间管制要素；提出综合目标和管制要求	深化纲要内容
	总体发展战略	提出市域总体发展策略，以及城乡统筹、生态、产业、空间、交通及公共设施等分项发展策略	深化纲要内容
	城镇发展规划	预测市域总人口及城镇化水平；明确市域城镇体系，提出城镇等级与规模、城镇职能和城镇空间结构，确定各级城市、重点城镇的发展定位、规模等	划分政策分区并制定发展指引；提出重点市（镇）发展定位、建设用地规模；提出城镇化和城乡统筹具体策略；提出村镇规划建设指引
	产业发展与布局	提出产业发展方向，制定产业发展战略（策略）；优化产业布局结构	深化纲要内容
	综合交通体系	确定综合交通发展目标和策略；原则提出综合交通设施的布局原则	确定综合交通设施的功能、等级、布局和用地控制要求
	重大基础设施	确定市域水资源、能源、生态环境保护、城市安全等方面的发展目标、主要标准，以及重大设施的布局	在纲要基础上，落实重大设施的用地控制要求
	城乡公共服务设施	提出城乡基本公共服务均等化目标；确定城乡主要公共服务设施空间布局优化的原则与配建标准	确定城乡主要公共服务设施的布局、等级、规模和用地控制要求
	城市规划区划定	提出城市规划区范围；提出禁建区、限建区、适建区范围	制定“三区”相应的空间管制措施
中心城区层面	城市职能、性质和发展目标	分析城市职能，提出城市性质；提出城市发展目标	根据城市性质和发展目标，制定城市综合发展目标体系
	城市发展规模	预测城市人口规模；明确中心城区空间增长边界，提出建设用地规模；合理安排生态用地、农业用地	预测中心城区人口可能的阶段增长情况，预测就业岗位规模，支撑设施配置
	总体空间布局	提出城市主要发展方向、空间结构和功能布局；合理安排城市各类用地；提出人均建设用地标准等要求	明确城市各类用地布局；提出土地使用强度管制区划和相应的控制指标
	产业空间布局	暂不涉及	确定中心城区产业空间组织体系和产业空间布局
	公共管理和公共服务设施用地	提出各类公共服务设施发展目标和规模	确定公共管理和服务设施中心体系；确定主要公共管理和公共服务设施的用地布局
	居住用地	提出住房建设目标，确定居住用地规模和布局，明确住房保障的主要任务，提出保障性住房的近期建设规模和空间布局原则等	深化纲要内容

规划层次	规划主要方面	总体规划主要阶段的主要内容	
		总体规划纲要阶段	总体规划成果制作阶段
中心城区层面	城市道路系统规划	提出交通发展战略；明确交通发展目标、各种交通方式的功能定位，以及交通政策；提出对外交通设施的布局原则	确定对外交通设施的布局，提出重要交通设施用地控制与交通组织要求；确定主要道路交通设施的布局；确定城市道路系统，提出主干路的等级、功能、走向，红线和交叉口控制，以及支路的规划要求；提出城市公共交通发展目标、布局以及重要设施用地控制要求；提出城市步行及自行车系统规划原则和指引；提出停车场布局原则，以及大型公共停车设施的布局、规模等控制要求
	绿地（水）系统规划	提出绿地系统的建设目标及总体布局；提出主要地表水体及其周边的建设控制要求	明确公园绿地、防护绿地的布局和规划控制要求
	历史文化和传统风貌保护	暂不涉及	确定历史文化保护、地方传统特色保护的内容和要求；划定历史文化街区、历史建筑保护范围（紫线），确定各级文物保护单位的范围； 研究确定特色风貌保护区域及保护措施
	市政基础设施规划	明确中心城区各类市政基础设施的规划目标、建设标准和总体布局	在纲要基础上，落实大型设施的位置和用地控制要求
	城市旧区改建	暂不涉及	划定旧区范围，提出旧区改建的总体目标和人居环境改善的要求；明确近期重点改建的棚户区和城中村
	城市地下空间	暂不涉及	提出城市地下空间开发利用原则和目标；明确重点地区地下空间的开发利用和控制要求
	规划实施措施	暂不涉及	明确规划期内发展建设时序；提出各阶段规划实施的政策和措施

注：实际编制过程中，各城市可根据实际情况和需要，适当增补其他内容，如旅游发展规划内容等。

规划成果中文本和图纸主要内容　　表 2-2-4

规划层次	文本主要内容	图纸主要内容
市域层面	区域协调、市域空间管制、城镇化和城乡统筹发展战略、交通发展策略与组织、市政基础设施、城乡基本公共服务设施、市域历史文化遗产保护、城乡综合防灾减灾、城市规划区范围和规划实施措施	城市区位图；市域城镇体系现状图；市域城镇体系规划图；市域综合交通规划图；市域重大基础设施规划图；市域空间管制规划图；市域历史文化遗产保护规划图；城市规划区范围图
中心城区层面	城市性质、职能和发展目标、城市规模、城市总体空间布局、公共管理和公共服务设施用地、居住用地、综合交通体系、绿地系统（和水系）、历史文化和传统风貌保护、市政基础设施、生态环境保护、综合防灾减灾、城市旧区改建、城市地下空间、规划实施措施	中心城区用地现状图；中心城区用地规划图；中心城区绿线控制图；中心城区蓝线控制图；中心城区紫线控制图；中心城区黄线控制图；中心城区公共管理和公共服务设施规划图；中心城区综合交通规划图；中心城区道路系统规划图；中心城区公共交通系统规划图；中心城区居住用地规划图；中心城区给水工程规划图；中心城区排水工程规划图；中心城区供电工程规划图；中心城区通信工程规划图；中心城区燃气工程规划图；中心城区供热工程规划图；中心城区综合防灾减灾规划图；中心城区历史文化名城保护规划图；中心城区绿地系统规划图等

(4)成果上报

规划成果上报需要提交以下材料：

①城市总体规划成果(含文本、图纸、附件)；

②批示文件，主要包括市(县)人民政府申请编制城市总体规划的请示、上级主管部门同意编制总体规划的批准文件；

③相关意见，主要包括人大审议意见及采纳情况、市规划委员会专家委员会论证意见和专家咨询意见及采纳情况、有关部门意见(包括军事部门等)及采纳情况、市规划委员会审查意见及采纳情况、公众意见及采纳情况；

④城市政府和上级规划行政主管部门认为需要提交的其他材料。

2.3 总体规划评估

总体规划评估是实现城市规划滚动编制的重要环节，也是确定城市总体规划是否需要修订的重要依据。住房和城乡建设部颁布的《城市总体规划实施评估办法(试行)》(建规[2009]59号)，确定了城市总体规划评估的必要内容和实施程序。

2.3.1 评估内容

总体规划评估应将依法批准的城市总体规划与现状情况进行对照，采取定性和定量相结合的方法，全面总结现行城市总体规划各项内容的执行情况，客观评估规划实施的效果。评估内容包括：

①城市发展方向和空间布局是否与规划一致；

②规划阶段性目标的落实情况；

③各项强制性内容的执行情况；

④规划委员会制度、信息公开制度、公众参与制度等决策机制的建立和运行情况；

⑤土地、交通、产业、环保、人口、财政、投资等相关政策对规划实施的影响；

⑥依据城市总体规划的要求，编制各项专业规划、近期建设规划及控制性详细规划的情况；

⑦相关建议。城市人民政府可以根据城市总体规划实施的需要，提出其他评估内容。

2.3.2 评估程序

总体规划评估程序一般可分为收集意见、专项评估和综合评估三个阶段。

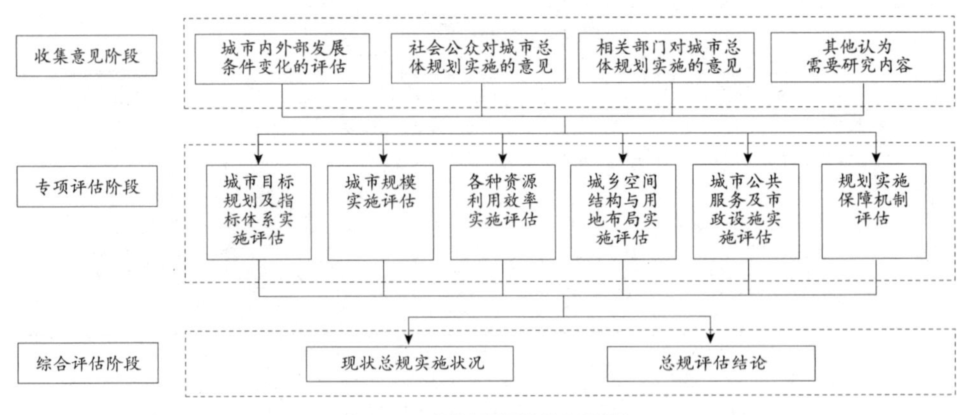

图 2-3-1　总体规划评估程序示意图

（1）收集意见阶段

收集意见阶段包括城市内外部发展条件变化的评估、社会公众对城市总体规划实施的意见、相关部门对总体规划实施的意见和其他认为需要研究内容等四部分。

1）城市内外部发展条件变化的评估

重点评估国家宏观经济社会政策、区域经济发展趋势、重大工程建设、资源环境等内外部重大因素的变化对城市的影响。分析当前国家宏观经济社会政策、区域经济发展趋势，合理推断其对城市所在区域以及城市自身的空间发展、重大设施布局产生的影响。汇总分析行政区划调整（如有）、重大工程建设、重大资源勘测发现、资源环境改变等内外部重大因素的变化，着重分析其对城市发展目标、方向等宏观战略产生的影响及城市总体规划的对应修改。

2）社会公众对城市总体规划实施的意见

规划评估过程中要广泛吸收包括社会组织、企业、个人等各方意见，通过采取包括咨询、座谈、公示、问卷等方式，广泛收集、汇总和分析相关企业、社会团体、广大市民公众等对城市总体规划实施情况的意见和建议。

3）相关部门对总体规划实施的意见

总体规划评估要转变单一由部门编制的方式，采取政府组织、专家领衔、部门合作、公众参与、科学决策、依法办事的方式，采取多种形式征询各相关部门结合本行业实施城市总体规划的情况。

4）其他认为需要研究内容

结合城市实际情况和评估需要，有针对性开展相关研究工作。

（2）专项评估阶段

专项评估阶段包括城市目标规划及指标体系实施评估、城市规模实施评估、各种资源利用效率实施评估、城乡空间结构与用地布局实施评估、城市公共服务及市政设施实施评估、规划实施保障机制评估等六项内容，其中每项内容均包括强制性内容的评估。

1）城市目标规划及指标体系实施评估

通过城市性质、规划总目标、分目标、指标体系的实施情况与现状建设进行比较，分析目标实施中的偏差和原因。

2）城市规模实施评估

比较现行总体规划人口与用地规模预测与城市发展现状的差异，分析差异产生的原因，提出人口与用地规模预测的基本思路。

3）各种资源利用效率实施评估

评估城乡土地、水、能源、环境等战略性资源的利用效率，结合国家宏观政策要求，提出未来集约节约利用资源的基本思路。

4）城乡空间结构与用地布局实施评估

分析现行城市总体规划确定的城乡空间结构和用地布局与实际建设情况的差异，评估内外部条件变化对城乡空间结构和用地布局的影响，提出调整的基本思路。

5）城市公共服务及市政设施实施评估

城市公共服务设施、综合交通设施、市政重大基础设施和综合防灾减灾规划实施评估。

6）规划实施保障机制评估

主要是对规划委员会制度、信息公开制度、公众参与制度、规划年度实施计划等决策机制的建立和运行情况进行评估。

7）强制性内容实施的评估

在上述各项内容评估的基础上，明确城市规划区范围、市域内应当控制开发的用地范围、城市建设用地、城市基础设施和公共服务设施、城市水源地及其保护区范围和其他重大市政基础设施，文化、教育、卫生、体育等方面主要公共服务设施的布局、城市历史文化遗产保护、生态环境保护与建设目标，污染控制与治理措施、城市防灾工程等强制性内容（详见《城市规划编制办法》（2006））。

（3）综合评估阶段

综合评估阶段包括现状总规实施状况和

总规评估结论等两部分。

1）现行总规实施状况

主要包括现状城市总体规划实施的基本情况、主要问题、成因等内容。

2）总规评估结论

明确城市总体规划实施的评估结论，确定城市总体规划是否需要修改或修编，同时提出下阶段总规调整方向。其中，针对需要城市总体规划修改的，提出重点需要修改的内容；针对需要城市总体规划修编的，明确城市修编的发展方向、目标、技术思路和重点解决的问题等。

2.3.3 评估成果

评估成果由评估报告和附件组成。评估报告主要包括城市总体规划实施的基本情况、存在问题、下一步实施的建议等，附件主要是征求和采纳公众意见的情况。

城市人民政府在城市总体规划实施评估后，认为城市总体规划需要修改或修编的，结合评估成果就修改或修编的原则和目标向原审批机构提出报告，并按照城市总体规划修改或修编的流程和内容进行编制。

2.4 总体规划修改

总体规划修改是指根据城市发展中出现的新情况、新问题，对现行总体规划进行补充、完善和修正。应正确处理局部与整体、近期与长远、需求与供给、发展与保护的关系，促进城市经济社会与生态资源环境全面协调可持续发展，编制内容与程序应符合《城乡规划法》（2008）、《城市总体规划修改工作规则》的相关规定。

有下列情形之一的，组织编制机关可按照规定的权限和程序修改城市总体规划：

①上级人民政府制定的城乡规划发生变更，提出修改规划要求的；

②行政区划调整确需修改规划的；

③因国务院批准重大建设工程确需修改规划的；

④经评估确需修改规划的；

⑤国务院或上级人民政府认为应当修改规划的其他情形。

2.4.1 总体规划修改流程

（1）总体规划评估阶段

修改城市总体规划前，组织编制机关应当对现行规划的实施情况进行评估，评估报告应明确修改理由，深入分析论证修改的必要性，提出拟修改的主要内容，以及是否涉及强制性内容。总体规划评估的成果和步骤具体参照本手册的“总体规划评估”章节。

拟修改城市总体规划涉及强制性内容的，城市人民政府除按规定实施评估外，还应就修改强制性内容的必要性和可行性进行专题论证，编制专题论证报告。

（2）成果编制阶段

总体规划修改成果的编制应立足现状调研踏勘及实施评估的全面梳理，继承和维护现行总体规划的正确内容，在客观、深入、细致评估的基础上，有针对性地进行修改，维护已批城市总体规划的权威性和严肃性。

（3）上报审批阶段

修改后的城市总体规划按照《城乡规划法》（2008）规定的审批程序报批。

2.4.2 总体规划修改成果

城市总体规划修改成果包括文本、图纸和附件，附件包括基础资料汇编、规划实施评估报告、修改方案专题论证报告、文本修

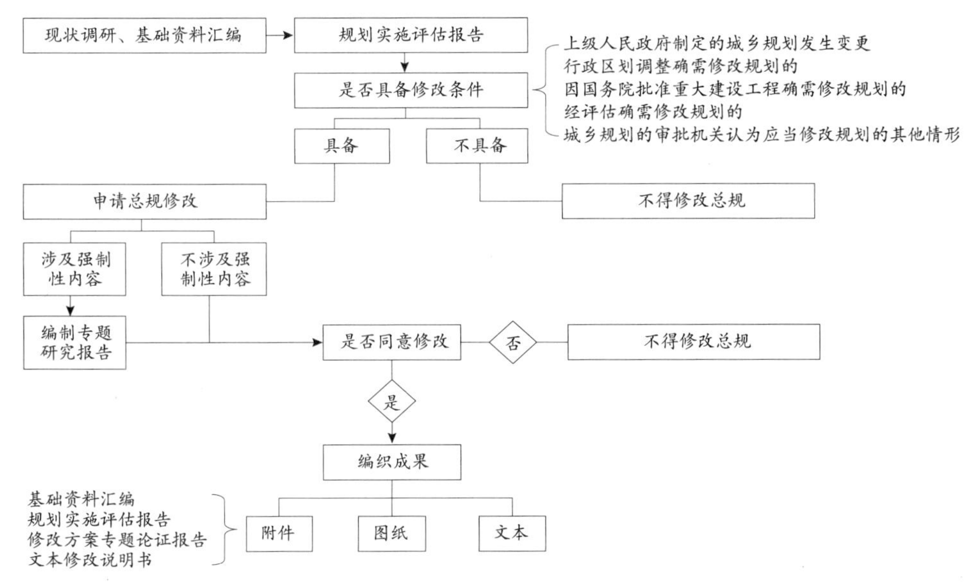

图 2-4-1　总体规划修改程序与成果

改说明书。报批材料包含专家评审意见及采纳情况、公众意见及采纳情况、城市人民代表大会常务委员会审议意见及采纳情况、上级人民政府审查意见、城市政府和上级规划行政主管部门认为需要提交的其他材料。

其中，修改方案专题论证报告、文本、文本修改说明书应针对修改内容进行清晰表述，编制内容与格式应满足以下要求。

（1）修改方案专题论证报告

1）论证内容

修改论证报告应明确现行规划实施中遇到的新情况、新问题，深入分析论证修改的必要性，提出拟修改的主要内容，分析论证城市重大发展问题。拟修改城市总体规划涉及强制性内容的，还应就修改强制性内容的必要性和可行性进行论证。

论证报告内容一般包括：总体规划实施评估，城市职能与目标的论证，应对城市重大发展条件改变的论证，关于修改城市规模的论证，论证城市空间增长的方式和总体布局，城市支撑系统修改的论证及其他方面论证。

2）论证步骤

论证步骤分四步：一是明确需调整的规划内容并分类；二是现行规划实施情况及问题解析；三是发展条件影响分析，包括上层次规划要求、区域发展格局与趋势、城市现状发展条件等；四是方案修改策略与内容。

（2）文本

1）文本内容

总体规划修改的文本在现行规划文本的基础上进行编制。总体规划修改文本由修订说明、正文及附录构成。

2）文本表达方式

正文一般按照宋体字加粗带下划线部分表述为修改后的内容，黑体字加粗部分为条文新增内容。

（3）文本修改说明书

1）说明书内容

文本修改说明书由修订说明、正文构成，针对修改内容分类论证。

2）说明书表达方式

文本修改说明书建议以分类方式进行论

证。论证内容包含并不限于以下类别：应对区域发展格局调整而修改的条文，衔接土地利用规划而修改的条文，强化各类设施支撑而修改的条文，新背景下进行内容和数据更新的条文，取消条文等。

正文采取逐条论证方式，内容一般由三部分构成：原条文、修改后条文及修改说明。

修改说明应重点阐述调整理由，现状概况及问题分析应简明扼要，不应直接照搬基础资料；直接引用法律、条例、规范、相关规划及文件的应注明出处，数据推算应保留计算过程。

文本修改说明书表达方式示例

《某市城市总体规划（2001-2020）》（2010年修订）

——原条文

第五十五条　公路

加快建设衡昆高速公路、太澳高速公路。衡昆高速公路在市区段与永州大道、潇湘大道相交处设置两个出入口。

太澳高速公路在市区段黄狮头、黄甸、龙角岭、老铺岭预留出入口位置。规划建设环城快速路，322国道、207国道、1812省道、永连公路、永东公路、冷竹公路、冷黎公路等城市对外交通和过境交通全部通过环城快速路连接城区道路网。

——修改后条文

第四十二条　公路

加快建设永贺高速公路。泉南高速公路在中心城区外围南侧东西向与二广高速和永贺高速互通。

二广高速、永贺高速、环城高速南连线与城区中部的泉南高速共同构成“日”字形高速路网结构。

规划建设环城快速路，322国道、207国道、216省道、217省道、永东公路等城市对外交通和过境交通，通过环城快速路相接，连接城区道路网。

修改说明

根据现状建设情况，“衡昆高速公路、太澳高速公路”已建成，规划调整为“加快建设永贺高速公路”。根据区域交通规划的命名，原规划所指的衡昆高速改名为泉南高速，并将部分公路名称规范化命名。

结合最新的区域高速路网规划，本次规划修改在原规划的基础上提出形成二广高速、永贺高速、环城高速南连线与城区中部的泉南高速共同构成“日”字形高速路网结构。

2.5　总体规划编制发展趋势

城市总体规划的编制与相关研究是一个需要长期跟踪、动态发展的过程。我国城市发展正处于矛盾凸显期和战略转型期，既有的城市总体规划编制技术方法在实际操作过程中，已表现出越来越多的不适应性，各地多个城市已经通过总体规划编制实践，探索总体规划编制创新。

（1）强调政策属性，促进各部门规划的协同

城市总体规划应逐步由“技术性规划”向“政策性规划”转变，从专业性的用地规划逐步向综合性的公共政策发展，从单纯注重物质形态技术为主的有形空间实体规划转向对公共政策内容的强化。重点梳理界定城市总体规划与国民经济和社会发展规划、土地利用总体规划以及其他相关专项规划的关系，进一步明确城市总体规划是人民政府组织编制和指导城乡发展的纲领性文件，是以空间为载体，涉及区域和城乡经济社会发展的综合性规划，而非建设部门的规划。城市总体规划与国民经济和社会发展规划、土地利用总体规划应在统一核心理念、基本原则和城市主要发展方向的基础上，发挥各自对城市发展的指导和调控作用。但在“三规”的编制方法、技术标准和程序机制上，仍应积极探索结合和协调的方向。城市总体规划与其他专项规划的协调中，一方面应积极主动地纳入其他部门合理的空间目标和空间需求，将专项规划的内容转化为空间布局的管控要求，另一方面也应从城市整体空间统筹的角度出发，对专项规划的内容提出必要的指引。

（2）简化编制内容，着重控制结构性要素

在我国当前的政治经济体制下，通过总

体规划审批来加强对地方政府城市建设发展的控制和引导，反映了国家对土地资源集约节约利用的要求和对民生社会问题的关注，也体现了国家对于总体规划公共政策属性的要求。总体规划应该强化控制作用，实现城市的可持续发展。

总体规划的技术改革方向要适应这种要求。一方面，强化公共政策性质的控制内容，如强调对“三区四线”的控制，对大型公共服务设施、交通及市政基础设施的布局控制；另一方面，从城市规划体系的层次和作用来看，总体规划主要是控制城市的结构，包括功能结构、空间结构、交通结构、公共（市政）服务体系等结构性问题，而将土地利用细分与合理利用、开发建议规模控制、高度控制等留给下一层次规划去解决。

（3）适应存量规划，指导城市更新发展

城市总体规划将越来越多地面对盘活存量建设用地、存量建设用地权属复杂等问题，实施规划建设时应遵循国家相关政策，充分尊重土地使用者的权益。为此，亟需总结一套面向存量建设用地的规划技术方法，采取公众参与、有机更新、逐步渐进的规划策略，并实现完善公共服务设施、增加绿地与开放空间、改善居住条件、提升城市功能与形象等综合效益。

（4）应用大数据技术，实现总体规划编制的信息化

城市总体规划层面涉及的数据种类繁多、数据庞大，既包括反映城乡地理位置的空间数据，也包括描述城乡空间特征的属性数据，同时还需要面对大量的分析性工作，结合定量、定位和动态给予综合评价。伴随着互联网、3S 技术以及智能手机的迅速发展，数据获取与处理已经出现了新的趋向，主要包括：利用软件对网络数据进行挖掘；利用 GPS、LBS 及智能卡等设备，结合 GIS 或网络日志来采集与分析居民行为数据；利用网络地图对获取的数据进行可视化开发。这些技术可以作为大数据时代城市空间研究与规划数据的重要来源，将有利于扩大研究的范围，并增加研究结果的深度和精确性。

目前，大数据在城乡规划领域的应用还处于数据的采集阶段。大数据真正的应用需要一个过程，但可以预计，大数据将有助于打破多部门的信息垄断，增强总体规划编制（修编）的科学性，有利于总体规划向社会开放。

第三章　近期建设规划

近期建设规划根据城市总体规划的要求，确定近期建设目标、内容和实施部署，并对城市近期内发展布局和主要建设项目做出安排。独立编制的近期建设规划是落实城市总体规划的重要步骤，是城市近期建设项目安排的依据。其主要任务是：明确近期内实施城市总体规划的发展重点和建设时序；确定城市近期发展方向、规模和空间布局，自然遗产与历史文化遗产保护措施；提出城市重要基础设施和公共设施、城市生态环境建设安排的意见。

根据《城乡规划法》（2008）和《近期建设规划工作暂行办法》（2002）的相关规定，城市人民政府负责制定近期建设规划。

3.1 编制要求

（1）编制原则

近期建设规划编制需要处理好近期建设与长远发展、经济发展与资源环境的关系；协调好与国民经济和社会发展规划、土地利用总体规划的关系；注重生态环境与历史文化遗产的保护；严格依据城市总体规划，不得违背总体规划的强制性内容。

（2）编制依据与参考

编制依据：①国家城乡规划方面的法律、法规、技术规范等，如《城乡规划法》（2008）、《城市规划编制办法》（2006）、《城市用地分类与规划建设用地标准》GB 50137-2011等；②地方性的法规、技术规范等，如省级、市级政府颁布的规范；③经法定程序批准的上位规划，如城市总体规划、城市国民经济和社会发展计划、城市土地利用总体规划等；④国家现行的其他法律、规章、技术规范等。

编制参考：经法定程序批准的相关规划，如住房、公共设施、工业、生态、环境、交通、旅游、物流、市政设施、地质灾害、矿产资源开发等专项规划以及控制性详细规划；建设项目，如重大建设项目规划等。

（3）规划期限

《城乡规划法》（2008）、《城市规划编制办法》（2006）规定近期建设规划的规划期限为五年，原则上与城市国民经济和社会发展计划的年限一致，其规划期限不再仅限于总体规划期限的前五年，而是五年一个期限的滚动编制。

3.2 工作流程与规划内容

城市近期建设规划的工作流程一般可分为三个阶段：前期工作阶段、技术成果编制阶段和上报审批阶段。

3.2.1 前期工作阶段

近期建设规划的前期工作阶段包括基础资料收集与调研、对总体规划和上一轮近期建设规划实施情况回顾与评价、现状分析总结和专题研究四个方面。

（1）基础资料收集与调研

近期建设规划是指导近五年城市建设的行动计划，涉及几乎所有的政府职能部门，因此编制近期建设规划前应成立近期建设规划相关领导小组，筹划各方面的近期建设计划。

资料收集与调研的方法主要包括现场踏勘、访谈和座谈、文献资料等。

现场踏勘的重点内容是了解城市发展结构，重点建设地区的性质、规模、建设情况，城市建设时序；同时核实地形图和影像图反映的各类用地的建设状况等。

访谈和座谈、文献资料主要内容包括以下几方面：①已批准的上位规划，包括城市总体规划（说明书、文本、图纸、专题）、城

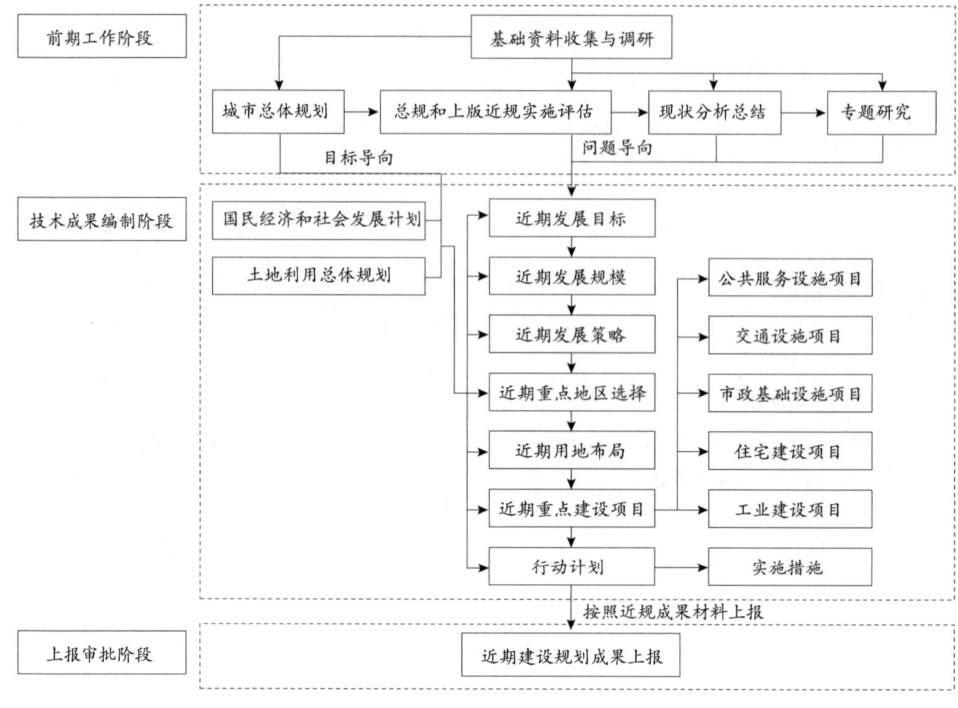

图 3-2-1　近期建设规划编制流程示意图

市国民经济和社会发展五年规划、城市土地利用总体规划；②政府工作报告以及各职能部门、机构（发改、土地、交通、环保、城建、卫生、科教、文化、医疗、体育、市政、工业、园林、矿业、安全）的近期发展设想、投资计划、重点计划项目安排、重点问题以及对用地和设施方面的需求；③准确反映近期建设现状的地形图和影像图；④近几年的土地利用资料，包括建设用地的存量、增量，已批已建、已建未建、未批已建、未批未建用地的变化状况等；⑤公众社团、政府部门意见等相关资料。

（2）对总体规划和上一轮近期建设规划实施情况回顾与评价

编制近期建设规划（首轮除外），都需要对总体规划和上一轮近期建设规划进行回顾与评价，主要包括上轮规划实施的总体效果，城市发展方向，人口与用地规模，土地利用，重点地区和重点项目建设情况，住房、生态环境、市政基础设施、交通设施、公共服务设施等方面建设情况，以及规划管理落实情况等。

总结总体规划和上一轮近期建设规划存在的问题和原因。存在问题主要根据评价内容进行确定。探讨问题存在的原因，一般从城市外界环境的变化、城市发展动力的变化、规划的衔接协调以及规划实施措施等方面入手，根据实际情况进行分析判断。

（3）现状分析总结

近期建设规划的现状分析主要包括地理区位、人口状况、经济发展状况、土地利用状况、道路交通状况、市政设施状况、生态环境状况等方面。

在地理区位方面，分析城市所在省、流

专题研究案例

《深圳近期建设规划（2006-2010）》

专题内容包括以下六个：上一轮近期规划的检讨、城市土地综合利用、公共设施发展策略与布局、市政基础设施建设策略、重点地区发展策略与行动、城市空间政策建议。

域等的位置，与铁路、高速、公路、机场等的距离和关系。在人口方面，分析城市的户籍人口、流动人口、常住人口及就业人口，以及各类人口的增长速度和各类人口在空间上的分布特征。在经济发展状况方面，分析城市的经济总量、产业结构、各类产业增加值、各类产业增长速度、固定资产投资、地均产值，以及各类产业在空间上的分布特点。在土地利用方面，重点分析各类用地面积和占比、各类用地的增长或减少情况，以及各类用地在空间上的分布特点。在道路交通方面，分析现状主要交通设施的建设情况、待建设主要交通设施的类型、位置、规模等。在市政设施方面，分析现状主要市政设施的建设状况，以及待建设主要市政设施的类型、位置、规模等。生态环境方面，分析城市发展的自然生态环境状况、面临的环境问题等。

（4）专题研究

专题研究应在现状分析总结的基础上，针对城市发展中可能遇到的问题和出现的新情况，从关系到城市未来发展的重要问题出发，一般包含上一轮近期建设规划实施的回顾与评价专题、目标定位专题、城市土地综合利用专题、产业发展专题、重点地区和重点项目选择专题、行动计划专题等内容。最终专题研究的设置应根据城市建设实际情况进行确定。

3.2.2 技术成果编制阶段

（1）主要内容

根据《城市规划编制办法》(2006)和《近期建设规划工作暂行办法》(2002)的相应要求，近期建设规划的技术成果阶段的主要内容包括以下方面。

1）制定近期发展目标

近期发展目标围绕目标导向和问题导向进行确定。目标导向主要是围绕城市总体规划、城市国民经济和社会发展五年规划以及国家城市发展的方针政策的内容进行确定。问题导向在总体规划和上一轮近期建设规划的实施评价、现状问题分析、专题研究等内容的基础上，围绕区域竞争、经济、土地、交通设施、市政设施等方面进行确定。

在确定的近期发展目标的基础上，建立城市建设指标体系，一般包括经济指标、社会指标、基础设施指标、生态指标等内容。以《深圳近期建设规划(2006-2010)》为例，具体指标详见下表。

2）确定近期发展规模

①近期人口规模：依据近期发展目标，近期人口规模主要从以下两个方面进行确定：一是结合城市国民经济和社会发展五年规划的相关指标，利用城市人口规模预测方法（参见规划术语——人口规模预测）进行测算；二是根据城市土地利用总体规划的用地规模、人均建设用地指标，测算近期人口规模，最后考虑近期建设的实际情况，综合确定近期人口规模。

②近期用地规模：近期用地规模包括新增建设用地规模和存量用地规模。新增建设用地规模主要依据近期发展目标，结合国民经济和社会发展五年规划及土地利用总体规划的相关要求，在综合分析现状城镇建设用地特点和发展趋势的基础上，通过判断近期经济社会发展对城镇建设用地的需求和城市土地资源状况进行确定。存量用地规模主要依据城市更新（“三旧改造”）项目进行筛选，通过确定近期建设的主要改造项目进行确定。新增用地分类型差异化满足不同类型的用地

深圳近期建设规划指标体系汇总表　　表 3-2-1

类别	指标名称	单位	2005 年现状值	2010 年目标值
经济效益	人均生产总值	美元 / 人	6588*	15000
	人口规模	万人	598*	750
	万元 GDP 能耗	吨标准煤 / 万元	0.55*	≤ 0.5
	万元 GDP 水耗	立方米 / 万元	47.2*	≤ 37
	人均建设用地	平方米	117	104
	单位建设用地 GDP（其中：特区外）	亿元 / 平方公里	7.0（4.1*）	≥ 11.4（≥ 8）
	单位工业用地增加值	亿元 / 平方公里	10.0	≥ 17
	单位建设用地地方财政收入	亿元 / 平方公里	0.59	≥ 0.90
社会服务	新增住房建筑面积	万平方米	—	5700
	人均住房使用面积	平方米	20.9*	≥ 25
	人均公共文化设施活动面积	平方米	—	1.0
	人均公共体育设施活动面积	平方米	—	1.6
	万人医院病床数	张 / 万人	13.3*	≥ 15
	九年制义务教育学位供给	万学位	68.1*	97
基础设施供给	公共交通分担率	%	38.5*	≥ 60
	高峰时段城市平均车速	公里 / 小时	—	≥ 25
	人均道路面积	平方米	12.1*	12.0
	轨道交通通车里程	公里	21.9*	140
	给水供应能力	万吨 / 日	522*	720
	电网供应能力	万千瓦	700*	1400
	污水处理厂规模	万吨 / 日	148*	350
	居民管道气用户	万户	56*	110
	城市燃气管网覆盖率	%	28	≥ 35
	生活垃圾焚烧处理（发电）规模	吨 / 日（兆瓦）	2900（42）	8000（110）
	生活垃圾无害化处理率	%	81	≥ 95
	城市污水集中处理率	%	47*	≥ 75
生态建设	城市绿化覆盖率（其中：建成区）	%	47.6*（39.0*）	≥ 48（≥ 40）
	自然保护区覆盖率	%	11.95*	30
	人均公共绿地面积	平方米	16*	≥ 16
	水土流失动态裸露面积	平方公里	78	≤ 35
	城市河流水质达标率	%	46.7*	≥ 60

注：带 * 号为 2004 年数值。

需求，例按照市场需求规模提供常规居住和商业用地；以结构优化和效益提升为目标限量供应新增工业用地规模。

3）近期发展策略

依据近期发展目标和城市总体规划的相关要求，结合城市发展建设状况，确定近期发展策略。一般包括空间发展策略、新城（区）建设策略、产业发展策略、整体时序发展策略等内容。

空间发展策略主要落实城市总体规划对

城市空间结构的发展思路，并针对具体建设工作提出建议；新城（区）建设策略主要明确该地区的发展目标、发展方向，提出土地、交通、公共设施等方案；产业发展策略主要明确重点产业的发展方向、思路、重点发展领域，并对用地、新建项目提出措施等相关要求；整体时序发展策略主要明确近期的发展方向和重点，以及与城市总体规划的衔接。

4）确定近期重点发展地区

近期建设规划中的重点发展地区，是市级政府在规划期内需安排重点推进的、对城市的近中期发展具有战略性影响的地区。

选择重点发展地区的原则：符合城市发展方向、对城市发展具有战略性影响的地区；符合市级政府需要重点采取行动的地区；符合市级政府利用其优势资源、集中力量推进的地区；符合政府在规划期内即采取行动的地区。

在遵循重点发展地区选择原则的基础上，依据城市近期发展目标，确定近期建设重点发展地区。

5）近期建设空间结构与用地布局

近期建设空间结构主要依据近期重点发展地区和城市发展方向确定。近期建设用地类型需要与土地利用总体规划中的用地进行衔接，用地布局应主要考虑突出近期建设重点，空间分布与重点发展地区、重点建设项目相衔接。

近期建设控制体系主要包括建设用地控制线、城市生态绿地控制线、非城乡建设用地控制线、建设用地增长边界控制线。建设用地控制线主要依据城市建设用地现状和近期建设用地规模进行划定；城市生态绿地控制线是在落实城市总体规划和土地利用总体规划的基础上，尊重城市自然生态系统的前提下划定。

6）近期专项规划

综合交通规划：确立近期交通规划发展目标，制定发展战略或策略；围绕着近期交通规划发展目标和策略，分类确定交通建设计划。可分为对外交通计划、路网优化计划、公共交通计划等。

市政基础设施建设规划：城市市政基础设施规划要在总体规划的框架下，结合城市近期土地投放计划、城市重大项目的安排、城市主要道路修建及城市拆迁、危旧房改造等，确定各项基础设施的建设目标、工作重点，指导各年度实施计划的编制。包括给水、雨水、污水、电力、通信、燃气、供热、环卫、防灾等工程规划。

公共服务设施规划：城市近期建设规划中的公共服务设施主要包括教育、医疗卫生、体育、社会福利、科技、商业等内容。各类城市公共服务设施规划要基于对现状的分析和对未来的预测，即各类设施的规划需在对现有设施整合的基础上，统筹未来城市社会经济发展需求。规划应制定规划目标、政策导向、实施方案。

居住用地规划：预测居民住宅需求总量，根据住房需求规模和供应建设要求，确定住宅用地供应规模；根据实际情况与国家房地产等政策制定近期合理的住宅供应结构；按照“城市总体规划”人口与用地要求，按照城市的不同地区和空间结构引导住宅布局；确保近期经济适用房等保障性住房的建设，确定近期居住用地建设规模、用地规模和布局。

历史文化名城与街区、风景名胜区等保护规划：《城市规划编制办法》（2006）中第三十六条明确指出在城市近期建设规划应包括确定历史文化名城、历史文化街区、风景名胜区等的保护措施，城市河湖水系、绿化、环境保护、整治和建设措施。尤其是已编制历史文化名城保护规划的城市，如何在近期落实保护规划中明确的保护内容，在各项保护原则和保护措施的前提下开展城市建设，是近期建设规划历史文化名城保护部分的规划目标。

7）近期重点建设项目

在整合各级政府各职能部门，国民经济和社会发展规划中的近期发展设想、投资计划、重点计划项目安排以及对于城市用地和设施方面的需求的基础上，确定近期重点建设项目。

近期重点建设项目一般分为两种类型：一类是为了达到近期建设目标，政府应优先建设的项目，如城市基础设施、非营利性公共设施、绿地、市政设施、政府重点扶持工业区等；另一类是根据市场规律的建设项目，如商品住宅、产业用房、商业设施等。

近期重点建设项目的内容主要包括文化、教育、医疗、体育等重要的公共服务设施项目、重要的交通设施项目、市政基础设施项目、住宅项目、工业建设项目、环境整治项目、公园绿地建设项目等。需对其从用地、性质、位置、规模、投资、时限等方面有针对性地控制和引导近期建设项目的建设实施。

8）行动计划

近期行动计划结合近期发展策略、近期重点地区和重点建设项目，主要包括区域协调合作、工业建设、居住建设、城中村改造、交通建设、生态保护、基础设施建设等方面，可根据具体情况适当增加。

行动计划案例

《深圳近期建设规划（2006-2010）》

制定八大行动计划：

一、深化拓展与相邻城市在建设领域的合作——"跨界合作"计划；

二、推进工业园区的集中建设和整合——"园区建设与整合"计划；

三、全面推进城中村改造——"城中村改造"计划；

四、建设具有和谐生活氛围的城市居住社区——"和谐住区"计划；

五、塑造兼具自然与人文特色的滨海城市岸线——"阳光海岸"计划；

六、大力发展公共交通——"公交优先"计划；

七、打造安全可靠的水资源和能源保障系统——"资源保障"计划；

八、构建现代化的市政供应、城市安全和环境保护等基础设施网络——"基础设施提升"计划。

9）规划实施措施

市政府各级主管部门、各区县政府是近期建设规划实施的责任主体。在市政府的统一部署下，具体负责建设项目、用地供应以及各项发展规划的落实。

实施措施包括：建立土地供应制度、明确规划实施的职责、制定年度实施计划、完善规划实施管理、加强规划实施监督检查、加强规划的法律地位、规范近期规划审批程序。

（2）规划成果

城市近期建设规划的成果包括规划文本、规划图纸及规划附件三部分。

1）规划文本

规划文本是对规划的各项目标和内容提出规定性要求的文件，包括以下内容：总则，近期发展目标与策略，近期发展规模，近期城市总体布局，近期专项建设规划与项目建设规划，近期建设项目整合与综合性行动计划，实施政策与措施，附则、附录。

根据《近期建设规划暂行办法》（2002）第七条和《城市规划编制办法》（2006）的第三十七条明确规定，在规划文本中应当明确表达规划的强制性内容。

2）规划图纸

近期建设规划规划图纸主要包括：城市用地现状图，城市近期建设用地规划图，城市近期用地供应与调整指引图，城市近期重点建设地区与分区管制规划图，城市近期重大交通设施规划（项目）图，城市近期重大公共设施规划（项目）图，城市近期重大市政设施规划（项目）图，城市近期居住用地（住区）规划（项目）图，城市近期自然与历史文化遗产保护规划，城市近期绿地与景观设施规划（项目）图，城市近期水系与环境综合整治规划（项目）图，城市近期重大工业及仓储设施规划（项目）图，城市近期重大防灾设施规划（项目）图，城市近期“四线”控制图（绿线、紫线、蓝线、黄线）等。

3）附件

规划附件包括近期建设规划说明书、近期建设规划专题研究报告、基础资料汇编等。

3.2.3　上报审批阶段

近期建设规划上报需要提交以下材料：

①城市近期建设规划成果（含文本、图纸、说明书和研究报告）；

②城市近期建设规划编制完成情况的报告，主要内容应包括工作启动和完成时间、委托规划编制单位名称、工作开展过程、组织领导机构、编制经费投入、重点项目的落实情况、规划期末中心城区建设用地规模等内容；

③相关意见，主要包括同级人民代表大会常务委员会意见及采纳情况，政协委员会意见及采纳情况，专家意见及采纳情况，公众意见及采纳情况等；

④城市政府和规划行政主管部门认为需要提交的其他材料。

第四章　战略规划

战略规划名称源于“Strategic Urban Planning”，本意为“城市发展战略性规划研究”，旨在解决城市的战略性发展问题。相比之下，概念规划的目标导向意味更明显，涵义也更加宽泛，大到城市乃至区域，小到街区、街道空间，都可以开展概念规划。

我国战略规划的研究是伴随着各地对传统规划体系的反思出现的，有其特殊的时代背景。2000 年前后，我国社会经济发展进入全面转型期，总体规划因编制审批时间过长、表达格式固定等客观问题，面对市场化建设机制和快速城镇建设模式表现出越来越明显的不适应性，以《广州城市建设总体战略概念规划纲要》（2000）为代表的战略规划因其编制周期短、更能体现地方政府的施政纲领等特点，迅速成为新一轮地方规划热点。

战略规划目前仍属于非法定规划范畴，也被称为“战略规划研究”。迈克尔·波特曾经提出：“战略，就是对拟达成目标设定限制。”目标有近期和远期，相应的，战略规划也因解决近期发展还是远期发展问题两种导向而存在两种不同的技术路线：以研究近期战略框架为导向的称为“城市空间发展战略规划”，这也是国内 2000 年至今“投资拉动”背景下大多数城市战略规划的编制思路；以研究远期战略纲领为导向的称为“城市发展战略规划”，侧重对城市未来社会、经济发展的综合研究，类似于城市的“竞争宣言”，目前国内只有上海、深圳、武汉等少数特大城市编制了诸如上海 2040、深圳 2030、深圳 2040、武汉 2049 等发展战略研究。

本章重点介绍城市空间发展战略规划的编制流程和技术要点，结合宏观背景转变对战略规划的发展趋势做出展望。

4.1 工作理解

战略规划的主要任务是：通过多角度、多尺度、多专业综合分析，紧抓城市发展核心问题和重大机遇，描绘城市发展愿景，提出整体发展战略与重大问题的支撑策略，并对规划实施路径进行设计。

国内外的多样实践显现出对战略规划的理解不同；不同的城市发展阶段，战略规划的编制重点也不同，目前国内多数战略规划是作为修编城市总体规划前的参考依据。

国内外战略规划概念梳理　　表 4-1-1

国外战略规划		国内战略规划	
时间、国家、名称	主要内容	时间、名称	主要内容
1960 年：波兰，整体规划	把各种因素结合起来的全面综合规划	1970 年代：香港，发展策略	综合土地利用—运输—环境的发展大纲。包括全港和次区域两个层面
1968 年：英国，结构规划	制定区域范围内的发展框架和土地开发政策，改善区域自然环境和交通管理体系；是详细规划制定的依据，具有法律效力	1991 年：战略规划	通过制定城市或地区的发展目标，明确城市或地区的性质职能，制定开发政策，确立定额指标，为城市发展城市建设提供宏观指导
1971 年：新加坡，概念规划	介于区域规划与总体规划之间；明确分阶段发展目标，提出综合的土地利用和集体规划以及居民点体系布局	1999 年：战略规划	战略规划是全市域在可预见的未来（X 年）对市域范围城市远景发展的分析研究，作为城市发展目标和总体规划的支撑和依据
美国，综合规划 德国，土地利用规划 日本，地域规划	国家层面的战略规划	2001 年：概念规划	在大中城市及其经济区域范围内，研究城市性质、职能等重大问题，对城市未来空间发展的战略规划进行指引，并指导开发建设
		2003 年：城市发展战略	通过研究，对城市未来的宏观发展作出合理的预测、判断，提出城市未来发展的重大策略
		2006 年：城市空间发展战略	有强烈的空间属性，在国内经常简称为战略规划；具有基于地方政府的事权和非法定性，是对传统的规划编制体系的一种突破

广州两版战略规划编制主要任务的对比 表 4-1-2

2000 年战略规划主要任务	2009 年战略规划主要任务
核心问题与重大机遇	
经济全球化、中国加入 WTO 与知识经济、信息社会等发展机遇与挑战；应对行政区划调整，提升城市竞争力，寻找城市新的经济增长点	国内外社会经济发展模式转型；规划导向"从拓展到优化提升"，重视城市运行效率与品质提升；交通枢纽和生态环境优越地区战略价值受到前所未有的重视
发展愿景	
一个繁荣、高效、文明的国际性区域中心城市；一个适宜创业发展又适宜居住生活的山水型生态城市	以科学发展观为统领，以世界先进城市为标杆，打造综合性门户城市、南方经济中心、世界文化名城，实现国家中心城市的定位。将广州建设成为广东宜居城乡的"首善之区"，和服务全国、面向世界的国际大都市
整体发展战略	
外延式"拓展"；八字方针——南拓、北优、东进、西联	内涵式"优化到提升"；十字方针——南拓、北优、东进、西联、中调
支撑策略	
三大策略：城市拓展策略——东进、南拓展；生态格局策略——大山水格局；交通发展策略——适度超前	五个转型：从城市到区域——强化区域中心；从制造到创造——发展现代产业；从实力到魅力——建设文化名城；从安居到宜居——构筑宜居城乡；从二元到一体——实现城乡统筹
实施路径	
区域中心城市地位得到了巩固和提升；大力拓展城市空间，优化城市功能布局；适度超前建设以道路交通为重点的城市基础设施；全面提高城市整体环境质量	生态优先、串珠发展；优化主城、构建新区；文化复萌、强化特色；制度保障、持续发展

4.2 工作流程与技术要点

总结国内众多战略规划实践，大致可按照分析核心战略问题、制定城市发展战略、研究支撑策略、明确实施路径四个阶段开展。规划技术流程如图 4-2-1 所示。

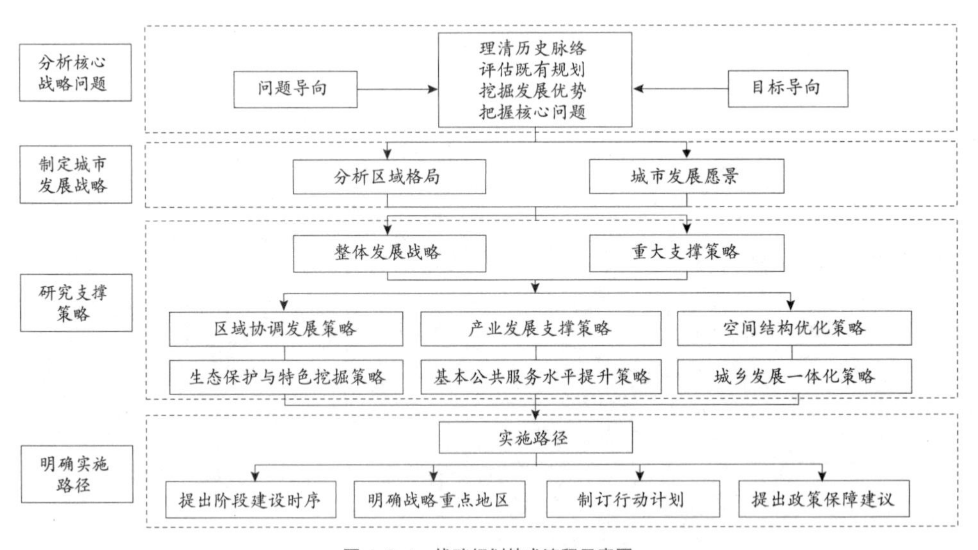

图 4-2-1 战略规划技术流程示意图

4.2.1 分析核心战略问题

（1）梳理城市发展的历史脉络

深入研究城市区位特征及演变、城镇化发展阶段、用地增长及演变情况、人口与就业演变特征、产业结构演变与发展阶段、生态格局变化规律、自然资源基本特征、历史人文与社会发展状况等，对不同阶段的核心发展动力进行纵向对比分析，总结城市发展历史演变规律，提炼城市当前发展阶段的主要特征。

（2）评估既有规划

解读历次城市国民经济与社会发展规划、城市战略规划、城市总体规划、重大城市专项规划等，分析规划目标定位、发展规模、主导思路、空间布局、重大设施、实施计划等内容，综合评价对战略规划的借鉴影响，以及战略规划需进行重点修正、研究的内容。

（3）挖掘城市发展的竞争优势

结合城市现状建设情况与发展需求，与同尺度、同类型、同发展阶段的城市进行比较，或采取不同空间维度的横向剖面分析，总结城市当前发展特征与既有优势，如历史文化优势、生态资源优势、区域交通优势、政策制度优势、土地资源优势产业发展优势等，挖掘引领城市未来发展的主导发展要素及战略空间节点。

（4）分析现状发展的核心问题

在前面三个视角分析基础上，综合运用归纳总结、公众咨询等方法，从区域一体化、城市竞争力、文化基因保护、生态资源本底等角度，分析本地区发展所面临的问题，归纳、提炼影响城市发展的重大问题，分析问题产生的深层次原因，确定战略规划开展的工作方向与主要任务。

4.2.2 制定城市发展战略

（1）分析区域格局

从全球网络、区域一体、全域统筹等不同空间层次，分析区域发展条件和制约因素，提出区域城镇发展战略，优化现有城镇结构、职能分工和空间布局，挖掘战略发展和预留地区，原则确定区域重大公共服务设施与基础设施的建设目标和总体布局，论证城市在区域发展中的地位。

（2）明确城市的发展定位

从区域格局、历史脉络、比较优势等角度，综合运用区域分析、情景分析、综合比较等方法，结合区域发展态势及相关规划、政策解读，阐明城市在不同区域经济分工中的地位，所要达到的发展阶段与水平，专业化分工与综合发展方向，社会和谐、经济可持续、生态文明等各方面的城市发展目标，提出城市发展的区域功能、产业功能、社会文化形象等城市定位。

（3）城市规模导控

依据城市生态环境承载力，预测城市发展的人口规模，划定禁建区、限建区、适建区，研究中心城区空间增长边界，划定建设用地

把脉核心问题案例启示

惠州城市概念规划：设置了城市竞争力专题研究，运用区域经济学分析方法，构建了竞争力指标体系；通过分析珠三角城市竞争格局，辨析惠州城市综合竞争力。

深圳 2040 发展战略规划：在编制过程中通过设置 2040 民众讨论网络平台，广泛征集市民对规划编制的想法，并针对深圳居民进行即时问题收集或疑问解答。

研判区域格局案例启示

深圳 2030 城市发展策略：为应对区域经济一体化进程加快，开展“区域发展策略”专题研究，提出“与香港共同发展的国际都会”的目标。

渭南市城市发展战略规划：以与西安的关系为切入点，在对区域交通联系、产业外溢及重大基础设施等分析的基础上，借鉴郑汴一体化、广佛一体化、沈本同城化、太原晋中同城化、长株潭试验区等相关案例，提出以“西渭同城化”作为渭南城市发展的核心战略。

支撑策略研究案例启示

《墨尔本 2030》对墨尔本过去、现在及未来关注点的变化

墨尔本过去的关注点	现在的墨尔本的关注点	未来的墨尔本
住房	经济竞争	可达性
交通	宜居	吸引力
健康与教育	多样人群	更加开放
环境	吸引人的城市环境	日益繁荣
娱乐	经济机会	—
—	发展压力	—
—	贫富差距	—
—	交通选择	—
—	环境破坏	—

范围，明确城乡建设用地、农业用地、生态敏感区的规模、比例和位置，提出城市规划区范围的建议。

（4）提出整体发展战略

针对城市发展核心优势与问题，以城市发展目标与定位为依据，高度概括城市发展的“理想模式”或“理想状态”，明确城市优势要素的主要发展趋势。在空间关系上，综合考虑经济、生态、交通等要素，提出与之相对应的空间发展策略。

4.2.3 研究支撑策略

由于编制周期短、实效性强，城市战略规划一般不会对城市发展的各类问题设置大量的专题研究，不同发展阶段战略规划所关注的问题也有所不同。战略规划宜结合当前城市发展阶段及核心问题的识别，有针对性地提出解决城市发展重大问题的支撑策略。

（1）区域协调发展策略

解读区域城镇体系，评估区域产业布局、重大交通走廊、重要基础设施通道、近期重大项目建设等对城市发展的影响，研判城市与区域协调对接的战略地区，提出城际边缘地区合作的可能性及发展策略，建立区域生态保护、环境治理、旅游发展、空间管治等合作及协调机制。

（2）产业发展策略

根据城市资源环境承载能力、要素禀赋和比较优势，梳理改造提升型传统产业和战略培育型新兴产业，强化城市产业发展特色，促进产业优化、转型、升级，提高产业竞争力，建立地方特色鲜明的城市产业体系。

（3）空间结构优化策略

以城市生态资源条件评价为本底，通过不同空间情景的优劣比较，明确当前城市空间的发育阶段，提出城市发展主导方向及空间组织结构，识别、引导或预留城市发展战

产业发展支撑策略案例启示

泸州城市战略规划：采用“果实方法”，围绕泸州“酒城国窖”城市品牌，形成“盟酒—酿酒—卖酒—闹酒—玩酒—保酒—运酒—品酒”的战略链条，带动泸州以酒为核心的产业链整体发展，提升泸州城市品牌的综合品质和丰富内涵。

空间结构优化策略案例启示

香港 2030 规划远景与策略：重点考虑人口增长和经济增长两个因素，制定 6 种发展，并定量测试“低人口增长 + 中经济增长”、“高人口增长 + 高经济增长”两种假设情况，以便具体了解影响规划策略各种可能出现的变化。

略性地区。针对不同城市功能区，提出差异化空间优化策略，如针对中心城区，应明确增长边界，合理处理存量优化与新增用地之间在发展时序、主导功能、服务配套、交通组织、居住就业等方面的差异。针对战略储备地区，应明确重点控制要素，提出规划指引及规划衔接要求，探索土地储备相关制度。针对城乡结合地区，统筹考虑城乡人口、土地、交通、信息等要素的流动，实施分类、分区引导策略；针对跨行政区划地区，注重区域协调与地方诉求，识别边境合作机遇与地区，缝合边界空间。

（4）生态保护策略

将生态文明理念全面融入城市发展，综合评价河流、农田、山体、湿地等生态资源本底条件，合理划定生态保护红线，严格控制战略性生态资源的开发建设。引入低冲击发展理念与技术，保障城市战略性生态空间，营造绿色、低碳的城市生态环境。降低突发自然灾害的影响，预留充足的保障系统容量，保证城市未来拓展的需要。

（5）文化特色发展策略

发掘城市文化资源，凝练城市形象特色，通过整体城市设计及重点地区城市设计、生态控制等手段强化城市特色。加强历史文化名城名镇、历史文化街区、民族风情小镇、古村落等文化资源挖掘和文化生态的整体保护，注重在旧城改造中保护历史文化遗产、民族文化风格和传统风貌，注重在新城新区建设中融入传统文化元素，与原有城市自然人文特征相协调。

（6）公共服务设施支撑策略

建立与完善包括公共服务设施、市政服务系统、交通路网系统等在内的城市空间支撑系统，增加基本公共服务供给，增强对人口集聚和服务的支撑能力。 将公共交通放在城市交通发展的首要位置，加快构建以公共交通为主体的城市出行系统。 根据城镇常住人口增长趋势和空间分布，统筹布局重大城市公共服务设施。

（7）城乡发展一体化策略

对全域城乡用地进行综合评价，整合主体功能区规划、城乡总体规划、土地利用总体规划，明确城市增长边界，对城乡间的重要资源、重大基础设施进行统筹布局，综合利用。坚持新型城镇化发展路径，划定城乡统筹功能区，实施分区引导策略。依据中心城区的发展方向要求，综合考虑村镇发展的自身条件及与主城的互补功能、交通便捷程度等因素，以生产方式的差异化引导村庄聚

生态保护与特色挖掘策略案例启示

《悉尼 2030》提出的“绿色悉尼战略”及行动方案：

战略	规划策略	行动方案
绿色悉尼战略	可持续型更新发展	提高区域范围内能源循环利用和水资源自给
		减少废物、废水的产生以及可能造成的污染
		改进现有建筑的环保性能
		促进现有绿地系统的网络化
		展开政府、企业与社区间在环保领域的合作
	发展区域活动中心旧城区	提供丰富且便利的社区服务设施
		创建地方性的活动集中区域
		鼓励性措施发展当地经济、提高就业水平
		保持本地特色，增加社区的认同感和归属感

集的多元化，实施分类引导策略。

4.2.4 明确实施路径

（1）研究城市建设时序

立足现实发展条件，围绕城市发展目标，优先依托现有发展基础进行开发建设，充分利用区域优势条件（如交通通道、枢纽地区），考虑城市建设开发与生态环境保护的协调性，制定分阶段、可实施的近期、中期、远期建设时序计划。

（2）明确城市战略重点地区

按照空间差异性和相似性，将城市空间划分为数个次功能区，根据不同功能区或空间节点在城市发展中的战略地位，明确城市战略重点地区，如新区、交通枢纽地区、风景旅游区、区域示范合作区。提出重点地区的功能定位、开发规模、空间结构、重大基础设施规划布局等内容，引导开发建设有序进行。

（3）制定行动计划

立足实施，策划对城市发展有重大推动的行动计划，如存量管理计划、产业创新计划、交通畅通计划、智慧城市计划、幸福工程计划、村镇提升计划等，拟定不同行动计划应实施的近期重大项目计划及引导要求（参见规划术语——智慧城市）。

（4）提出政策保障建议

深入了解地方规划实施中遇到的问题，以空间为落脚点，以保障措施为抓手，有针对性地制定城镇化、区域协调、“三规”协调（参见规划术语——“三规”协调）、土地流转、城市经营、新城建设、战略规划后续评估与衔接机制等政策建议。

战略重点地区案例启示

广州 2000 战略规划：提出“南拓”战略，对南沙地区进行战略选择和开发引导。

深圳 2030 城市发展策略：提出“前海”作为深圳未来 30 年的战略支点地区。

行动计划案例启示

深圳 2040 城市发展策略：提出七项行动计划——存量管理计划、城市外交计划、幸福工程计划、智慧城市计划、孔雀引智计划、国际诚信计划、安全增长计划。

宁波 2030 城市发展策略：提出十项行动计划——中心提升、港口功能提升、港湾优化发展、历史文化弘扬、产业创新提升、宜居生活、村镇提升、交通畅通、智慧城市建设、城市形象营销。

4.2.5 成果构成

战略规划通常没有固定成果形式，一般包括研究报告、专题报告、图集等。

可根据需要有选择性地开展专题研究。如广州 2000 战略规划提出 1 份主报告、4 个专题研究报告（城市生态、综合交通、社区与居住、产业空间布局）；深圳 2030 城市发展策略在 1 份主报告、1 份空间咨询报告的同时，开展 12 个专题研究（涉及人口、空间、功能、交通、深港、土地、生态、开发等方面）；上海市城市发展战略研究包括 1 份主报告、3 份报告（上海城市发展战略基础研究、中心城发展战略研究、新城发展战略研究）。

4.3 发展趋势

（1）目标：社会共识的多元协调

战略规划是对城市发展重大问题与未来愿景的集体讨论与共识过程。

受编制时间紧、非法定性及通常作为城市总体规划前期研究等影响，目前国内多数战略规划基本上仍是属于单一专业、精英、小范围、成果式的规划。在改革不断深化大背景下，一些城市的战略规划在传统公众调研、专家评审的基础上，开始将公众参与贯穿于整个规划，并对规划编制产生了一定的实质影响。如深圳 2040 发展战略规划在编制过程中通过设置 2040 民众讨论网络平台，广泛征集市民对规划编制的想法，并针对深圳居民进行即时问题收集或疑问解答。

（2）重点：公共服务的公平与效率

战略规划应回归城市公共服务的产品供给、社会公平、投入效率等基本问题。

在出口导向、房地产投资拉动、追求经济数据等城市发展模式影响下，战略规划表现为一种以空间结构、规模扩张、新区 / 新城建设为主要导向的扩张性规划。在新型城镇化发展背景下，兼顾生态环境与社会公平在城乡发展过程中的成本，成为不可回避的问题。

因此，战略规划协调公共服务产品的投入效率与成本分配公平问题，并提出切实可行的目标、计划、项目及评审框架。如《香港 2030》将“注重优质生活品质的塑造”作为香港未来规划目标与发展挑战的首要任务，不但关注“硬件”环境，也考虑社会、心理、行为的“软件”环境，同时关注“非典”等事件对环境要求的影响。

（3）路径：区域竞争的共赢

战略规划需超越城市自身利益，融入区域乃至全球网络实现共赢。

战略规划所追求的“城市利益”与“城市竞争力”越来越需要在区域乃至全球视角下进行判断、寻找机会，并提出超越自身利益、实现区域共赢的战略选择。如美国 2050 空间战略规划所提出的 11 个巨型都市区域是美国应对经济全球化的重要举措，位于巨型都市区域内的各城市之间的界限已经非常模糊，城市之间通常具有共享的资源与生态系统、一体化的基础设施系统、密切的经济联系、相似的居住方式和土地利用模式，以及共同的文化和历史。

（4）方法：应对不确定性的多元选择

城市未来发展面临更大的不确定性，战略规划往往被寄予一次性为城市未来发展“指明道路”的重任，可能表现出急功近利、固化静态、追求“唯一可能”的特征，需要提供多元性的选择，并持续关注城市未来发展的各种变化。如《香港 2030》重点考虑人口增长和经济增长两个因素，制订了 6 种假如情况，并定量测试了低人口增长—中经济增长、高人口增长—高经济增长两种假如情况，以便具体了解影响规划策略各种可能出现的变化。面对难以预料的情况，《香港 2030》提出建立一个监控系统和一套应变机制，来侦测各种变化，应付未来各种不可预期的情况，以期能够随时调整发展策略并修订实施计划，并依据各种目前未能预期的增长趋势，顺利过渡到各种可供选择的策略。

第五章　分区规划

《城乡规划法》(2008)中并未涉及分区规划的内容，因而导致分区规划从原本“可选择性编制”的有法源依据规划，式微成为定位更为模糊的规划类型及规划层次。但现行的《城市规划编制办法》(2006)规定：“大中城市根据需要，可以依法在总体规划的基础上编制分区规划。”因此如上海、天津、重庆等地，由于其行政分区的规模与中小城市总体规划的规模相当，故仍在各自的《城乡规划条例》或《实施<城乡规划法>办法》中明确了可根据需要编制分区规划，并由城市人民政府审批。

定位的模糊使得分区规划在规划体系的角色更具弹性，具体表现在规划的层次与内容两方面。就层次而言，中、大城市的总规和详规之间，仍需要一个衔接的层次，但空间范围不再受限于“行政分区”，部分城市以片区规划、控制性单元规划或分期分区控规全覆盖等方式取代分区规划；大城市(如上海)则选择在编制分区规划同时划设控规单元。就内容而言，近年来的分区规划编制除需落实分解总规意图外，还需在地域上涵盖城乡全域(如重庆)、专业上统筹各部门。

本章是以《城市规划编制办法》(2006)对分区规划内容及深度的要求为框架，并在发展趋势的部分对分区规划的创新实践进行总结。

5.1 编制要求

分区规划的编制应当依据已经批准的城市总体规划，对城市土地利用、人口规模、公共服务设施及基础设施的配置做出进一步的安排，并对控制性详细规划的编制提出指导性要求。同时，应综合考虑城市总体规划确定的城市布局、片区特征、河流道路等自然和人工界限，结合城市行政区划，划定分区的范围界限。分区规划的编制是以总体规划为基础，规划期限应当与总体规划一致。具体包括以下内容：

①确定分区的空间布局、功能分区、土地使用性质和居住人口分布；

②确定绿地系统、河湖水面、供电高压线走廊、对外交通设施用地界线和风景名胜区、文物古迹、历史文化街区的保护范围，提出空间形态的保护要求；

③确定市、区、居住区级公共服务设施的分布、用地范围和控制原则；

④确定主要市政公用设施的位置、控制范围和工程干管的线路位置、管径，进行管线综合；

⑤确定城市干道的红线位置、断面、控制点坐标和标高，确定支路的走向、宽度，确定主要交叉口、广场、公交站场、交通枢纽的位置和规模，确定轨道交通线路走向及控制范围，确定主要停车场规模与布局。

我国各省、自治区、直辖市颁布的《城乡规划条例》及《实施〈城乡规划法〉办法》中涉及分区规划的内容　表 5-1-1

省、自治区、直辖市	施行时间	涉及分区规划的内容
上海市城乡规划条例	2011-1-1	第十二条 （二）在城市总体规划的基础上，中心城区域内编制分区规划，郊区区域内编制郊区区县总体规划； （三）在中心城分区规划的基础上编制单元规划，在郊区区县总体规划的基础上编制新城、新市镇总体规划；编制城市总体规划，应当明确中心城分区规划和郊区区县总体规划的编制范围和编制要求 第十四条　中心城分区规划由市规划行政管理部门会同相关区人民政府组织编制，报市人民政府审批。行政区域跨中心城和郊区的，其位于中心城范围内的区域纳入中心城分区规划编制范围，编入分区规划的部分并入本行政区的总体规划。该总体规划在报送审批前，应当按照前款规定经区人民代表大会常务委员会审议 中心城分区规划应当明确单元规划的编制范围和编制要求。郊区区县总体规划应当明确城镇规划区和村庄规划区，划分新城、新市镇总体规划的范围，明确编制要求
天津市城乡规划条例	2010-3-1	第十一条　在总体规划的基础上，应当编制专业规划和近期建设规划；根据需要可以编制分区规划。在总体规划或者分区规划的基础上，应当编制控制性详细规划 第二十三条　市人民政府确定需要编制分区规划的，由市城乡规划主管部门会同有关区人民政府组织编制，报市人民政府审批

续表

省、自治区、直辖市	施行时间	涉及分区规划的内容
重庆市城乡规划条例	2010-1-1	第三十四条　因实施主城区城市总体规划需要制定分区规划的，市城乡规划主管部门应当会同有关区人民政府依据主城区的城市总体规划，组织编制分区规划报市人民政府审批，用以指导控制性详细规划、镇规划、村规划的编制
广东省城乡规划条例	2012-5-1	第十二条　大、中城市可以在总体规划的基础上编制分区规划，对城市土地利用、人口分布以及公共设施、城市基础设施的配置做出进一步安排，对控制性详细规划的编制提出指导性要求，其规划期限应当与总体规划相一致。分区规划由城市人民政府城乡规划主管部门组织编制，报本级人民政府审批
吉林省城乡规划条例	2012-3-1	第二十一条　设区城市人民政府的城乡规划主管部门可以在总体规划基础上，编制分区规划，控制和确定不同地段的土地用途、范围和容量，协调各项基础设施和公共设施建设。分区规划由本级人民政府审批，报省人民政府城乡规划主管部门备案
辽宁省实施《中华人民共和国城乡规划法》办法	2010-3-1	第九条　城市可以根据总体规划编制局部地区的分区规划，控制和确定不同地段的土地使用性质、居住人口的分布与密度、建设用地的建筑容量等控制指标，以及城市道路系统与对外交通设施、城市河流和绿地系统、文物古迹与风景名胜、城镇各类工程管线及重要设施的位置和控制范围。分区规划由所在城市城乡规划主管部门组织编制，由所在城市人民政府审批。分区规划应当自批准之日起三十日内报本级人民代表大会常务委员会和上一级人民政府备案
四川省城乡规划条例	2012-1-1	第十七条　市、县人民政府根据需要制定的国家级和省级开发区分区规划必须符合城市、镇总体规划，由开发区所在地的市、县人民政府审批后报省人民政府备案

注：北京市、江西省、云南省、浙江省、湖北省、陕西省、河北省、山西省、黑龙江省、江苏省、安徽省、福建省、青海省、河南省、湖南省、海南省、山东省、贵州省、甘肃省、内蒙古自治区、宁夏回族自治区、新疆维吾尔自治区、西藏自治区、广西壮族自治区等地区《城乡规划条例》及《实施〈中华人民共和国城乡规划法〉办法》中均未涉及分区规划的内容。

5.2 编制内容及流程

分区规划是上承总体规划、下接详细规划与专项规划的重要层次，是深化和补充总规，将总规目标具体落实在空间上的形式之一，应与总规和详规的内容与深度相衔接。

（1）编制内容与流程

分区规划的编制是在总体规划的基础上，对用地进行细化，落实配套设施、市政设施以及市政管线，并强化总规目标至控规建设管理间的衔接效力。其流程大致分为现状调研、草案编制、草案审议及公示、方案审批等阶段。

（2）要点解析

①现状调研及分析：通过现场踏勘、座谈访谈、资料搜集等方式，向各部门（包含发改委、经贸委、规划局、建设局、国土局等）索取相应的数据及规划资料，了解各部门的需求。具体调研内容包含现状用地功能和权属、分区范围及周边的交通条件、景观资源、现有市政基础设施、公用服务设施、民俗文化等。

②在现场深入调查及资料搜集的基础上，对规划区进行现状概况评价和综合分析评价。现状概况评价包括区位、交通、经济实力、人口及城市化、社会事业等；综合发展分析评价包括经济发展评价、产业发展评价、城乡（城市）空间发展评价、相关规划实施情况的评价等。对涉及总体规划确定的规模及空间结构调整、分区资源环境条件及空间发展等重要内容应进行专项研究与细化。

③总规细化及专项规划的评估：如前所述，分区规划的承上启下作用决定了其应与

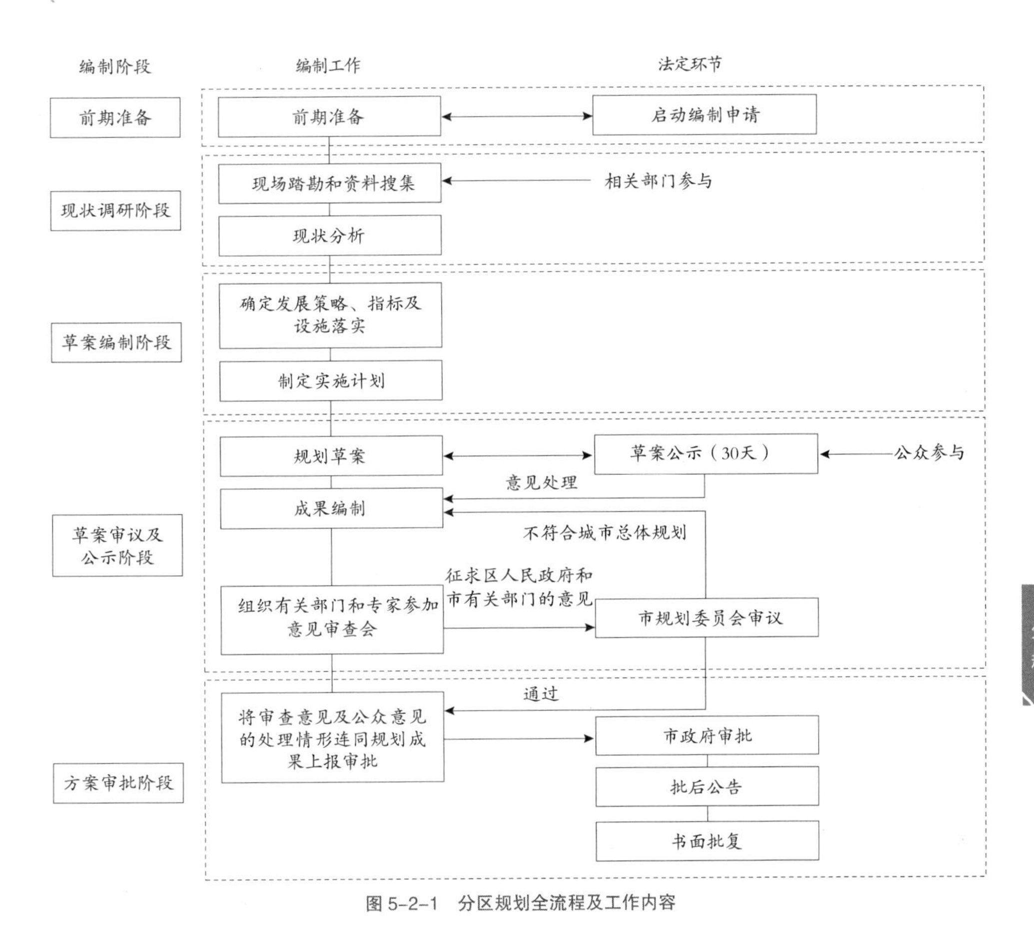

图 5-2-1　分区规划全流程及工作内容

总体规划在目的、规模、设施布局、时间上保持一致，但现实情况下，编制分区规划的目的不仅是对总体规划的细化，还要面对编制地区的实际发展诉求，协调诸如土地、交通、经济、产业、生态等专项规划在编制地区落地的指导指标，以及这些指导指标与总体规划指标间可能产生的冲突，因此编制分区规划需要对相关专项规划以及下层次已经编制完成的控制性详细规划进行有效评估，发现并协调可能产生冲突的内容，在总体规划的指导下，就重要内容（如公共配置指标与标准、土地功能等）展开针对性的深入研究。

④用地及指标的落实与实施：分区规划的方案是基于现状，在总体规划的指导下，进一步地落实和深化指标及相关设施。故分区规划应以总体规划确定的人口为依据，根据服务半径及千人指标，配置区级或小区级的教育设施、管理服务设施、体育设施、文化娱乐设施、医疗卫生设施和社会福利设施等，落实各设施用地（建筑）的规模及布局。预测分区内给排水量、电力负荷、通信量及燃气量，规划市政设施落地，并确定管线的管径及走向。最后提出可评估的实施计划和指标。

（3）成果构成

分区规划成果包括规划文本、图件及附件。

分区规划成果构成[1]　表 5-2-1

成果形式	内容
文本	①总则：编制规划的依据和原则 ②分区土地利用原则及不同使用性质地段的划分 ③分区内各片人口容量、建筑高度、容积率等控制指标，列出用地平衡表 ④道路（包括主、次干道）规划红线位置及控制点坐标、标高 ⑤绿地、河湖水面、高压走廊、文物古迹、历史地段的保护管理要求 ⑥工程管网及主要市政公用设施的规划要求
图件	①规划分区位置图。表现各分区在城市中的位置，图纸比例尺不限一致 ②分区现状图。分类标绘土地使用现状，深度以《城市用地分类与规划建设用地标准》中的中类为主，小类为辅；市级、区级及居住区级中心区位置、范围；重要地名、街道名称及主要单位名称。图纸比例为 1 ∶ 5000 ③分区土地使用规划图。规划的各类用地界线，深度与现状图一致；规划的市级、区级及居住区级中心的位置和用地范围；绿地、河湖水面、高压走廊、文物古迹、历史地段的用地界线和保护范围；重要地名、街道名称。图纸比例为 1 ∶ 5000 ④公共服务设施规划图。包含规划文体、医疗、教育、公共安全、消防等设施布局 ⑤绿地系统规划图。表达公共绿地、生产防护绿地、生态绿地、水域等布局 ⑥分区建筑容量规划图。标明建筑高度、容积率等控制指标及分区界线 ⑦道路广场规划图。规划主、次干道和支路的走向、红线、断面，主要控制点坐标、标高；主要道路交叉口形式和用地范围；主要广场、停车场位置和用地范围 ⑧各项工程管网规划图。根据需要，分专业标明现状与规划的工程管线位置、走向、管径、服务范围，标明主要工程设施的位置和用地范围，如给水、污水、防洪、电力、通信、燃气等 ⑨综合防灾规划图（参见规划术语——综合防灾规划）。表达各类避难场所、疏散通道、医疗系统等 * 依各项目的实际需要，可参考上述内容加以深化、细化及拓展，补充相应图纸
附件	包含基础资料以及规划说明书

5.3 发展趋势

相较于总体规划与详细规划，分区规划的特点和优势表现在两方面：一是编制审批时间相对总体规划短，但对城市用地资料的掌握比总体规划详细，能够满足指导建设的基本要求；二是可以较快实现规划编制的全覆盖，虽比详细规划框架化，但能体现综合发展的概念。

5.3.1 突出综合发展

在新型城镇化背景下，仅涵盖物质空间的分区规划已不能适应城市的发展需求，具有前瞻性、战略性并用发展的眼光给予城市建设指引的分区规划越来越有必要。综合发展概念在分区规划中的应用越来越普及，已成为分区规划的一大发展趋势。

（1）以新城与新区为载体，城市发展研究综合化

综合发展概念在分区规划层面体现为研究的综合化，即以物质空间为基础，从社会人口、产业与经济、空间与更新、综合交通、环境特征、文化内涵等多个方面开展研究，设置经济、产业、交通、市政、城市设计等多个专题，同时整合各层次已编、在编的规划，积极探索支撑综合发展规划的有效机制，推动城市的可持续发展。例如，《深圳市坪山新区综合发展规划》就在一般分区规划基础上，

[1] 李德华 . 城市规划原理 . 第三版 . 北京：中国建筑工业出版社，2001.

提出综合发展策略，空间发展研究、产业发展研究、社区转型与提升、低碳生态专项规划和综合交通规划研究五大专题，成为指导新区建设的纲领性文件。《武汉新城组群分区规划》在内容上将两型社会等战略性内容融入其中，建立了便于管理控制的、跨越行政区划的空间体系[1]。

（2）多专业单位参与，编制及管理的多元化

综合发展概念的另一层含义体现在编制单位和专业的综合化。分区规划不仅仅是规划设计院的工作，还涉及交通、产业、社会、生态等多个研究部门。如深圳龙岗区城市规划委员会在管理方面，从过往单纯关注城市空间规划向城市规划公共政策平台提升转变，为综合统筹土地和空间资源的开发利用，增补了社会学、社科研究、产业经济、社会建设等方面的相关专业机构等，并将管理机构更名为“龙岗区城市规划发展委员会”，体现了综合发展的管理手段。

5.3.2 注重实施效率

（1）编制管理单元，增强分区规划与控规的有效衔接

上海、武汉、重庆等大城市在落实和细化总规的基础上，对分区规划进行完善，以编制管理单元导则来加强分区规划与控制性详细规划的衔接关系。如深圳《南山区分区规划（2002-2010）》将南山区分为11个片区，49个街坊，各街坊（同时也是下层次法定图则的规划范围）落实公共配套、人口规模和建筑总量，实现分区规划与法定图则有效衔接，并高效地指导了法定图则的编制。《上海市主城区分区规划》则在分解细化总体规划的同时，结合上海市规划管理单元，建立空间体系，分解落实人口规模和建筑总量，编制导则作为中心城242个单元规划编制工作的依据，具有较好的控制和管理作用[2]。

（2）加强实施评估与行动计划，提高规划实施效率

强化分区规划分期实施以及近期行动计划的内容与力度，为下一步指导城市建设提供更有针对性的实施方案。如深圳市《坪山新区综合发展规划（2010-2020）》在一般分区规划内容基础上，提出了产业提升、关爱民生、土地高效、交通便捷、设施完善以及低碳生态的行动计划，同时对近期建设的重点地区提出具体的建设指引。

《城乡规划法》（2008）明确规定了城市规划实施评估的内容和程序后，各地也意识到城市规划实施环节的重要性，规划实施评估的需求不断提升，以指导后期的规划编制。分区规划的编制或修编中对上一轮分区规划实施的评估也将成为必不可少的环节。如《深圳市南山区分区规划（2002-2010）》依据《中华人民共和国环境影响评价法》，在分区规划中率先增加了环境影响评价内容，针对水、噪声、大气、固体废弃物、生态等各类环境，提出保护对策和减缓措施，具有一定的前瞻性；且为便于规划的实施，提出了近期建设计划和实施行动计划。

[1] 代伟国．无谓而有为：新时期分区规划编制的探索与思考 // 中国城市规划学会．规划创新:2010中国城市规划年会论文集．重庆：重庆出版社，2010.

[2] 代伟国．无谓而有为：新时期分区规划编制的探索与思考 // 中国城市规划学会．规划创新:2010中国城市规划年会论文集．重庆：重庆出版社，2010.

《深圳市南山区分区规划》环境保护对策和减缓措施一览表　　表 5-3-1

对象	措施	效益
水环境	建设大沙河沿岸截污工程	减少排入大沙河的污染物量，改善大沙河的水质，使其达到地表水V类标准
	新建西丽污水处理厂，处理水作为生态用水回用于大沙河	
	执行污水管网规划，提高城市污水收集率	可削减排入近海的污染物 COD 约 137.4 吨/天，BOD 约 71 吨/天，从而改善近海海域的水质，确保海水水质达到三类标准
	对现有排入近海污水渠进行截污，并将污水送入城市污水管网	
	扩建南山污水处理厂规模（达到 73.6 万立方米/天），将原一级处理工艺改为二级处理工艺；扩建蛇口污水处理厂规模（达到 8.8 万立方米/天）	
	逐步搬迁改造区内的电镀、砂洗纺织、印染及木材加工等水污染企业；发展无污染或轻污染的高新技术企业和临港工业	减少工业废水排放量，减轻城市污水处理厂的污染物负荷
	在西丽水库、长岭皮水库一二级水源保护区内，严格控制新、旧村的开发建设活动，并逐步创造条件易地迁出	确保饮用水源不被污染
	应用生物酶代替烧碱进行印染前处理新工艺	大大降低印染行业的工业废水污染物排放量
	制定节水规划，推广节水措施	减少水资源短缺的压力，减少污水排放量
噪声	在铁路、快速路、主干道等运输干道两侧设置一定宽度的绿化隔离带	减少交通噪声对两侧区域的影响
	西部通道选择合适道路形式（下沉式、暗埋式）	减少对路线两侧的噪声影响
	在居民住宅密集区路段进行声屏障建设	
大气环境	进一步落实和加快妈湾电厂、西部电厂烟气脱硫设施建设	削减大气污染物排放量，SO_2 年排放量从未处理前的 4 万多吨/年，削减到 2000—3000 吨/年（削减约 95%）；对南山区整体大气环境质量将有明显的改善
	南山热电厂提供集中供热，消除 14 家印染企业等燃油锅炉	削减 SO_2 排放量 1211 吨，对改善这些印染企业周边的大气环境有明显的作用
	逐步迁出南油片区老工业区的污染企业规划近期搬迁西丽片区、留仙洞片区的临时性污染工业厂房及赤湾片区的光大木材厂	清除这些厂区排放废气、粉尘对周边居住区的污染影响
	南山热电厂、月亮湾电厂力争 2006 年、确保 2010 年成为广东省液化天然气工程用户	基本上消除 SO_2 的排放，彻底改善南山区的环境空气质量
	燃油电厂和工业锅炉油品采用低硫燃油	减少 SO_2 的排放，确保工业源稳定达标排放，改善企业周边地区的环境空气质量
	对重点工业大气污染源（电厂及南山垃圾焚烧发电厂等企业）实施在线监测，进行实时、自动、连续监控	
	淘汰旧的、超标准的公交和营运车辆；严格执行《深圳经济特区机动车排气污染防治规划》；推动清洁汽车发展；2006 年前全面实施“欧Ⅱ”标准，2008 年力争达到相当于“欧Ⅲ”的排放控制水平。逐步推广清洁燃料汽车	减少汽车尾气污染物排放量，可使环境空气中的 NO_X 与 CO 浓度大幅下降，全面使各功能区的环境空气质量达标
	搬迁光大木材厂	年削减粉尘 6.18 吨，烟尘 15 吨，彻底解决对月亮湾花园和南山荔枝林的污染
固体废物	坪山垃圾填埋场扩容；南山垃圾焚烧发电厂增至 1200 吨/日处理量；规划及建设垃圾焚烧发电厂炉渣填埋场	解决南山垃圾焚烧发电厂残渣出路、解决垃圾量增加的处理量
大气环境噪声	创造条件，利用现有平南铁路开拓以港口集疏为集装箱和散杂货海铁联运；加快地铁线路（线段）进入南山区境内（直至蛇口）；建设广深港高速铁路	可减少穿越南山区境内的疏港汽车车流量，从而降低噪声和尾气排放对环境质量的影响
生态	规划在特区二线靠近南山区一侧保留宽度 100—300 米的组团绿化隔离带	构成北部山体与海域联为一体的生态廊道
	在蛇口片区建立隔离绿化带	减少西部通道及其口岸对周边地区的负面影响
	增加区内绿地面积和林地面积	改善环境空气质量，促进城市生态系统良性循环

第六章　控制性详细规划

控制性详细规划是将总体规划的宏观意图落实于微观布局的重要手段。一方面，借助四线、公共服务设施和市政基础设施的定位、定性和定量，落实上层次规划及相关规划对城市总体资源的调配，提高空间环境的品质；另一方面，则以空间控制为重点，具体规定建设用地的性质、使用强度和各类用地的适建情况，并以用地指标的形式加强导控能力，衔接城乡规划主管部门依法行政、统筹管理的需要，是作出规划行政许可、实施规划管理的依据。因此，控制性详细规划作为公共环境品质维护提升的公共政策及建设控制的技术支撑，需纵观总体环境与局部地块、平衡政府管理与市场趋势、衔接规划编制与建设管理，是具有强烈公共属性、面向实施的操作性规划。

在快速城镇化的发展背景下，各地兴起控制性详细规划全覆盖的热潮，以应对日益增长的建设控制需要。但在实际操作的过程中，发现了诸如控规频繁修编、约束性过强导致无法体现城市特色、城市建设失控等规划管理问题，促使各地开展新一轮控规编制与管理的探索，强调控规编制的与时俱进、控规管理的动态维护以及规划编制与规划管理的紧密衔接。在基于符合各地城市发展阶段、自身条件以及规划管理系统的基础上，“单元规划”、刚弹结合的指标体系、“一张图”管理模式（参见规划术语）、分层编制和分级管理等尝试成为控制性详细规划编制的新趋势，借助编制方法的改善，试图对城市发展与建设的不确定性作出调整，使控制性详细规划能更好地分解落实总体规划意图及指标，适应地方的发展需求及特性。

作为承上启下的关键层次及土地使用权出让的先决要素，控制性详细规划的内容虽然都强调对公共利益的维护与开发建设的调控，但具体的编制和管理方式仍因地方实际情况而有所不同，充分体现因地制宜的特性，无法一概而论之。因此，本章的编制是以控制性详细规划的法定流程为主线，由控规的公共属性出发，规定性要求和指导性内容并举，对控规的核心内容和编制思路进行解析；然后结合各地的实践经验，就控规编制与管理提出案例比较，以体现控规目前应对不同地域所衍生的不同变化，并作为编制控规时的理念参考及技术手段借鉴，以期读者更全面地认识控制性详细规划。

6.1 编制要求

编制控制性详细规划，应当依据已经依法批准的城市、镇总体规划或分区规划，考虑专项规划的要求，以及当地资源条件、环境状况、历史文化遗产、公共安全和土地权属等因素，满足城市地下空间利用的需要，妥善处理近期与长期、局部与整体、发展与保护的关系，并对具体地块的土地利用和建设提出控制指标，作为建设主管部门（城乡规划主管部门）作出建设项目规划许可的依据。编制工作一般分为现状调研、草案编制、方案公示、审批实施等四个阶段。具体应包含以下基本内容：

①土地使用性质及其兼容性等用地功能控制要求；

②容积率、建筑高度、建筑密度、绿地率等用地指标；

③基础设施、公共服务设施、公共安全设施的用地规模、范围及具体控制要求，地下管线控制要求；

④基础设施用地的控制界线（黄线）、各类绿地范围的控制性（绿线）、历史文化街区和历史建筑的保护范围界线（紫线）、地表水体保护和控制的地域界线（蓝线）等四线及控制要求。

6.2 编制流程

6.2.1 现状调研

通过部门资料搜集与现场踏勘，评价现状存在的主要问题，提出初步的规划思路及对策，并作为编制强制性指标控制要求、指导性指标建议的基础分析依据。

调研工作应优先取得能反映现状的地形图（比例尺 1 ∶ 500—1 ∶ 2000）[1]、相关现状分析图（如道路交通情况分析、现状用地性质分析、现状景观分析），以及已批准的城市总体规划、分区规划、相关规划及相关技术文件，对专项规划（如道路交通、景观和绿地系统、基础设施、历史文化保护等）应进行重点解读。调研工作以人口、土地利用、建筑现状、公共设施、市政设施、综合交通等方面为主展开。

6.2.2 草案编制

草案编制阶段应对上层次、专项规划与其他相关规划进行评估，编制规划方案，初步确定控制指标（详见 6.3.1 技术要点——相关规划评估），并征求有关专业技术人员、建设单位和规划管理部门的意见、地籍使用

[1] GB/T 50831-2012 城市规划基础资料搜集规范 . 北京：中华人民共和国住房和城乡建设部，2012.

现场踏勘及基础资料搜集 表 6-2-1

资料搜集类型	调研内容及初步评价	搜集方式及资料来源
综合资料	政府及有关部门制定的法律、法规、规范、政策文件和规划成果等资料	由国土、规划、建设等部门提供；亦可在各级地方规划网站查询下载
自然条件	地形地貌地质、水文（河流水系及地下水等）、生态环境（如植被、生态涵养区、保护区）、气象及自然灾害等资料，可参考城市总体规划或分区规划，并依据规划区的特点进行重点搜集	由国土、测绘、水利（务）、地震、农林等部门提供
历史文化	历史文化街区、历史地段、文物保护单位、历史建（构）筑物、非物质文化遗产、古树名木等资料，可参考城市总体规划或分区规划	由文化、文物、园林绿化、规划、建设等部门提供
人口及社区	搜集人口规模、人口密度、人口分布、人口构成等现状人口详细资料，可依需要进一步调研评价社区组织结构、户/人数、居住建筑可容纳人口总数、社区产业及就业人员规模特征等资料	街道办事处（工作站）、派出所、人口普查、统计资料
土地利用	搜集规划区的拨地红线图及已批准的设计要点，并对土地利用现状（用地结构、现状布局与规模等）进行调查，建议可包括以下内容： 居住（各类住宅、保障性住房、服务设施）； 商业服务业（商业、商务、娱乐康体、公用设施营业网点等主要设施的规模、布局、建筑等）； 工业（工业企业的规模、布局、建筑等）； 物流仓储（物流仓储设施的性质、规模、布局等）； 绿地（公园绿地、防护绿地和广场用地等）； 特殊用地（专门用于军事目的和安全保卫的设施）； 其他（如殡葬设施等）	主要由规划与国土部门信息管理平台提供，配合现场踏勘获得资料，如有需要可进一步咨询有关部门。须特别注意管理平台政策数据有可能与实际使用不符等情况
地籍地价（参见规划术语——地籍）	地籍（土地权属及征转情况，包含历史遗留用地及非农建设用地）、地价及土地经济资料（可针对土地效益、有偿使用状况及开发方式等进行分析）	由国土、规划、建设等部门提供
建筑现状	各类用途建筑分布、建筑面积、建筑质量、建设年代、建筑层数、密度、合法性等，可依当地风貌特色增加对建筑特色、历史文化传统等资料的收集	主要由规划建设部门管理信息平台结合现场踏勘获得资料
公共管理与公共服务	行政办公、文化、教育科研、体育、医疗卫生、社会福利、外事、宗教等设施的规模、布局及建筑等资料，可依情况适度深入调研，如针对文体教育设施管理模式、学位情况等进行访谈	由文化、教育、卫生、体育、科技、民政、宗教事务等部门提供，配合现场调研
综合交通	搜集区域交通设施、城市交通设施和重要地段地下交通设施的用地范围、线形走向、控制要求等资料。并依据轨道交通线路及站点、公共交通场站、社会停车场（库）、步行自行车交通设施的分布与规模等，对现状整体交通情况进行分析与评价	由交通、发改、规划、建设等部门提供
市政工程	主要针对各类公共设施分布、规模与用地面积、管网等级及分布情况等进行资料收集和评价，具体如下： 生态环境（环境质量、生态建设工程、规划范围内排污量等资料，拟改变土地使用性质的原工业用地应搜集土壤污染的评价资料）； 供水工程（用水量、供水工程设施）； 排水工程（排水体制和污水处理厂、达标尾水通道、纳污水体、排水管网等）； 电力工程（用电负荷、电源、供电方式、电力工程设施）； 通信工程（通信用户、通信管网、通信工程设施）； 燃气工程（气源、用气量、供气方式、燃气输配系统、燃气管网、燃气场站等）； 供热工程（热源、热负荷、供热方式、供热管网等）； 环卫工程（垃圾转运站、垃圾收集点、公共厕所和餐厨垃圾处理设施等）； 综合防灾设施（防洪、消防、抗震防灾、人防等资料）	由规划、建设、发改、环保、水利、城管等部门及相关企事业单位提供
地下空间利用	交通、市政等基础设施和地下商业、文化娱乐等公共设施的资料	咨询人防、商务、交通、规划、建设等部门

方意见、利益相关公众意见、相关规划公共管理部门意见，如教育、文体、交通等，讨论、修订、完善方案直至方案确定。

控制性详细规划编制以土地使用控制为主要内容（土地使用性质细分及其兼容范围控制、土地使用强度控制），以实现城市公共服务配置和环境质量保证的主要目的（城市主要公共设施与配套服务设施控制）。

（1）地块与土地使用功能细分（包括兼容控制）

将总体规划和分区规划深化、细化后，具体落实到每片、块建设用地上进行全面控制。为满足土地出让转让提出条件，并指导修建性详细规划编制的核心问题，应进行“定性、定量、定位、定界”的具体控制。其中的技术要点是地块细分，地块细分应考虑规划地区的区位条件、区位城市功能、土地使用功能及混合度、城市设计、土地出让要求、交通支撑条件、确定城市支路网的布局等（详见 6.3.4 容积率与用地兼容）。

（2）建设用地强度控制

对开发（建筑）容量的控制，在这一阶段必须对每片、块不同性质的建设用地进行合理、具体的“容量控制”。根据总体规划密度分区以及分区规划等的指标细化，确定控规中建设用地强度（详见 6.3.4 容积率与用地兼容）。

（3）主要公共设施与配套服务设施控制

落实上层规划确定市、区级公共服务设施，并根据相关规范（如《城市居住区规划设计规范》GB50180—93）进行设施配置。依据地方标准中的“公共设施配置标准汇总表”，对独立占地设施进行“定量、定性、定位”控制；对附设型设施进行“定界、定点、定范围、定量（面积）”的控制，对位置、建筑面积、附设方式给予明确规定（参见规划术语——公共服务设施）。

（4）道路及其设施控制

细化支路网，对街道密度提出要求（线位可在地块出让时调整，但不得取消）；控制道路线位、红线宽度、断面形式、控制点坐标高程、平曲线半径等道路系统要素；控制汽车站、公交场站、社会公共停车场等交通设施用地的布局和红线范围；确定主要道路交叉口管理形式、轨道交通线路及站点的用地红线，理顺规划区内外交通组织关系。

（5）公共空间与环境景观

针对城市重点地区控制公共空间与环境景观，控制内容如开放空间、建筑形体、风貌、整体组合、空间尺度、景观通道和视线通廊、建筑色彩搭配、标志性建筑物及标志物等，在控制性详细规划中，视规划管理的必要性与可行性一并纳入控制性详细规划强制性指标或引导性指标。

（6）工程管线控制

根据规划建设总量，确定市政工程管线位置、管径和工程设施的用地界线，对相应指标进行控制，并进行管线综合规划。

（7）交通承载力分析

必要时，针对城市新区中心地块或者旧区改造地段增加交通承载力分析，以支撑道路网规划及设施优化布局(参见规划术语——交通承载力分析）。

（8）指标体系

控制性详细规划的控制体系一般包括土地使用、环境容量、建筑建造、城市设计引导、行为活动与配套设施等六方面，并具体落实在控制指标上。控制指标一般可分为规定性指标和指导性指标：规定性指标具有强制约束力，不能更改，内容除了包括地块的主要用途、建筑密度、建筑高度、容积率、绿地率、基础设施和公共服务设施配套规定等强制性内容外，一般还将交通出入口方位与停车泊位纳入其中；指导性指标则不具强制约束力，主要包括城市设计引导和土地使用兼容，可根据地区实际进行引导。

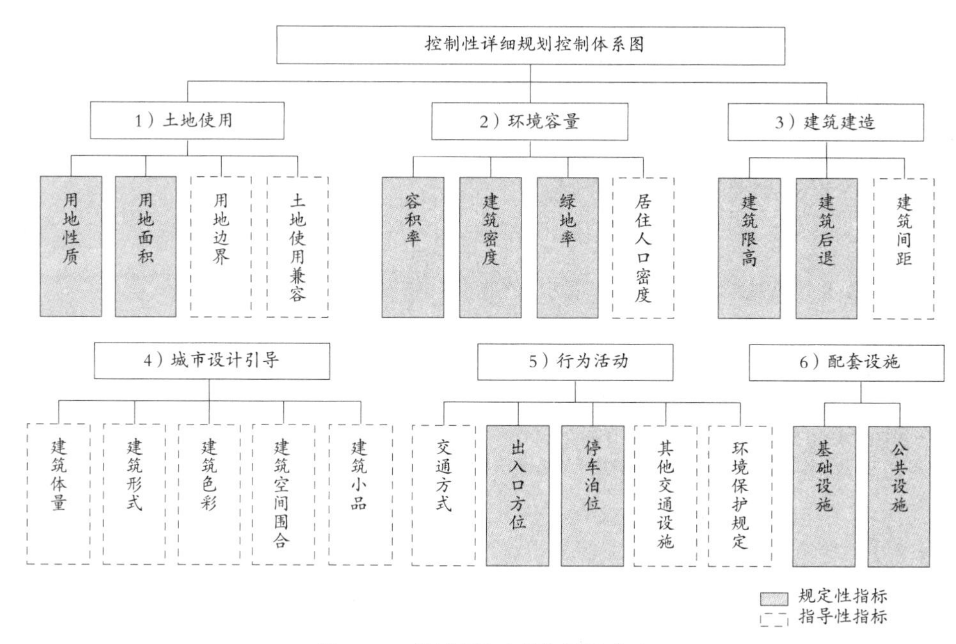

图 6-2-1　控制性详细规划控制指标体系

6.2.3　公示与报批

（1）草案公示与意见回复

根据《城市、镇控制性详细规划编制审批办法》第十二条，控制性详细规划草案编制完成后，控制性详细规划组织编制机关应当依法将控制性详细规划草案予以公告，并采取论证会、听证会或者其他方式征求专家和公众的意见，内容是以法定文件为主，通常包含文本和图则，公示的内容应当包括该控制性详细规划的具体范围、实施时间和查询方式等，且公示的时间不得少于 30 日（批前公示）。对征求的公众意见需要予以明确回复，并在后续报送审批的材料中附具意见采纳情况与理由。展示的时间和地点一般在所在城市的主要新闻媒体上公布，一般的公示方式包括集中展示、分散展示和网上展示三种方式（详见 6.3.5 技术要点——公众意见征求与回复）。

地方条例参考——广东省

《广东省城市控制性详细规划管理条例》第十五、十六条提出，城市规划行政主管部门应当将控制性详细规划草案和审查意见提交城市规划委员会审议，并附公众意见和采纳情况。城镇体系规划中确定由上一级城市规划行政主管部门实施规划监控的区域，其控制性详细规划草案在提交城市规划委员会审议前，应当先征得上一级城市规划行政主管部门书面同意。

控制性详细规划草案经城市规划委员会审议通过后，由城市规划行政主管部门根据审议意见修改完善并报同级人民政府批准。未经城市规划委员会审议通过的，同级人民政府不予批准。

（2）成果编制

根据《城市规划编制办法》（2006）第四十四条，控制性详细规划成果应当包括规划文本、附件和图件。图件由图纸和图则两部分组成，规划说明、基础资料和研究报告收入附件（详见 6.3.3 图则编制）。

（3）成果报批

审查通过后，须将控制性详细规划草案、

控制性详细规划成果构成　　表 6-2-2

类型		内容
文本		总则；规划目标、功能定位、规划结构；土地使用；道路交通；绿化与水系；公共服务设施规划；四线规划；市政工程管线；环卫、环保、防灾等控制要求；地下空间利用规划；城市设计引导；土地使用、建筑建造通则；其他
附件	规划说明书	现状条件分析、总体控制与地块控制的方法和特点、规划构思和主要技术经济指标（用地平衡表、规划容量等）
	基础资料汇总	可单独编制，也可纳入说明书内现状分析章节
图件	主要图纸	规划区位置图； 规划区用地现状图（比例尺 1：1000—1：2000）； 土地使用规划图（比例尺 1：1000—1：2000）； 公共服务设施规划图（比例尺 1：1000—1：2000）； 绿地系统规划图（比例尺 1：1000—1：2000）； 四线控制图（比例尺 1：1000—1：2000）； 综合防灾规划图（比例尺 1：1000—1：2000）； 道路交通规划图（比例尺 1：1000—1：2000）； 各项工程管线规划图（比例尺 1：1000—1：2000）； 各类图纸应包括的内容详见建设部《城市规划编制办法》（2006）及实施细则的相关规定。除上述图纸外，可根据项目的需要增加所需的图纸和必要的分析图，所有图纸均应附图注和图例
	图则	控制性规划图则，分为总图图则（比例尺 1：2000—1：5000）和分图图则（根据需要编制，比例尺 1：1000—1：2000）； 总图图则为规划区用地详细划分之后的地块汇总，反映规划区内道路的用地红线位置，各分地块的划分界线，各分地块编号、用地性质，保留用地和规划用地地块； 分图图则为规划区用地详细划分后的分地块控制图，反映地块的面积、用地界线、用地编号、用地性质、规划保留建筑、公共设施位置及标注主要控制指标； 对于旧区改建控制性详细规划，分图图则一般应分幅绘制，图幅大小、内容深度、表示方式均应规格统一

控制性详细规划组织编制、审批及备案单位　　表 6-2-3

规划类型	组织编制单位	审批单位	备案单位
城市控制性详细规划	城市人民政府城乡规划主管部门	本级人民政府	本级人民代表大会常务委员会、上一级人民政府
镇控制性详细规划	镇人民政府	上一级人民政府	—
	县人民政府城乡规划主管部门	县人民政府	本级人民代表大会常务委员会、上一级人民政府

审查意见、公众意见及处理结果（意见采纳情况、理由）报送审批机关。

控制性详细规划自批准之日起 20 个工作日内，需通过政府信息网站以及当地主要新闻媒体等便于公众知晓的方式，将控制性详细规划的具体范围、实施时间和查询方式等予以公布（批后公告）。

6.2.4 实施管理

（1）归档管理

控制性详细规划审批完成后，组织编制

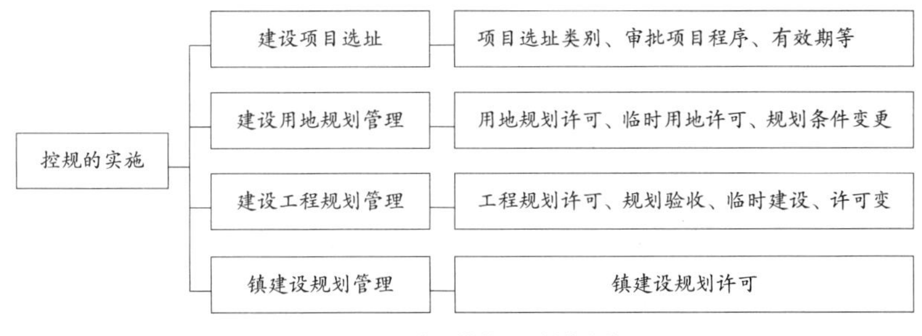

图 6-2-2　控制性详细规划的实施

控制性详细规划对建设的指导作用　　表 6-2-4

分类	目的和作用
划拨国有土地使用权	《城乡规划法》(2008)第三十七条:"在城市、镇规划区以划拨方式提供国有土地使用权的建设项目,经有关部门批准、核准、备案后,建设单位应当向城市、县人民政府城乡规划主管部门提出建设用地规划许可申请,由城市、县人民政府城乡规划主管部门依据控制性详细规划核定建设用地的位置、面积、允许建设的范围,核发建设用地规划许可证。"
出让国有土地使用权	《城乡规划法》(2008)第三十八条规定:"在城市、镇规划区以出让方式提供国有土地使用权的,在国有土地使用权出让前,城市、县人民政府城乡规划主管部门应当依据控制性详细规划,提出出让地块的位置、使用性质、开发强度等规划条件,作为国有土地使用权出让合同的组成部分。未确定规划条件的地块,不得出让国有土地使用权"
条件变更的规定	《城乡规划法》(2008)第四十三条规定:"建设单位应当按照规划条件进行建设;确需变更的,必须向城市、县人民政府城乡规划主管部门提出申请。变更内容不符合控制性详细规划的,城乡规划主管部门不得批准。城市、县人民政府城乡规划主管部门应当及时将依法变更后的规划条件通报同级土地主管部门并公示。建设单位应当及时将依法变更后的规划条件报有关人民政府土地主管部门备案"
核发建设工程规划许可证	《城乡规划法》(2008)第四十条规定:"对符合控制性详细规划和规划条件的,由城市、县人民政府城乡规划主管部门或者省、自治区、直辖市人民政府确定的镇人民政府核发建设工程规划许可证"
核实建设工程	《城乡规划法》(2008)第四十五条规定:"县级以上地方人民政府城乡规划主管部门按照国务院规定对建设工程是否符合规划条件予以核实。未经核实或者经核实不符合规划条件的,建设单位不得组织竣工验收"

机关应建立控制性详细规划档案管理制度和动态维护机制。现部分城市采取了规划管理"一张图"的做法,作为用地、建筑审批的主要依据(参见规划术语——"一张图"管理)。

(2)实施

控制性详细规划是制定规划设计条件(参见规划术语——规划设计条件)、进行土地使用权出让的主要依据,其实施主要是通过核发用地选址意见书、建设用地规划许可证、建设工程规划许可证,进行用地选择与指标落实,例如建筑退线、容积率等,"两证一书"是定性、定量规划的依据[1]。

[1] 尚未编制控制性详细规划的地区,或原有控制性详细规划需要修编的情况下,必须以经批准的规划设计条件为依据。

6.2.5 修改修订

（1）修改

需要对控制性详细规划作出调整时，须由原组织编制控制性详细规划的城市规划行政主管部门或镇人民政府提出建议，并经县（市）城市规划委员会审议通过报原批准的人民政府同意后，按照既定的编制、审批程序进行。

根据《城乡规划法》（2008）的规定，修改控制性详细规划的组织编制机关应当对修改的必要性进行论证，征求规划地段内利害关系人的意见，并向审批机关提出专题报告，经原审批机关同意后，方可编制修改方案。修改后的控制性详细规划，经本级人民政府批准后，报本级人民代表大会常务委员会和上一级人民政府备案。控制性详细规划的修改必须符合城市、镇总体规划。控制性详细规划修改涉及城市总体规划、镇总体规划强制性内容的，应当按法律规定的程序先修改总体规划。在实际工作中，为提高行政效能，如果控制性详细规划修改不涉及城市或镇总体规划强制性内容，可以不必等总体规划修改完成后，再修改控制性详细规划。

地方条例参考——深圳市

深圳法定图则对图则修改制定了明确的规定。出现下列情况之一时，应修改法定图则：一、城市总体规划发生变化，对分区的功能与布局发生较大影响的；二、重大项目的设立，对分区的功能与布局发生较大影响的；三、对法定图则实施的定期检讨过程中，市规划委员会认为有必要修改的；四、公众人士对法定图则实施的修改意见，获得市规划委员会接纳的。

（2）修订

仅涉及单条城市支路线型或宽度、单个地块建筑高度、建筑密度等内容的控制性详细规划修改；或单个地块细分与多个地块组合（总量不变），经评估不会影响本地区公共服务设施及市政基础设施配置者。由组织编制机关提出调整方案，同时公示周期可以适当缩减，但必须征求利害关系人（相邻地块）的意见，经原审批机关同意后公布实施。

控规的修改分类一览表　　表 6-2-5

分类	重大修改	局部修改	管理文件的调整	技术更正
含义	指因相关的专业系统规划、专项规划、重要地区城市设计、修建性详细规划或因建设项目其他规划实施条件发生变化，导致对已批准的控规的强制性内容作重大变更	指因相关的专业系统规划、专项规划、重要地区城市设计、修建性详细规划或因建设项目其他规划实施条件发生变化，导致对已批准的控规的强制性指标作局部变更	指在控规法定文件确定的强制性内容不变的前提下，因建设项目的审批而导致对已批准的控规的规定性内容所作的变更	指对已做出行政审批的出图表达错误或信息误差等进行技术性更正
修改程序	必须编制控规单元实施评价和修改论证报告及修改方案；由原组织编制机关负责，并按原审批程序报批	法定文件的局部修改，一是要编制控规局部修改论证报告；二是应组织专家论证；三是涉及公众权益的，审批前应由组织编制机关组织对局部修改草案公示，征询公众的意见；四是由原组织编制机关负责审查，上报城规委审议后，报市人民政府批准，并定期统一报市人大常委会和省规划部门备案	首先编制控规管理文件调整可行性论证报告，经局审会议讨论通过的登记入册，并及时相应调整地块指标，并纳入规划局的"一张图管理"系统	由申请人提出更正报告，报原组织编制机关局审会议讨论后，由原组织编制机关定期报市人民政府审批

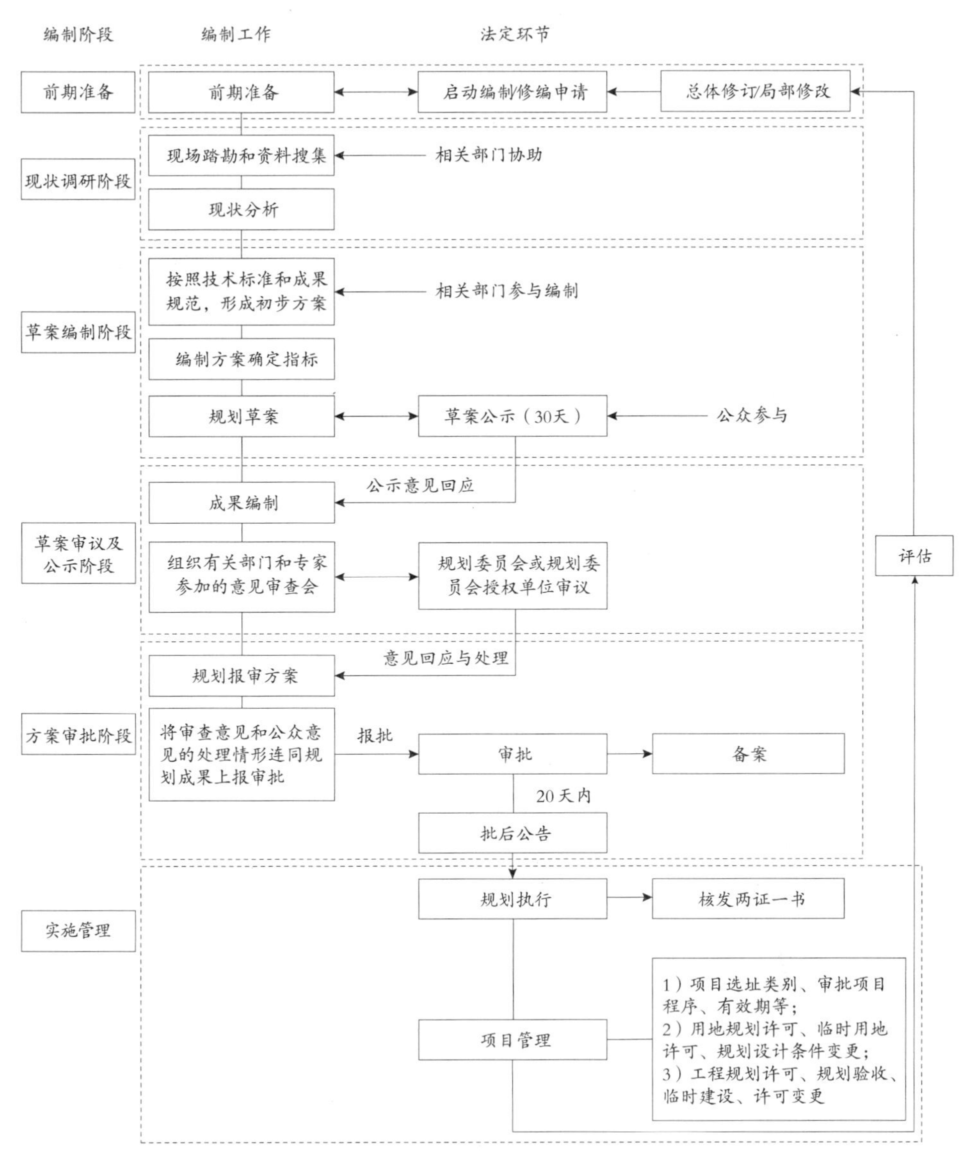

图 6-2-3　控制性详细规划全流程示意图

6.3　关键技术要点解析

6.3.1　相关规划解读与分析

控制性详细规划建立在已经批准的城市总体规划、分区规划等上层次规划的基础上，结合土地使用现状，进而落实用地、建设、公共服务和基础设施等规划安排及控制要求，对上位及相关规划的解读评估应是控制性详细规划的首要且必要工作。借由相关规划的评估解析，可延续上层次规划对地区的发展定位；确立公共服务、交通及市政设施配置；并落实强制性的用地建设控制要求，对具体建设提出指导性建议。

（1）上位及相关规划对控规的指导内容

①明确发展目标和功能定位：控制性详细规划的编制是在上层次规划（主要为总体规划与分区规划）的指导下进行统一考虑，通常是对上层次规划提出的城市性质、城市职能、发展战略、发展任务、空间结构等进行延续和落实。

②引导地区发展规模与形态：在确立了发展目标和功能定位后，依据总体规划的密度分区、城市设计及城市风貌专项规划/专题研究、历史及环境保护相关规划的要求等，在延续总体规划三区四线的控制外，尚可进一步确定需重点控制环境容量和建筑形态的地区，对后续控制性详细规划编制提出指导性建议。

③确立公共服务设施：依据总体规划、分区规划以及公共设施相关专项规划（如文教体卫设施专项规划、公共空间规划）等的布点和规划要求，可在控制性详细规划中进行独立占地的配置或提出具体规划设计要求，以指导建设。

④确立交通路网与场站：依据总体规划、综合交通专项规划等相关规划的发展策略及布局，在考量设置与管理的可行性后，进行具体落实或控制，如对交通出入口方位提出规划要求等。

⑤确立市政管线及设施：延续上位规划对市政发展策略（如来源及用量）、设施与管道设置等的建议；落实相关规划如供水、污水、电力等专项规划的配置要求；并参考相关的研究报告，如有需要可进一步深入进行支撑分析或可行性分析，以在控制性详细规划中提出具体规划建设要求并落实建设。

（2）控规对上层次规划和相关规划的回应

对上层次和相关规划要求的回应必须在控制性详细规划中加以说明。首先应阐述上层次与相关规划的规划要求，对地区影响较大的相关规划情况（如相邻地区已批准的规划、旅游规划及城市设计等），列举对规划地区设施布点和要求有影响的专项规划，汇总片区历史上已编制的各型规划，结合对地区发展现状的评价；而后应对本次控制性详细规划对上述规划的强制性要求的落实情况进行说明，如经评估论证后有需要调整，也需要解释调整的原因与依据。

6.3.2 控制性单元规划与控规分层分级

在《城乡规划法》（2008）和《城市、镇控制性详细规划编制审批办法》等对控规编制管理要求的基础上，为适应地方管理需求，控规编制与管理衍生出了不同的体系和方法，可归纳为单元规划（建立新平台）、分层编制和分级管理三种手段。这些举措的核心思想，是将城市开发建设行为在控制强度分级（强制性、指导性）的基础上，进行编制与管理的分层（单元层面、街区层面、地块层面），明确城市开发建设过程中的刚性内容与弹性内容，从而提高控规实施过程中的适应性。

（1）单元规划

依据《城市、镇控制性详细规划编制审批办法》第十一条，编制大城市和特大城市的控制性详细规划时，可依据本地实际情况，结合城市空间布局、规划管理要求，以及社区边界、城乡建设要求等，将建设地区分为若干规划控制单元，组织编制单元规划。

多年实践以来，单元规划已成为城市规划一个重要的编制阶段，在上海市、广州市等城市开展，浙江省、江苏省等地也有在编制控制性详细规划前应先进行编制单元划分的要求。总结各地实践经验，单元规划不仅可在《城乡规划法》（2008）弱化了分区规划的法律地位后，加强总规与控规的紧密衔接，分解总规指标（如上海市将“控制性编制单元规划”纳入地方法规，成为规划编制体系组成部分）；在控规全覆盖的需求及政策导向下，单元规划还有利于实现控规的无缝对接，减少控规重复编制或疏漏，利于规划管理（如《杭州市规划管理单元规划方案》）。除了上述两点外，单元规划更多时候是控制性详细规划分层控制、弹性管理的工具，是控规编制的基本单位。因各地规划体系的不同，单元规划在其中的角色、作用和编制内容也深浅不一，如杭州将指标落实的层级分单元—街区—地块三种，厦门则区分为管理单元—基层社区单元—地块三种层面。

目前国内各城市单元规划名称、所处规划层级不同，规划尚未形成统一的编制方法，但皆是直接面向规划管理工作，将“单元”定位为研究和编制控规的基本空间单位，对此地域范围设定控制性较强的指标，如六线控制（道路红线、绿地绿线、城市蓝线、城市紫线、城市黄线、轨道交通橙线或高压走廊黑线，其中“橙线”参见规划术语）、公共服务设施用地和基础设施用地控制等。值得关注的是，从发达国家城镇化历程以及我国新型城镇化的发展趋向看，单元规划的研究范畴有可能将从物质空间单元拓展到功能单元、社会管理单元等更宽广的领域。

单元划分

划分“单元”是为了更好地进行规划管理工作，故行政界线通常是划分单元的主要原则，一般是以行政街道或社区为基本单位进行划分，在远郊地区也可以每一乡镇为一个规划编制单元；在此基础之上，应综合考虑各类公共服务设施的规模及适宜的服务半径，以调整或细分单元规模。除了行政界线及公共设施服务范围的考量外，为强化整体控制引导作用，也可以主导功能划分单元，如旅游区、工业区等。

我国部分城市单元规划实践一览 表 6-3-1

城市	对应名称	规模	在规划体系中的地位和角色	单元规划的主要内容
上海	控制性编制单元	3万—5万人居住区	编制控规的最小单元。上承分区规划，下接控制性详细规划。目的是分解中心城分区规划的各类规划指标，指导控制性详细规划的制定。强调“定性质、定功能、定总量”	总体定位、规划规模、开发控制、公共绿地、风貌保护、空间景观、公共服务设施、道路交通设施、大型市政基础设施
广州	规划管理单元	5万人行政街道以下	控制性详细规划的基本编制单位，上承功能组团，下接地块。分为商贸发展、公共服务、文化教育、综合发展、居住生活、产业发展、生态休憩、农业发展、村庄发展、交通市政、特殊用地、历史文保等12类主导功能	确定用地规模、主导属性、六线控制（紫线、红线、绿线、蓝线、黄线、黑线）、建设用地总面积、总建筑面积、配套设施、开敞空间、文物保护、人口规模
杭州	规划管理单元	若干街区组成	控制性详细规划的基本编制单位。主要任务是落实与深化城市总体规划、各类专项规划对本单元的控制内容	重点控制六线（红线、绿线、蓝线、紫线、橙线、黄线），街区划分及主导属性确定、单元建筑限高控制、特别意图区控制、道路交通规划、公共设施和市政基础设施规划
厦门	规划管理单元	10万人标准街道	作为研究和开展厦门市控制性详细规划的基本空间单位，上承大区规划，下接基层社区单元。实现全覆盖	六线控制（红线、绿线、蓝线、紫线、橙线、黄线）、公共服务设施用地和基础设施用地控制
南京	规划编制单元	4—20平方公里	作为研究和开展南京市控制性详细规划的基本空间单位，上承分区规划，下接图则单元。可合并若干个规划编制单元一同编制，或将规划编制单元进一步细分为编制次单元进行编制组织	六线控制（红线、绿线、紫线、蓝线、黑线、橙线）、公共设施和基础设施用地控制、高度控制和特色意图区控制引导

我国部分城市单元规划空间划分原则与规模　　表 6-3-2

城市	单元规模	单元划分原则
上海	内环线内：1—3 平方公里 内外环间：3—5 平方公里	以社区为基础研究单位，一个社区（街道）一般以主要干道、河流等自然界限为界，尽量依托现有行政边界，划分为 2—3 个控制性编制单元（3 万—5 万人的居住区），黄浦江两岸和内外环间有所区别。内环线以内，一般一个街道划分为 1—2 个编制单元，内外环之间，一般一个街道划分为 2—3 个编制单元
广州	旧城中心区：0.2—0.5 平方公里 新区：0.8—1.0、0、8—1.5 平方公里	结合行政街道界线、明显地理界线等因素，在功能组团基础上，综合考虑多种影响因素来划定
南京	4—20 平方公里	在城市总体规划确定的建设用地范围内，由规划结构确定规划编制单元，一般面积在 4—20 平方公里之间。在生态廊道及远郊地区，一般每一乡镇划分为一个规划编制单元
厦门	容纳人口 10 万人左右	管理单元与标准街道界线基本一致；单元边界可以根据城市规划实际情况进行调整，涉及相邻管理单元的，相邻管理单元边界应同时作调整并备案

（2）控规分层编制

为了更好地分解总规指标，使其落实于地块建设上，同时增加规划的弹性，使地块控制与具体建设项目得以随市场规律及现实情况机动调整，部分城市在总规范围至控规地块间划分数个不同的空间层次，如单元—街区—地块三个层级，或街区—地块两个层级，并进行不同深度的控规内容编制。

我国部分城市控规分层形式　　表 6-3-3

城市	编制阶段		控制范围	规模	编制任务与内容
上海	普适图则	整单元图则	单元	3 万—5 万人	确定各编制地区类型范围，划定用地界线，明确用地面积、用地性质、容积率、混合用地建筑量比例、建筑高度、住宅套数、配套设施、建筑控制线和贴线率、各类控制线等。其中，容积率为上限控制（工业用地可同时控制上下限）、住宅套数为下限控制、建筑高度为上限控制（特殊要求地块可同时控制上下限）
		分幅图则	街坊	—	
	附加图则		重点地区	—	重点地区应包括城市各级公共活动中心区、历史风貌地区、重要滨水区和风景区、交通枢纽地区以及其他对城市空间影响较大的区域。需要通过城市设计或专项研究提出附加的规划控制要求，形成附加图则
武汉	控规导则		编制单元	3—5 平方公里	在分区规划的基础上，以控规编制单元为平台，对市区级以上的重大设施、绿地、水体、文物、中小学、重大交通、市政基础设施进行控制，并对居住区及以下级的要素提出指导意见，对规划管理单元的开发总量进行控制，提出各类用地的开发强度指引，指导控规细则的编制
	控规细则		管理单元	3 —10 公顷	以规划管理单元为平台，进一步落实和确定导则中的规划控制要求，同时对居住区及以下级别的设施进行布局，落实管理单元的开发总量，提出各地块的容积率、建筑密度、绿地率、建筑高度等控制指标，并对建筑后退、机动车出入口、停车泊位等提出控制要求。主要是直接指导规划咨询编制，并用于日常的规划管理

续表

城市	编制阶段	控制范围	规模	编制任务与内容
南京	强制性执行规定	编制单元	4—20 平方公里	六线控制（红、绿、紫、蓝、黑、橙）、公共设施和基础设施用地控制、高度控制和特色意图区控制引导
	执行细则	图则单元	旧城中心 20—30 公顷 新区 80—150 公顷	主导属性、人口规模、用地面积、总建筑面积、绿地、配套设施项目
		地块	—	地块编码、用地性质、地块用地面积、容积率、建筑密度、建筑高度、绿地率、配套设施、城市设计引导、交通组织控制、地下空间利用引导以及现状建设情况、规划建设状况
厦门	大纲阶段	管理单元	10 万人	包括公共设施及基础设施布局、建设容量控制等内容（成果必须按法定程序公示并报市政府批准后方可执行，并同时按规定和程序向市人大报备，如需修改应按原程序报批）
	图则阶段	管理单元	10 万人	总用地面积、净用地面积、总建筑面积、容积率、配套设施项目，六线（红、绿、蓝、紫、橙、黄）控制、人口规模
		基层社区单元	1 万人	
		地块	—	对地块具体规划控制和要求以表格和条文的形式表达，“地块规划控制一览表”主要内容包括地块编号、用地面积、用地性质代码、容积率、建筑密度、绿地率、建筑限高、地上建筑面积、配套设施项目、配建停车位、备注等方面的内容
杭州	—	单元	—	重点控制六线（红、绿、蓝、紫、橙、黄），街区划分及主导属性确定，以及单元建筑限高控制、特别意图区控制、道路交通规划、公共设施和市政基础设施规划等
		街区	旧城中心 30—50 公顷 新区 50—80 公顷	按照单元规划确定的控制原则和要求，对街区的用地布局、公益性公共设施和基础设施配置、“六线”（红、绿、蓝、紫、橙、黄）规划定线等内容进行具体落实，确定街区各项规划内容和总体控制指标，是街区内地块建设与管理的依据
		地块	—	用地性质、用地面积、建筑密度、容积率、适建高度、绿地率、配套设施、出入口方位、停车泊位、用地可变性、地下空间利用引导、建设状况以及现状建设情况、规划建设状况等方面的内容；对于弹性用地，应明确用地比例，同时应满足公共及市政设施配套要求
成都	大纲图则	标准大区	5 平方公里	根据已批准的城市总体规划、分区规划和相关专业、专项规划，落实总体规划意图，确定建设用地的功能布局结构、强度分区，公共服务设施和市政公用设施的配套要求，主次干道的定位、定线，市政主次干管的定位、定线以及其他规划管理要求，为控规详细图则的编制和控规公布（公示）提供依据
	详细图则	地块	2 公顷	根据控规大纲图则，进一步深化和落实大纲图则内容，详细规定建设地块的各项控制指标和其他管理要求，确定城市各级道路与市政设施的控制和管理要求，为城市规划管理及土地管理提供依据，并指导修建性详细规划的编制和建筑设计

注：上表仅包含控规分层的部分内容。

1）街区划分

城市规模因地方规划体系的差异，“街区”所对应的空间尺度和指向也有所不同，一般是基于街区的主导功能及合理的公共服务设施范围划设，为求管理方便，通常应与行政界线、空间界线（如河流、道路）等相结合。

我国部分城市街区划分原则与规模　　表 6-3-4

城市	规模	划分原则
北京（新城）	3 万人 2—4 平方公里	①城市快速路、主要道路及次要道路作为划分街区的分界线； ②围合成一定规模或具有某些特定功能的区域（如中关村科技园区昌平园等）； ③尽量与社区行政管理分区相一致，为城市规划和城市管理的统一奠定基础； ④除一些特定功能区外，需考虑到文化、教育、体育、卫生医疗等设施资源的配置标准和服务水平要求
北京（中心城）	2—3 平方公里	依据城市主次干道等界限，将片区划分到规划街区。规划街区可以作为社区行政管理的基本单元，也是核定人均配套指标的基本单元
杭州	旧城中心区 30—50 公顷 新区 50—80 公顷	①街区划分应在规划管理单元基础上进行，每个单元划分为若干街区，各街区范围无缝衔接； ②街区应具有适度的用地规模； ③街区应具备明确的四至及围合界线，如以快速路、主次干路、重要河流、铁路等为街区边界； ④街区划分应尽量与行政管理界限（居住社区、行政街道、区界）一致； ⑤街区内用地功能应具关联性与同一性，以形成特定的主导功能，包括居住功能区、商住混合功能区、商业商务功能区、历史文化保护区、公共服务设施（行政、文体、会展、交通枢纽）功能区、高教功能区、工业功能区、仓储功能区、市政设施功能区、特殊用地功能区、生态景观功能区、村镇建设区等； ⑥考虑公共服务配套设施服务半径（如小学、幼儿园、托老所等保障性配套设施）； ⑦街区划分原则上应结合城市综合体的界限范围考虑
南京（图则单元）	旧城中心区 20—30 公顷 新区 80—150 公顷	是为实现“一张图管理”而建立的地域单元。划分时应考虑以下因素： ①居住社区（新区）、行政街道（旧区）界限范围 ②明确的四至及围合界线（如主次干道、重要河流、铁路等） ③土地使用性质的同一性和功能内在的关联性 ④合理的公共设施服务半径 ⑤适度的用地规模

2）地块划分

地块是土地出让或划拨的基本单位，其划分应将规划管理与土地出让纳入考量，故一般需维持用地的完整性和协调性，并考虑土地权属关系，具体划分可依据开发方式和管理需要而变化。

我国部分城市地块划分原则　　表 6-3-5

城市	划分原则
杭州	应保持地块用地性质的完整性和协调性，考虑土地权属关系，便于土地出让或划拨。规模可按新区和旧城更新区区别对待，划分教育及市政设施地块，应按有关规范满足设施用地的布置标准要求；地块的划分可根据开发方式和管理需要而变化，在规划审批和实施中进一步重组。新区地块控制在 0.5—3 公顷左右，旧城更新区地块可在 0.05—1 公顷左右
厦门	用地性质的完整性和协调性，土地权属的完整性，便于土地出让，编号规定
成都	1）为便于规划管理，有利土地出让，基本地块应因地制宜，结合不同功能性质的用地在未来开发建设中根据建筑布局的相关要求合理划分。基本地块大小宜为 2 公顷左右（特殊项目用地除外） 2）对城市公益性（半公益性）公共设施用地、市政设施用地、公共绿地等要尽量单独划分，以便重点优先保证 3）地块划分应考虑山、河、湖、崖等形成的天然界线。对于地块高差大、位于不同标高台地上的用地应划分成各自独立的地块 4）基本地块划分应依据由城市道路、步行道、铁路等形成的人工界线确定。对于单一性质的成片用地，应采用增加可灵活管理的城市支路或步行道加以划分，并要注意保留和利用传统的城市公共步行道 5）地块划分应兼顾行政区划界和土地权属界。注意把成规模的新建区与未开发用地分开，大单位（如大学）中的独立生活区应单独划分

（3）控规分级管理

为避免控规约束性过强、无法与实际开发建设相适应，部分城市将控规的成果组成分为法定文件、管理文件和技术文件三部分。以法定文件作为规定控制性详细规划强制性内容的文件；管理文件则作为城市规划行政主管部门实施规划管理的操作依据；将基础资料汇编、说明书、技术图纸、公众参与报告等纳入技术文件（或附件），是法定文件和管理文件的技术支撑和编制基础。其中，管理文件可依据市场需求微调，与开发建设紧密结合，以达到弹性控制的目的。

6.3.3 图则编制

"图则"是反映控规文本内容的规划图纸、相关表格和必要说明，是控制性详细规划的核心，与文本共同构成控制性详细规划的主体内容。由于各地规划体系与管理模式的不同，图则的内容也随之而有所变化（可参考表6-3-6），其最大的特点在于将复杂的控制内容转化成简单明了的图纸和表格，方便社会公众查阅，有利于"一张图"的控规数字化信息管理平台的建立（参见规划术语——"一张图"管理），通常可分为总图图则和分图图则两个部分。

我国部分城市控规分级管理形式　　表6-3-6

城市	主要成果构成	编制内容
武汉	法定文件	编制单元层面：主要包括功能定位、"五线"（红线、绿线、紫线、黄线、蓝线等）、公共配套设施（市级、区级/组团级和居住区级）和其他控制
		管理单元层面：作为管理单元内规划设计、规划管理及开发建设活动的强制性执行规定，其控制的核心内容包括主导功能、建设强度、"五线"、公益性公共设施以及特殊要求
	指导性文件	编制单元层面：包括人口规模、规划用地控制、管理单元划分、建设强度指标控制
广州	法定文件	强制性内容，包括文本和规划管理单元导则，文本内容应包含规划区发展目标、土地使用规划、道路交通规划、公共服务设施与市政公用设施规划、绿地与开敞空间规划、历史文化保护规划、城市设计、市政工程规划、环境保护规划、管理单元管制（单元划分与单元主导属性+单元管制的特殊规定），并制定单元规划管理表（用地主导属性、总用地面积、总建筑面积、人口规模、配套设施、绿地与广场、文物保护）、实施规定
	管理文件	行政部门管理依据，包括通则和规划管理单元地块图则。是针对管理单元地块的普遍性管制规定，内容应涵盖地块土地使用性质、土地使用兼容性、建筑类型的适建性规定（包括各类用地内适建、不适建或不许建设的建筑类型）、现状用地的管制土地使用强度管制（容积率、建筑密度、绿地率、建筑限高、人口密度等控制指标）、建筑管制（包括建筑后退红线、停车泊位、交通出入口方位、临街建筑基地的公共开放空间要求等管制要求，其中"公共开放空间"参见规划术语）
厦门	主件	六线（红、绿、蓝、紫、橙、黄）控制、公共（服务）设施用地和基础设施用地控制
	规划管理图则	片区经营性项目应根据片区控制性详细规划（大纲阶段）内容制定地块控制详细规划图则成果，该图则经市规划局会审后按程序上报市政府审议，审议通过后按程序公示并进入土地出让程序。出让后该图则成果纳入市规划局信息系统并作为审批依据使用
杭州	法定文件	包括法定文本及法定图则，法定图则应包括规划单元位置图、规划单元范围图、土地利用现状图、市级以上设施强制性控制及街区划分图、六线规划控制图、特别意图区控制图、街区强制性指标图
	管理文件	包括执行细则及执行图则，是行政部门管理依据，执行图则应包括交通专项规划图、市政专项规划图、街区高度分区图、街区规划导控图、用地规划引导图、街区执行图则、地块控制图则

注：成果构成内容未纳入附件及技术文件部分

（1）图则组成与内容

1）总图图则

表现规划区地块划分后的整体地块组成及编号，比例尺应为 1：2000—1：5000，具体内容应包括地块界线、编号、用地性质和兼容、道路及建筑红线等。

2）分图图则

表现规划区地块划分后的分地块控制内容，比例尺应为 1：1000—1：2000，具体内容应包括地块编码、地块位置、用地界线、公共设施与市政设施、规划控制线、用地性质、地块用地指标、控制导则、道路交通等。

一般而言，若规划区所属城市已有针对地块开发的通则性要求，如《深圳市城市规划标准与准则》（2013），则不再编制分图图则；若地块属特殊地段，如特色风貌地区或历史保护地段，通常可另编制城市设计导则或历史文化保护类型的分图图则进行引导。

（2）地块控制指标

①用地性质：依据《城市用地分类与规划建设用地标准》或各地用地分类标准，划分地块的主导使用性质。

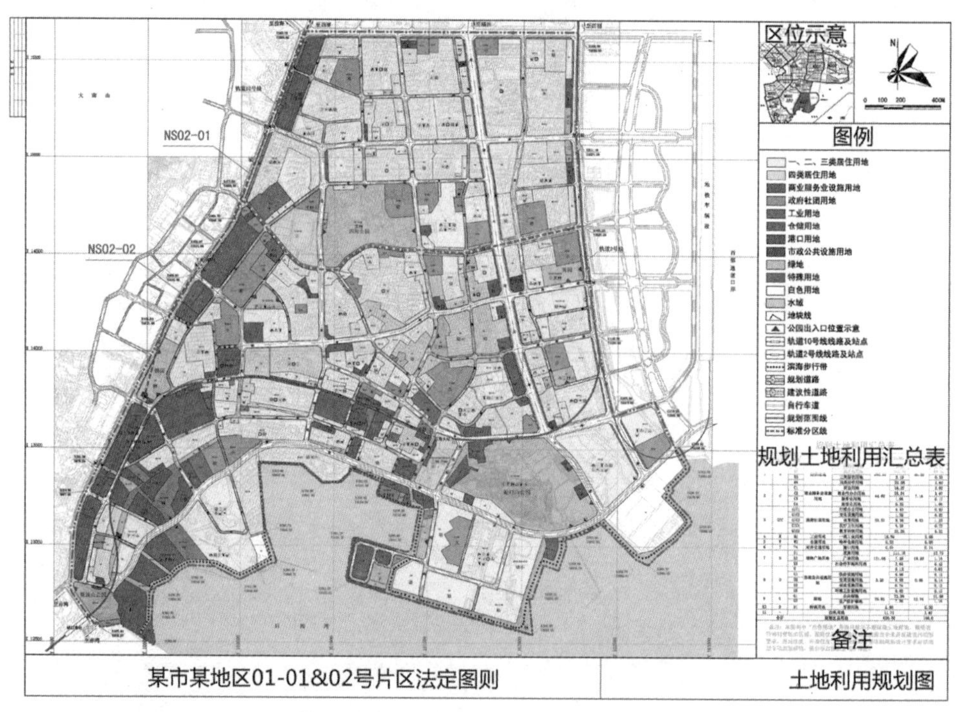

图 6-3-1　总图图则示例（土地利用规划图）

规划土地利用汇总表示例　　表 6-3-7

用地代码		用地性质		用地面积（公顷）		占建设用地比例（%）	
大类	中类	大类	中类	大类	中类	大类	中类
R	R2	居住用地	二类居住用地	36.21	23.17	……	……
	R4		四类居住用地		13.04		……

图 6-3-2　分图图则示例

地块控制指标一览表示例　　表 6-3-8

地块编号	用地代码	用地性质	用地面积（平方米）	容积率	绿地率（%）	建筑密度（%）	建筑高度（米）	配套设施	备注
03-01	R21	住宅用地	1433.7	2.5	25	30	30	—	规划
03-02	R21	住宅用地	2178.2	—	—	—	—	—	现状保留
03-03	R2+B	商住用地	3392.1	—	—	—	—	综合市场	现状保留

②容积率：一般规定容积率的上限值，也可根据需要规定下限值或容积率区间，以适应市场规律、提高土地利用率。如《深圳市城市规划标准与准则》（2013）在总规密度分区成果的基础上划定了居住用地、商业服务业用地、工业用地和物流仓储用地等地块容积率上限，但对于工业用地和物流仓储用地，则需满足《深圳市工业项目建设用地控制标准》及《深圳市物流项目建设用地控制标准》的下限要求。

③绿地率：指规划地块内各类绿化用地（包括公共绿地、组团绿地、公共服务设施附属绿地、道路绿地等）总和占该块用地面积的比例。一般应确定地块内各类用地绿地率下限控制要求，以保障足够的绿色开放空间。部分城市，如深圳，则以绿化覆盖率取代绿地率，以鼓励垂直绿化。

④建筑密度：指规划地块内各类建筑基底面积占该块用地面积的比例。一般应确定各类用地建筑密度上限控制要求，以确保日

照、通风、防火安全以及土地利用效率等要求。

⑤建筑高度控制：参考总体规划中的高度分区，一般控制地块内部建筑物的高度上限，也可按设计意图分别控制裙楼高度和总高度；在重点地区或特色意图区也可规定高度下限。

⑥配套设施：参照相关规划法规，根据地块用地性质确定配套设施内容及数量，包括公共服务设施和基础设施两部分。

⑦备注：按地方标准规定填写，如建设用地和使用强度是否需要现状保留，控制指标是否经合法程序确定，公益性空间开发强度的奖励与补偿情况，其余说明规划的依据和处理情况等。

6.3.4 容积率与用地兼容

（1）容积率

容积率指标能够综合反映开发建设规律与土地使用强度。过低的容积率不利于土地的集约利用和土地经济效益的最大化，过高的容积率会带来城市环境质量的恶化和城市基础设施的超负荷，降低城市空间使用的舒适度。为了达到经济效益、社会效益与环境效益相协调的规划目标，权衡各类因素以确定容积率的最合理值十分重要，是通过控制性详细规划引导城市开发用地良性发展的一个重要环节。

在控规中对容积率进行赋值时，通常有上位规划及相关管理规定可循，如总体规划中的密度分区、地方规划标准与准则（如深圳市城市规划标准与准则）、城市规划管理技术规定及相关研究（如武汉市主城区建设用地强度管理技术规定）等，均是在宏观层面自上而下地提出对各地区的空间控制要求，一般控制性详细规划编制时沿用即可。

但大部分的情况下，容积率的赋值仍须由编制者研究评估。由于容积率的确定须考虑地块使用性质、区位、基础设施承载力、人口容量、城市设计意向、土地出让价格和条件、开发方式和建筑设计等多个影响要素，因此容积率的推算方法也有数种不同导向的做法，常见的方法如表 6-3-9 所示。

容积率受地块大小、建筑密度、交通条件等控制维度的影响甚大，赋值时须协调与其他控规指标的关系，同时体现用地性质差异，满足景观需求，依据不同的影响因素进行不同比例的系数调整（参见规划术语——容积率）。

容积率赋值方法　　表 6-3-9

方法	导向	内涵
人口推算法	基于上层次规划	依据上层次规划对地块人口容量与城市功能的指导，配合居住人口的密度和居住地块的面积，可推测地块的容积率。但此方法仅适用于以居住为主的地块
环境容量推算法	基于设施承载力	容积率的大小决定了基础设施的服务水准，较高的容积率对于公共设施、市政设施乃至道路交通的承载力均有较高的要求。故在推算容积率时，常以配套设施的服务能力或环境容量指标作为依据，例如可借由地块的供水量和人口容量估算，对建筑总量进行推算
典型试验法	基于规划意图	借由概念规划及城市设计的意图，模拟未来建成后的城市形态，并参照相关的经验指标数据，可依规划目标得出相对应的容积率，对空间形象与布局也能有所掌握。但此方法的主观性较强
经济可行性评估法	基于地价	借由对土地和房地产市场的相关资料搜集（如土地交易、房屋搬迁、项目建设等方面的价格和费用等），在确保未来开发项目的效益大于成本的基础之上，基于探索地价、房价与建设成本间的关系，对容积率进行推算，常用于推算居住地块的容积率
调查分析对比法	基于发展经验	通过分析比较与规划建设在性质、类型、规模等方面具有相类似特性的控规项目案例；或参考过去土地出让时的容积率及周边建成区的容积率；特殊地段，如历史保护区、中心商务区、行政中心、交通站点等，也可依其特殊的规划建设要求另行控制

（2）用地兼容

一般而言，地方的用地分类多按国标《城市用地分类与规划建设用地标准》GB50137—2011 执行，并以中类为主，小类为辅。在此基础上，为适应地方市场，需要适度增加用地的灵活性，体现未来的不可预见性，故常在确定规划用地结构布局完整的情况下，采取土地相容使用进行微调，具体有土地兼容使用和土地混合使用两种方式（参见规划术语——土地相容使用性）。

以土地兼容使用为例，通常是在控制性详细规划中以用地兼容表的形式表达，内容包含地块的主导性质、允许兼容用地性质、兼容部分占用地或建筑面积的比例；或者可采用各类建设用地适建范围表的方式，控制适宜设置、有条件允许设置、不适宜设置等建设项目。上述两种方式都可由主管部门依个案弹性核定具体项目适建范围，以确保用地的平衡与出让时的弹性。

6.3.5 公众意见征求与回复

（1）公众意见征求

公众参与可以采取多种形式，常见的形式有访谈、网络报纸等媒体公告、书面提交意见、听证会和论证会等。《城乡规划法》明确规定在城乡规划报送审批前，组织编制机关应当将城乡规划草案予以公告，并采取论证会、听证会或者其他方式征求专家和公众的意见，公告的时间不得少于 30 日。

（2）公众意见回复

根据《城乡规划法》（2008），对征求的公众意见需要予以明确回复，并在报送审批的材料中附意见采纳情况及理由。如何界定公众意见是否合理、可否采纳，一直有争议，这也是公众参与过程中面临的主要问题之一。国外的经验是成立由公众组成的参与委员会来主张公众权益，国内有些城市交由规划委员会来仲裁[1]。

用地兼容表格式与内容参考　　表 6-3-10

用地性质（大类）	主导性质（中类）	允许兼容用地性质	兼容部分建筑面积最大可占比例	兼容条件及申报程序
居住用地	二类居住用地	商业	30%	商业不设单独占地，宜专设出入口，需由相关主管部门根据规范进行审查
	三类居住用地	商业 普通工业 仓储	30%	商业不设单独占地，宜专设出入口，需由相关主管部门根据规范进行审查；普通工业用地类涉及环境影响（包括噪声、废气、油烟、污水等）的用途，需由相关主管部门根据规范进行审查；仓储用地应依托交通设施进行布局
商业服务业用地	商业用地	文体设施 二类居住	30%（一般地区） 50%（中心区）	鼓励在中心区兼容公寓类住宅，二类居住用地类用地将影响规划区配套的使用，必须经过规划委员会的审批
公共管理与服务设施用地	文体设施用地	商业	15%	商业不设单独占地，宜专设出入口，需由相关主管部门根据规范进行审查
工业用地	普通工业用地	仓储用地 三类居住用地	30%	仓储用地依托交通设施进行布局；三类居住用地须经过规划委员会的审批，有重污染排放的工业用地不应混合居住等其他用地功能
物流仓储用地	仓储用地	普通工业用地 商业用地 三类居住用地	15%	需经相关主管部门特别审查后，才允许设置

[1] 杨晰峰．上海控制性详细规划中的公众参与研究．上海城市规划，2012（6）．

我国部分城市对控规不同阶段公众参与的规定　　表 6-3-11

城市	公众参与的阶段	公众参与主要形式
北京	编制	通过组织开展系统的社区民意专项调查，采取电视、网络、展示、报刊、汇报、座谈会、专家论证会等多种形式征求专家和公众意见
	审批	①公示：地区类控规以网上公示为主，30 天；项目类控规要求现场公示，并请公证处公证。
		②调整论证：实行责任规划师制度，各个相关主体组成一个民选机构（规划工作室），参与控规调整论证全程
厦门	审批	①公示：信息中心网上、展览室等形式，每周规划局长主持网上意见专题讨论会
		②责任规划师制度，厦门城市规划设计研究院的每个所对应一个行政区，所长为具体的责任规划师，对辖区内控规实施情况进行检讨
深圳	编制	采用调研和问卷等方式征询业主和居民意见
	审批	公示：行为期 30 日的公开展示，展示的时间和地点在本市主要新闻媒体上公布，公示方式包括集中展示、分散展示和网上展示三种方式
上海	编制	①通过媒体、网站、规划展示馆、现场公示、座谈会等多种形式，广泛听取利益群体、企业单位、人大政协等民意代表的意见，确保规划方案的公开、公正、公平，体现广泛的社会诉求，提高规划的权威性和操作性
		②针对本市部分重点地区、特定地区，建立地区规划师制度。地区规划师由市规划国土局委任，以技术专家身份全过程参与该地区规划的编制、审批和实施管理，发挥技术审核、决策咨询和实施评估作用
武汉	编制	①公示：主要为市规划局网站公示、固定场所公示
		②位于开发区、远城区范围内的控规方案，还需进行现场公告
	审批	③涉及重大利害关系的公示项目，当事人要求听证的，将组织听证
成都	编制	固定地点规划展览、网上公示、成都市规划局办事大厅公示等途径，并未进行现场公示
广州	审批	实施邀请媒体与公众代表旁听的制度，以摄像同步转播的形式向媒体与公众代表公开会议审议过程
杭州	编制	评估：通过问卷调查、会议座谈的形式与相关部门进行沟通（问卷调查可以通过街道或相关管委会负责发放）；通过问卷和会议座谈的形式了解企事业单位对上一轮控规落实情况的看法及对单位自身发展状况；下访社区了解社区居民对上一轮控规落实情况的看法及对本单元发展的设想；通过座谈的方式听取上一轮控规编制人员的编制经验；通过互联网征求公众人士对单元控规编制的意见和建议
		大型公众讨论会、专题讨论（市政、交通、环保等）、调查问卷、互联网。完成控规编制阶段公众参与报告、大型公众讨论会意见整理、专题会意见整理、调查问卷意见整理
	审批	控规修编成果报送审批前，控规草案在规划展览馆、街道、社区及规划网站同时对公众进行公告，征求专家与公众的意见，公告时间不少于 30 日。公告期间接受新闻媒体访问

我国部分城市对公众意见的处理方式　　表 6-3-12

城市	公示意见的处理方式
广州	成果中的技术文件包括公众参与报告。向公众展示规划方案—收集公众意见—对公众意见进行研究处理—向社会公布公众意见采纳结果
上海	控规上报前，应对公众意见采纳结果公布，听取公众意见的过程和情况必须纳入规划编制报告，一同上报
武汉	规划组织部门负责组织公示工作，其中信息中心负责反馈信息的收集、整理。控规送审之前还需邀请有关专家和群众代表对公示意见的采纳结果进行论证
深圳	在市规划委员会审议公众意见时，如认为必要，可通知提议人或其代理人出席

例如，深圳市公众意见的处理须经过项目组作出技术意见，再经过规划主管部门和法定图则委员会的审议，才能由审批机关深圳市规划委员会主任委员批准签发。

公众意见审议表格式与内容参考　　表 6-3-13

来件单位及个人	公众意见	项目组技术意见及情况说明	规划主管部门审议意见	法定图则委员会审批意见
1）深圳市××股份合作公司	02-13（G1）地块现状已建成，为××居民住宅，建议调整为C+R用地	不采纳 02-13 地块用地面积 1.37 公顷，现状建筑量为 9626 平方米，容积率 0.7，现状建设质量差，开发强度较低，权属为未批未转的集体其他建设用地；图则方案中考虑居住生活区需求，并结合周边公共配套设施将该地块规划为公共绿地，该方案涉及拆迁量较小，实施性较强。同时考虑到公共绿地建设带来的拆迁安置问题，规划建议图则范围内设计公共设施及道路拆迁安置的，均可结合市政设施用地拆村并点工程统筹解决	同意项目组意见	同意规划主管部门意见
	02-13（G1）地块中垃圾收集点离居民住宅区太近，建议另行选址	不采纳 图则方案中规划的垃圾收集站是按《深圳市城市规划标准与准则》（2013）要求落实。该处环卫设施是在该地块未来拆迁安置后进行建设，对现有的居住环境不会造成影响；另考虑到与已批的《××区生活垃圾转运站布局专项规划与选址》的衔接，在××路北侧 06-28 地块落实垃圾转运站 1 处，其 1 公里服务区未覆盖创××路周边地块，故规划将该处垃圾收集点调整为垃圾转运站	同意项目组意见	同意规划主管部门意见
2）深圳市××股份合作公司	04-07（M1）地块现有 40 栋房屋，为××住宅区，建议调整为 R4 用地	不采纳 该地块设计现状旧村用地 1.15 公顷，现状建筑面积为 6095 平方米，容积率为 0.53，建设质量一般，权属上为未批未转的原集体其他建设用地，被××工业区和××工业区用地包围； 图则方案中 04-07 地块规划为工业用地，符合上层次××新城规划要求，是基于未来工业用地整合，为产业发展提供空间而考虑的。规划建议该 40 栋房屋拆迁安置结合市政设施用地拆村并点工程，统筹解决	同意项目组意见	同意规划主管部门意见
3）××街道办事处 ××片区人大代表 直属分局 ××业主，有 36 名业主签名	建议取消 02-17-15 地块加油站，并保留 02-17-06 地块现有加油站，并提供 02-17-15 地块加油站规划编制依据	部分采纳 公示图则草案是根据 2006 年批复的《××镇及周边地区城市更新规划及城市设计》对用地功能进行调整，通过用地调整，形成通海的渔民广场，02-17-06 地块现状加油站等用地置换至渔港东侧；但是 2008 年最新批复的《深圳市加油（气）站系统布局规划》对该加油站采取原址保留，建议按专项规划落实，调整原公示图则草案，02-17-15 地块加油站用地功能为公共绿地	同意项目组意见 加油站原则保留后，临海控制 10 米绿化带，表达出进出加油站的道路	同意规划主管部门意见
4）深圳××企业有限公司	02-19-01/09-19-02/02-19-03 地块总面积为 141734 平方米，比该单位原购买的用地面积 171788 平方米少很多（深地合字（1999）0085 号），因此不同意把 02-19-02 地块规划为中学用地	部分采纳 已批复的《×××城市设计》相关设计要点，配套有一所 36 班九年一贯制学校，根据规划预测，未来××地区总人口规模控制在 25 万人左右，初中 / 小学阶段学位能够勉强满足要求，但目前高中学位缺口较大（缺约 5340 个），法定图则将已批的 36 班九年一贯制学校改为中学用地，以解决高中学位缺口，因此，规划建议在保持《×××城市设计》批复开发量不变的情况下，对学校布局进行适当调整，调整后居住地块容积率分别为 3.2/3.1.	同意项目组意见 由于地铁 2 号线车辆段穿过该公司用地，同时为了确保中学用地的落实，经市局研究确定，学校调整至东边地块，用地面积控制在 18000 平方米左右。02-19-01/02-19-03 居住用地地块容积率均调整为 3.2	同意规划主管部门意见

6.4 实践探索

（1）国家法规与地方编制技术规定相结合

地方性的统一技术措施一般在编制程序与工作阶段、分区划分与用地编码规定、规划控制内容与形式、标准规范等方面对控制性详细规划进行了详尽的规定。主要体现在：第一，制定地方规划标准与准则，指导控制性详细规划的指标确定，如《深圳市城市规划标准与准则》（2013）；第二，对控规的分区划定与用地编码进行规范，基本上形成片区—街区—地块的划分层次，提出了相应的划分原则。并在此基础上规范了城市地块的编码系统。有些城市提出了“规划单元”的概念，提出编制相应的控制单元规划作为承上启下的依据，如广州、上海、南京；第三，在《城市规划编制办法》（2006）的基础上，进一步详细明确编制内容与编制方式；第四，规范控规成果的统一格式、制图规范和数据标准。

（2）以分层控制实现指标的分解

形成一套总规—分区—片区—控制单元—街坊地块，分层控制、层层衔接的规划控制系统。分层控制：每一层次落实相应深度的规划内容，并为深入控制留有余地和适应性空间；总量控制：将总体指标层层分解，每一层次均实行总量控制；单元控制：将城市规划建成区划分至控制单元，提出控制指标、控制图则、控制导向等通则式控制，为进一步结合旧城改造、近期建设和土地出让计划编制街坊地块的控制性详细规划提供依据。分层控制实现指标的分解，应对交通、公共设施的配给要求，是一个自上而下统筹互动的过程，并应对地块实施的弹性需求，减少法规失控的风险。

以深圳市城市更新为例，其是以城市总体规划为依据，与近期建设规划相衔接，在法定图则（控制性详细规划）层面划定城市更新单元，对城市更新单元的范围和相关指标提出明确要求后，进一步编制城市更新单元规划（一个城市更新单元可以包括一个或多个城市更新项目），以指导城市更新项目的建设实施，体现从单元到地块层层分解、落实指标的精细化的管理过程。

（3）城市设计导入控规指标

城市设计导入控规指标是从城市特定地区入手（市、区重点地区以及公共活动中心、历史风貌地区、重要滨水和风景区以及交通枢纽地区），先完成城市设计，再将其成果内容（公共空间、风貌控制、廊道、高度、密度）导入控规。控制性详细规划监察的重点目前集中在容积率，仅强化行政的合法性会导致容积率成为规划管理监察、开发商与规划主管部门的博弈热点，亦忽略城市公共属性控制的缺失。规划作为政府职能的公共利益（公共空间、公共服务设施、市政基础设施）的规划实施及保障，往往被编制人员与审查部门忽略，因此，城市设计导入控制性详细规划，既可以单独确立公共资源的保障要求，又可以与控规开发容量指标结合，使地块开发与公共贡献达到平衡。

《上海市控制性详细规划技术准则》(2011)中重点地区附加图则控制指标一览表
(以重点地区附加图则的形式将城市设计法定化)

表 6-4-1

分类		公共活动中心区			历史风貌地区			重要滨水区和风景区		交通枢纽地区		
控制指标 \ 分级		一级	二级	三级	一级	二级	三级	一级	三级	一级	二级	三级
建筑形态	建筑高度	●	●	●	●	●	●	●	●	●	●	●
	屋顶形式	○	○	○	●	●	●	○	○	○	○	○
	建筑材质	○	○	○	●	●	●	○	○	○	○	○
	建筑色彩	○	○	○	●	●	●	○	○	○	○	○
	连廊*	●	●	○	○	○	○	○	○	●	●	●
	骑楼*	●	●	○	●	○	●	○	○	○	○	○
	地标建筑位置*	●	●	○	○	○	○	●	○	●	○	○
	建筑保护与更新	○	○	○	●	●	●	○	○	○	○	○
公共空间	建筑控制线	●	●	●	●	●	●	●	●	●	●	●
	贴线率	●	●	●	●	●	●	●	●	●	●	●
	公共步行通道*	●	●	●	●	●	●	●	●	●	●	●
	地块内部广场范围*	●	●	●	●	○	○	●	○	○	○	○
	建筑密度	○	○	○	●	○	●	○	○	○	○	○
	滨水岸线形式*	●	○	○	○	○	○	●	●	○	○	○
道路交通	出入口	●	●	●	○	○	○	●	○	●	●	●
	公共停车位	●	●	●	●	●	●	●	●	●	●	●
	特殊道路断面形式*	●	●	●	●	○	●	●	○	●	○	○
	慢行交通优先区*	●	●	●	○	○	○	●	○	○	○	○
地下空间	地下空间建设范围	●	●	●	○	○	○	●	●	●	●	●
	开发深度与分层	●	●	●	○	○	○	○	○	●	●	●
	地下建筑主导功能	●	●	●	○	○	○	○	○	●	●	●
	地下建筑量	●	○	○	○	○	○	○	○	●	●	●
	地下通道	●	●	○	○	○	○	●	○	●	●	●
	下沉广场位置*	●	○	○	○	○	○	○	○	●	●	○
生态环境	绿地率	○	○	○	○	○	○	●	●	○	○	○
	地块内部绿化范围*	●	○	○	●	●	●	○	○	○	○	○
	生态廊道*	○	○	○	○	○	○	●	○	○	○	○
	地块水面率*	○	○	○	○	○	○	●	○	○	○	○

注:①"●"为必选控制指标;"○"为可选控制指标;
②带"*"的控制指标仅在城市设计区域出现该种空间要素时进行控制。

第七章　修建性详细规划

修建性详细规划是以城市总体规划、分区规划和控制性详细规划为依据，用以指导各项建筑和工程设施的设计和施工的规划设计。《城乡规划法》（2008）规定，是否编制修建性详细规划属规划主管部门的自由裁量权范围内，但随经济体制走向市场、开发主体更加多元，控制性详细规划逐渐成为有效引导开发行为的手段，修建性详细规划则无法如过去政府主导开发建设的时代，对建设项目做出具体安排，导致在规划管理中的作用愈发模糊，甚至出现修规应淡出法定规划体系的观点。

然而，综合《城乡规划法》（2008）和各地实践经验，修规编制仍有其必要性，具体可依编制主体和编制目的分为政府主导和建设单位主导两种类型。《城乡规划法》（2008）提出，“重要地块”可编制修建性详细规划，政府为了实现某个特定目的，可以修规的方式对空间规划进行把控，如主题事件的举行（如世博会）、城市功能的完善（如交通枢纽建设）和历史文化的保护（如历史街区整治）等，这类规划的编制可有效将政府意志注入地块建设之中，如同行动计划，对建设作出明确引导；而建设单位主导的修规编制，由于多是将修规与具体项目的设计方案相结合，则依据《城乡规划法》（2008）实施章节的指导，将修规的审定纳入部分项目办理建设许可证的技术审查环节，不仅对地块建设进行把关，同时也是政府宏观政策影响具体建设项目的重要方式之一（如落实低碳指标、贯彻城市设计意图等）。

除传统编制内容外，与建设工程紧密结合的特点也使修建性详细规划有所拓展和变化，如以修规的形式进行地下空间、城市更新规划，或在修规中纳入投融资规划等。本章内容是以相关办法对修规编制的要求为主，后在趋势部分简述修规的几种变化，并以推荐项目表的形式，协助读者按图索骥，逐步掌握修建性详细规划的编制内容及要点。

7.1 编制要求

依据《城乡规划法》(2008)第二十一条规定，城市、县人民政府城乡规划主管部门和镇人民政府可以组织编制重要地块的修建性详细规划(重要地块一般是指历史文化街区、景观风貌区、中心区、大型公共服务设施以及交通枢纽等地区)。也可根据规划管理的需要，要求建设单位依据控制性详细规划或者规划条件编制修建性详细规划，交并由城市、县人民政府城乡规划主管部门依法负责审定[1]。

城市修建性详细规划的编制是依据已经依法批准的城市控制性详细规划，对所在地块的建设提出具体的安排和设计。具体应包含以下七项内容：

①建设条件分析与综合技术经济论证；

②建筑、道路和绿地等的空间布局和景观规划设计，布置总平面图；

③对住宅、医院、学校和托幼等建筑进行日照分析；

④根据交通影响分析，提出交通组织方案和设计；

⑤市政工程管线规划设计和管线综合；

⑥竖向规划设计；

⑦估算工程量、拆迁量和总造价，分析投资效益。

7.2 编制流程

修建性详细规划编制大致可分为现状建设条件分析、草案编制、成果编制与审查等阶段。

7.2.1 现状建设条件分析

(1)资料搜集与现地踏勘

基础资料包括规划基础资料和规划区的现状资料，通过与委托方的交流，可了解委托方对规划区的诉求及片区使用者的需求。现状调研与踏勘是对规划区及周边的地形地貌、水文地质、交通支撑、景观资源，规划区内部的土地使用性质、权属，人口分布，已建建筑的性质、层数、面积、使用情况等进行实地走访调研，判断规划建设的技术支撑条件。

现地踏勘与基础资料搜集　　表 7-2-1

资料搜集类型	调研内容及初步评价	搜集方式及资料来源
综合资料	政府及有关部门制定的法律、法规、规范、政策文件和规划成果等资料	由国土、规划、建设等部门提供；亦可在各级地方规划网站查询下载

[1] 全国城市规划执业制度管理委员会．城市规划实务．北京：中国计划出版社，2011.

续表

资料搜集类型	调研内容及初步评价	搜集方式及资料来源
自然条件	地形、地貌、地质、地下水、工程地质、植被等，可参考上位规划，并依据规划区的特点进行重点搜集	由国土、测绘、水利（务）、地震、农林等部门提供
历史文化	规划地块和临近地区的文物保护单位、历史建（构）筑物、非物质文化遗产、古树名木及城市文化底蕴、空间肌理、建筑特色等资料，可参考上位及相关规划	由文化、文物、园林绿化、规划、建设等部门提供
土地利用	地价、地籍资料	由国土、规划等部门提供
建（构）筑物资料	各类建（构）筑物质量、功能、结构资料	主要从现场踏勘获得资料，可同时咨询建设部门
道路交通	规划范围内道路交通规划和城市交通设施布局的相关资料	由交通、规划、建设等部门提供
市政工程	供水工程（给水管线、预留接管、给水加压泵站、再生水设施） 排水工程（排水体制和污水、雨水设施等） 电力工程（用电负荷、电源、供电方式、电力工程设施及中低压配网） 通信工程（通信用户、通信管网、通信工程设施） 燃气工程（气源、用气量、供气方式、燃气输配系统、燃气管网、燃气场站设施等） 供热工程（热源、热负荷、供热方式、供热管网等） 环卫工程（垃圾转运站、垃圾收集点、公共厕所和餐厨垃圾处理设施等） 防灾设施（防洪、消防、抗震防灾、人防等资料）	由规划、建设等部门及相关企事业单位提供
地下空间利用	交通、市政等基础设施和地下商业、文化娱乐等公共设施的资料	咨询人防、商务、交通、规划、建设部门

（2）建设情况分析

建设情况分析时，应重点关注地形地貌分析、现状用地分析、现状交通分析以及建筑情况分析。

①地形地貌分析：对场地的高度、坡度、坡向进行分析，选择可建设用地，并研究地形变化对用地布局、道路选线、景观设计的影响；分析可保留的自然（河流、植被、动物栖息场所等）、人工（建筑、构筑物）及人文（人群活动场所、文物古迹、文化传统）要素，重要景观点，界面及视线要素[1]。

②现状用地分析：分析用地权属，包括使用权属、土地权属，完成现状用地权属一览表。分析范围内的用地性质并划分至小类，完成现状用地汇总表；规划区面积较大的项目应对其主要功能的布局给予深入分析。细化土地权属，并进行土地二次分配的可行性分析。

③现状交通分析：对道路等级、红线宽度、断面形式、路面质量、路网密度、停车、对外联系方向详细分析，根据需要可适当增加对外交通流、公共交通以及步行系统的分析。

④建筑情况分析：建筑应根据其使用功能、建筑质量、层数和高度、建造年代、保护价值进行分类，明确保留、改造或拆除的建筑。

7.2.2 草案编制

以城市空间规划设计为重点，进行建筑、绿地、环境景观的布置，完善土地的开发和利用，协调包括建筑、道路、绿化、工程管线等和各工程之间的关系。包括总平面布局、道路系统设计、公共空间设计、竖向与综合管线的设计以及工程建设的经济测算等工作。

[1] 全国城市规划执业制度管理委员会. 城市规划原理. 北京：中国计划出版社，2011: 291.

（1）总平面图设计

根据控规确定的指标，合理进行建筑布局，分析住宅日照，预留建筑消防通道；注重公共空间、交通节点及开发地块与地铁、公交、地下一层交通体系的关系；提出主要技术经济指标。

（2）道路交通设计

确定道路等级、道路宽度、坡度、控制点坐标、高程、转弯半径，设计主要道路断面形式，出入口定位坐标、宽度，布置地上、地下泊车范围和泊车位、停发车方式、尽端式回车场等，明确主要的步行公共空间。

（3）绿地设计

绿地的设计内容包含明确不同绿地的类型，以及各类绿地的布置、范围、用地面积；为空间里绿化种植选择树种，进行绿地景观和园林设施与小品布置等。

（4）竖向设计

竖向设计应包括确定地形地貌的利用，并进行土方平衡，确定各控制点的坐标、高程和地面排水方向、坡度、坡向（参见规划术语——竖向设计）。

（5）管线综合设计

管线综合设计涵盖给水、排水、电力、电信、有线电视、燃气等各专业管线和管网综合规划等；内容应包括负荷预测、外部管线现状、地坪标高、排水管道标高、各类管线走向、管线位置、主要管线管径等。

（6）经济测算及论证

修规经济测算包括土地成本估算、工程成本估算、相关税费估算、总造价估算及综合技术经济论证。

①土地成本估算：向委托方了解土地成本数据；旧区改建和含有拆迁内容的详细规划项目，还应该统计拆迁建筑量、拆迁人口与家庭数，并根据当地的拆迁补偿政策估算拆迁成本。

②工程成本估算：对规划方案的土方填挖量、基础设施、道路桥梁、绿化工程、建筑与安装费等进行总量估算。

③相关税费估算：包括前期费用、税费、财务成本、管理费及不可预见费等。

④总造价估算：综合估算项目总体建设成本，并初步论证规划方案的投资效益。

⑤综合技术经济论证：在以上各项工作的基础上对方案进行综合技术经济论证[1]。

（7）开发时序

为指导项目有效实施，规划应结合项目的规模大小及实际建设需求等因素，进行开发时序的比较论证，提出合理可行的分期建设时序；对各分期建设给予经济预算，并确定不同分期开发连带的公共贡献责任（如拆迁安置、新增市政设施、道路、学校、公共空间等）。

7.2.3 成果编制与审查

（1）成果构成

《城市规划编制办法》（2006）规定，修建性详细规划的成果应当包括规划说明书、图纸。成果的技术深度应该能够指导建设项目的总平面设计、建筑设计和工程施工图设计，除满足委托方的规划设计要求外，也应符合国家城乡规划技术规范、工程建设强制性条文和建设用地规划设计条件的要求，以及各地方现行有关标准与规范的规定。

（2）规划公示

《城乡规划法》（2008）第三章第十条规定，城市、县人民政府城乡规划主管部门应当将经审定的修建性详细规划、建设工程设计方案的总平面图予以公布。在实际规划编制中，规划公示一方面体现在修建性详细规划的编制过程中——采取公示、征询等方

[1] 全国城市规划执业制度管理委员会．城市规划原理．北京：中国计划出版社，2011：292.

修建性详细规划成果构成 表 7-2-2

成果构成	编制原则	编制内容
说明书	重点说明现状条件的分析，阐述规划原则和规划构思，明确规划方案的主要特点和主要技术经济指标（包括用地平衡表、规划总人口、总建筑量、各类建筑明细表与投资估算等）[1] 以及工程量和投资估算等	①规划背景：编制目标、编制要求（规划设计条件）、城市背景介绍、周边环境分析； ②现状分析：现状用地、道路、建筑、景观特征、地方文化等分析； ③规划设计原则和指导思想：根据项目特点确定规划的基本原则及指导思想，使规划设计既符合国家、地方建设方针，也能因地制宜具有项目特色； ④规划设计构思：介绍规划设计的主要构思； ⑤规划设计方案：分别详细说明规划方案的用地与建筑空间布局、绿化与景观设计、公共设施规划与设计、道路交通及人流活动空间组织、市政设施规划设计等； ⑥日照分析说明：说明对住宅、医院、学校和托幼等建筑进行日照分析情况； ⑦场地竖向设计：竖向设计的基本原则、主要特点； ⑧规划实施：建设分期建议、工程量估算； ⑨主要经济技术指标：用地面积、建筑面积、建筑退线、容积率、建筑密度（平均层数）、绿地率、建筑高度、地上（地下）机动车出入口、住宅建筑总面积、停车位数量、居住人口[2]
图纸	①位置图：标明规划场地在城市中的位置，周边地区用地、道路及设施情况； ②现状图（1∶500—1∶2000）：标明现状建筑物性质、层数、质量，现有道路位置、宽度，城市绿地及植被情况； ③场地分析图（1∶500—1∶2000）：标明地形的高度、坡度与坡向，场地的视线分析；标明场地最高点、不利于开发建设的区域、主要景观点、景观界面、视廊等； ④规划总平面图（1∶500—1∶2000）：需表达用地边界坐标；城市道路坐标、高程、红线宽度、转弯半径；用地范围内主要道路控制点坐标、道路宽度、出入口位置、停车位；建筑物功能、编号、坐标及室内高程，各建筑物基底面积、层数与高度（列表）；建筑间距、建筑退红线距离；公共设施配套项目功能、具体位置、用地界线等；绿地界线、绿地布局；室外场地各控制点坐标、设计高程；道路控制红线等各类控制线的具体位置；技术经济指标统计表（含用地总面积、总建筑面积、地下建筑面积、建筑密度、容积率、绿地率、公共绿地面积、居住人口密度、居住人口毛密度、停车位等）； ⑤道路交通规划图（1∶500—1∶2000）：表达道路等级，道路宽度、坡度、控制点坐标、高程、转弯半径，主要道路断面形式，出入口定位坐标、宽度，地上、地下泊车范围和泊车位，停车量等； ⑥用地竖向规划图（1∶500—1∶2000）：应确定地形地貌的利用，进行土方平衡，确定各控制点与建筑物的坐标、高程和地面排水方向、坡度，挡土墙的形式、规划地面形式、地面排水方式、截洪沟位置等； ⑦综合工程管线规划图（1∶500—1∶2000）：包括给水、排水、电力、电信、有线电视、燃气管线与室外消火栓的位置、管径、埋深等。规划内容还包括负荷预测、外部管线现状、地坪标高、排水管道标高、各类管线走向、管线位置、主要管线管径	

式，充分听取规划涉及的单位和公众的意见，并对意见采纳结果给予公布；另一方面表现为规划方案的调整——向社会公开，听取有关单位和公众的意见，并将有关意见的采纳结果公示。依据《城乡规划法》（2008）第二章第二十六条规定，规划公示的时间不得少于30日。

（3）成果审查

2012年9月，国务院出台《国务院关于第六批取消和调整行政审批项目的决定》（国发〔2012〕52号）文件，撤销了重要地块城市修建性详细规划的审批。然而，在实际的建设过程中，修建性详细规划作为申请“一

地方办法参考——广州市

按《广州市城市规划管理公示办法》的要求，修建性详细规划须进行批前公示及批后公示，公示内容如下：

批前公示：涉及城市旧区拆迁的经营性开发项目申请修建性详细规划审批，以及经批准已部分事实且已部分出售的涉及规划重要布局调整或直接影响他人重大利益的经营性开发项目申请调整修建性详细规划，公示如下内容：项目立案号、规划项目名称、建设单位名称、规划地块位置、申请调整或审批的要求、总规划图或模型。

批后公示：经批准的修建性详细规划，公示批文文号、规划项目名称、建设单位名称、规划地块位置、规划强制性指标、总平面规划图或模型。

广州市规划局在修建性详细规划报批中要求：绘制在1∶500现状地形图上的总平面规划图一式两份；规划说明书、规划设计蓝图（即总平面规划与绿地规划图和道路交通系统规划与竖向规划图）以及总平面规划彩图各一式三份。

[1] 黄耀志．城市详细规划设计．北京：化学工业出版社，2012.

[2] 全国城市规划执业制度管理委员会．城市规划原理．北京：中国计划出版社，2011：293.

书两证"的材料是必要的，仍然需要上报审查，只有审查通过后的修建性详细规划才能领取建设用地规划许可证或者建设工程规划许可证。

各大城市修建性详细规划成果报批的材料基本相同，一般要求有书面申请报告、建设项目修建性详细规划报批申请表、规划设计蓝线图或建设用地规划红线图，以及规划设计条件复印件、规划设计说明书、现状图、总平面规划图、道路系统规划图、绿地系统规划图、用地竖向规划图、工程管线规划图与管网综合规划图、主要建筑平立剖面图、透视图（鸟瞰图）、全套电子文件和其他附件。所提交材料的数量各城市规划行政主管部门有不同的要求。

（4）规划实施

修建性详细规划的主要作用在于建设工程规划的管理控制，在规划实施的整个过程中，需要建设单位编制修建性详细规划的建设项目，修建性详细规划是作为申请建设工程规

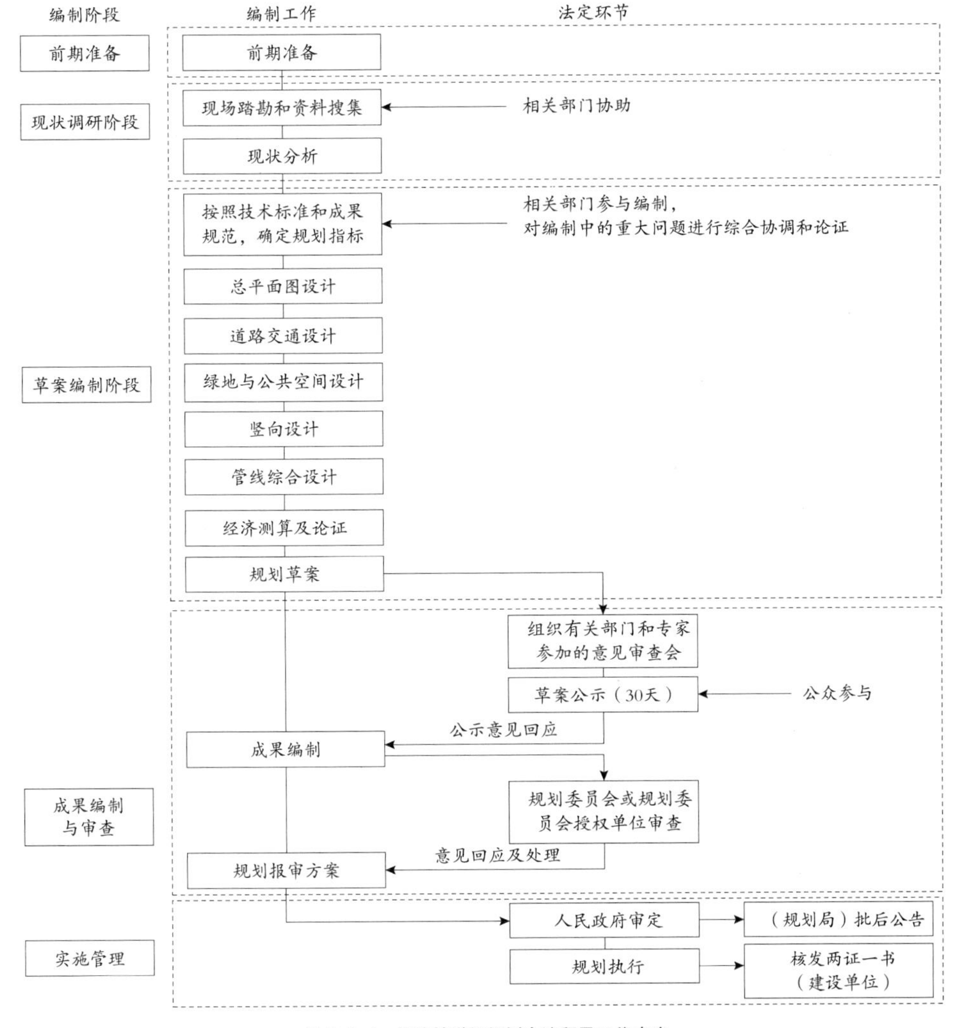

图 7-2-1 修建性详细规划全流程及工作内容

修建性详细规划

划许可证的申请材料，只有符合控规条件的修建性详细规划才能核发建设规划许可证。

7.3 关键内容解析

7.3.1 总平面设计

（1）平面布局

①设计、布置场地内建筑，合理有效地组织场地的室内外空间。建筑布局要满足功能、经济、美观等多方面要求，使之与周边环境相协调，并应综合考虑用地条件、选型、朝向、间距、绿地、层数与密度、布置方式、群体组合和空间环境等因素。

②建筑平面应与其使用性质相适应，符合建筑设计的基本尺度特点。建筑布局应满足人流、车流进出的要求，并符合消防、日照、防噪、通风、卫生等要求。

③对场地内的住宅、医院、学校、幼儿园等建筑进行日照分析，满足国家标准和地方标准的要求。对周边受本规划建筑物影响的住宅、医院、学校及幼儿园等建筑物进行日照分析，满足国家与地方标准的要求。

（2）室外空间与环境设计

①注重景观和空间的完整性，公共活动空间的设计应处理好建筑、道路、广场、院落、绿地、建筑小品与人活动之间的相互关系。

②明确公共空间的类型、位置、范围，严格控制公共空间的规模。规划组织广场空间，包括休息硬地、步行道等人流活动空间，确定建筑小品的位置，并提出具有地方特色的植物配置。

③根据不同的地域特征，按照“海绵城市”的理念与建设要求，优化场地设计，增加雨水自然渗透比例，合理地选择和配置绿化树种，力求自然生态且便于管理。

④通过乔木、灌木、草坪等绿化元素的合理设计，达到改善环境、满足空间景观形象的作用。将绿化与各种功能的室外空间场地、建筑、小品结合设计，如结合墙面布置藤架、花坛，丰富建筑立面，坐凳与花坛结合设计等。

⑤建筑应体现地方特色、突出个性，群体建筑与空间层次应在协调中力求变化。建筑高度与体量要统一考虑，以塑造整体空间形象，保护视线走廊，突出景观标志。

7.3.2 道路交通设计与评估

①将规划区置于更大范围区域考虑，明确各道路的职能分工。

②规划区内的设计道路应与周边城市道路合理连接，车行道路开口的数量与位置应符合道路设计规范，车道边坡线不应超越道路红线。

③结合规划区的位置、开发强度等，确定适宜的街坊、地块大小，道路网要满足规范的要求，列出规划道路一览表。

④结合道路的职能设计道路断面，对需调整道路断面的给予规划意见。

⑤完善规划区内的步行系统，并与规划区外的步行系统无缝衔接。

⑥根据地方的城市规划技术管理规定配置停车场和停车泊位。

⑦就方案进行交通流量影响评估。

7.3.3 竖向设计

①用地规划高程应与外围城市道路、相邻地块高程相协调，有利于规划区内道路系统与周边道路衔接。

②综合考虑土质、土源、运输方式、运距、施工方式等因素，确定经济合理的土方平衡方式，一般采用方格网法和横断面法。

③根据自然地形和建设方要求，规划用地一般可分为平坡式、台地式和混合式。一般平地、河滩地等自然地面坡度在3%以下时，宜采用平坡式；自然地面坡度大于8%时，采用台地式；自然地面坡度介于两者之间时，采用混合式。

④不同标高的用地连接，采用挡土墙或土边坡。挡土墙高度以2—4米为宜，边坡斜率一般为1 ：1.5。

⑤竖向设计应满足用地排水要求，草地设计坡度应不小于0.5%，硬地设计坡度应不小于0.2%。

⑥当规划区内用地坡度大于8%时，应辅以梯步解决竖向交通，并宜在梯步旁附设推行自行车的坡道。

7.3.4 工程管线综合

①采用城市统一坐标系统和标高系统，总体上安排各类工程管线的空间位置，以免发生互不衔接和混乱的现象。

②综合考虑地形、地质条件、城市道路走向，以及相邻工程管线平行时的水平距离、相互交叉时的垂直距离、工程管线与其他工程设施之间所要求的距离，满足城市设施的安全以及环境的美观等要求，协调解决工程管线之间以及与城市其他各项工程之间的矛盾。

③规划区内工程管线宜地下敷设。

④管线综合规划应与外围管线规划相衔接，且应与规划区内道路、给水、雨水、污水、电力、电信、燃气工程等专业规划相协调。

⑤工程管线综合应减少管线在道路交叉口处交叉。当管线竖向位置发生矛盾时，按下列规定处理：压力管线让重力管线；可弯曲管线让不易弯曲管线；分支管线让主干管线；小管径管线让大管径管线。

⑥工程管线在道路下面的规划位置宜相对固定。从道路红线向道路中心线方向平行布置的次序宜为：电力电缆、电信电缆、燃气配气、给水配水、燃气输气、给水输水、雨水排水、污水排水。

⑦各管线布置最小水平净距和垂直净距按《城市工程管线综合规划规范》GB50289-98有关规定执行。

7.3.5 建设工程成本估算

修规建设的工程量包括道路工程量、市政管线工程量、场地土方平衡工程量、土建工程量、绿化及环境工程量共五大部分。根据各类工程的一般单价，结合估算总的工程量，计算项目的建设成本。

①道路工程量一般包括道路长度、宽度和机动车道、非机动车道、人行道、绿化带、自行车停车场、机动车停车场等面积以及配套设备和管理用房面积。其中，对于居住区级以上道路应统计道路红线范围内的道路工程量，居住区级以下道路应统计路幅宽度以内的道路工程量。

②市政管线工程量包括各专项管线工程与配套设施工程（如给水加压泵站、配电所等）。管线工程量按管线断面（等级）和相应管线长度确定，配套设施工程按规模（等级）确定。

③场地土方平衡工程量一般包括总土方量、就地填挖量、外运土量、外弃土量、运距挡土墙长度等。

④土建工程量是指规划区内所建建筑工程以及建筑物下部的人防地下室的工程量。

⑤绿化及环境建设工程量一般包括草皮、花坛、植树等绿化建设费用和环境设施建设的费用。

7.3.6 开发时序

根据项目规模的大小，明确近期建设的

重点，提出行动计划项目，科学合理地安排建设的开发时序。单一地块的小型项目，可结合开发主体的意见，一次性整体开发；新建较大型项目，可结合建设主体的终极目标，明确近、中、远期建设规模和范围及建设成本，并依据项目规划目标，明确提出各分期建设的重点项目；涉及拆迁改造的项目，应综合考虑拆迁补偿、还迁安置、项目经济来源、市政设施建设、捆绑公共贡献条件等因素，明确项目整体开发阶段和时序，以有序高效地指导项目建设实施。

7.4 发展趋势

（1）与建筑方案同步细化

为了加强修建性详细规划的可实施性，将城市规划的管控信息有效地传递给建筑设计部门，在满足修规法定性要求的基础上，修规设计方案要求与建筑方案紧密衔接，尽量与建筑方案同时编制，并与建筑方案同步细化。

在《城市规划编制办法》（2006）要求的基础上，修规应与建筑设计协调沟通，可增加地下一层、地面层、地上二层的平面总图，明确地下通道、地面（地面二层）、建筑内外的空间间接关系，特别是公共空间的衔接，必要时增加剖面图，同时根据建筑功能与城市功能的双重要求，确定近地层建筑细节（如通透率、入口形式等）的指标控制。

例如新出台的《深圳市建筑设计规则》（2014），已对玻璃帷幕的设计提出指引，并将城市公共通道和架空公共空间等纳入建筑技术经济指标计算内容中。

（2）增加地下空间的综合利用内容

随着地下空间的开发利用逐渐为人所重视，修建性详细规划仅仅考虑地面和地上空间是不够的，还应加强与地下空间的衔接，明确地下空间的功能、规模、位置、出入口。片区地下空间统一开发的，规划需设置与周边衔接的出入口；与轨道交通站点、公交首末站等结合者，还需综合考虑与地下交通空间的衔接。如《深圳市建筑设计规则》（2014）建筑技术经济指标计算内容中，已对地下空间连通提出数项指引与规定。

（3）引入绿色建筑与环境指标控制

不论是规划设计还是建筑单体，都需要体现绿色低碳的设计理念。修规是城市规划的微观层面，需要有效落实低碳生态指标与

《深圳市建筑设计规则》（2014）中关于公共空间衔接的相关内容　　表 7-4-1

控制指标		内容
城市公共通道	地面	建筑楼层（包括首层）内，按城市规划要求设置的 24 小时免费向公众开放的城市公共通道，其中车行通道有效宽度不小于 4 米，净高不小于 5 米；人行通道净宽不小于 3.5 米，梁底净高不小于 3.6 米
	地下	地下空间内按城市规划要求设置的 24 小时免费向公众开放的城市公共通道，净宽不小于 6 米，梁底净高不小于 3 米
架空公共空间	地面	建筑首层架空或其他楼层与城市公共通道连通的部分架空，作为 24 小时免费向公众开放的公共空间，梁底净高不小于 5.4 米
	地下	地下室楼层内与城市公共通道及室外空间直接连通的部分架空，作为 24 小时免费向公众开放的公共空间，梁底净高不小于 5.4 米

《深圳市建筑设计规则》(2014)中关于地下空间连通的相关内容　　表 7-4-2

控制指标	内容
地下空间连通建设	①新建大型综合性公共建筑的地下空间应与附近现状或规划的地铁站点、公交枢纽等公共交通设施进行整合与无障碍连通； ②地下步行系统应与其他地下空间如地铁站点、地下商业街、地下过街通道、地下停车库、地下人防设施等紧密衔接，共享通道和出入口； ③地下空间连通工程的设计应符合地下车库、人民防空及消防等相关设计规范的要求； ④先建项目应按照规划要求及相关规范预留地下空间连通工程的接口，后建项目应负责实施连通对接。地下空间的连通接口应在图纸中有明确标注
地下空间连通通道的设计	应满足消防、设备管线敷设、人防设计规范等要求外，并满足以下规定： ①人行：交通人行连通通道净宽不应小于6米，净高不应小于2.8米；商业人行连通通道净宽不应小于8米，净高不应小于商业使用要求； ②机动车行：保证双向通行，净宽不应小于6米，净高不应小于2.4米； ③人车混行：保证双向通行，净宽不应小于9米，净高不应小于2.8米； ④特殊车辆通行：应满足特殊车辆通行的净宽和净高要求。地铁、地下公交场站等公共交通设施的设计，还须满足其特殊规定
商业布置	建筑地下通道空间可结合商业布置，地下通道的空间尺寸应满足相关技术要求，各类地下商业街的设计均应符合国家相关规范的要求

技术要求。

绿色低碳设计包括以步行、自行车和公交系统为主的绿色交通模式，低能耗的绿色建筑，低碳能源的利用，水循环体系，公用设施的节能，室外场地透水率的强制规范等。例如《深圳市建筑设计规则》(2014)建筑技术经济指标计算内容中，已明文提出了透水率与绿化覆盖率，并将屋顶绿化和架空绿化均纳入绿化覆盖率的计算之中。

(4)投融资规划理念的运用

投融资规划是运用系统工程的方法搭建规划和建设的桥梁，服务于城市开发的实施工作。设计中引入投融资规划的理念和方法，增加诸如推动项目实施的土地、税收、投融资和开发建设计划等政策方面的内容，有明确的操作主体、融资来源、建设模式设计等，制定能保障项目成功运营的综合实施计划，并将其作为实施市政府战略要求和投融资任务的行政许可依据，能更有利于指导具体的开发工作。

(5)城市更新已逐渐成为修规的重要新增形式

城市化的快速推进使得城市更新成为修规的一种新项目类型。更新规划的前提是要符合各地方规定的更新条件，包括：城市基础设施、公共设施亟需完善；环境恶劣或者存在重大安全隐患；现有土地用途、建筑物使用功能或者资源、能源利用明显不符合社会经济发展要求等。同时，规划项目要提供一定的贡献，包括独立占地的贡献用地以及非独立占地的相关公共设施等。

更新规划则要以总体规划、控制性详细规划(或法定图则)及其他上层次规划为依据，在核查并摸清土地权属、建筑物的现状情况后，不仅要对更新单元的目标定位、更新模式、土地利用、开发建设指标、公共配套设施、道路交通、市政工程、城市设计、利益平衡及分期实施等方面作出细化规定，同时要明确规划实施的具体要求，协调各方利益，落实城市更新目标和责任。

修建性详细规划类型及项目推荐　　表 7-4-3

类型	项目特点	参考项目
主题事件引导型	在彰显城市风貌特色的基础上，依据城市事件（如园博会）或主题展现（如纪念性园区）的特殊定位，规划适合的功能布局，强调公共空间的营造。规划时应注重项目的实施机制，若项目是为短期活动（如世博）而建，则应考虑事件后的利用规划	北川抗震纪念园修建性详细规划
		西安世界园艺博览会修建性详细规划
		2010 年上海世博会城市最佳实践区修建性详细规划
城市功能完善型	由于完善城市功能的项目属性（如交通枢纽、港口、产业园区等），这类项目具有较明确的设计导向，是以满足服务对象、契合主题为核心，通常着重以布局的合理与效率、市场的特征或需求、新理念及新建设模式（如低碳）等为方针来开展设计工作	广州国际商品展贸城修建性详细规划
		高铁无锡东站站区修建性详细规划
		中国佛学院教育学院修建性详细规划（舟山市）
		天津海河教育园区起步区修建性详细规划
		集美西亭中心区修建性详细规划（厦门市）
		北新区体育公园修建性详细规划（江门市）
		武汉动物园综合改造修建性详细规划
		天津津湾广场修建性详细规划
		南宁第二中学东校区修建性详细规划
		台州市市民广场
		太子湾片区详细蓝图（深圳市）
地产市场开发型	此类规划的重点体现在对基地的尊重与营造上，除满足居住功能外，如何与地块的本底相协调，对原生的景观资源（如老树、水体）和地貌（如高差）进行妥善的利用是规划的难点和亮点	长沙万科紫台设计
		光电企业产业加速器及高端人才房项目投融资规划和实施方案（深圳市）
历史文化保护整治型	此类规划是以保护为优先，通常是由历史景观的视角进行整治工作，在不破坏历史风貌格局的基础之上，改善生活环境、提升地区活力、继承并发扬传统文化，并进一步提出保护及展示利用，如引入商业活动等	山东淄博市周村古商城汇龙街片区修建性详细规划
		绩溪古城街区及水圳环境整治修建性详细规划
		晋祠景区修建性详细规划（太原市）

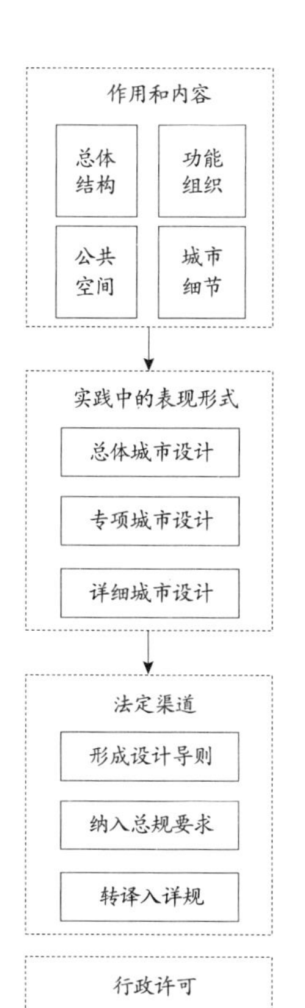

第八章　城市设计

城市设计是通过控制和引导空间要素，提升城市空间的环境质量，创造特色、宜人场所的设计方法和手段。城乡规划侧重于公共资源在城市空间中的合理配置，城市设计则立足于人的感知体验和场所特色。

伴随我国城乡建设从外延规模扩张向内涵品质提升的转变，城市设计逐渐成为一种重要的手段和方法，发挥改善城乡建设质量的独特作用。本章基于以下对城市设计发展趋势的认识和判断：

①城市设计应贯穿城乡规划的各个层面，起到强化城市总体特色，优化片区功能形态，塑造公共场所，协调建筑和环境的作用；

②城市设计的内容应当和规划建设管理体制对接和融合，以增强城市设计对建设实践的指导和控制作用；

③城市设计应当适应不同城市的特色和发展状态，提供针对性的指导；

④城市设计的技术方法日益多元，公众参与、大数据等新的技术方法将提高城市设计的科学性和可实施性。

本章节建立“定制组合，要素引导”的手册使用框架：

①以总体结构、功能组织、公共空间和城市细节四个部分涵盖城市设计的主要内容。

②在各部分内容中，结合城市设计的实施和管理，归纳出核心设计要素，从要素出发，阐述设计的核心内容和工作指引。

③在使用本手册指导项目时，使用者可以结合城市的具体情况，选择套餐和要素进行灵活定制，形成富有针对性的解决方案。

8.1 城市设计的作用

建立城市风貌的空间结构，形成城市的总体特色。

优化街区功能组织，促进城市空间的活力与多元。

塑造城市公共环境，提升城市空间与生活的质量。

设计城市细节，美化城市空间，体现人文关怀。

国内外案例中城市设计的作用体现　　表 8-1-1

作用面向	国外案例		国内案例		全国优秀城市设计项目整理
	名称	介绍	名称	介绍	
建立城市风貌结构	巴黎新城计划	1965 年的《大巴黎区规划和整顿指导》将德方斯地区划为巴黎九个副中心之一。城市设计中明确了新区建筑功能、高度、体量，创造人车分流、街区合一的环境，重视城市功能与环境营造	哈尔滨总体城市设计	2009 年《哈尔滨总体城市设计》对城市景观结构进行认知，控制开敞空间与人文活动、建筑（高度、色彩、风格、体量）、环境要素等，将城市设计纳入城市发展战略之中，可操作性强，是控规的重要指导及补充	苏州市总体城市设计 武汉市都市发展区整体城市设计 深圳市龙岗整体城市设计 深圳市宝安总体城市设计 南京浦口中心城区概念性城市设计
优化街区功能组织	奥克兰步行系统规划	2002 年《奥克兰步行系统总体规划（Pedestrian Master Plan）》提出安全、可达、街景及土地使用、教育等四项目标，对步行系统的路径及组成元素进行指认，并提出改善及建设计划	广州新城市中轴线	1999 年《广州新城市中轴线珠江新城段城市设计》以都市绿核为理念，对地段总体、公共空间、城市形态、景观、绿地、交通等进行系统设计，进行地段控制及节点设计，现已成为广州名片	上海徐汇滨江商务区城市设计 武汉西南城市发展轴线(龙阳大道）城市设计 重庆市梁平双桂湖片区城市设计 珠海市南屏中心城区控制性详细规划及城市设计 济宁古运河文化核心区城市设计
塑造城市公共环境	波士顿大开挖计划	20 世纪 90 年代初，波士顿的大开挖计划（The Big Dig）提出将穿越城市中心区的高速公路转为地下，并将原有的高架路改建成绿色公共空间，修复了城市的肌理，也促进了海港地区的发展	深圳公共空间规划	2006 年编制的《深圳经济特区公共开放空间系统规划》作为专项规划，对公共开放空间的配置标准及设计导则提出指引，改善了当时公共开放空间的现状问题	上海外滩滨水区城市设计暨修建性详细规划 杭州市公共开放空间系统规划 天津海河两岸城市设计（北洋桥——海津大桥段）
设计城市细节	波特兰城市设计手册	2010 年发布的《City of Portland Design Manual》，以设计手册的方式，分别对住宅区、中心商业区、商务区、混合街区、滨水区等提出标准与指引，提供开发项目适应性的设计指引	香港城市设计导引	2002 年香港规划署发布了《香港城市设计指引》，并于 2006 年纳入《香港规划标准与准则》，对地区密度、高度、滨海地区、公共空间、街景、文化景观、观景廊、建筑物外露支柱等提出指引，并纳入空气流通的指引	嘉兴市环城河沿线景观城市设计 哈尔滨市学府路地段城市设计 天津市中心城区城市设计导则 天津市城市道路界面景观设计导则

8.2 城市设计的内容概要

根据城市设计的作用，分为总体结构、功能组织、公共空间和城市细节四个内容。

8.2.1 尊重地域的总体结构

城市总体结构是对自然环境、街区、道路、建筑、公共空间、景观绿化等诸多要素的协调安排。城市总体结构应以协调形态、强化特征、增强感知为目标，为城市形态建立总体骨架，并制定形态塑造的通用原则。

1）导向

城市空间结构强调人对城市空间特色的感知和体验，应在总体规划功能结构的基础上，适应并展现城市的自然地理环境、气候环境、发展状态和文脉等特征。

2）要素

城市总体结构包含两大类七项要素。其中，需要识别的空间性要素包含自然环境、廊道、节点、交通环境四项，需要控制的规则性要素包含密度、高度和风貌三项。

（1）自然环境：通过保护自然格局，促进人对自然脉络的感知

自然环境是城市中以山林、水域等自然

城市功能组织要素、设计工作指引和设计内容一览表　　表 8-2-1

设计重点	要素	设计工作指引	设计内容
空间识别	自然环境	综合考虑自然山水、风景名胜和大型绿色开放空间，识别对城市结构具有重要作用的自然环境	
		划定自然环境的控制边界，保护生态景观	
		确定自然环境的保护控制原则，控制周边环境与自然本底的协调	
	廊道	结合城市的自然山体、河流、重要道路、公交沿线和视线，识别出对城市结构有重要作用的走廊	
		确定廊道的服务等级，并依据等级明确廊道的宽度	
		考虑生态保护和城市发展的需要，针对廊道和其影响范围提出密度、高度和风貌的空间引导	
	节点	结合重要公共建筑、公共空间及城市历史事件，识别出对城市结构有重要作用的节点	
		保留和发展节点的特征，协调节点和周边区域的空间关系，提出密度、高度和风貌的空间引导	
	交通环境	减少过境交通对城市的影响，协调大型交通走廊和城市的关系	快速公交走廊
		鼓励公交出行，组织城市的道路结构	城市街道网络
		识别最能反映城市风貌特征的特色街道	特色街道
规则控制	密度	对建设量进行二次分配，形成具有地区特色的空间肌理	平均建筑覆盖率
		在空间肌理确定的基础上，通过提高街道密度，塑造宜人的街道环境	街道密度
		在空间肌理确定的基础上，通过庭院密度和首层架空密度的增加，优化城市步行环境	庭院密度和首层架空密度
	高度	综合考虑土地利用、发展状态、重大基础设施廊道和自然生态景观，以利于整体形态塑造、尊重效益和弹性控制为原则，明确城市重要节点、廊道和片区的建设高度范围	高度分区
		结合城市性质和自然基底条件，进行城市天际线总体控制	天际线特征
		优化从远处眺望城市主要视景的景观形象	眺望系统控制
	风貌	考量地方特征、周边景观和文化内涵在建筑上的反映，明确城市主要地区建筑形式	建筑风格和建筑材质
		结合当地自然和人文环境颜色，控制城市的主要色彩。结合城市主要片区的建设年代和功能导向，对各片区和重要节点的颜色进行分区指引	城市色谱 色彩分区 配色指引

形态存在的环境，是构建总体结构的基底，应着重考虑自然环境的类型、边界和设计控制指引三项内容。

1）识别

自然环境包括城市大型的山体、水面、林地、郊野公园等自然生态保育区，以及2平方公里以上的大型城市公园和城市苗圃等绿色开放空间。自然环境应具备一定规模，才能够集中体现自然特征，并承担生态和游憩功能。

2）边界

在实践中，自然环境的边界有针对绿地的“绿线”，针对河流的“蓝线”，强调综合保护的“生态控制线”，针对特定地区的“自然风貌保护区”、“森林公园边界”等多种形式。在边界外围可根据需要，进一步划定建设控制地带。

3）设计控制

自然环境的内部控制包含建设限制、设施配置、物种栽植和本地化要求等内容；外部控制包含可达性、建设影响等，如外围建设密度和高度的控制、预留景观与通风廊道等设计控制。

（2）廊道：通过基本骨架的构建，深化各区间的感知和联系

廊道依托城市道路、河流、山体等线性空间形成，既界定了城市的建成片区，也联系着城市的不同功能地区。当廊道交汇成网，即形成城市的基本生态骨架。

1）识别

根据依附的物质要素，城市的廊道主要包含生态廊道和城市廊道两类。生态廊道依托河流、绿地及线性开放空间形成，是水、风和物种的流动空间，同时可起到限制建设、避免城市蔓延发展和线性开放空间的作用。城市廊道则依托轨道交通等主要交通线网形成，可以起到引导城市发展、联系重要节点的作用。

2）宽度和等级

廊道应保障足够的宽度。就生态廊道而言，30米以上的宽度基本可以构成带状廊道，保证一定程度的生物多样性；60—100米的宽度可以保证生态净化功能，并为中小型动物提供栖息地；数百米以上的宽度能保证大型动植物群落生长。就城市廊道而言，其两侧的开发用地应容纳多元的城市活动与活力，并保障高效的交通组织。

3）设计控制

规划设计时，首先应保障廊道的连续性，并尽可能结合节点，形成网络。生态廊道的核心控制要素包括边界确定、管理及植被基质选择；城市廊道的核心控制要素包括交通组织、建设高度、街墙、界面、沿街风貌和视廊景观等。廊道周边的地区可依需要进行可达性指引和建设强度控制。

（3）节点：通过控制核心地段的周边形态，集中展示城市的面貌和特色

节点是能被强有力感知和识别的场所，能集中展示城市特色风貌，容纳城市公共生活，承载重要公共记忆，并对周边地区起到引导作用。

1）识别

节点一般是重要的公共建筑、公共空间、交通路口、历史街区、历史建筑、重大历史事件发生地，也可能是城市中特殊的建筑、场地与公共空间。

图8-2-1　城市节点识别

2）边界

节点是强烈的意象点，可将其边界界定为具体的建筑和场地，也可以根据其影响力进行拓展。

3）设计控制

以保障可感知和可到、凸显形态和风貌为原则，通过交通组织、高度、视线廊道、风貌形态的对比和协调等多样措施进行设计引导。

针对 CBD、大型综合体等新建节点，应强调活力的提升，鼓励功能多元化、交通一体化和公共形象的特征强化等措施；针对历史性节点，则应剥离和历史特色有冲突的功能，通过协调的风貌和形态，延续原有的城市记忆。

（4）交通环境：通过对设施的合理布局，优化城市骨架

交通环境界定了城市分区，联络了城市活动。在总体结构设计阶段，重要交通设施的布局决定了城市整体空间的面貌和城市功能的效率。

1）快速交通走廊

快速交通走廊是指包括铁路、高速公路、城市快速路及交通性干路，强调快速通过、与两侧城市用地联系较弱的通道。快速交通走廊的选址应避开城市中心及社区，一般沿城市外围布局，且和城市交通转换枢纽联系便捷；除非必要，否则应慎用高架铺设，避免对城市的干扰。

2）城市街道网络

城市街道网由生活性主、次干路及城市支路组成，服务城市和社区的交通出行，同时也是重要的城市公共空间。城市的街道网布局应当以“密致成网”为原则，并提高地块的开放性、可达性，以增加出行路径的选择，完善步行环境。城市街道网络的平均密度以5公里/平方公里为下限参考，城市商业和中心区的街道网密度可进一步增加。

3）特色街道

特色街道包含城市中富有代表性的商业街道、旅游路径和景观道路等。在进行城市总体设计时，应结合城市中心和特色景观，识别能集中反映城市风貌的特色街道。

（5）密度：通过对建设量的再分配，实现开发量和空间质量的平衡

密度是指建筑在土地上的覆盖强度。在容积率已决定地区建设容量的前提下，密度通过对建设量的空间再分配，决定了该区广场、街道和建筑等的空间布局模式。合理的密度构成有利于塑造特色城市空间，实现开发量和空间质量的平衡。

1）平均建筑覆盖率

平均建筑覆盖率是指城市片区内建筑群组投影在单位土地面积的覆盖强度。平均建筑覆盖率影响片区的尺度、形态、功能和活动行为。在建筑总量不变的情况下，提高平均建筑覆盖率，意味着更加均质化的建筑分布，虽然会带来公共空间总量的损失，但也可能利于形成混合多元和步行化的街区。

2）街道密度

在不同地块间或街道网内部增加巷道和通道，有利于街区的可达性、步行化和多元化。通过提升街墙的贴线率，也有利于强化街道空间的特色。

3）首层架空和建筑庭院

通过首层架空或增加建筑庭院密度的方式，完善和丰富室外步行环境。

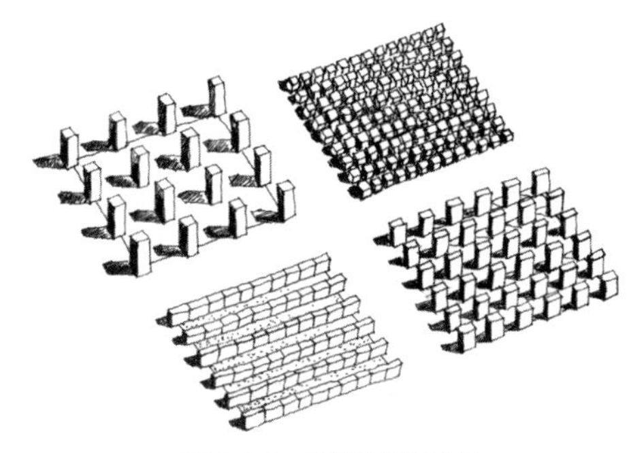

图 8-2-2　平均建筑覆盖率

（6）高度：控制高度的差异化布局，凸显城市的标志性景观

高度控制的目标是通过组织建筑、标志性建筑和自然山水的空间关系，凸显城市标志性景观，并尽可能形成具有特征节奏的总体轮廓。高度控制包括高度分区、天际线和眺望系统三方面内容。

1）高度分区

综合考虑历史文化、山水、景观视廊、特色街巷、土地利用与开发强度、高压走廊、机场、通讯塔等因素，以注重整体形态塑造、尊重城市特色、满足土地效益、弹性控制管理为基本原则，划定分区边界，并确定高度控制区间。

2）天际线

在高度分区的基础上，将一级控制点和次级控制点作为天际线和标识点的重要控制内容。可有条件地利用城市仿真模型进行控制引导。

3）眺望系统

在节点、门户等标志性的场所选择重要的眺望点，进行眺望系统的设计。

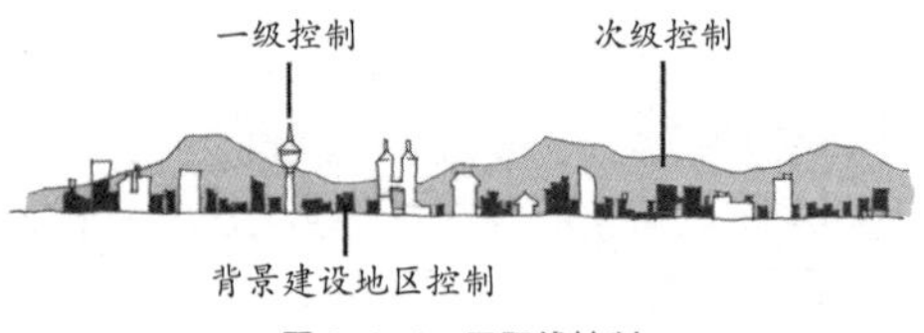

图 8-2-4　天际线控制

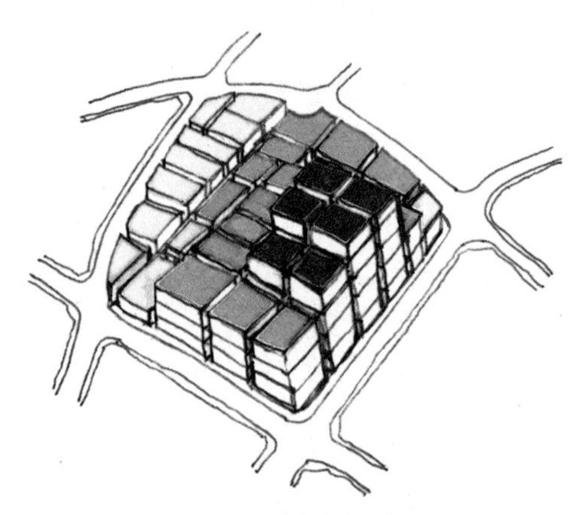
图 8-2-3　高度分区示意图

图 8-2-5　眺望系统

城市天际线特征控制　　表 8-2-2

天际线	控制对象
一级控制	超高层建筑、尖顶等位于视觉中心的实体元素。以对高度、体量、形态的控制为主，对天际线节奏变化影响较大，如上海的东方明珠广播电视塔
背景建设地区控制	山体或一般性建筑，通常形体相近、开发密度高。其群体轮廓构成天际线的地平抬升线，以衬托一级和次级控制点
次级控制	一级控制和背景控制以外的元素，如高层建筑

城市眺望系统控制　　表 8-2-3

眺望系统	控制对象
视景对象	城市重要的 CBD 地区、高层建筑集中地区、有历史记忆的地区和城市山水风貌展示带
眺望点	眺望点的位置应具有良好的可达性，一般是城市的广场、绿地或水域或超高层建筑
视廊	一般借由建筑物及开放空间的布局，控制从眺望点至视景的视线通廊

（7）风貌：通过协调建筑的整体风格和形式，凸显文化特征

1）建筑形式

对新建、改建、扩建建筑提出引导及控制要求，遵循文化脉络，注重空间的整体性。

2）城市色彩

以城市的自然人文环境为色彩要素提取的基础，根据色彩的面积大小区分各片区的主调色、辅助色、点缀色、禁用色的色谱，进行色彩感知的分区，提出分级、分类的控制引导策略。

8.2.2 人本活力的功能组织

功能组织是借由建筑、街道、空间等元素的组合，依循可达性及开放性的原则，促进工作、居住、游憩、社交等活动在功能及美学上的交织融合，以包容并体现城市的多样性，实现城市的综合效应。

街区作为城市设计的基本载体，是体现空间人性化品质的核心尺度，也是实现功能组织的主要媒介。借由对街区内部要素关联性的挖掘，以街区的功能、形态、尺度、连结为平台，功能组织得以催化城市空间与城市活动的相互影响，进而从空间上实现城市多种价值观的共存，营造以人为本、充满活力的城市街区。

与总体规划和详细规划不同，城市设计的功能组织应是在沿袭城市规划功能分配的结构下，考虑人在使用这些功能时可能发生的组织变化，进而对空间结构加以优化及细化。

1）导向

功能组织的实践常是依循上位计划（如总体城市规划）的指导，在以人为本的目标

建筑形式的控制要点与原则　　表 8-2-4

控制要点	控制原则
体量与尺度	考虑自身功能与周边环境的协调
立面与顶部造型	提取及应用街区建筑的主要符号，并配合景观需要，设计建筑顶部造型
高度与层次	与高度分区协调，在满足眺望系统和天际线设计的前提下，形成空间的层次感
形象与风格	考量地方特色及文化内涵在建筑上的反映
材料与技术	因地制宜地选取本土材料，鼓励新技术材料在建筑上的应用

城市色彩的控制阶段、技术手段及控制内容　　表 8-2-5

阶段	技术手段及控制内容	
现状调查	范围界定	分为整个城镇范围或代表性的片区及街道两种不同范围；调查的对象也有街道完整调研或是依据建筑使用分类调研两种方式
	色彩取样	主要为自然色彩景观要素及人工色彩景观要素两大类，通常是借由观感测色和仪器测色同时调查色彩数值
色彩设计	基础色调	继承并认同城市的自然色彩，提出主调色、辅助色、点缀色、禁用色的色谱建议
	节点控制	对重要节点提出色彩搭配建议，提出整体色调的气氛营造，如同一色调配色、类似色相配色、对照色相配色等表现手法
规划控制	色调控制	按城市主要色调进行控制，如杭州和北京的灰色系、广州的黄灰色
	分区控制	按照城市建设时间、功能布局或色彩控制等级程度进行分区
		按照城市设计的点、线、面结构实行色彩控制，如滨水景观带、商务核心区等
	材质引导	根据施工技术，建立合适的材质名录，供建造考虑

导向下，对相关规划（主要是控制性详细规划）进行优化和补充，以达到最优化城市资源配置、提升公共服务效率、促进街区活力发展等目标，可通过街区结构、混合使用、交通组织等三种路径加以实现。

2）要素

街区结构是功能组织的基础，通过街道的围合及划分，街区得以适应不同的功能，地块功能也可相互作用，以实现城市的综合效应，其要素包含功能与组织、地块划分及建筑与空间组合三项。

混合使用在城市功能间形成相关补充及促进的有机关系，有助于带来地区活动的多样性，增强城市活力，其要素包括土地混合使用及建筑综合开发两项。

交通活动是功能组织与连接最直接的方式，与土地使用相辅相成影响了城市的规模和布局，其要素包含交通运行组织、步行及自行车系统等两项。

（1）功能与组织：紧密组织功能，强化地块交流

街区是各种活动及功能交汇融合的场所。依据不同的性质用途，街区结构可以合理划分街区的公共－私密区域，引导不同使用者在街区内不同的场所空间进行活动（如公共商业街道及社区内部游乐场）。同时，街区结构是体现街区意象的骨架，完整的街区结构有助于提升公共设施的服务效率，促进人的活动交流，营造人本环境。

1）功能布局

功能布局是依据街区性质，配置功能及交通流线。为提高服务效率，可优化上层次规划的公共空间和服务设施的布局，鼓励紧凑型开发，集中活动目的地，如可借由引导形成街区中心（中心到边界的距离应在300米左右）。为创造街区内部的空间组织及场所感的多元性，功能结构应明确街区内各地段的特性及设计方针，以对后期建设进行引导。

城市功能组织要素、设计工作指引和设计内容一览表 表8-2-6

设计重点	要素	设计工作指引	设计内容
街区结构	功能与组织	按上层次规划指导，细化街区功能与定位，识别重要地区、节点与街道	功能布局 街道定位
	地块划分	依据所处的区位、主导功能和实际情况，确定街区规模与尺度，不同类型、规模的地块适应不同的功能需求	支路网密度 地块尺度
	建筑与空间组合	依据街区功能与结构，适当调配环境容量，对建筑及空间组织进行设计	建筑空间围合 建筑高度组合 建筑密度
混合使用	土地混合使用	确定地区主导用途与其他用途的范围，引导用地混合利用，提出建设功能比例及指引	混合使用鼓励区域 土地使用兼容性 主导功能比例
	垂直功能混合	结合办公、住宅、商业、文化艺术与体育等综合开发，引导建筑立体混合利用	建筑综合开发 建筑连接 地下空间
交通活动	交通运行组织	公交先行，合理设计机动车流线，形成连接街区内外，生活性街道及交通性道路的组织，保证出行的安全与效率	公共交通组织 机动车流线组织 道路交叉口设计 停车场地 地块出入
	步行及自行车系统	完善步行及自行车系统，保障街区对行人的开放性，加强人行及自行车的通过性，利于人在街区中活动	步行系统 自行车系统

2）街道定位

街道定位是对街区的围合区域、节点及街道进行指认，明确街道作为街区轴线、活动界线或景观视廊的作用。应重点设计街区内部供人活动的街道，以及由街道所串联的活动节点；划分街区内的活动路径，包含居民日常活动的主动线、商业街道、景观大道、交通干路等，并依街道定位进行开放空间配置及细部景观设计，如增添街角空间、广场，创造街区步行活动的丰富性。

（2）地块划分：缩小地块尺度，提高街区活力

地块划分创造了城市独特的肌理，表现的图底关系体现了人与空间的关系，是形成人本尺度环境的基础。一般而言，较多的支路设置可增加建筑沿街面，创造街道活动，提升城市活力；而较小的地块规模使步行者容易穿越，感觉更舒适安全，进而鼓励人们步行。

1）支路网密度

按现行规范的路网密度为快速路 0.5 公里 / 平方公里、主干路 1.2 公里 / 平方公里、次干路 1.4 公里 / 平方公里、支路 4.0 公里 / 平方公里，换算后大致可得路网间距约为 250 米，但参考其他城市的实际情况，如东京及京都的路网间距为 50 米，纽约及香港为 120 米[1]，巴塞罗那为 130 米，巴黎为 150 米，城市中心地区支路网间距依据不同用地类型，一般宜控制在 75—200 米之间，方能维持城市的活力。

2）地块尺度

地块尺度与区位、用地性质、规范标准及开发模式相关，通常是在上层次规划的基础之上进行优化。一般街块面积宜控制在 2.5—7.5 公顷间，以适应不同开发需求。小尺度的开发地块有利于建筑设计的多样性，进而促进使用者的多元性。

旧金山金融区

纽约金融区

北京金融区

图 8-2-6　地块尺度及建筑密度

不同用地类型对应的支路网间距　　表 8-2-7

用地性质	商业、商务办公	居住	工业
支路网间距（米）	75—100	100—200	100—200

城市设计

[1]　Serge Salat. 城市与形态——关于可持续城市化的研究 . 香港国际文化出版有限公司 .

不同用地类型对应的街块面积　　表 8-2-8

用地性质	中心商业、商务办公	中心居住	一般居住	工业	单一机构区
街块面积（公顷）	0.5—1.5	1.0—2.0	2.0—4.0	1.5—3.5	小于 6.25

图 8-2-7　建筑组合

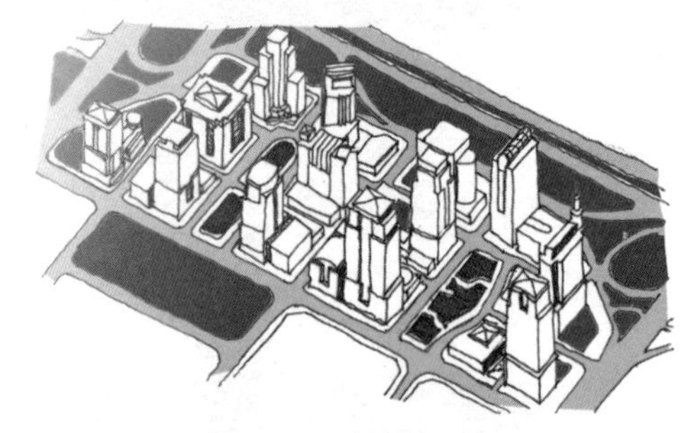

图 8-2-8　建筑空间围合

图 8-2-9　建筑高度组合

（3）建筑与空间组合：建立街区形象，塑造场所精神

街区形态构建了建筑、空间及街道之间的关联性，借由三者间的功能互动（如借由步行系统延续城市活动）、景观协调、确认边界（如营造建筑内院的隐私性）、强调象征语汇（如地标建立）等方式，可营造街区特色及场所感，是创造人性化尺度街道空间及街景、确保开放空间形成系统、有机联系步行网络，乃至营造舒适微气候环境的主要影响因素。

1）建筑空间围合

建筑空间围合决定了建筑与空间的互动关系，进而形塑了街区的场所精神及空间意义，可用以强调建筑的象征性或空间的围合感。较常见的街区建筑空间围合可用以形成连续性的街景或公共开放空间系统。

2）建筑高度组合

依据地块的大小及功能，设计建筑群体高度，如沿街配置建筑以形成整体感，或是创造标志性建筑景观等，通常是以容积率进行整体导控。为塑造宜人的空间体验，宜考虑建筑物壁面高度（D）与相邻建物间隔（H）的比例，如沿街住宅的 D/H 值一般以 1—2 为佳。高度组合一方面应创造街区形态的节奏感，形成街区整体意象；另一方面也应透过建筑物体量及裙楼设计组合，提升物理环境的品质。

建筑空间围合方式及其创造的空间形态　　表 8-2-9

空间形态	建筑空间围合方式
强调街道景观连续性	通过裙楼的街墙连续及风格统一，控制各地块的建筑密度，创造建筑物的整体感及一致性（如立面协调），可营造具有人性尺度的连续性街景
强调开放空间营造	借由集约布置开放空间，整合地上及地下空间，并加强开放空间之间的通道，可形成有机联系的开放空间网络，地块建设形象较鲜明

3）建筑密度

建筑密度是指建筑基底面积与地块面积的比例。一般而言，过低的建筑密度较难以对地块内部的空间环境进行整体营造，地块的场所空间界定模糊，容易导致内部空间的闲置和不友善，行人也无法较好地感知城市。参考国内外经验，配合建筑的体量搭配，建议商务办公地区建筑密度宜控制在 40% 以上，CBD 地区可达 60%。

（4）土地混合利用：用地功能相互配套，提升街区活动效率

土地混合利用是指两种或以上的城市功能在一定空间范围内的混合状态。街区内部活动的丰富性加强了人际间的交流沟通，功能的交织及组合也提高了土地的效率及价值。为避免混合利用带来的混乱，在提升街区的生命力及效率的同时，应适度移除干扰性的功能，并注意使用者的可达性及公共空间的监督性。

1）混合利用鼓励区域

重点鼓励城市具有发展动力及活力的地区，如各级中心区、商业与公共服务中心区、轨道交通站点服务范围、客运交通枢纽等地区进行土地混合利用。

2）土地利用兼容性

是某一用地类别允许的建设与设施用途范围，分为主导用途和其他用途两类，具体可参考各地的控制性详细规划土地利用性质兼容表。

3）主导功能比例

对建设功能比例进行引导，一般而言，用地主导功能的比例不宜低于 50%。参考《深圳市城市规划标准与准则》（2013），其规定居住用地、产业用地及非中心区的商业用地之主导用途的建筑面积不宜低于总建筑面积的 70%。规定主导功能有利于保障总体规划确定的城市功能得到控制，并契合城市的公共投入。

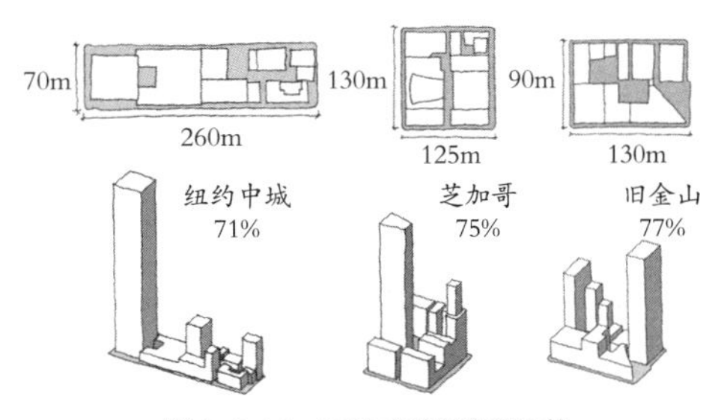

图 8-2-10　CBD 高建筑密度比较

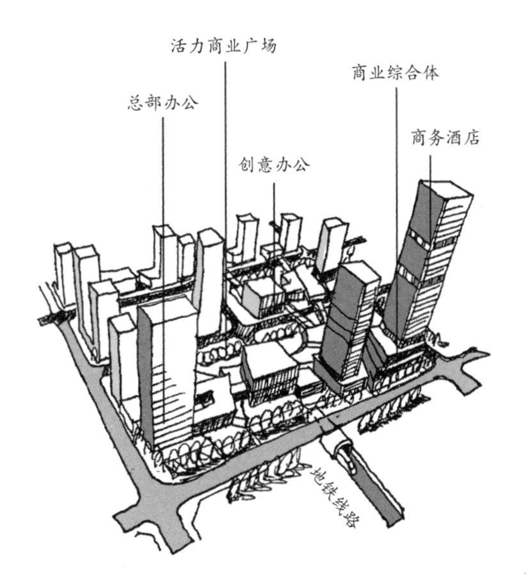

图 8-2-11　土地混合使用

（5）垂直功能混合：功能立体多样布局，引导垂直复合城市

垂直功能混合是城市功能由水平转向立体的体现，将城市的不同功能垂直组织于同一建筑体的不同高度（垂直分区），或透过空间构建组织串联建筑群体（如二层连廊），连接数种不同的城市活动垂直混合，是城市机能的高度结合，也是特大城市高容积、高密度发展的必然结果。

1）建筑综合开发

建筑综合开发是结合办公、住宅、商业、文化艺术与体育等功能于一体的建筑开发，创造了立体的混合使用，同时借由功能的融

混合功能开发项目中功能直接的相互作用评价表　　表 8-2-10

功能	与其他功能的作用程度			
	作用非常强	作用很强	作用适中	作用很弱
办公	宾馆	零售、娱乐	文化、市政、休闲	居住
居住	文化、市政、休闲	零售、娱乐	办公、宾馆（以高端宾馆作用较强）	—
宾馆	办公	零售、娱乐、文化、市政、休闲	居住	—
零售、娱乐	办公、居住、宾馆	文化、市政、休闲	—	—
文化、市政、休闲	居住、宾馆	办公	零售、娱乐	—

注：娱乐中的餐饮功能是对办公最有益的资源。

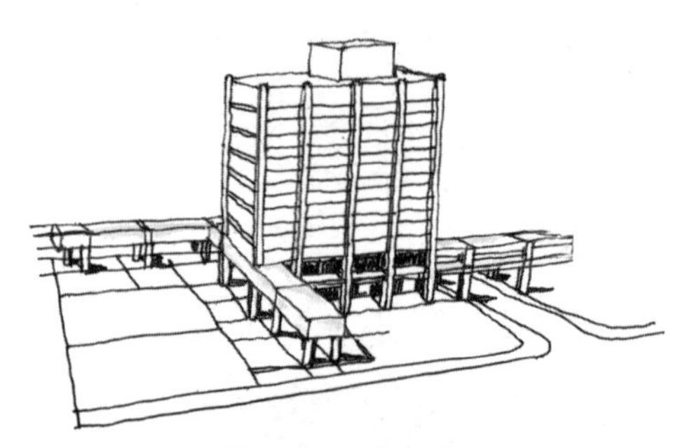

图 8-2-12　建筑连接

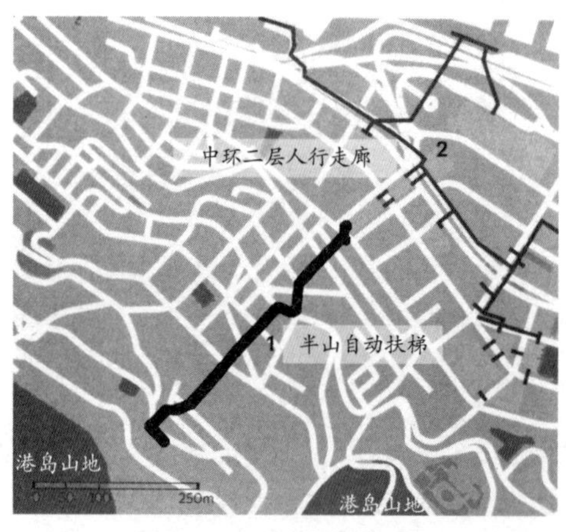

图 8-2-13　香港中环步行连廊

合提升效率及人气。如采取 HOPSCA（居住、办公、商务、出行、购物、文化娱乐、社交、游憩）或建筑单体功能混合（如住宅底商）的方式。

2）建筑连接

建筑连接是指通过建筑物拼接、设置空中或地下连廊的形式，完善步行系统，延续城市活动。在强调街道活动的前提下，一般仅建议在人口密度较高、气候条件严峻或地形起伏较大的地区设置，并基于具体项目的必要性（如高强度开发商务区、强调室内空间共享的产业园区）进行设计，以完善并营造更舒适连续的步行环境。设计时，应注意连廊与街区整体景观的协调性，避免因设置立体步行交通而造成对地面街道活动、步行系统的忽略。

3）地下空间

地下空间的建设可以减少城市活动受气候因素的干扰，是城市活动连接的一种补充方式，同时能提高土地利用的集约度，扩大城市空间容量。以提升城市活力为目标，通常以地下空间作为交通场站与城市活动的通道、商业空间的连接最为常见。

（6）交通运行组织：倡导公交优先，建构绿色交通

交通运行组织是配合土地使用性质，妥善安排交通流线，连接内外交通系统，以形成街区主要道路网络（参见规划术语——道路网络）。高效的交通系统应是以公共交通系统为主，配合步行及自行车系统，建立多重模式的交通组织，提高街区交通的机动性及多样性。

1）公共交通组织

公共交通站点应与街区活动紧密结合，与建筑的距离应在适宜的步行范围内（500米），有时公交首末站也可与建筑物复合布置，以提升公共交通的使用效率。设计时应注意公交场站的站点设置及接驳换乘系统，包含乘车站点、接驳站点、停等区等，尽可能缩短轨道交通及公交间的换乘距离。公共交通动线设计宜以内化的方式减少对外部交通的冲击；同时加强公共交通的标识系统设计，引导公交为先的出行模式。

2）机动车流线组织

对连接街区内外的生活性街道及交通性道路进行组织，区别内部及联外道路，设置城市活动集中的主街及其他辅助功能（地块机动车出入及货物装卸功能等）的辅街。同时对道路断面的功能进行设计，区分街道活动及交通使用的领域范围，并提高标识系统的引导作用。

3）道路交叉口设计

道路交叉口是城市活动流线汇集、疏散的场所，好的交叉口设计不仅应保障人车流线相互间的最小干扰，同时应注意行人的等待、过街空间及无障碍设计。一般而言，借由较小的路缘半径，不仅可迫使机动车转弯时减速，提高交叉口的安全性；同时能缩短人行横道的距离，营造较便捷宜人的过街方式，是道路交叉口设计时的核心重点。建议与主干路相交的路口以10米路缘半径设置，与支路相交的路口按6米路缘半径设置。

4）停车场地

依据用地性质及规模强度，配建相应尺度及类型的公共停车场及私人停车场；出入口尽量设置于辅街或内院，并依建筑需求设置适当的装卸车位。强调与其他设施连接，以及无障碍设施等设计，车道与人行道接口处宜缩减宽度至6米以内，以维持人行道的连续性。

5）地块出入口

地块出入是在不干扰街区交通及活动组织的前提下，连接地块内外的出入流线及位置，应分别设计人行及机动车的出入流线，避免相互干扰交叉，以保证安全性。地块内的机动车出入口应避免干扰主要道路交通及步行交通，宜设置于次干路以下的道路上，以减少对街区活动及景观的影响。地块内的人行出入口，应尽可能与主要活动街道、开放空间及公共交通站点连接，延续城市的活动。

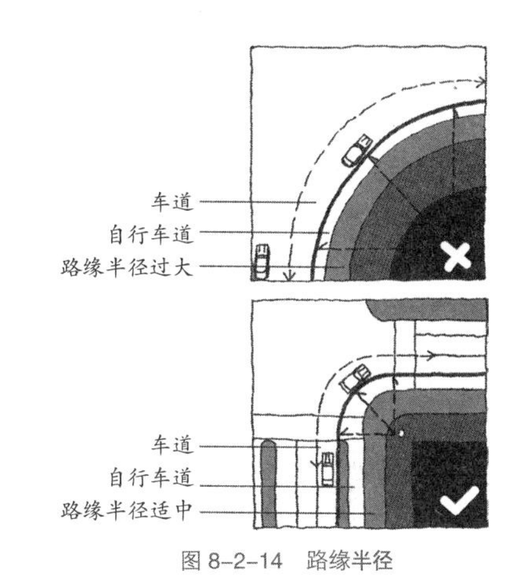

图 8-2-14　路缘半径

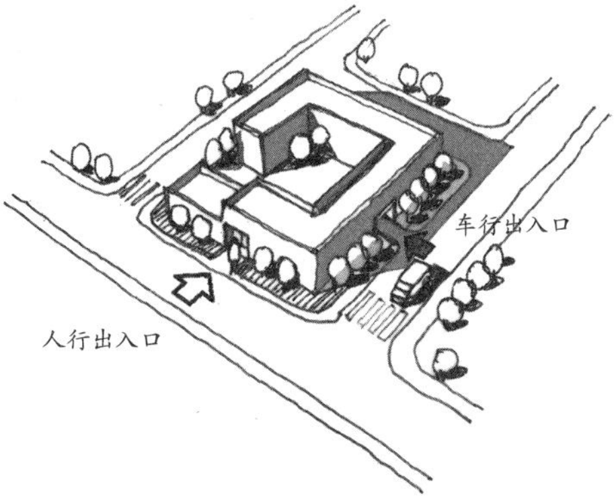

图 8-2-15　地块出入口

（7）步行及自行车系统：提高使用可达性，促进人本出行模式

步行及自行车系统是居民出行的基本方式之一，服务于日常中短距离出行，其应与公共交通设施协调规划，配合提供“最后一公里”的公交接驳方式（如在公交站点及轨道交通站点 500 米半径范围完善步行设施网络，3000 米半径范围内建立自行车网络），并保证使用的可达性及网络的完整联通性。

1）步行系统

步行系统通常以附属于市政道路及设置专用车道等方式进行布局，且全路段皆应考量无障碍设施设计。在商业及文娱集中区、交通站点周边、大型居住区等地应强化步行功能，并完善与其他交通工具的衔接，有针对性地连接城市功能。在重点及特殊地段可以立体或地下连廊的方式达成连续性的目标，但应考虑使用者的安全性，如人行地下通道宜避免长度大于 100 米，同时注重与其他附属设施如地下道、行人天桥等的衔接。

2）自行车系统

自行车与步行系统在条件许可的情况下宜尽量分开设置。沿道路的自行车道可结合人行道布置，区别铺装，宽度设计一般取 2.5 米（双向）；若道路两侧有宽度大于 10 米的绿化带，宜结合绿化带单独设置。人行道宽度不足 3.5 米的支路和小区道路，可结合车行空间设置自行车道，并针对机动车设置警示和限速标志。公共自行车系统则应注意租赁点的布局，设计时应考虑使用者为观光客或多仅供居民日常使用，以设计相应配套政策。

8.2.3　公平与活力的公共空间

公共空间是面向所有公众免费开放的公共领域，一般指露天或有遮盖的户外开放空间，也包括向公众开放的建筑物附属内部公共空间或通廊。公共空间是人们享受自然、进行户外活动和社交活动的重要场所，是城市中最具价值的开放空间，也是营造良好社会环境的重要、可控公共资源。

1）导向

公共空间应坚持“公平、活力”的原则，面向所有人群的需求，注重公众可达，并确保公私利益的平衡；其设计应立足于营造安全舒适的环境，激发多元的活力，鼓励人们最大限度地使用。从规划管理的角度出发，公共空间作为政府较易掌控的城市资源，政府应保障公共空间的公平分配，且将公共空间纳入规划设计要点，确保其得到有效实施。

2）要素

依据形态与功能，公共空间包括公园与广场、街道和建筑附属的空间。

公园是点、块状的公共开放空间，以绿色植被为主体，包括综合公园、社区公园、专项公园、带状公园和街头绿地等多种形态。公园兼顾改善城市环境、维护生态平衡和提供游憩活动场所的功能。

广场通过建筑物、构筑物、城市道路和山水等要素围合界定而成，多以硬质铺装为主，具有事件集会、交通集散、商业和游憩交往等多种功能，往往是城市重要的景观和功能节点，也是城市紧急避险的重要空间。

街道空间是线状的公共开放空间，其分布广泛，联系着城市各个片区和重要节点，不仅承担着城市的日常交通职能，还是城市重要的展示、游憩和交往空间。街道和其两侧的建筑紧密相关，往往和其两侧商业和公共服务设施一并承担一定的商业职能。

附属的公共空间形式多样，既包括由建筑退线形成的公共场地，也包括附属于建筑的公共通廊、骑楼等对公众开放的既有空间。建筑附属的公共空间提供人们日常的步行穿越，也是小型的社交、休憩空间和颇具潜力的商业空间。

公共空间要素、设计工作指引和设计内容一览表　表 8-2-11

设计重点	要素	设计工作指引	设计内容
公园广场	规模布局	以城市人群需求为基础，兼顾城市的自然地理条件，确保公园绿地的足量供应，并提供多元的公共空间类型	人均公园绿地面积 公共空间的覆盖率 各类型公园广场的设计要求
		结合城市的用地布局和自然条件，确保公共空间的均匀分布	
	环境	协调绿地广场与城市环境的空间关系，界定绿地和广场范围	形态 尺度 广场界面
		以步行感知为基准，合理控制或细分广场的尺度	
		结合周边建筑及环境，对广场界面进行一体化设计；突出广场空间的围合感	
	可达	通过广场周边建、构筑物的布局和高度控制，和周围景观协调一致； 保障广场及其标志性景观的视线可达	视线廊道 交通可达性 出入口设置
		综合考虑绿地广场的性质、区位、周边交通条件、和相邻城市环境的协调； 保持公园广场的有效交通可达	
	设施利用	基于绿地广场的功能，综合考虑和周边城市设施的共享与利用； 提供充足的服务设施配套	配套功能 设施设计及配置要求
街道	定位	依据街道的等级、流量，结合街道两侧的土地利用，确定商业型街道、步行专用街道、一般街道等主导功能	街道功能定位 街道层级划分
	断面	以功能多元及路权共享为原则，根据各类街道功能设置空间，统筹安排街道断面	街道空间划分
	街墙	构建舒适、活力的街道尺度，形成街廓形态； 结合街道自身的宽度，对两侧建筑界面的高度和建筑退线进行有效控制	街道尺度 沿街建筑控制
		对街墙的功能和形态进行设计引导； 综合考虑街道性质、断面设计和沿街建筑功能（如遮蔽 / 骑楼）	立面引导 沿街建筑底层功能设定
附属公共空间	形成方式	协调和周边功能的交通关系，结合建筑自身的功能形态，确定附属公共空间的形成方式	公共空间贡献规模 空间贡献率（公共空间规模与开发地块面积比值） 类型与形式
	形态功能	结合建筑总平面布局和开放空间位置的选择，确定功能； 空间的形态可分为半开放式、庭院式、立体式等	位置选取 使用功能
	维护管理	以安全和活力为目标，避免消极性空间，确保视线的开放性，必要地点布设监控录像	开放时限 路线设计 视线监督

（1）规模和布局：保障充足多元的供给及便利公平的服务

1）人均公园绿地面积

按照人均指标，在人均建设用地小于 80 平方米的城市，人均公园绿地面积应不小于 7.5 平方米 / 人；在人均建设用地 80—100 平方米的城市，应不小于 8 平方米 / 人；在人均建设用地大于 100 平方米的城市，应不小于 9 平方米 / 人。

2）公共空间覆盖率

公共空间的覆盖范围根据不同的空间类别而存在差异，通常以 300 米的服务半径为宜（5 分钟步行可达）。

3）公园、绿地及广场的类型及设计要求

公园、绿地的类型及设计要求 表 8-2-12

类型		设计要求
郊野公园	规模	根据自然环境的规模确定郊野公园的规模与边界
	布局	服务半径约为 1000—2000 米
	环境	依托城市原有的自然资源，属于城市的生态敏感区，应最大限度保留城市原有生态
	可达	确保交通的通畅、公共交通可达
	设施	公园出入口设置、公交车停靠站、停车位等
城市公园	规模	一般不小于 10 公顷
	布局	服务半径约为 500—1000 米
	环境	通常位于城市中心或片区的组团中心，为周边不同功能的区块提供服务
	可达	市级的综合性公园应满足 30—50 分钟步行可达，或 10—20 分钟公共交通可达； 区级的综合性公园应满足 10—15 分钟步行可达，或 5—15 分钟公共交通可达
	设施	公园出入口设置、公交车停靠站、停车场等
社区公园	规模	《深圳市城市规划标准与准则》(2013) 规定用地面积不宜小于 2000 平方米
	布局	从整合城市公共空间系统出发，确保社区公园的平均分布，服务半径约为 300—1000 米
	环境	选址应临次干路，尽可能减少道路交通对可达性的阻碍
	可达	应满足 5—10 分钟步行可达
	设施	根据社区的规模和居民需求设置相应的公共服务设施；同时应满足儿童及老人游憩的需要
附属性绿地	规模	城市建设用地中，绿地之外的各类用地附属绿化用地，面积应根据城市自然资源及用地功能确定
	布局	以见缝插针形式，利用零星空地，可包含居住绿地、公共设施绿地、道路绿地、建筑附属绿地等
	环境	应用于道路沿线或滨河地段等具有隔离装饰作用的沿线空间，需考虑与城市环境的协调关系；绿地空间应附设简单的休憩设施
	可达	考虑步行穿越的需求，有助于保持步行线路的完整，而非阻隔
	设施	考虑出入口设置及必要的休憩设施等
广场	规模	在突出广场主体功能的同时满足全季节、全天候的使用要求
	布局	结合城市纪念性建筑、商业节点及重要景观，尽可能鼓励复合使用
	环境	综合考虑空间感受、生态效益、人均用地、防灾避难等众多因素
	可达	确保公交可达、步行可达和视线可达
	设施	公交车停靠站、停车场、休憩设施、景观设施等

（2）公园、广场环境：营造舒适的环境及宜人的尺度

1）形态

公园与广场作为城市的重要节点，其形态设计应与城市的结构、功能组织、交通、生态框架等密切关联。公园环境应根据当地山水格局、气候、植被和文体游憩活动特点确定主题及功能分区。广场环境应根据当地文化、宗教、社会活动、商业功能等周围环境要素进行广场形态塑造。

2）广场尺度

充分考虑广场周围环境的功能定位，以及辐射人群的规模与需求，选择适中的尺度，注重广场的围合，避免广场过大而显得空旷，或过小而感受局促，鼓励人性化和精致化的设计。就类型而言，地标型（纪念型）广场

广场适宜尺度建议指标　　表 8-2-13

广场尺度导控要素	推荐指标
基面尺寸	长宽比宜控制在 2 ∶ 3—5 ∶ 6 之间
面积	宜控制在 1000—10000 平方米之间
围合率	宜控制在广场周长的 50% 以上
广场最大开口	不宜超过广场周长的 25%
周边建筑高度与广场宽度的高宽比（H/D）	宜控制在 1 ∶ 1—1 ∶ 6 之间

应具备较大的平面尺度和开敞感；商业广场应具备较强的围合感，并提供充足的步行空间；休闲娱乐广场和文化广场需要相对较强的开敞感。

3）广场界面

广场周围建筑界面贴线率宜高于 70%；鼓励广场建筑的内部空间与户外广场空间的互动；其周边建筑功能宜为公共建筑及商业办公建筑；底层应提供商业、文化及休闲设施（如零售、餐饮、展示、娱乐等）。

（3）可达：保障空间可达性，提高公共空间使用效率

1）视线廊道

确保公园广场视线开放性，形成外界与内部之间连贯的视线廊道；视线的两端或其间，应有明显的标识性设施（如雕塑、喷泉、历史建筑、花园景观等）。

2）交通可达性

确保公园绿地及广场便于所有人的步行与公交抵达；提供完善的交通连接设施，包括有轨电车、地铁和高架轻轨站点、车行道、步行道等；扩大步行范围，在线路选择、站点安排以及换乘车系统上充分考虑步行至公园广场的路径。

3）出入口设置

结合公园广场的周边城市环境与公园广场的性质、区位、交通条件和内部布局要求，确定主要、次要和专用出入口的位置，并在出入口提供明显的指示及地图信息；设置自行车存取处、公交站点、停车场等交通连接设施。

（4）设施利用：设置配套设施，激发空间活力

1）配套设施功能

公共空间的设施配套既能为户外活动提供舒适便捷的休息场所、卫生服务、安全保障，也可起到美化环境、增强空间趣味性的作用。公园广场的设施配置按照功能可分为三大类，即景观设施、服务设施和交通设施。设施的配置既可作为永久设置，也可以具有一定的流动性，鼓励形式的多样化。

2）设施设计及配置要求

设施设计及配置要求　　表 8-2-14

设施类型		设计及配置要求
景观设施	公共艺术品	注重公共艺术品与广场形态的协调，并突出特色；必要时可利用公共艺术品的摆放位置将广场划分成多个活动空间，以满足不同类型的活动需求，使空间更加丰富，尺度更加宜人
	路面铺装	通过铺装的形式引导和疏散人流，组织步行交通流线；或划分功能空间，体现不同空间的使用特征；合理选取铺装材质，提高地面渗水功能
	照明	确保空间使用人群的安全性，避免事故或犯罪的发生；同时营造空间活动氛围
	植被绿化	在确保空间的完整性的基础上，通过乔木、灌木、草坪等植被绿化来引导人流的活动区域，划分功能空间

续表

设施类型		设计及配置要求
服务设施	标识系统	应设置在城市公共空间的重要位置，如公园广场出入口、旅游景点出入口、道路交叉口、车站、商铺附近等；标识高度和字体设计应符合人的视觉习惯，应具体标明服务设施、交通信息、方向引导等重要信息
	座椅	在公园广场等大型公共空间提供数量充足的座椅；位置应尽量选取在安静的角落，提供一定观赏条件，避免阻碍行人的流动；确保座椅的舒适度，满足老人、儿童等多样的需求
	公共厕所	位置应相对独立于休息区和游戏区，同时避免过于偏僻；应设置明显的标识引导，并提供良好的照明
	垃圾箱	应设置在路口、商铺、游乐设施旁；确保其数量充足；造型应与城市空间环境相协调
	售货亭	应设置在路口、公交站点、商场门口等，突显其便利性；造型应与城市建筑环境相融
交通设施	步行系统	根据所处当地条件和需求，在道路交叉口、公园、广场出入口等地设置过街设施，确保各类公共空间的安全、有效连接
	公交站点	应注重与公园广场空间的衔接，并为行人预留足够的通行空间
	自行车停放	在公园广场出入口、商业街道根据不同地段的需求设置充足的自行车停放设施，并确保其与其他交通设施的顺畅衔接
	停车场地	根据公园广场的泊车需要，在合适的位置设置停车场地，并明确划分停车用地范围，避免停车场距离公园广场过近，影响空间整体环境；必要时可开辟汽车临时停靠场地

（5）街道功能定位：依据街道定位，营造多元复合的使用空间

街道的层级划分、功能类型及设计要求

街道可分为市/区级街道、社区级/镇级街道和小巷等。其空间的营造应确保为人们提供公平、安全、充满活力的公共空间。

（6）街道断面：合理划分街道空间，引导共享路权

街道空间划分

依据道路性质、类别、道路规划红线和交通组织方式，以及各类地下管线设施的铺设和规划情况，对交通通行空间和建筑前区

街道功能分类及设计要求　　表 8-2-15

街道层级	功能类型	设计要求
市/区级街道	纪念型	以城市纪念型景观大道为主，给予参观者深刻的印象；注重沿线建筑风格、铺装、绿化等各类要素设计的一致性；提供宽阔的人行空间，单向人行道宽度不宜小于5米
	商业型	充分满足各类型商业活动的空间需求，在市级主要商业街可设置步行专用街，或者以步行为主的人车共享空间；注重沿街界面的活力和连续性，单向人行道宽度不宜小于5米
	景观型	以宽阔的林荫大道为主，或在道路中间设置可供步行、休憩和观赏的景观绿化带；在街道空间可形成带状公园
社区级/镇级街道	商业型	为沿街商业活动预留出足够的活动空间，确保街道界面的一致性和通透感，单向人行道宽度不宜小于3米
	景观型	以为社区居民提供休闲活动空间为目标，注重沿街绿化景观特色，设置绿化带，单向人行道宽度不小于3米
	住区型	以确保行人的通行安全为主，通过道路标线和街道设施保障交通安全，单向人行道宽度不小于3米
小巷	复合型	多适用于村镇地区，铺装沿用本地建材，尽量营造全步行、自行车交通环境；沿街布置旅社、餐厅、小型商店等设施

的空间进行界定与细分：交通通行空间包括机动车、非机动车和行人的通行空间及人车分隔带；建筑前区包括绿化带、沿街建筑临街区域、街道设施带等空间。同时，街道空间划分的过程中应确保行人的步行空间。

各类通行空间的宽度与设施设定取决于交通相关专项规划和街道的生活功能。如商业空间设置可以硬地为主；安静的居住功能则可设置为绿化带等。街道空间的绿化需满足道路的生态景观及安全分割等要求；街道设施带主要是针对现状街道空间中垃圾桶、邮箱、路灯、电线杆、电话亭、自行车停车区等设施，与绿化空间结合，统一分配一定的街道空间，达到优化街道环境的效果。

（7）街墙：鼓励街道内外的互动与混合使用，延续建筑风貌及城市活力

1）街道尺度

街道尺度由其功能决定，人性化的尺度是街道空间品质的保证，相对而言，传统的小尺度街道更符合人们的心理需求。舒适的街道空间氛围主要通过对其高宽比的控制来营造，街墙高度和建筑退线的控制有利于促使街道空间的围合感。

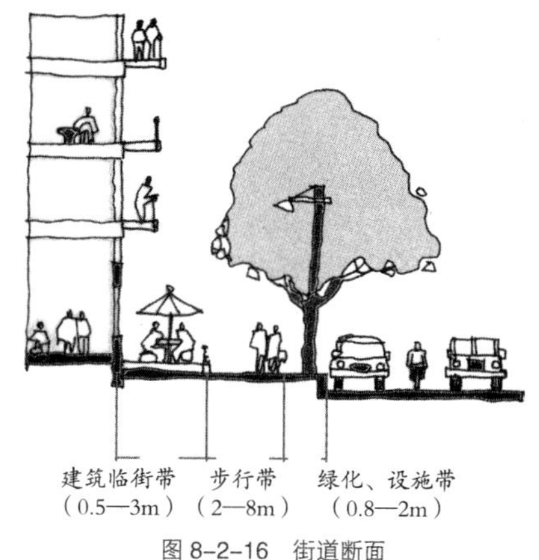

图 8-2-16　街道断面

2）沿街建筑控制

3）立面引导

通过鼓励沿街底层或地面两层街墙的连

沿街建筑控制要素[1]　　表 8-2-16

控制项	控制原则	参考数值	图例
建筑高度	根据街道所在地区的功能、密度控制、特色和需求，统一控制沿街建筑高度	一般沿街建筑的控制高度不得超过道路规划红线宽度加建筑后退距离之和的 1.5 倍	建筑顶部 建筑限高 主楼 高层建筑退线距离 裙楼 裙楼高度 建筑退线距离 道路红线宽度
建筑退线	需综合考虑街道空间划分等方面的要求，确保公共空间的合理提供	为保持街墙的完整性，建议将建筑分为二级退线： 一级退线（裙楼及建筑低层）：24 米（或住宅 3 层）及以下部分最小退让 6 米； 二级退线（高层建筑）：24 米（或住宅四层）以上部分最小退让 9 米	建筑退线距离 高层建筑退线距离 道路红线 建筑退线 裙楼

[1]　深圳市城市规划标准语准则．深圳市人民政府，2013.

续表

控制项	控制原则	参考数值	图例
街墙控制（贴线率）	确保街道界面的连续、整洁，维持街道空间的连续性	在围合感较强的集中活动空间，建筑界面贴线率建议不低于70%	街墙连续性控制
高层建筑	注重建筑形态以塑造街道天际线；同时确保建筑低层（或裙房）与街道空间和功能的联系	建筑裙楼可参考以上三条	建筑形态控制 街墙最低高度控制 街墙建筑临街百分比控制

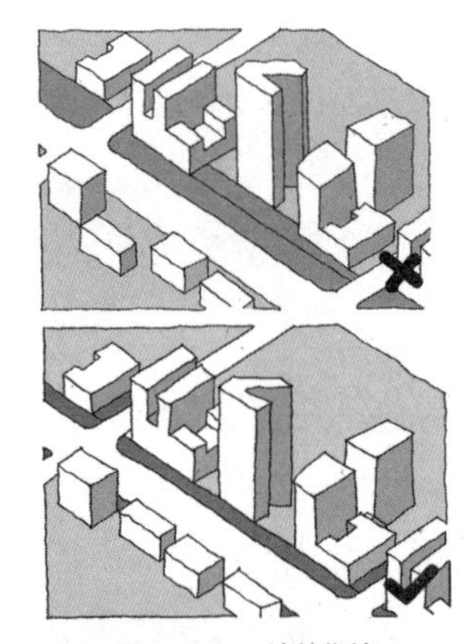
图 8-2-17　连续街墙

续性，增强视觉效果及空间舒适性。

4）沿街建筑底层功能设定

针对不同功能的街道环境，设置不同的建筑底层功能；鼓励将连续的商业、餐饮和休闲娱乐类功能作为沿街建筑底层的主要功能。

（8）附属公共空间：优化空间布局，平衡公私利益

1）导向

附属公共空间指非独立划拨而并入开发用地内的公共空间，通过在开发设计条件中，标明增加公共空间的约定，其设置可以在城市内形成连续的公共空间多层级网络，协调开发商产权用地与城市公共利益的平衡。

2）公共空间的贡献

在土地出让的过程中，将非独立占地公共空间的建设责任明确加入到“建设用地规划许可证”中，作为地块出让的前置条件；也可将公共空间的布局作为控制性详细规划的控制（引导）内容，按照人均面积指标要求，落实公共空间用地，并以步行可达覆盖率的指标校核布点。

3）空间贡献率

空间贡献率是贡献的公共空间面积占建设面积的比值。一般情况下，公共空间占建设用地比例可控制在5%—10%，其最小规模不应小于400平方米；在多个小型地块密集的地区，可由多个地块共同退让形成一个公共空间，公共空间的面积由各地块分担。

4）类型与形式

公共附属空间类型及图示 表 8-2-17

空间附属类型	附属形式	组成方式	图例
退线退让型	沿线连接型	在人流量大或商业活动密集的街道，以及带状景观地带（如岸线等），通过引导沿线建筑形成一致的退线退让，以提供更多的、连贯的步行和活动空间	
	街角退让型	在商业活动密集或有较多活动空间需求的街角或路口（如地铁口等），通过街角退让，形成建筑围合的公共空间；也可通过几个街角的共同退让形成相对围合的广场空间	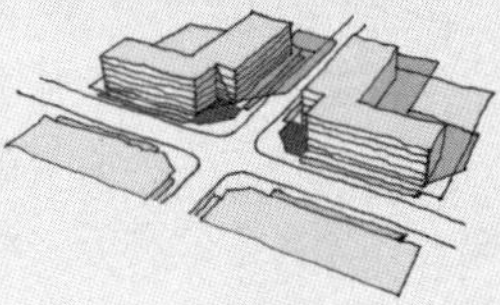
中空庭院型	庭院型	根据建筑地块形态和功能需求，将庭院型的围合空间作为全开放或半开放公共空间	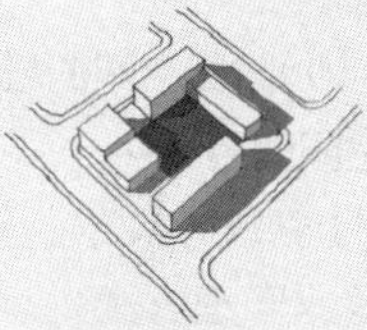
	中庭广场	在大型综合体中形成中庭式公共空间，营造视觉中心，汇集公共活动（如美国亚特兰大波特曼酒店、德国柏林索尼中心）	
多层立体型	立体步行街	在大型综合轨道交通站点出入口、商业中心、公交场站等位置设立可遮阳避雨的立体步行空间，同时衔接城市公共交通与立体过街设施等功能，实现公交导向的立体开发，有效衔接周边城市功能（如深圳市南山中心区海岸城步行街）	
	底层架空	在有大量人群穿越需求的用地地块，可鼓励将底层或地面两层的空间贡献为公共开放空间，底层架空空间应与周边步行地带形成良好的衔接；底层架空的高度不得低于 4.5 米，并保证良好的采光环境，提供必要的绿化休息设施	
	地下附设型	与地下轨道交通站点或地下过街设施相衔接（如香港中环地下空间开发、深圳罗湖金三角地下公共空间开发）	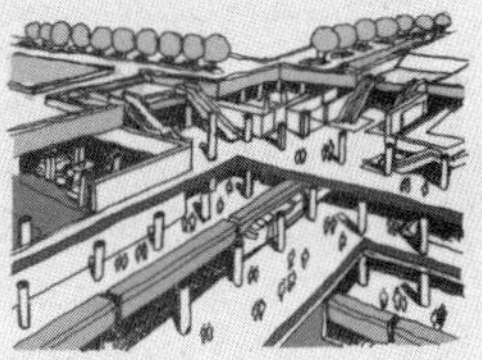
	顶层活动空间	建筑密度较大的地区或地标性建筑，可开放顶层为公共活动空间，或供市民观赏城市整体的风貌与景观（如新加坡“七姐妹”高层公寓）	

(9)附属空间的功能形态：协调建筑及周边环境，提高城市活动的连结

1）位置选取

附属公共空间的位置应选取在商业构筑物或者公共服务设施的人流必经之处（靠近商铺、地铁口、公交站附近，或紧邻商业街），且应与所连接的建筑或设施紧密关联，形成有效的人流集聚和疏导。

2）使用功能

结合建筑自身的功能与周围环境设置通道，包括步行空间、必要的服务设施（如零售车、休息区、公厕等）和艺术及绿化景观等设施。

(10)附属空间的维护管理：引导产生“积极”空间使用

1）开放时限

根据管理方式，可分为24小时开放与固定时间开放两类。外围附属的公共空间通常24小时开放；庭院式或建筑内部附属空间可根据功能使用情况设定开放时限，并公布明确的开放时限信息。

2）路线设计

保障附属空间的贯通，避免形成空间“死角”；路线的主要出入口应提供信息指示牌。

3）视线监督

鼓励附属空间与建筑内部的视线互动，保障空间的安全性，降低犯罪发生的可能，营造积极的公共空间。

8.2.4 精致优美的城市细节

1）定义

城市细节依附于城市公共空间和建筑，易为人日常感知和频繁使用的空间要素。城市细节向人们传达空间品质和场所特征，其可映衬建筑形象，强化场所特征，提升场所价值，鼓励人们对公共场所的使用。城市细节的导控是规划向建筑传达上述价值的重要手段。

2）导向

城市细节的设计和控制应立足于改善公共环境、鼓励公共生活与城市交流、协调建筑和公共环境的关系，向建筑和景观设计传达必须遵守的通用原则，体现城市生活品质。

3）要素构成

城市细节设计共包含两大类，七项要素，其中，关于建筑形体包含建筑体量、建筑场地和建筑立面三项要素；关于开放空间则包括公用装置和景观绿化两项要素。

城市细节要素、设计工作指引和内容一览表　　表8-2-18

设计重点	要素	设计工作指引	设计内容
建筑形体	建筑体量	依据建筑功能和规模，结合户外街道广场等公共空间的规模、建筑物理环境要求，确定建筑的基本体量	户外空间轮廓比
		依据建筑基本体量及功能，结合周边环境和建筑标志性要求，对建筑底部、边缘和顶部的体量优化处理	底部体量、边缘体量 顶部体量、转角体量
	建筑场地	面向城市绿地、广场、街道，确定建筑场地应当贡献的公共和半公共空间	公共空间性质、贡献率
		保持建筑场地和外界的连续通畅，合理组织场地的对外交通	各类交通出入口
		改善场地的环境，引入场地绿化	绿地率、绿化率
	建筑立面	综合考虑建筑、户外街道广场等公共空间的功能，以加强室内外的感知联系为目的，确定立面的通透性	立面透明率、地坪高差
		综合考虑户外公共空间功能和步行感受，灵活利用建筑材质和构建，形成建筑立面细节	立面细节
		适应地区自然和人文特征，结合周边环境，确定建筑立面的风格	立面风格

续表

设计重点	要素	设计工作指引	设计内容
开放空间	环境设施	综合考虑人群需求、公共空间功能、城市环境和文化特征，对城市家具系统进行系统规划和单体设计引导	类型确定
			点位布局
			单体设计指引
		综合考虑人行流线、道路结构、城市环境和地域性文化，对城市标识系统进行系统规划和单体设计引导	类型确定
			点位布局
			单体设计指引
	环境景观	综合考虑场地特色和人的行为，对公共艺术系统进行设计主题和选址的引导	物种选择
		综合考虑公共功能和人的行为，对绿化种植进行规划和设计引导	定位布局
			单体设计指引

（1）建筑体量：通过建筑轮廓，界定人性化的户外空间

建筑体量是由建筑的高度、宽度和深度形成的三维空间轮廓。建筑体量是户外空间的“边界”，其高、宽和进深决定了户外空间的尺度，建筑底部体量的细部变化影响着户外空间的步行感受。

1）户外空间轮廓比

建筑立面是围合户外空间的外墙，其尺度应与街道、广场相协调。通过控制建筑高度和广场街道宽度之间的比例，可形成舒适的室外空间。具体比例可参考下表。

2）体量细部变化

巨大体量能在远景中成为城市的标志性节点，但在近景中则不利于建立与周边环境、步行行为的协调。在城市细部设计时，有必要对建筑体量（特别是建筑底部的体量）进行细部设计，以协调建筑和周边环境。

①对于公共建筑和地标性建筑而言，可采用具有特色、雕塑感的体量，形成地标。

②对于一般性建筑而言，可对公共空间周边的体量化整为零，利用中、小体量围合公共空间，并注意建筑边缘的体量和周边建筑之间的过渡与协调；建筑底部尽可能采用水平感、细小的体量，以协调步行感受，转角则以体量变化的方式，强调建筑入口和街道空间的变化。

图 8-2-18　建筑细部变化

建筑高度与广场街道宽度比值　　表 8-2-19

类型	上限推荐值	下限推荐值
巷道 / 公共通道	1：1.5—1	1：1
街道	1：3	1：1.5
广场	1：5	1：4

（2）建筑立面：通过增强对建筑的感知，激发空间感知和交流

建筑立面是室内外空间的联系处，既是室内空间的“外墙”，也充当户外空间的“内墙”。立面的处理应致力于创造室内外空间的联系互动，并利于保持建筑和户外环境的一致性。

1）立面的通透

通透的立面有利于室内外的联系，从而增强户外对建筑内部功能的感知，激发户外步行的乐趣。建筑底部的门窗划分、透明度以及地坪高差（据相关经验，450 厘米以上的立面高差不利于建筑内外的交流和沟通），都是影响立面通透的要素。

2）立面的细节

立面细节应结合建筑结构、装饰材料、门窗、遮阳和阳台等建筑构件统一考虑。商业街区周边的建筑，宜适当增加骑楼、座椅、阳台、遮阳篷等能够引发户外活动的立面构建。

3）立面风格

立面风格的设计有助于增强场所的特征。应尽可能提取当地文化特征的元素，采用本地材料，同时和周边的建筑保持韵律、风格的协调统一。

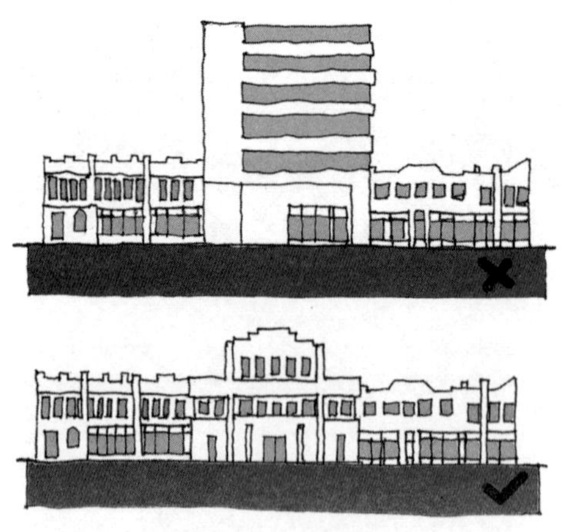

图 8-2-19　立面风格

（3）建筑场地：协调建筑功能与公共活动，改善公共环境质量

1）公共空间划分

面向广场公园、人流聚集地和主要的商业界面，形成多样的公共空间。公共空间既包括建筑退线形成的绿地、广场、通道，也包括附设于建筑内外的骑楼及室内外庭院。

2）交通组织

协调场地和城市交通的关系，合理组织场地交通。场地人行出入口宜面向主街和城市公共空间设置。场地内宜结合周边公共交通和绿道规划，增设自行车站点、慢行道等服务设施，改善城市整体的步行和自行车交通环境。

3）场地绿化

保障场地的绿地规模，增加场地碳汇。采用垂直绿化、屋顶绿化、架空绿化、停车场地绿化等多种绿化方式，提高场地绿化率。

（4）公用设施：通过系统控制和指引，实现功能使用时文化的传递

公用设施为人们提供指引、休息等服务，具有很强的功能性，同时也是调和建筑与户外空间风貌的重要载体，主要包括标识系统和公共家具两类。

1）标识系统

标识系统是以文字、图形、符号表明城市方位及功能的视觉图像系统。依据服务对象，标识系统可分为机动车标识系统和步行标识系统两类，依据表现形式则可分为名称标识、导向标识、地图标识、说明标识和限制标识五种。

城市标识系统的构建应尽可能在一定范围内形成统一和连续的风格，且尽量发挥立面细节和铺装的指引暗示作用，并与建筑立面细节和场地铺装相协调。

标志系统的设计分为系统指引和单体指引两大内容。系统指引应当确定标识种类、内容和布点，重点倾向于标识系统的信息传达。单体指引则是对标识的颜色、形式和材质作出统一规定。

2）城市家具

城市家具是指为方便人们进行户外生活，而在城市公共空间内设置的一系列设施，如邮箱、果皮箱、电话亭、休闲座椅、公交候车亭、照明设施、花坛、宣传旗帜、书报亭等，其有利于诠释城市公共空间的性质，突出刻画景观环境意象，增强环境景观的可识别性。

（5）环境景观：通过点缀和衬托，激发公共环境的活力

环境景观有助于定义场所，鼓励人们对公共场所的使用，令人获得愉悦感，并具备一定的生态改善功能。环境景观设计除提供视觉功能外，应充分考虑人的行为需要，引导环境成为具有公共艺术场所的可能，主要包含绿化种植和公共艺术活动。

1）绿化种植

绿化种植具体包括草坪、盆栽、树木等多种形式，其设计应与总平面布局和周边环境相协调，综合考虑植物的特性、环境功能和艺术观赏价值。绿化种植应按照场地范围内部的建筑、道路和周边的城市环境要求，在不影响市政和交通的通道的前提下，因地制宜地选取植物物种，坚持采用本土物种和多样化搭配，并响应低影响开发的要求（参见规划术语——低影响开发），增加雨水渗透率。

2）公共艺术活动

公共艺术是指在公共空间或公共领域中，促进公众参与或向公众展示的一切艺术形式，包括街头演出、雕塑、壁画、建筑及墙面的涂鸦等。公共艺术通过在公众场合中与大众发生关系，发挥着调和环境、增强场所个性、提升城市品质的作用。

8.3 城市设计的表达和实施

8.3.1 城市设计的表达

结合规划的编制体系，城市设计可以分为总体城市设计、专项城市设计、详细城市设计。

①总体城市设计针对城市或某一地区，在结构、总体风貌、重点区域等层面提出与城市总体规划一致的布局和导控内容；

②专项城市设计的设计对象为某一空间系统，设计范围通常覆盖整个城市或地区，是总体城市设计指导下的系统深化设计；

③详细城市设计是在总体城市设计与专项城市设计的指导下，以城市某一局部地区为设计范围深化设计。

城市设计的层次与编制内容说明　　表 8-3-1

层次	编制内容	内容说明
总体城市设计	城市总体空间结构	山水生态保护资源及其控制边界；自然廊道、视线、空间轴线等廊道；城市风貌区域及重要节点与标志；城市道路骨架与城市的协调关系及重要景观道路；城市重大公共空间（如公园、滨水空间、广场等）系统布局与要求；城市绿道、步行及自行车系统布局
	城市总体风貌控制	密度分区、高度分区、城市色彩、照明、建筑形式等分区要求
	重点区域导控	划分城市设计控制分区，提出城市分区的城市设计原则与风貌控制要求
专项城市设计（天际线、公共空间、城市色彩、公共标识等）	专项系统整体设计	预测评估专项系统的布局和使用效果；建构专项系统在城市范围内的总体空间结构；提出专项系统在城市范围内的布局方案
	专项系统导控要素设计	设计专项系统的基本空间模式；构建专项系统的控制要素体系；制定专项系统的控制要素标准
	专项系统区域导控要求	划分专项系统的管控分区；明确各分区专项系统的建设管控内容、建设管控要求、建设管控标准

续表

层次	编制内容	内容说明
详细城市设计	系统设计	深化功能系统设计：明确土地利用布局，确定功能组织模式、街区与地块划分、空间综合利用方式等功能要素； 深化交通系统设计：确定道路结构及街区尺度，进行车行交通组织方式、公共交通、步行及自行车交通等系统与设施的设计； 公共空间与景观环境设计：对公共空间的类型、使用方式，以及各类公共空间的景观环境进行设计指引； 生态空间保护与优化：确定各类生态资源的布局、组织，研究周边建设在功能、形态、生态保护上的影响与协调关系，深化该类资源的景观设计； 建筑形态与建筑环境设计：确定建筑群体布局，控制建筑高度、密度、体量、天际线、标志物等建筑形态要素，引导建筑风格、建筑立面等建筑风貌要素
	要素导控	提出各类系统控制要素；明确各类要素控制标准；提出系统要素管控方法（与控制性详细规划、规划设计条件及设计要点的结合）
	地块导控	提出地块控制的指标与指引

8.3.2 城市设计的实施

城市设计应与规划建设管理体系衔接，实现其在城市规划管理中的价值。结合中国的实践案例，城市设计的管理实施路径有以下三种方式。

（1）设计导则纳入地方规划标准

通过总体城市设计及专项城市设计的编制，可以形成城市总体导控和重要空间要素标准归纳的设计导则，该设计导则可以纳入地方的规划建设标准，也可单独成为地方标准发布。

该类法规条文通常以两种形式出现，一类是指导性条文，主要明确原则与设计目标，具有引导性作用；一类是规定性条文，适用于分区控制指引及要素的设计标准，具有技术规范作用。

（2）纳入城市总体规划，指导详细规划

总体城市设计及专项设计可以形成城市总体规划的专题；在城市总体规划获批后，同时作为详细规划的设计依据。

城市设计与总体规划的衔接有两种形式：一种形式是通过总体城市设计，优化土地利用规划及相关规划；另一种形式是通过公共空间、绿地系统、慢行系统等专项研究，转化为总体规划的专题，并在总体规划文本中提出相关强制性内容。

（3）设计要求纳入土地出让条件

城市设计导入法定性的详细规划。城市设计衔接详细规划时可考虑以下三个方面：

一是系统设计的衔接。将城市设计的各类系统（如功能组织、交通规划、公共空间规划等），与地方的详细规划标准和表达形式相结合，转化为土地利用规划、土地兼容使用、地块划分、容积率、高度控制、竖向设计等详细规划的控制内容。

二是详细规划文本的衔接。需要结合到详细规划法定管理文件当中的城市设计理念与要求，应在详细规划文本内，结合详细规划编制的要求，形成规划法定条文。

三是控制指标与设计要点的衔接。城市设计应提供空间控制图表，其中应包括空间控制指标和空间控制图则。空间控制指标应与建设用地规划许可证的规定指标要求相符合，并适当增加必要的指标，如公共空间贡献率、步行系统控制、街墙贴线率、建筑体量控制等，以作为土地出让依据；空间控制图则作为建设工程许可证申请时设计方案报批的审查依据。

第九章　村镇规划

《城乡规划法》（2008）将镇规划、乡规划和村庄规划纳入城乡规划体系，打破了城乡二元分治的管理模式。然而，与相对成熟的城市规划编制技术相比，传统的村镇规划办法和标准发展相对滞后，城、镇、村的规划及规划衔接缺乏整体性的制度设计，无法准确落实新型城镇化、城乡统筹等宏观发展战略；在微观层次上，村镇规划也常以城市规划思维来编制，小城镇联系城乡的作用无法体现，村镇发展的特殊性与差异化也被忽略。

近年来，各地因应自身实际情况，陆续出台了镇乡规划及村庄规划两个层面的规划编制技术导则。目前，除了已发布实施的《镇（乡）域规划导则（试行）》（2010）、《镇规划标准》（2007）、《村庄规划用地分类指南》（2014）外，《镇（乡）规划标准》和《村庄规划标准》的编制工作也已处于征求意见阶段。村镇规划形成了“以县域村镇体系规划统筹镇、乡、村庄，以镇（乡）层面的总体规划指导村庄”的建设规划体系。

本章以一般建制镇、乡（集镇）、村庄为范围进行编制的规划为探讨对象（县人民政府驻地镇除外），简要说明其编制内容及技术要点。考量全国各地镇、村的种类繁多，发展议题也有所不同，导则编制的内容、深度、方法及成果差异较大，读者尚需按地方规范、村镇实际及村民意愿，基于本章内容，因地制宜地编制村镇规划。

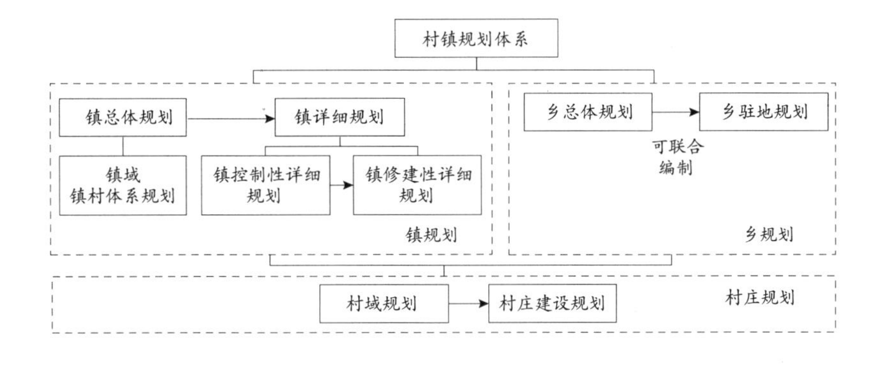

9.1 镇（乡）规划

镇规划是针对除县人民政府所在地镇以外的一般建制镇规划，规划范围涵盖了建设用地和因发展需要而实行规划控制的区域，包括规划确定的预留发展、交通设施、工程设施等用地，以及水源保护区、文物保护区、风景名胜区、自然保护区等。规划类型包含总体规划和详细规划两类，其中，总体规划包括镇域规划及镇区规划，详细规划包括控制性详细规划及修建性详细规划。

乡规划一般参照镇规划编制，部分省（如河北省）则要求编制乡域规划及乡政府驻地规划两项规划。

9.1.1 镇（乡）总体规划

（1）编制要求

与城市总体规划相似，镇（乡）总体规划的编制内容包括：镇的发展布局，功能分区，用地布局，综合交通体系，禁止、限制和适宜建设的地域范围，各类专项规划等。规划期限一般为 20 年。

（2）编制内容与流程

镇（乡）总体规划的主要任务是综合研究镇域镇村体系，合理确定城镇性质、规模和空间发展形态；统筹安排城镇各项建设用地，合理配置城镇各项基础设施，处理好远期发展与近期建设的关系，指导城镇合理发展。主要包括镇域（乡域）和镇区（集镇）两部分内容：

1）镇域（乡域）规划 / 镇域镇村体系规划

镇域（乡域）规划是以适应农村发展需要，促进镇（乡）经济、社会和环境的协调发展，加强镇（乡）规划建设管理而编制的规划，其规划区范围涵盖了全部镇（乡）行政辖区。

镇域规划的具体内容应包括规划区范围，镇区（乡政府驻地）建设用地范围，镇区（乡政府驻地）和村庄建设用地规模，基础设施和公共服务设施用地，水源地和水系，基本农田，环卫设施用地，历史文化和特色景观资源保护以及防灾减灾等。[1]

2）镇区规划

镇区（集镇）规划应在镇域（乡域）规划的基础上，确定镇区（集镇）发展方向，进行建设用地的功能分区和布局，合理配置基础设施和公共服务设施，提出生态和文化保护措施。

镇区规划的具体内容应包括镇区（集镇）规划建设用地范围、发展规模和相应的控制指标；镇区（集镇）四线的控制范围及控制措施；生态环境保护与建设目标、污染控制与治理措施；道路系统规划（包括对全镇域

---

[1] 部分地区（如湖南省、四川省）是以镇（乡）域镇村体系规划或村镇布局规划取代镇域（乡域）规划，但内容和本处所指的镇域规划相近，皆强调对镇域空间和资源的统筹协调，明确对镇区规划的指导作用，但采取脱离总规单独编制的形式，同时弱化镇总体规划中的镇域规划部分。

的交通系统、镇区层级的对外交通和镇区内部道路系统进行规划）；主要公共服务设施、公用工程设施（包括给水、排水、供电、通信、燃气、供热、工程管线综合、用地竖向）、综合防灾设施的布局（包含消防、防洪、抗震防灾、防风减灾）等。

镇（乡）总体规划编制流程如下：

（3）要点解析

1）镇（乡）域层面

①经济社会发展目标与产业布局

借由对自然条件、资源基础和发展潜力的分析，以及对上版规划的评估，确定镇（乡）域发展定位和社会经济发展目标；在县域城镇体系的规划预测人口数量的基础上，结合实际情况，进行人口预测及城镇化水平预测，以指导后续居民点建设用地的控制范围及规模；提出产业布局策略，统筹配置生产设施及用地；进而协调生态保育、文化保护、区域协调、城乡一体、产业发展等理念，拟定城乡统筹的发展战略。

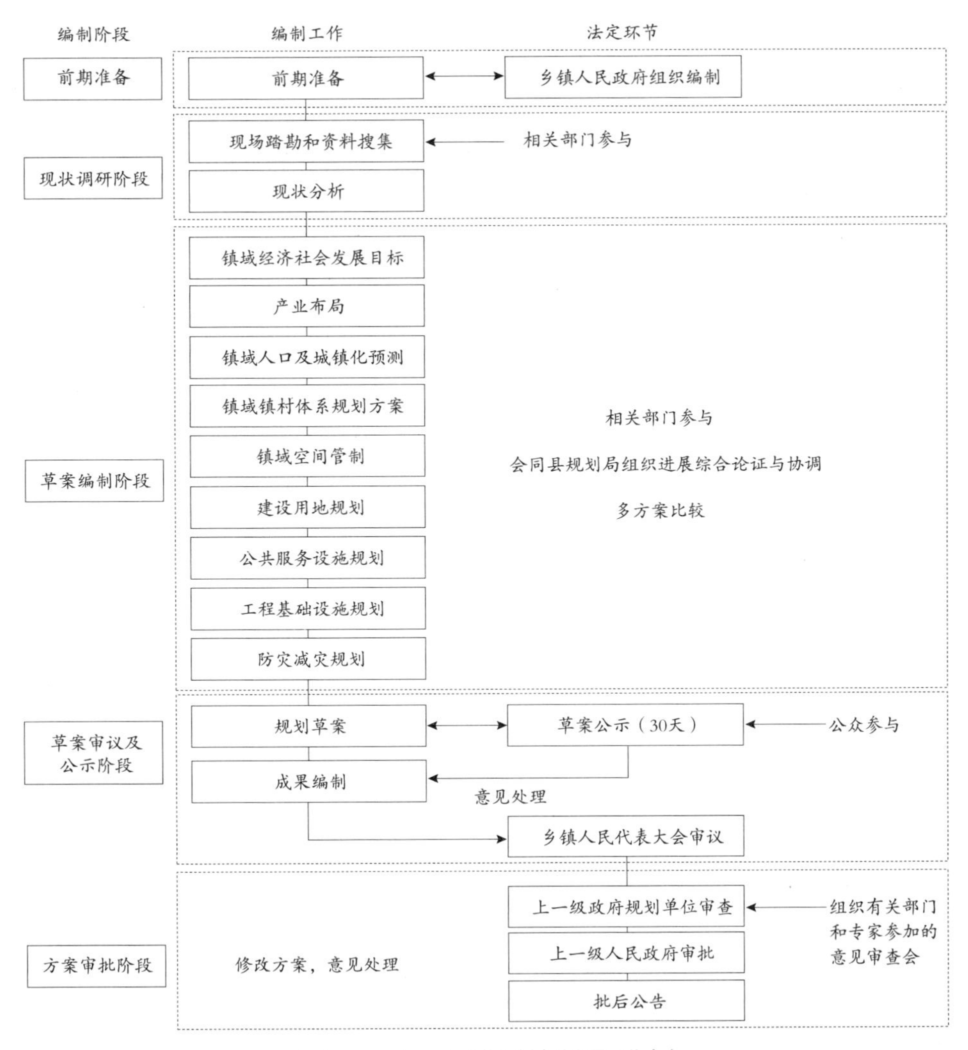

图 9-1-1　镇（乡）总体规划全流程及工作内容

②镇村体系

镇乡域镇村体系是指镇乡人民政府行政地域内，在经济、社会和空间中有机联系的镇区和村庄群体。依据县（市）域城镇体系规划确定的中心镇和一般镇的性质、职能、发展规模和空间布局，将镇村体系分为镇区（中心镇[1]或一般镇[2]）、中心村、基层村三级，提出镇（乡）域居民点集中建设、协调发展的总体方案，以及村庄整合、优化布局的具体安排。

一般情况下，经济社会发达地区的镇（乡）域体系规划应强化镇（乡）村功能与空间资源的整合，突出各类空间要素配置的集中、集聚与集约，体现地域特色，全面提高镇（乡）村空间资源利用的效率与质量。经济社会欠发达地区的镇（乡）域镇村体系规划则应强化镇(乡)村功能与空间的协调发展，突出重点，发挥镇区（乡政府驻地）的中心作用，注重基础设施和公共服务设施的合理配置，优化镇（乡）村产业结构和空间布局，推进经济社会的可持续发展。

镇（乡）域居民点布局规划应尊重现有乡村格局和脉络，尊重居民点、生产资源与社会资源之间的依存关系。应避免迁并村庄，除非是确定将被城镇化的村庄、存在严重自然灾害隐患且难以治理的村庄及有区域重点项目建设需要的村庄。如确有需要，迁并也须尊重村民意愿及生产生活方式，尽可能保留当地的风俗文化。

③空间管制

根据生态环境、资源利用、公共安全等基础条件划定生态空间，确定相关生态环境、土地和水资源、能源、自然与文化遗产等方面的保护与利用目标和要求；综合分析用地条件，同时考虑灾害防治及建设安全，划定镇（乡）域内禁建区、限建区和适建区的范围，提出镇（乡）域空间管制原则和措施。

④公共服务设施规划

依据《镇（乡）域规划导则（试行）》（2010），公共设施应按镇区、中心村、基层村三个等级配置，具体包含行政管理、教育机构、文体科技、医疗保健、商业金融、社会福利、集贸市场等 7 类公共服务设施。

2）镇区层面

①性质与规模

依据上位规划及相关影响条件，确定城镇的性质与职能，明确城镇的发展目标和非农产业的发展策略；遵循县域城镇体系规划

镇村体系组成类型与各层级规划内容[3]　　表 9-1-1

类型	定义与规划内容
镇区	镇人民政府驻地的建成区和规划建设发展区，也是镇域内的政治、文化、经济和生活中心，规划中应确定镇区的功能、预测人口，划定建设用地范围
中心村	指镇域镇村体系规划中，设有兼为周围村服务的公共设施的村。以服务农业、农村和农民为目标，是镇域内的次级重心，通常规模较大且经济实力较强。规划时应以完善中心村内基础设施和公共服务设施为目标，加强镇区和农村间的联系，并带动周围村庄的建设和发展
基层村	指镇域镇村体系规划中，中心村以外的村，是镇域内最基本的农村居民点，也是提供农业服务的基地，通常是以改善环境品质为规划目标

[1] 中心镇指县域城镇体系中，在经济、社会和空间发展中发挥中心作用，且对周边农村具有一定社会经济带动作用的建制镇，是带动一定区域发展的增长极核，在区域内分布相对均匀。

[2] 一般镇指县城关镇、中心镇以外的建制镇，其经济和社会影响范围仅限于本镇范围内，多是农村的行政中心和集贸中心，镇区规模普遍较小，基础设施水平相对较低，第三产业规模和层次也较低。

[3] GB 50188-2007 镇规划标准．中华人民共和国建设部，2006.

空间管制类型与措施[1]　　表 9-1-2

类型	定义	管制措施
禁建区	基于镇域生态安全考虑，禁止任何开发建设行为的区域，如自然保护区、基本农田保护区、水源地保护区、生态公益林、水土涵养区、湿地等	严格禁止各类城镇建设及与禁建要素无关的建设行为
限建区	根据需要可做适当开发，但对建设项目类型、开发强度等有一定限制性要求的区域，如地质脆弱地区、文物古迹丰富地区、河湖湿地、风景区等	限制开发内容、开发强度、开发时序，且开发建设前需进行详尽的生态影响评价并采取必要的工程措施，确保开发建设对周边环境的影响最小
适建区	禁建区、限建区以外的区域，通常适宜建设开发	建设用地须严格执行土地利用规划的要求，贯彻保护耕地、生态的基本国策

的人口预测，对规划期内人口规模进行核定；确定近远期的用地规模，以及城镇化的目标和时序。

镇的规模相对较小，容易受外界的影响而产生职能的变化，在确定镇的性质时，除了上层次规划给予的定位外，还可依据区位条件及资源禀赋来确定城镇性质。一般可分为城郊型、远郊型和特色型三类，见下表。

②用地布局规划

依据相关指标及发展策略，将镇建设用地按土地使用的主要现状划分为居住用地、公共设施用地、生产设施用地、仓储用地、对外交通用地、道路广场用地、工程设施用地、绿地、水域和其他用地等 9 大类、30 小类。按照（《镇规划标准》GB 50188-2007）制定的指标，确定各类用地的规模及界线，进行构成比例的控制，提出镇规划建设用地平衡表。范围应包含建设用地和因发展需要而实行规划控制的区域，规划确定的预留发展、交通设施、工程设施等用地，以及水源保护区、文物保护区、风景名胜区、自然保护区等。

其中，公共设施依其使用性质分为行政管理、教育机构、文体科技、医疗保健、商业金融和集贸市场 6 类，应区分为中心镇及一般镇两种等级，并按照（《镇规划标准》GB 50188-2007）制定的指标，确定布局和规模。

以区位条件和资源禀赋划分的城镇分类　　表 9-1-3

类型	特征	规划导向
城郊型	距离城市较近的镇，受城市辐射影响大，通常属于城市功能布局的外围组团，或中心城区扩张的连绵地带	城郊镇属于城镇化最活跃的地带，通常承担城市部分居住职能，或承接城市产业外溢。城郊型规划应从城镇一体化的角度出发，增加与主城区的交通联系、加强基础设施与公共服务设施的建设、推进产业结构转型，主要定位为功能组团、城市新区或卫星镇等
远郊型	距离城市较远，经济和人口较聚集，主要为农村地区的生活、生产提供服务，同时具有一定的第二、三级产业的发展特征	以服务周边乡村为主要导向，远郊镇应加强公共服务功能，完善集贸、商业、医疗、教育等职能，形成集约管理、生态宜居、联系城乡的区域节点。在完善服务职能的基础之上，可依据自身条件发展产业，逐步推进城镇化
特色型	具有优良的生态环境资源、历史文化遗迹，具体如较大面积的基本农田、水源、传统聚落及历史文化名镇等	特色镇规划应以保护生态环境和历史文化为主要目标，明确界定保护的对象、范围及措施，维护特色风貌，在此前提下完善民生型基础设施，适当配置二、三产业，避免与保护目标相冲突的产业移入，可适当发展旅游业

[1] 镇（乡）域规划导则（试行）. 住房和城乡建设部，2010.

镇规划建设用地比例[1] 表 9-1-4

类别名称	占建设用地比例（%）	
	中心镇镇区	一般镇镇区
居住用地	28—38	33—43
公共设施用地	12—20	10—18
道路广场用地	11—19	10—17
公共绿地	8—12	6—10
以上四类用地之和（居住、公共设施、道路广场和公共绿地）	64—84	65—85
其他（生产设施、仓储、对外交通、工程设施、其他等）	16—36	15—35

③防灾减灾规划

镇防灾减灾规划主要包括消防、防洪排涝、防地质灾害、防震、气象灾害防御、人防等内容。应依据县域或区域的防灾减灾规划，以预防为主进行综合防治，并根据历史上曾发生过的灾害情况制定相应避难措施。

④近期建设规划

明确近期建设用地布局和用地范围，提出近期建设项目、土地使用和控制要求，具体如建设项目的规模和选址、建设容量和工程位置关系、技术经济论证和建筑景观风貌确定等。

（4）成果构成

镇（乡）总体规划的成果由法定文件和技术文件组成，法定文件包括规划文件和图纸，技术文件则由规划说明书、基础资料汇编和现状调研报告等附件组成。

镇（乡）总体规划成果构成（参考） 表 9-1-5

成果类型		内容
文本		总则、社会经济发展目标、镇域镇村体系规划、城镇性质、城镇规模、城镇总体布局、对外交通、道路交通、居住用地、公共设施用地、生产设施仓储用地、绿地系统及城镇景观、岸线、旧区改建与更新、历史文化名城保护、给水工程、排水工程、供电工程、电信工程、燃气工程、供热工程、环境保护、环境卫生、防洪工程、抗震工程、消防工程、人防工程、近期建设、远景发展构想、规划实施政策建议、附则
说明书		工作报告、城镇基本情况、对上版总规的评价意见、编制背景、依据、指导思想及主要技术方法、区域社会经济发展背景分析、镇域镇村体系规划、城镇发展目标、城镇性质、人口规模、城镇用地规模、城镇总体布局、交通、客运与货运规划、道路系统规划、居住用地规划、公共服务设施规划、生产设施用地规划、仓储用地规划、绿地系统规划、城镇景观规划、城镇旅游规划、给水工程规划、排水工程规划、供电工程规划、电信工程规划、燃气工程规划、供热工程规划、环境保护规划、环境卫生规划、防洪工程规划、抗震工程规划、消防工程规划、人防工程规划、近期建设规划、远景发展构想规划、规划实施的措施及政策建议
图纸	镇域	区位分析图、镇域镇村体系分布现状图、镇域镇村体系规划图、镇域基础设施规划图、镇域综合交通规划图
	镇区	城镇规划区范围图、城镇规划区空间管制规划图、土地使用现状图、城镇用地综合评价图、土地使用规划图、规划结构图、居住用地规划图、公共设施规划图、道路交通规划图、公共交通规划图、绿地系统规划图、景观规划图、综合交通规划图、重大基础设施规划图、综合防灾规划图、近期建设规划图、远景发展设想、建设控制规划图

[1] GB 50188-2007 镇规划标准 . 中华人民共和国建设部，2006.

9.1.2 镇详细规划

（1）控制性详细规划

继《城乡规划法》（2008）之后，国家出台的《城市、镇控制性详细规划编制审批办法》，对城市和镇控规的编制有共同的要求及标准。镇控制性详细规划可以根据实际情况，适当调整或者减少控制要求和指标。规模较小的建制镇控制性详细规划，可以与镇总体规划编制相结合，提出规划控制要求和指标。

镇控制性详细规划应根据镇区规划，控制建设地区的土地使用、环境容量、建筑、城市设计，落实公共设施及基础设施的建设，严守环境保育及历史文化保护的底线（四线控制）（参考第六章 控制性详细规划）。

（2）修建性详细规划

镇修建性详细规划应当对近期开发的地块及近期建设的工程项目进行具体安排，包括技术经济论证、空间布局方案、交通组织设计、工程设施规划、投资效益分析等（参考第七章 修建性详细规划）。

9.2 村庄规划

村庄规划是以上层次规划为指导，综合部署村庄的生产和生活设施，具体落实耕地等自然资源保育、历史文化保护和防灾减灾等内容，为居民提供切合当地特点、与当地经济社会发展水平相适应的人居环境规划。

（1）编制要求

村庄规划的编制应遵循城乡统筹、因地制宜、节约用地、保护文化及生态等原则，具体内容应包括：规划区范围；住宅、道路、供水、排水、供电、垃圾收集、畜禽养殖场所等农村生产、生活服务设施，公益事业等各项建设的用地布局和建设要求；对耕地等自然资源和历史文化遗产保护、防灾减灾等的具体安排。规划期限多参照上位规划，但建议以近期为重点。村庄规划编制完成后，须经村民会议或者村民代表会议讨论同意，报上一级人民政府审批，并按《城乡规划法》（2008）要求公告实施。

（2）编制内容与流程

村庄规划一般包括村域规划和村庄建设规划。

1）村域规划

村域规划是以行政村为单位，落实镇村体系规划及镇（乡）规划的要求，对村庄布点及规模、产业及配套设施的空间布局、耕地等自然资源的保护等提出规划要求。村域范围内的各项建设活动应当在村域规划指导下进行。

2）村庄建设规划（自然村）

村庄建设规划应结合现状，以集约公共资源、挖掘地方文化内涵、方便居民生产生活为原则，结合地方现有的山水形态与空间组织，对居民点的各项建设进行具体安排，主要包括村庄用地布局、基础设施与公共建筑布局、历史文化与特色风貌保护、近期建设整治等内容。

村庄规划编制流程详见下图。

（3）要点解析

1）村庄布点[1]、规模及用地分类

在镇村体系规划的指导下，考量耕地保障、环境承载力、建设条件及发展优势，核定村庄人口及村庄规模，以户籍人口确定村庄建设用地规模；以总人口（户籍人口和寄住人口之和）作为村庄公共服务设施及公用

[1] 此处村庄布点指的是落实上层次规划（包括县域及镇域镇村体系规划、镇总体规划等）对村庄布点及建设控制的要求，与县（市、区）村庄布点规划或镇域层面的村庄布点规划所指的村庄布点有所不同。

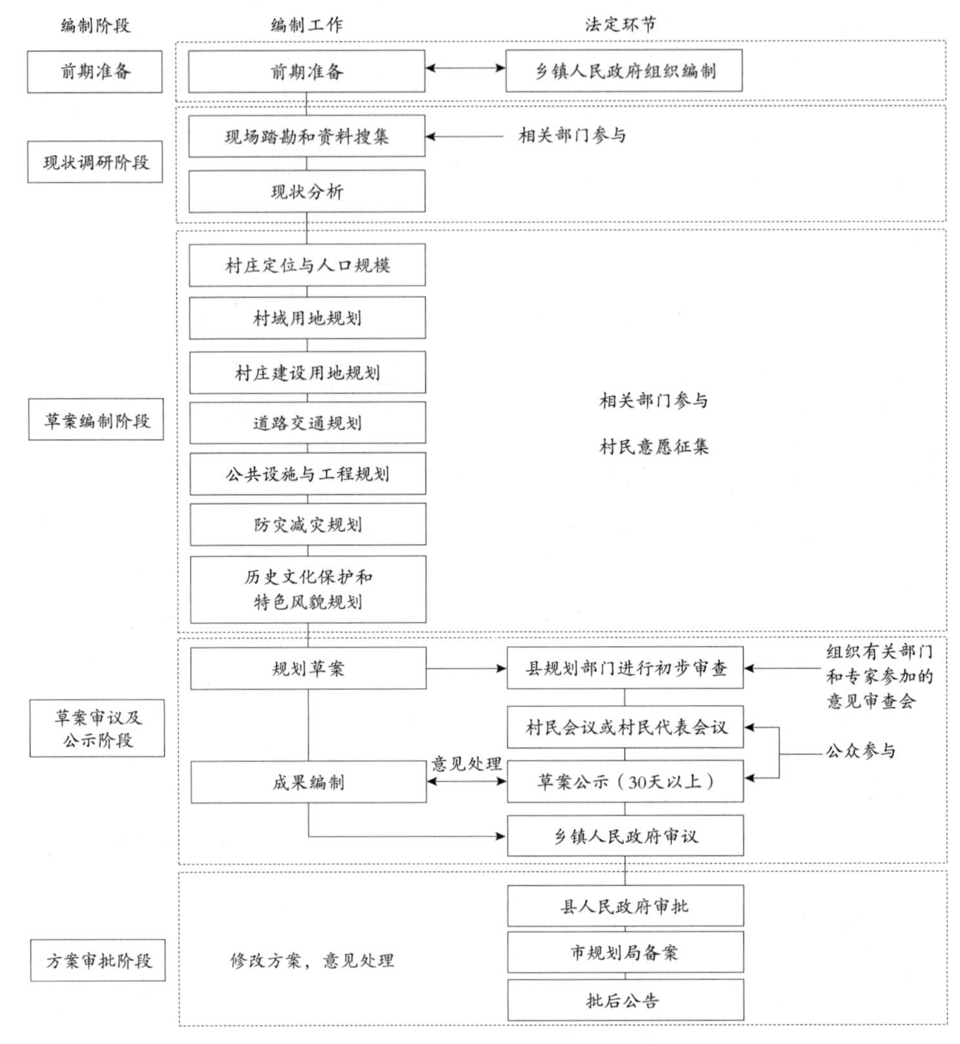

图 9-2-1　村庄规划全流程及工作内容

工程设施配置的主要依据。

在协调土地利用总体规划的基础上，结合地形地貌特点，遵循保护耕地和基本农田，保护自然及人文环境的基本原则，确定村域范围内各村民居住点的建设用地和其他建设用地的范围及规模。按《村镇规划用地分类指南》（2014），将村镇规划用地分为村庄建设用地、非村庄建设用地及非建设用地三大类。

2）产业发展规划

在促进农业用地规模化、集中化发展的原则下，结合当地资源环境特点及生产生活方式，合理安排农业生产设施及其他产业用地，并注重一产与商贸物流的联动发展。在保护资源的前提下，可适当引导发展特色手工业及农产品加工业，并集中布置用地。

3）居民点用地布局规划

用地规划应按照村庄用地布局的要求，结合现状地形地貌，综合考虑相邻用地的功能、道路交通等因素，以产权登记为法令依据，确定住宅、公共设施、生产设施、基础

村庄规划用地分类[1]　　表 9-2-1

用地名称		内容
村庄建设用地		村庄各类集体建设用地，包括村民住宅用地、村庄公共服务用地、村庄产业用地、村庄基础设施用地及村庄其他建设用地等
	村民住宅用地	村民住宅及其附属用地
	村庄公共服务用地	用于提供基本公共服务的各类集体建设用地，包括公共服务设施用地、公共场地
	村庄产业用地	用于生产经营的各类集体建设用地，包括村庄商业服务业设施用地、村庄生产仓储用地
	村庄基础设施用地	村庄道路、交通和公用设施等用地
	村庄其他建设用地	未利用及其他需进一步研究的村庄集体建设用地
非村庄建设用地		除村庄集体用地之外的建设用地
	对外交通设施用地	包括村庄对外联系道路、过境公路和铁路等交通设施用地
	国有建设用地	包括公用设施用地，特殊用地，采矿用地，边境口岸、风景名胜区、森林公园的管理和服务设施用地等
非建设用地		水域、农林用地及其他非建设用地
	水域	河流、湖泊、水库、坑塘、沟渠、滩涂、冰川及永久积雪
	农林用地	耕地、园地、林地、牧草地、设施农用地、田坎、农用道路等用地
	其他非建设用地	空闲地、盐碱地、沼泽地、沙地、裸地、不用于畜牧业的草地等用地

设施、绿化等用地安排，尽量避免新增建设用地，以在原村民宅基地上翻建住房为主。

4）公共服务设施规划

村域的公共服务设施布局应结合人口规模、产业特点和经济社会发展水平，遵循镇村布局规划的原则要求，合理布置。公共服务设施应考虑村民使用的方便性，宜设置在规模较大或基础条件较好、交通便利的村庄。

村庄公共服务设施用地分为公共管理与公共服务设施用地、商业服务业设施用地两类。各类公共服务设施应结合村民生活习惯、宗教信仰、传统习俗等进行合理布局，宜相对集中布置，并考虑混合使用，形成村民活动中心。

5）基础设施规划

依据上位规划的指导，结合村庄实际，因地制宜地确定村域道路规划和村庄道路规划，统一部署包括给水、排水、供电、通信、燃气、供热、环境卫生设施和用地竖向规划等基础设施，注重环境卫生部分内容。

6）防灾减灾规划

依据上位规划，以预防为主，结合防、治、避、救等方面，统一部署及规划消防、防洪排涝、防地质灾害、防震、气象灾害防御等内容。

7）历史文化保护和特色风貌规划

对历史文化保护、绿化景观、建筑和聚落风貌等提出建设控制要求，明确需要保护的特色要素，并与村庄各项规划建设相协调，以延续村庄特色空间形态格局。

8）近期建设规划

确定近期建设原则、重点建设项目及其建设时序，并估算工程量、投资及经济技术指标，具体应包含住宅、环境整治、农田水利、防灾设施、基础设施、公共设施等村庄（居民点）近期（5年以内）建设所实施的内容。

（4）成果构成

村庄规划成果一般包含图纸和规划说明书，部分地区则要求编制图纸及文本。具体内容因村庄面临的实际问题和村民意愿而有所不同，编制深度也依据不同建设类型而有

[1] 村镇规划用地分类指南．中华人民共和国住房和城乡建设部．2014

所变化。图纸部分成果详见表 9-2-2。

（5）村庄规划常见类型

常见的村庄规划类型大致包括新村建设规划、村庄整治规划和传统村落保护规划，已有相关的编制规范对编制工作提出指引，详见表 9-2-3。

村庄规划图纸成果　　表 9-2-2

图纸名称		表达内容
必备图纸	村域规划总图	重点表达村域范围内的各类用地界线、用地性质、主要道路交通走向、市政设施站点、市政管线走向等内容，图纸比例为 1 ∶ 3000—1 ∶ 5000
	集中居住点用地规划图	按"集中居住点规划用地平衡表"中的用地分类划出居住点各类用地的范围，公共服务设施布点、道路交通设施、市政设施站点等内容，图纸比例为 1 ∶ 1000—1 ∶ 2000
	集中居住点修建性详细规划总平面图	主要表达居住点的整治方式及整治后的形态布局，图纸比例和图幅大小与"集中居住点用地规划图"统一
可选图纸	区域关系图	反映相邻的新城、新市镇、村庄的名称、位置、行政区划、工业区位置、主要公路、铁路、轨道交通线等重要交通设施等内容
	村域土地使用现状图	按照"村庄现状及规划用地汇总表"的用地分类划出村庄各类用地的范围，标注现状道路、河流及主要单位的名称
	村域规划结构图	标明村域的规划功能、布局结构，居住点的分布示意
	村域产业规划图	标明村域范围内各类产业用地的空间布局
	村域居住点布局规划图	标明保留、改造、新增的居住点范围
	道路交通设施规划图	各级道路走向、红线宽度、典型道路断面形式、公交线路走向、公交站点位置、其他交通设施位置
	市政公用设施规划图	各类市政公用站点设施的位置及管线走向、管径
	水系规划图	水系的分布与级别
	集中居住点公共服务设施规划图	各类公共服务设施、道路交通及市政公用站点设施的位置、用地范围及各类管线的走向、管径
	其他居住点整治改造规划图	根据整治改造资金及要求绘制

村庄规划常见类型[1]　　表 9-2-3

规划类型	编制要求	主要编制内容
新村建设规划	解决村落新增户的住宅需求，实现与土地规划的衔接，在提高村民生活环境质量的同时创造具有农村特色的人居环境	①新村规模确定； ②新村选址（嵌入型、外缘型、集中型）； ③住宅选型； ④配套设施建设规划； ⑤风貌协调
村庄整治规划	以改善村庄人居环境为主要目的，以保障村民基本生活条件、治理村庄环境、提升村庄风貌为主要任务。强调对现有格局的尊重，以问题导向出发，注重深入调查，保障村民参与	①保障村庄安全和村民基本生活条件：村庄安全防灾整治、农房改造、生活给水设施整治、道路交通安全设施整治； ②改善村庄公共环境和配套设施：环境卫生整治、排水污水处理设施、厕所整治、电杆线路整治、村庄公共服务设施完善、村庄节能改造； ③提升村庄风貌：村庄风貌整治、历史文化遗产和乡土特色保护
传统村落保护发展规划	坚持保护为主、兼顾发展，尊重传统、活态传承，符合实际、农民主体的原则，注重多专业结合的科学决策，广泛征求政府、专家和村民的意见，提高规划的实用性和质量。有条件的村落可根据村落实际需求结合经济发展条件，进一步拓展规划的内容和深度	①保护规划：明确保护对象、划定保护区划、明确保护措施、提出规划实施建议、确定保护项目； ②发展规划：发展定位分析及建议、人居环境规划

[1]　参考资料：《村庄整治规划编制办法》（2013）、《传统村落保护发展规划编制基本要求（试行）》（2013）

第十章　专项规划

专项规划是为某个特定领域所编制的具有针对性的规划。作为规划体系的重要组成部分，专项规划是在城市总体规划的指导下，通过与相关主管部门的合作，对涉及的交通、绿化、建设风貌、产业经济等领域进行深入研究，协调空间布局的关系；针对城镇发展面临的新问题，如城市更新、地下空间、低碳生态等，提出目标策略、布局方案、计划与指引等，用于指导下层级规划编制，影响政策标准制定。

本章根据新型城镇化的要求及各地近年的创新探索，选取了九个专项规划，分别是：以城市可持续发展为主旨的低碳生态规划、产业空间布局规划；以保障城市公共资源，提升城市品质为重点的城市公共开放空间系统规划、绿道系统规划、步行与自行车交通系统规划；以城市再发展，土地“减量”规划为背景的城市更新规划；以及在《城乡规划法》(2008)中明确提出，日益受到关注的地下空间规划、历史文化保护规划和城市风貌规划。城市公共服务设施规划、城市绿地系统规划、城市照明系统规划等常规性专项规划由于已有相关的明确技术规定，未纳入本章节的编制中。另外，由于市政类专项规划涉及专业广泛，涵盖交通、水、能源、通信、环境、防灾等工程系统，内容庞大，为使章节表述平衡，将在第十一章对其涉及的15项市政专业规划另作详细介绍。

每个专项规划的内容架构主要由三部分构成：第一、基本概念，介绍专项规划的作用、功能特征和类型层次；第二、规划内容，针对各专项的特点，详解规划编制的流程和各阶段的主要编制内容、成果构成；第三、技术要点，针对专项规划中出现的难点和要点进行深度解析。

10.1 城市更新规划

10.1.1 基本概念

“城市更新”又被称为“旧城改造”或“旧城改建”，虽非新概念，但近几年才真正进入制度化设计阶段。随着城市的高速发展，土地资源日益稀缺，城市功能老化、活力缺失、产业结构失衡、环境恶化等诸多问题陆续显现，各地政府开始探索土地从“增量管理”向“存量管理”转型，“减量规划”成为重要手段。实践经验表明，城市更新规划编制主要呈现三个方面的特征：

特征一：从单一的物质形态改造拓展到社会、经济、文化等多个领域。

城市更新起始于解决工业化后的城市聚集带来的环境问题，改善物质环境成为了最主要的出发点。城市更新大规模改善城市物质环境的同时，有可能破坏既有的社会网络和经济结构。因此，结合社区发展计划，将振兴经济、促进就业和保护历史遗存，重塑城市活力，建设人性社区等纳入城市更新范畴，城市更新已经演变成为应对人口老化、经济转型和不平衡发展等综合性城市问题的途径。

特征二：从单一的政府实施转变成为多元参与合作体系。

在综合化、多元化的目标下，单一的政府主导远远不能保证多类型更新项目的实施。同时，城市更新往往牵涉多元的更新主体，如居民、开发商和政府之间的互动，更新的资金筹集、推动实施以及利益分配面临更大的挑战，因此，城市更新的开发主体已向多元化转变，其实施机制必须适应这种变化，构建多方参与的公平、公开、相互协调的框架与规则。

特征三：工作内容的复杂化和实施流程的精细化。

伴随目标的多元化和实施主体的多样化，城市更新工作日益变成一个内容和过程庞杂的系统工程。需通过制定完善的法律文件，精细的技术标准和明确的实施规则，保证城市更新工作的实施。其工作内容涉及土地整备、政策法规、投资融资、产权整合、增值分配、公众参与等诸多方面，实施细则涵盖前期论证、规划制定、后期评估各个阶段。

近年来开展的大量城市更新规划，可分为以下几种类型：

①根据更新方式的不同，分为“拆除重建”、“综合整治”和“功能改变”三种类型。其中，“拆除重建”指对原有建筑物进行拆除后进行新的城市建设；“综合整治”包含改善消防设施、基础设施、公共服务设施、沿街立面、环境整治和既有建筑节能改造等内容，但不改变建筑主体结构和使用功能；“功能改变”指改变部分或者全部建筑物使用功能，但不改变土地使用权的权利主体和使用期限，保留建筑物的原主体结构。

②根据更新对象的不同，分为“旧居住区更新”、“旧商业区更新”、“旧工业区更新”、“旧工商混合区更新”和“城中村（旧村）更新”等。更新对象的不同，对应的更新目标、更

新策略、控制要素、实施计划等均有较大差异。

③根据实施方式的不同，分为“政府主导型”、“市场主导型”以及“复合型”等。实施方式的不同，对应更新目标、利益平衡机制等均有较大差异。

10.1.2 规划内容

城市更新规划的内容分为三个层次：城市更新总体规划、城市更新策略规划和城市更新单元规划。

（1）城市更新总体规划

1）规划目标

城市更新总体规划可作为专项规划单独编制，也可纳入城市总体规划。更新总体规划既发挥对城市更新建设行为的综合部署作用，又可以形成多部门共识的公共政策平台，其主要目标体现在以下三个方面：

①通过总体规划对城市更新的指导，彰显城市更新的基本原则，争取社会对城市更新基本价值的认同。

②协调城市更新与城市新增建设用地的关系，将城市更新作为城市可持续发展的重要途径，纳入城市发展的整体目标战略中，并将城市更新空间纳入城市整体空间结构中统筹规划。

③将城市更新规划纳入常态化和制度化的城市规划管理中。

2）技术路线

首先摸清家底，全面了解和掌握城市更新的空间资源潜力；从全市用地结构和功能布局出发，确定未来的改造规模，并结合城市近期建设重点地区、新城规划等，从空间上对全市更新改造做出时序安排；针对不同片区不同发展阶段、存在问题及改造需求，提出差异化的改造策略。

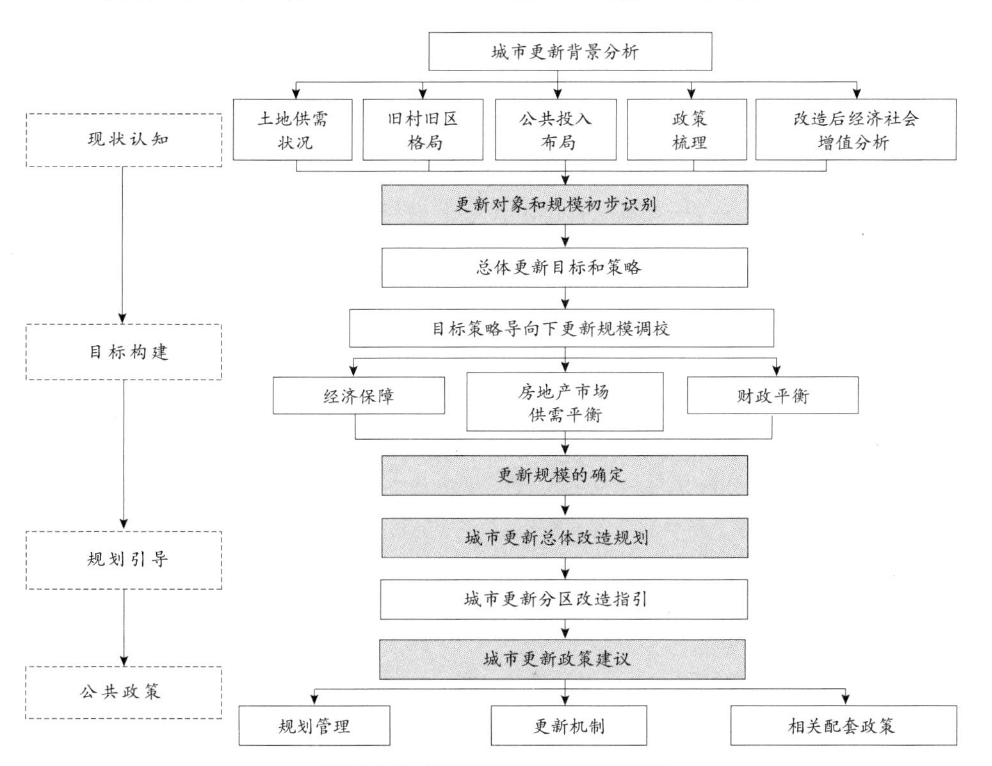

图 10-1-1 城市更新总体规划技术路线图

专项规划

3）编制内容

①识别更新对象

城市更新对象涵盖棚户区、城中村、旧商业区、旧仓储区、旧居住区和旧工业区。规划需要区分各类更新对象的概念，空间范围，现状建设、经济、社会特征，存在问题，改造方向等。

②建立更新目标

落实城市总体发展目标，从更新角度提出调整城市功能结构，促进产业的集聚发展和产业结构的优化升级；充分挖掘存量土地资源，提高空间资源的利用效率；加强和完善市政配套设施和公共服务设施的建设，全面提升城市的建设品质；推进城市环境综合整治，改善城市景观面貌，推动城市发展模式和增长方式转变等具体目标。

③制定更新策略

重点从空间优化（包括区域一体化、区域增长极培育、旧城区整治和复兴、生态安全和重大设施建设等）、产业升级（包括优化产业空间布局、鼓励旧工业区改造、引导工业用地置换等）、社会和谐（包括人口疏解和平衡、住房保障、提升社会管理水平、促进多元文化融合等）、低碳生态（包括低碳生态更新模式、生态安全格局、空间环境品质等）等方面提出更新策略，指导城市空间布局方案。

④更新方式与规模

基于更新目标和策略，对各类更新对象的改造方式进行引导，包括拆除重建、综合整治、功能改变三类方式。综合城市发展目标核算需要的空间规模，结合更新方式进行空间配置，提出土地、建筑、基础设施与公共服务设施等方面的规模需求。

⑤分类、分区更新指引

针对不同的更新对象和重点更新区域，分别提出更新目标、策略、措施，必要时针对重点地区制定空间布局方案。

⑥实施保障

提出完善城市更新政策保障体系、健全城市更新工作体制机制、强化城市更新规划编制引导、建立城市更新实施评估机制等方面的建议。

4）成果构成

《城市更新总体规划》成果应包括说明书、文本和图纸。

文本内容包括：目标与策略、更新方式与改造功能、更新规模预测、密度强度分区、城市设计、配套设施、综合交通、保障性住房、近期建设重点、分区指引、实施机制等。

图纸主要包括：更新资源分布图、更新用地功能布局图、密度分区指引图、城市设计指引图、公共设施规划布局图、市政基础设施规划布局图、综合交通规划布局指引图、保障性住房配建指引图、近期重点更新地区范围图、分区更新指引图等。

（2）城市更新策略规划

1）规划目标

为实现城市发展目标，针对城市中某些需要改善环境、提升功能、完善配套的地区，如棚户区、滨水区、旧工业区、城中村、旧居住区等，提出综合性目标策略及改善方案。

城市更新策略规划向上对接总体规划目标和要求，向下指引实施层面的控规和旧改专项规划。策略规划需要重点落实上位规划要求，明确片区更新目标和更新方式，核算片区更新规模和环境、公共设施、市政承载力，划定更新单元范围，确定更新单元的设施配套要求和开发建设指引。

2）编制内容

①明确更新目标

功能升级会对原有的空间资源、公共设施、交通系统和环境增加压力，因此城市更新目标需要关注以下几方面：

功能方向选择：有效引导市场需求，实

现城市、地区和业主的多方共赢。

服务能力提升：重点针对设施服务短板，提升设施服务能力供给，为地区的可持续发展创造条件。

增量潜力落实：合理评估空间资源优化潜力，明确未来增量规模与分配，统筹安排资源供给，为功能转型提供空间保障。

②更新潜力评估与规模预测

从产业及城市发展需求、密度分区要求、类似地区规模比较、公共设施与基础设施承载力评价、空间保障能力校核等方面综合评判地区发展规模与空间增量。

③更新策略与计划

通过对上位规划、业主改造意愿、改造经济可行性综合评价，原则划定改造策略分区。在此基础上，从结构优化、功能提升、生态景观、TOD 开发、社区组织、历史文化及保护等方面提出一系列的更新策略及布局方案，并制定公共设施改善及支撑计划。

④增量分配与利益平衡

厘清土地合法权属，落实上位规划确定的公共设施，在此基础上，公平协商土地使用的公共贡献比例、经营性增量分配指标。

⑤更新时序及计划安排

以公共利益优先为原则，确立更新的分期实施计划，明确公共设施（包括公共服务设施、市政基础设施、公园、广场、保障性住房等）的捆绑建设要求。

3）成果构成

成果包括说明书、文本和图纸。

文本内容包括：更新目标与策略；区域内划定更新单元的范围、类型，总用地规模；各更新单元的规划控制要求，包括主导功能，单元内各地块改造方式，单元需配建的设施规模、类型、位置、建设要求，单元拆除重建建设规模和居住建筑规模。

图纸主要包括：区位分析图、用地布局现状图、土地权属分布图、空间增量分区落实图、用地布局规划图、公共设施规划图、道路及交通系统规划图、绿化景观规划图、市政工程规划图、城市设计要素控制图、单元划分与指标控制图等。

其中，《单元划分与指标控制图》可经批准后成为法定文件，其内容包括更新单元范围、编号，地块更新类型（拆除重建、综合整治、功能改变），轨道交通站点、配套设

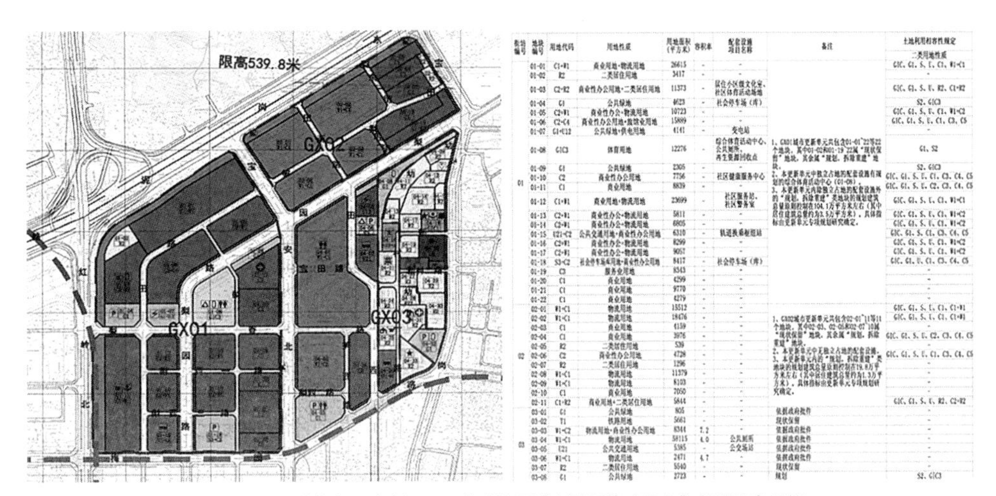

街坊编号	地块编号	用地代码	用地性质	用地面积(平方米)	容积率	配套设施项目名称	备注	土地利用相容性规定 二类用地性质
01	01-01	C1+W1	商业用地+物流用地	26615	-	-		GIC、G1、S、U、C1、W1+C1
	01-02	R2	二类居住用地	3417	-	-		-
	01-03	C2+R2	商业性办公用地+二类居住用地	11373	-	居住小区级文化室、社区体育活动场地		GIC、G1、S、U、R2、C1+R2
	01-04	G1	公共绿地	4623	-	社会停车场（库）		S2、GIC3
	01-05	C2+W1	商业性办公+物流用地	10723	-	-		GIC、G1、S、U、C1、W1+C2
	01-06	C2+C4	商业性办公用地+旅馆业用地	15889	-	-		GIC、G1、S、U、C1、C3、C5
	01-07	G1+U12	公共绿地+供电用地	4141	-	变电站		-
	01-08	GIC3	体育用地	12276	-	综合体育活动中心、公共厕所、再生资源回收点	1. GX01城市更新单元共包含01-01~22等22个地块，其中01-02和01-19~22属“现状保留”地块，其余属“规划、拆除重建”地块。2. 本更新单元中独立占地的配套设施有规划的综合体育活动中心（01-08）。3. 本更新单元内除独立占地的配套设施外的“规划、拆除重建”类地块的规划建筑总量原则控制在104.1万平方米左右（其中居住建筑总量约为3.5万平方米），具体指标由更新单元专项规划研究确定。	G1、S2
	01-09	G1	公共绿地	2305	-	-		S2、GIC3
	01-10	C2	商业性办公用地	7756	-	社区健康服务中心		GIC、G1、S、U、C1、C3、C4、C5
	01-11	C1	商业用地	8839	-	-		GIC、G1、S、U、C2、C3、C4、C5
	01-12	C1+W1	商业用地+物流用地	23699	-	社区服务站、社区警务室		GIC、G1、S、U、C1、W1+C1
	01-13	C2+W1	商业性办公+物流用地	5811	-	-		GIC、G1、S、U、C1、W1+C2
	01-14	C2+W1	商业性办公+物流用地	6805	-	-		GIC、G1、S、U、C1、W1+C2
	01-15	U21+C2	公共交通用地+商业性办公用地	6310	-	轨道换乘枢纽站		GIC、G1、S、C1、C3、C4、C5
	01-16	C2+W1	商业性办公+物流用地	8299	-	-		GIC、G1、S、U、C1、W1+C2
	01-17	C2+W1	商业性办公+物流用地	9057	-	-		GIC、G1、S、U、C1、W1+C2
	01-18	S3+C2	社会停车场库用地+商业性办公用地	8417	-	社会停车场（库）		GIC、G1、U、C1、C3、C4、C5
	01-19	C3	服务业用地	8343	-	-		-
	01-20	C1	商业用地	4299	-	-		-
	01-21	C1	商业用地	9770	-	-		-
	01-22	C1	商业用地	4279	-	-		-
02	02-01	W1+C1	物流用地	13512	-	-		GIC、G1、S、U、C1、C1+W1
	02-02	W1+C1	物流用地	18476	-	-	1. GX02城市更新单元共包含02-01~11等11个地块，其中02-03、02-05和02-07~10属“现状保留”地块，其余属“规划、拆除重建”地块。2. 本更新单元中无独立占地的配套设施。3. 本更新单元内的“规划、拆除重建”类地块的规划建筑总量原则控制在19.8万平方米左右（其中居住建筑总量约为1.3万平方米），具体指标由更新单元专项规划研究确定。	GIC、G1、S、U、C1、C1+W1
	02-03	C1	商业用地	4159	-	-		-
	02-04	C1	商业用地	3976	-	-		GIC、G1、S、U、C2、C3、C4、C5
	02-05	R2	二类居住用地	539	-	-		-
	02-06	C2	商业性办公用地	4728	-	-		GIC、G1、S、U、C1、C3、C4、C5
	02-07	R2	二类居住用地	1296	-	-		-
	02-08	W1+C1	物流用地	11379	-	-		-
	02-09	W1+C1	物流用地	8103	-	-		-
	02-10	C1	商业用地	7050	-	-		-
	02-11	C1+R2	商业用地+二类居住用地	5844	-	-		GIC、G1、S、U、R2、C2+R2
03	03-01	G1	公共绿地	805	-	-	依据政府批件	-
	03-02	T1	铁路用地	5661	-	-	现状保留	-
	03-03	W1+C2	物流用地+商业性办公用地	8344	2.2	-	依据政府批件	-
	03-04	W1+C1	物流用地	59115	4.0	公共厕所	依据政府批件	-
	03-05	U21	公共交通用地	5385	-	公交场站	依据政府批件	-
	03-06	W1+C1	物流用地	2471	4.7	-	依据政府批件	-
	03-07	R2	二类居住用地	5540	-	-	现状保留	-
	03-08	G1	公共绿地	2723	-	-	规划	S2、GIC3

图 10-1-2 《笋岗－清水河－八卦岭片区城市更新策略研究》部分图表示例

专项规划

施布局等内容；配套图表需标明更新单元范围、地块划分、用地功能、单元及地块编号，以及单元的各项控制要求（更新前后的建筑量规模、配套公共与市政设施规模、高度控制）等。

（3）城市更新单元规划

1）规划目标

落实控制性详细规划要求，细化城市更新目标和责任，功能和指标，进行项目化规划控制，指导建筑方案设计和项目实施。

2）编制内容

以深圳市为例，包含以下主要内容：

①前言：城市更新单元规划编制的背景及主要过程，包括更新单元规划的委托、编制、公示、审查和审批过程等。

②更新范围：根据更新单元土地与建筑物核查结果，划定“拆除用地范围”、“独立占地的城市基础设施、公共服务设施、创新型产业用房或者保障性住房用地范围”和“开发建设用地范围”。

③现状概况与分析：说明更新单元的地理位置，分析其在区域中的功能、交通、环境景观等方面的地位和作用；说明更新单元的周边环境、自然、社会和现状建设特征，分析现状存在的主要问题和发展的潜力。

④土地核查与历史用地处置：注明更新单元土地与建筑物信息核查结果、数据来源和获取方式。

⑤规划依据与原则：说明编制城市更新单元规划所依据的上层次规划与相关规划，以及适用的法律、法规、规范和遵循的主要原则等。其中，上层次规划和相关规划应当以图纸结合简要文字的方式，表述规划名称、发布机关、生效期限、对本单元的要求及其衔接要点等。

⑥更新目标与更新方式：根据上层次规划要求，结合更新单元发展条件，确定单元整体的功能定位、发展方向与发展目标；涉及产业升级的项目应当明确产业门类选择。说明城市更新单元采用的拆除重建、功能改变或者综合整治等更新方式，明确不同更新方式对应的空间范围。

⑦功能控制：说明地块划分、用地性质、开发强度、公共服务设施、市政工程设施、道路交通系统、地下空间开发等控制要求。若项目涉及商业、服务业等经营性功能的地下空间开发，需要单独说明其功能与建设规模。

⑧空间控制：说明规划方案对城市更新单元的地区空间组织、建筑形态控制、公共开放空间与慢行系统的主要构思和控制要点，制定意向性总平面布局方案，如涉及居住功能还应当进行日照分析。

⑨利益平衡：说明更新单元现状权益状况，包括单元内权益主体的类型、数量、空间分布特征等，分析现状权益分布对更新单元的空间布局、交通组织、地块划分、合宗开发、权利与责任分配等产生的影响。

⑩其他要求：提出综合整治和功能改变区的规划目标和控制要求。针对一些具体地段，应当说明对节能环保、无障碍设计、自然生态保护、历史遗产保护、特殊活动支持等控制要求。

3）成果构成

《城市更新单元规划》成果应包括技术文件和管理文件。其中，技术文件是管理文件的技术支撑和编制基础；管理文件以规范性条文表达更新单元规划的研究结论和建设要求，是城市规划行政主管部门实施城市更新单元规划管理的操作依据。

管理文件包括文本和图则。其中，文本包括：总则、更新目标和方式、功能控制、道路交通和市政工程规划、空间控制、实施方案等；图则包括：拆除与建设用地范围图、地块划分与指标控制图、建设用地空间控制图、公共空间和慢行系统规划图、市政工程和道路竖向规划图、分期实施规划图等。

10.1.3 技术要点

（1）以"产权制度"为基础厘清利益关系

对于城市更新而言，其利益主体通常由政府、开发主体和产权人构成。政府、开发商和产权人三者互为关联，但彼此间的利益诉求又存在一定的差异。政府和开发主体之间利益冲突焦点为规则性冲突，具体表现为开发规则和开发条件上的博弈：一方面政府通过开发条件引导和控制开发商的开发行为，希望能获得更高的城市价值（产业升级、公共设施提升、交通环境改善）；另一方面，开发主体为了利益的最大化，不断试图去改变和突破开发规则和开发条件。政府与产权人之间的利益冲突聚焦在公共利益的分配上面，政府作为公共利益的监管者，需要从全局考虑公共利益的分配，而产权人从局部利益出发，往往希望尽可能多地得到更高的利益回报。开发主体和产权人的冲突属于交易性冲突，主要依赖于市场规则进行交易，但在实际情况中，由于规则不明，产权人和开发主体间的利益冲突往往表现出交易的不平等性。

导致利益博弈的根源在于土地产权的"模糊性"和"不确定性"。因此，城市更新规划的核心在于建立与现代产权制度相匹配的制度框架。具体来讲：一是通过产权界定明确城市更新各方私益之间、私益与公益之间以及效率与公平等价值之间的边界，包括何种产权应否受到城市规划保障、相关主体利益多少、利益归属等方面的判别与确认；二是规定权责关系，建立私益之间、私益与公益之间以及效率与公平之间的规则。

综上，制定城市更新规划，除了要保障城市土地空间资源的分配效率外，同时应该关注对社会各类主体合法财产权益的保护。在规划管理中应改变无视个体权利或予以压制的做法，在公共利益与保障主体的确定上，建立政府与个体之间双向的制约机制，明确双方的权利、义务以及法定责任，才能适应市场经济发展的需要。

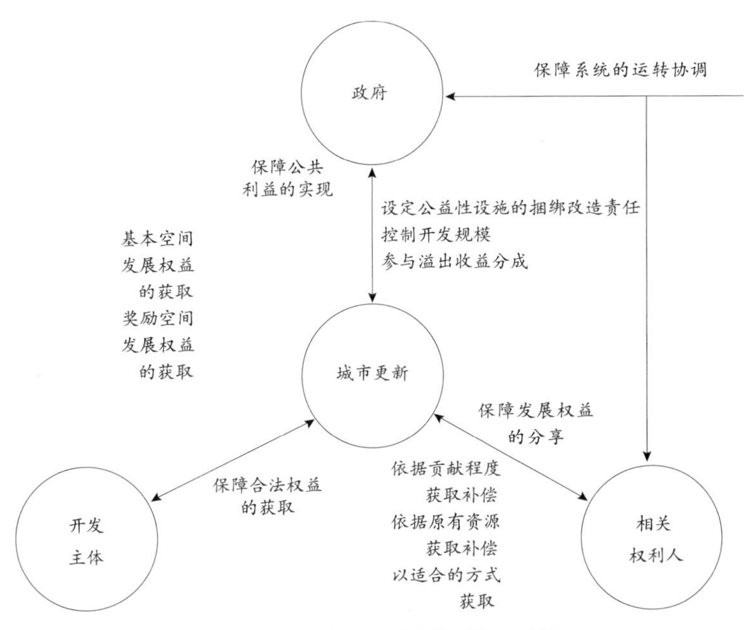

图 10-1-3 城市更新利益主体及关系示意图

（2）以“更新法规”为主干建立制度体系

以深圳市为例，城市更新制度体系由“政策法规”、“管理机制”、“操作指引”与“技术标准”四个层次构成：

政策法规层次：以《深圳市城市更新办法》为主干，为城市更新的制度体系建立基本框架，起到龙头和统筹作用。在此基础上形成《深圳市城市更新办法实施细则》，为城市更新中的相关行为提供更详细的规范和指引。

管理机制层次：容纳各部门的管理目标和需求，协调更新管理与其他城市管理机制的关系，包括《城市更新单元规划审批操作规则》、《关于授权市城市规划委员会建筑与环境艺术委员会审批城市更新单元规划的通知》、《拆除重建类城市更新项目范围内土地权属清理工作指引》等。

操作指引层次：规范政府部门、编制单位、开发主体以及相关权利人的行为，包括《深圳市城市更新单元规划编制技术规定》、《深圳市城市更新单元规划制定计划申报指引》，以及在编的《深圳市城市更新地权重构操作指引》和《深圳市城市更新空权转换操作指引》等。

技术标准层次：在国家与地方技术规范基础上，从技术层面赋予更新规划更广泛细致的内涵，促进对物质空间的改善和社会公共权利的保障，包括《城市更新单元规划落实低碳生态目标技术指引》、《深圳市城市更新项目保障性住房配建比例暂行规定》、《深圳市城市更新项目创新型产业用房配建比例暂行规定》，以及在编的《政府参与城市更新溢价分成比例规定》等。

（3）以“公开、公平”为目标进行程序设计

根据深圳市的经验，城市更新中的关键程序设计可从以下三个方面进行规定：

①城市更新发展计划。除基于特定目标下政府主导的城市更新地区外，依据单元内主体的发展意愿制定更新计划。深圳规定城市更新项目内，同意申报的权利主体数量和物业规模均需达到80%以上方可申报计划。同时，对于更新项目的准入标准向社会公布，并就每一批拟列入计划的更新项目向社会公示，接受公众监督。

②发展权益分配。在政府指导下，组织

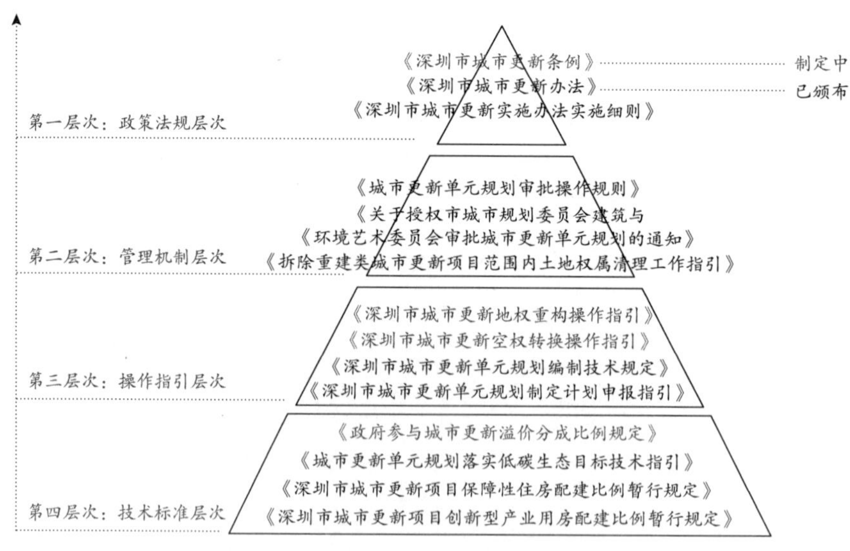

图10-1-4　深圳城市更新制度体系示意图

利益主体进行协商，分配空间发展权益。深圳规定按照原有权益比例分配基准空间增量，按照贡献各类设施的价值比例分配奖励空间增量。同时更新单元规划须制定多主体间利益平衡方案，包括各主体分的空间增量，各自须承担的拆迁责任、土地移交、配套建设及其他绑定责任等，多个权利主体通过签订搬迁补偿安置协议方式形成实施主体的，还需载明搬迁补偿安置方案。

③城市更新建设方案。对于更新单元详细建设方案进行公众意见征询，包括功能布局、公共设施布局、道路交通组织、建筑空间组织、景观环境设计等内容，不但须征求单元内权利人的意见，还需征求周边区域利益相关人的意见，以此作为完善建设方案的重要依据，并对意见的处理情况进行公布。

在程序设计中，强调“公众参与”的作用。为此，深圳市制定相关程序性法规，不但在行政程序上对行政权力的行使设定严格的规定，同时根据利益相关度设定参与主体程序性内容。

①严格规范行政行为的程序和变更行政行为的程序。如规定城市更新单元规划编制、申报、审批、修改等程序，并向社会公布规划涉及政府相关部门的工作流程、周期、查询方式等，增强规划的社会监督和可追溯性。

②确立公众参与“决策”的程序。如在规划编制方面，规范政府的规划信息发布、资料提供、公开展览、公众意见反馈、对公众意见的处理程序；在发展权益分配方面，政府专门部分负责组织利益主体，按照法定程序进行沟通与谈判，达成的协议须区政府、市公证部门进行公证，增强规划结果的权威性。

③确立公众参与的“抗辩”程序，即当公众对某一规划行政行为不满或不服时，予以“申辩”的机会，甚至“质询”的权利。

（4）政府设定强制规则保障公共利益落实

城市更新中的公共利益主要包括设定开发建设的规模上限；评估开发对环境、社会的影响；规定更新项目须配套实施的公共配套设施、市政基础设施、保障性住房、创新型产业用房、公共开放空间、慢行系统、历史遗存、风貌环境等。常用的方法有：

①设定公益性设施的捆绑改造责任：城市更新单元规划除需落实法定图则规定的各类设施外，必须提供一定比例的用地，用于建设独立占地的公共设施；提供一定比例的建筑，用于建设保障性住房或创新型产业用房。例如深圳规定城市更新项目须提供不少于其拆迁范围面积15%（且不小于3000平方米）作为用地贡献；居住项目须提供不少于居住建筑总规模5%—23%作为保障性住房。

②控制开发规模上限：根据总体规划密度分区提出某一地区平均开发密度；按照有关空间增量确定方法制定的地块容积率，还须在城市更新单元规划中进行环境承载力的校核分析，从道路交通、市政设施、景观形态、污染防治等几个角度，综合评估单元的功能与建设规模对周边环境的影响，以保证其在城市环境可承受的合理范围内。

（5）专题研究协助提供综合性解决方案

在更新单元规划中引入相关专题研究，有助于多学科、多领域协同解决更新中的复杂问题。以深圳为例，更新单元规划涉及以下专题研究：

①规划功能专题研究。评估周边地区的功能发展趋势，结合城市更新单元的发展条件，从市场需求、政策导向、提升服务等角度，提出城市更新单元的功能发展方向与发展指引。

②产业发展专题研究。评估周边地区的产业发展趋势，结合城市更新单元的发展条件，分析产业发展的需求和供给潜力（新增和改造），提出城市更新单元的产业升级方向、

门类选择与发展指引。

③道路交通专题研究（新增建筑面积达到10万平方米以上的更新单元，须进行道路交通专题研究；新增建筑面积不足10万平方米的更新单元，须进行道路交通专项研究）。评价现状交通供给条件，根据单元发展规模预测交通需求，说明上层次规划的相关要求和落实情况，进行交通影响评估，并提出相应的交通改善措施，明确交通设施的种类、数量、分布和规模。

④市政工程设施专题研究（新增建筑面积达到20万平方米以上的更新单元，须进行市政工程设施专题研究；新增建筑面积不足20万平方米的更新单元，须进行市政工程设施专项研究）。评价现状水、电、气、环卫等市政设施的供给能力，根据单元发展规模预测设施需求，说明上层次规划相关要求和落实情况，进行区域市政设施支撑能力分析及对市政系统的影响评估，并提出相应的改善措施，明确市政基础设施种类、数量、分布、规模，包括场站和管网，形成"市政基础设施一览表"。

⑤公共服务设施专题研究。规定要求评价现状公共服务设施供给条件，根据单元人口规模预测设施需求，说明上层次规划的相关要求和落实情况，进行设施影响评估，并提出相应的改善措施，明确公共服务设施的种类、数量、分布和规模。

⑥建筑物理环境专项研究。分析更新单元所在区域环境特征，研究单元的空间组织、建筑布局、场地设计、绿化设置等对地区小气候的影响，提出改善地区热环境、光环境、声环境，落实绿色城市基础设施、绿色建筑等的具体措施。

⑦低碳市政设施研究和规划。分析评价规划区的再生水利用条件、水文条件、太阳能与风能资源潜力；研究确定低碳市政的目标，落实绿地下凹率、透水地面比例等控制指标；确定低碳市政基础设施种类、数量、分布、规模，具体包括再生水设施（场站与管网）、低冲击开发设施、太阳能利用设施、垃圾分类收集设施、再生资源回收站等；提出低碳市政技术应用的相关建议；根据规划区能源供应和负荷条件，研究建立小型分布式能源站的适宜性，若条件适宜，应另行研究确定其规模、工艺和供能范围。

⑧经济可行性专项研究。通过评估更新项目在不同改造条件（包括功能、强度、捆绑改造要求等）下的开发成本（包括依据特定地区平均水平测算的市场开发成本、依据有关政策测算的拆建补偿安置成本以及约定的捆绑改造成本等）和经营收益（考虑了优惠政策后的经济收益），计算利润额、利润率、回收期等关键指标，提出项目适宜的改造条件和财务平衡方案。

10.2 地下空间规划

10.2.1 基本概念

地下空间是指地表以下的土层或岩层中天然形成或人工开发的空间场所。地下空间的开发利用在提升土地利用集约度、扩大城市空间容量、提高城市综合防灾能力等方面发挥着越来越重要的作用。特别是在城市中心区、交通枢纽周边地区，地下开发已成为缓解交通压力、改善生态环境、提升空间活力与特色的重要手段。

由于地下空间开发的成本高、不可逆、技术难度大等特点，客观上要求规划以科学合理的资源评估和需求预测为前提，除了建筑与地下各层的平面功能布局外，还应充分关注地下空间与地面、地上各类空间的有效衔接，充分发挥城市空间立体化的优势。

地下空间的适宜开发背景和功能类型一览表　　表 10-2-1

适宜背景	严寒城市，地面开发建设空间受限，经济实力与空间需求迅速增长，能源成本不断上涨，城市综合防灾要求提升，地面交通拥堵加剧
开发条件	地下轨道建设城市再开发，人防系统规划建设，地下基础设施建设（市政、物流、仓储地下等），城市综合体建设
功能类型	交通空间——轨道、快速路、过街通道、停车场等； 商业空间——商业街、商场、餐厅等； 公共服务空间——文化娱乐、体育健身、展览科教等； 其他类型空间——地下市政、地下仓储、地下物流、地下防灾等

10.2.2 规划内容

（1）规划层次

地下空间规划一般分为总体层面规划和详细层面规划两个阶段。

（2）编制流程

包括资料收集、资源评估、需求预测、目标定位、功能构成、平面布局、竖向分层、分系统规划和实施导引九个部分。

1）资料收集

资料包括地下空间勘察资料与测量资料、气象资料、土地权属、地下空间利用现状、城市人防现状及发展要求、城市交通资料、城市土地利用资料、城市市政公用设施资料、城市环境资料等。

资料收集的主要相关部门：轨道办或地铁公司（轨道线及轨道站）、人防办（人防规划）、消防办（防火设计要求）、规划与国土部门（地籍、地下管网）。

2）资源评估

依据城市规划区范围的规划定位与发展策略、建设规模与用地空间布局、社会经济水平与发展趋势、地理特征与环境承载力等前提条件，建立评估方法体系，确定评估对象与影响因子，通过资源调查分析和综合研判，提出地下空间资源评估成果。包括质量

地下空间规划层次　　表 10-2-2

		基本任务	规划内容
总体层面规划		提出城市或片区地下空间开发利用的基本原则和建设方针；研究确定地下空间开发利用的功能、规模、总体布局与分层规划；统筹安排近、远期地下空间资源开发利用的建设项目；制定各阶段地下空间开发利用的发展目标和保障措施	①现状分析与评价； ②资源评估与适建性分析； ③指导思想与发展战略； ④需求预测分析； ⑤总体布局； ⑥分层规划与各项设施的竖向整合设计； ⑦综合性技术经济评价，规划实施步骤、方法与建议； ⑧近期建设项目的统筹安排、建设目标、内容、实施计划与措施等
详细层面规划	控规	明确城市重要地区地下空间开发利用的控制要求；制定城市公共性地下空间开发利用的各项控制指标，提出具体地块地下开发的强制性和指导性要求；对规划区内地下空间的平面布局、交通组织、景观环境、安全防灾、开发时序等予以安排	①地下空间开发利用的功能定位、总体规模、平面布局和竖向分层； ②明确主要地下空间开发地块的功能布局与空间联系，提出必须开放或鼓励开放的公共性地下空间范围，提出功能和连通方式等控制要求； ③重点制定公共性地下空间和开发地块内必须向公众开放的公共性地下空间设施的控制要求； ④明确地下各项设施的设置位置和出入交通组织； ⑤对地下空间的综合开发建设模式、运营管理提出建议； ⑥制定地下空间开发利用的设计要点

地下空间的开发评估内容　表 10-2-3

评估项	评估内容
质量评估	对地下空间开发的工程可行性和实施难度进行的评估。评估要素包括工程地质条件、自然灾害分布、地面建设状况、用地权属状况、已开发地下空间状况等
需求评估	对地下空间开发的需求与机遇条件的客观评判。评估要素包括社会经济条件、地面用地开发强度与用地混合度、城市更新项目分布、轨道站点的位置及类型等
价值评估	对地下空间的质量状况、需求状况的综合叠加，对地下空间资源开发价值综合评判

评估、需求评估和价值评估三方面。

3）需求预测

综合考虑城市或地区的经济发展水平、空间增量需求、交通及环境改善需求等因素，对规划区地下空间规模进行估算和预测。

预测方法一般包括经验值预测法、功能需求预测法、建设强度预测法、人均需求预测法、综合需求预测法等，参考系数详见下面二表。

4）功能构成

地下空间的功能分为两大类。

5）平面布局

地下空间平面布局形态，一般包括点状、辐射状、脊状和网络状四种类型。

6）竖向分层与功能布局

一般按开发深度分为四层，国内地下空间开发主要集中在浅层和次浅层。

人均地下空间面积指标　表 10-2-4

规划区人口规模（万人）	人均地下空间面积指标（平方米/人）
小于 100	1.0—3.0
100—300	2.0—4.0
300 以上	3.0—5.0

以社会经济发展水平为参照的修正调整系数　表 10-2-5

年人均国内生产总值（人民币 元/人）	社会经济发展水平系数
大于 50000	1.2
20000—50000	1.0
小于 20000	0.8

地下空间的功能构成　表 10-2-6

功能类型	功能构成及特征
单一功能	以相对单一的地下停车与安全维护功能为主，如地下人防、地下停车、地下市政设施、地下工业仓储等。一般作为配套或附属功能空间，规模不大、分布较散，相互之间的连通性要求一般不高
混合功能	包括地下商业、地下停车、文化娱乐、交通集散、市政设施等多种功能，各功能之间联系紧密，一般情况下会逐步延伸，形成网络

地下空间的形态布局　　表 10-2-7

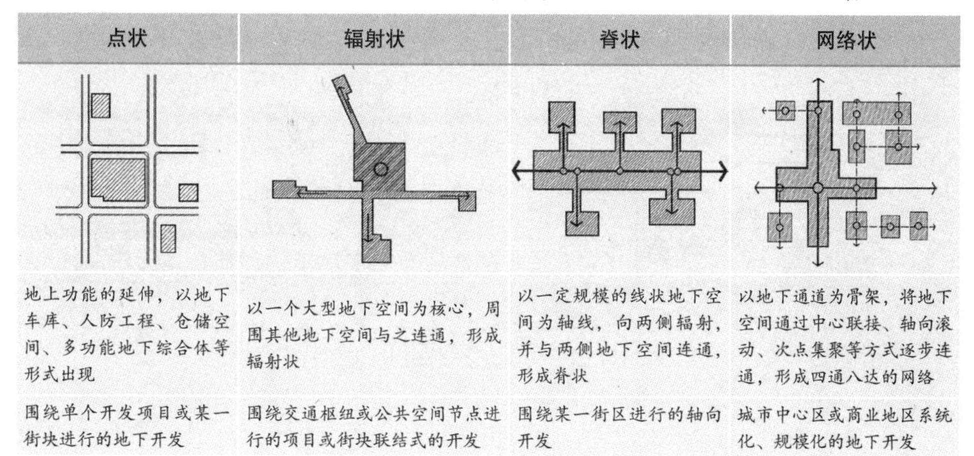

点状	辐射状	脊状	网络状
地上功能的延伸，以地下车库、人防工程、仓储空间、多功能地下综合体等形式出现	以一个大型地下空间为核心，周围其他地下空间与之连通，形成辐射状	以一定规模的线状地下空间为轴线，向两侧辐射，并与两侧地下空间连通，形成脊状	以地下通道为骨架，将地下空间通过中心联接、轴向滚动、次点集聚等方式逐步连通，形成四通八达的网络
围绕单个开发项目或某一街块进行的地下开发	围绕交通枢纽或公共空间节点进行的项目或街块联结式的开发	围绕某一街区进行的轴向开发	城市中心区或商业地区系统化、规模化的地下开发

地下空间的竖向分层与功能布局　　表 10-2-8

功能系统 深度及层次		交通	公共服务	市政	工业仓储物流	防灾系统
0— -15 米	浅层	地下人行通道、地下公交场站	地下商业、地下餐饮娱乐、文化展示科教	市政管线	设备空间、物资仓储	人防工程
-15— -30 米	次浅层	地下停车场库、地下道路交通	图书展览设施、体育休闲	综合管廊市政场站（参见规划术语——综合管廊）	动力厂、物资库等	人防工程蓄水池
-30— -50 米	次深层	地下轨道设施	特殊医疗康体等	基础设施网络	物流传输、石油贮存、地下冷库	—
-50— -100 米	深层	快速自动化网络传输系统	—	高压变电站、地下水处理中心	—	—
功能布局要点		各层交通系统的完整性；竖向交通接驳、换乘点的设置	分层空间价值与使用习惯的铆合	市政设施地下化的成本与收益平衡	与不同地区地下空间的特有属性结合	平战结合、依据设防标准及要求综合统筹

10.2.3　技术要点

（1）出入口设置

1）设置原则

地下空间出入口应布置在主要人流方向上，道路两侧的出入口方向宜与道路方向一致，出入口前应设置必要的集散空间。

地下出入口总宽度应与地下空间主要干道的人流量相匹配，一般情况下，可参照 5 米 / 1000 人的宽度标准进行设置。

通往地面的楼梯的有效宽度必须大于 1.5 米，楼梯口净空不得低于 3 米。

2）主要类型

3）间距要求

按照防火规范方面的要求，地下任意一点到最近出入口的距离应不大于 35 米（日本地下防灾规范规定，地下商业空间内任何一点至最近安全出口的距离在 30 米以内，构造特殊困难的，不得超过 50 米）。

相关规范规定，每个防火单元为 400 平

地下空间主入口主要类型　　　　表 10-2-9

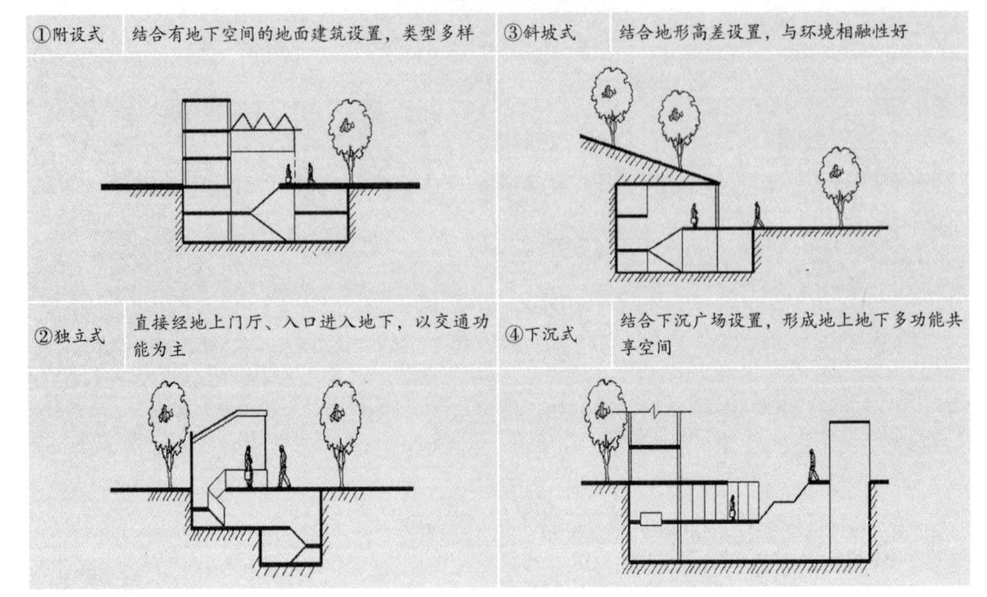

类型	说明	类型	说明
①附设式	结合有地下空间的地面建筑设置，类型多样	③斜坡式	结合地形高差设置，与环境相融性好
②独立式	直接经地上门厅、入口进入地下，以交通功能为主	④下沉式	结合下沉广场设置，形成地上地下多功能共享空间

方米，有喷淋设施的可增大到 800 平方米，每个单元要求至少有 2 个直通地面的出口。

（2）覆土厚度与退界

1）覆土厚度

经规划批准建设地下空间的绿地，其地下空间顶板覆土厚度应与种植植被需求相适应，林地（乔木）不宜低于 3.0 米，灌木不宜低于 1.5 米，草地不宜低于 0.8 米，保护性绿地不宜低于 10.0 米。市政道路地下空间覆土深度不宜小于 3.0 米。地下管线综合管沟干（支）管一般标准段覆土厚度应保持 2.5 米以上，特殊段覆土厚度不得小于 1 米，缆线类综合管沟覆土厚度不应小于 0.4 米。

2）建筑退线

地下建筑物退让地块界限不小于地下建筑物深度（自室外地面至地下建筑物底板的距离）的 0.7 倍，且不得小于 3 米。

（3）人防与安全

1）与人防规划协调

地下空间规划应与人防规划相协调，落实指挥工程、医疗救护工程、防空专业队工程、人员掩蔽工程、配套工程的选址和规模。

2）满足防灾体系要求

贯彻“平战结合、平灾结合，以防为主，防、抗、避、救相结合”的原则，在提升地下空间综合防灾能力的基础上，完善现代化城市综合防灾减灾体系。

3）连通要求

相邻人防设施之间，人防设施与供人使用的地下功能设施之间应相互连通。

人防交通干（支）道规划和建设时，应与附近已建、在建的重要人防设施连通，并预留连通口。

符合以下情况的设施之间应进行连通：相邻间距 50 米以内的人防工程；与地铁车站、地下商业街、地下综合体等间距 50 米以内的人防工程；与地铁车站、地下商业街、地下综合体等间距 100 米以内的大型人防工程。

（4）地下通道设置

1）主要类型

功能上分为商业型、交通型及安全通道。形态一般以线形、矩形或者两种形式的

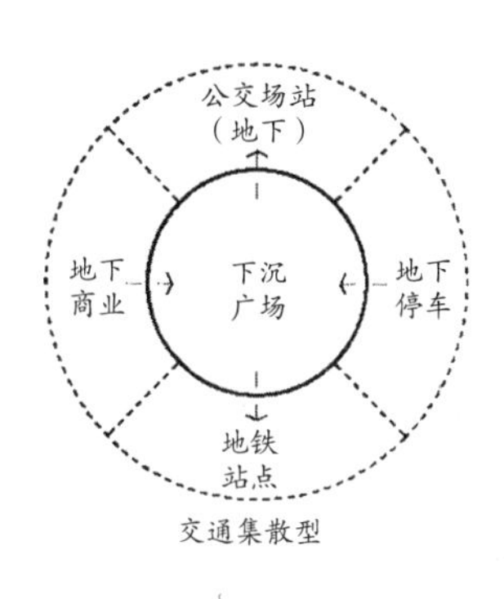

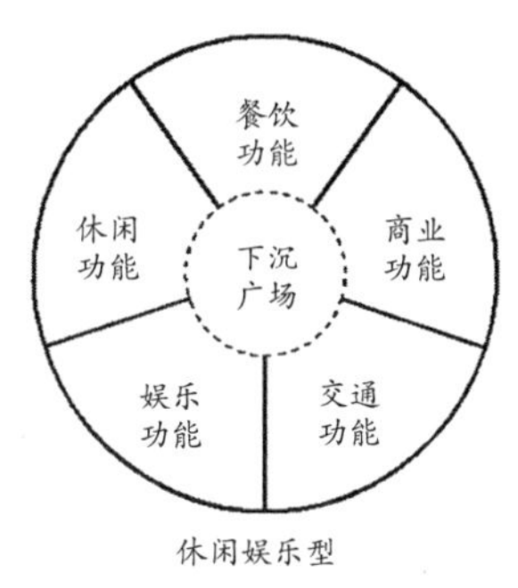

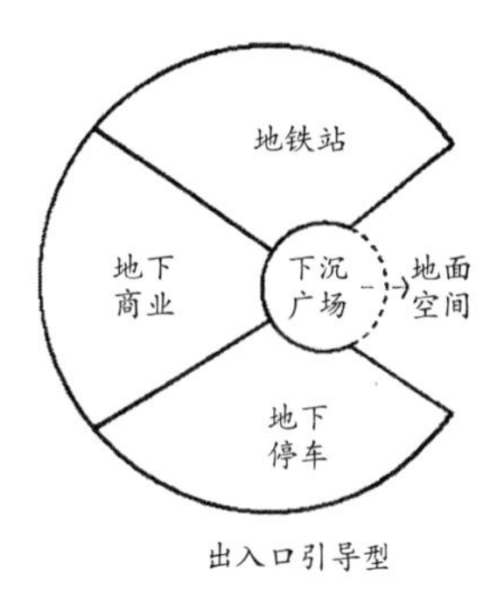

图 10-2-1　下沉式广场类型

结合为主，应提供清晰的方向指引，有利于事故发生时的紧急疏散。

2）宽度要求

以交通功能为主的地下人行（过街）通道的净宽应根据设计年限内高峰小时人流量及设计通行能力计算，一般不宜小于 4.0 米，困难情况下不应小于 3.0 米。

地下商业街或含小型商业的地下人行（过街）通道宽度的最小值为 6.0 米，双侧设置商业时，宽度不宜小于 8.0 米；具体宽度可根据公式 $W=(P/1600)+F$ 来调整，W 为宽度，P 为预测小时最大客流量，F 为增加宽度，商业通道取 2，无商业通道取 1。

地下商业街的通行能力宜按照该地下街预测的高峰小时人行交通量确定。

3）净高要求

地下公共人行通道的净高不宜小于 3.0 米；若设有商业等设施时，净高不宜小于 3.5 米。城市建成区改造中增设地下公共人行通道，构造上确有困难时，在保证消防安全的条件下，通道净高不应小于 2.5 米。

地下车行通道的净高一般不宜小于 3.5 米，有货车通过时，一般不宜小于 4.5 米。

4）开放时间与安全

作为有公共空间功能或者必须连通的地下通道，应保证 24 小时全天候开放，同时应在照明、指向、监控等方面提供必要的保障设施。

（5）下沉式广场

1）作用与分类

作为地上、地下空间的重要接口，下沉广场承担着重要的交通组织、防灾疏散、空间过渡等功能，对提升地下空间的品质起着重要作用。

根据下沉广场的主导功能，一般可分为交通集散型、休闲娱乐型和出入口引导型等类型。

2）设置位置

尽量结合地铁站、地下通道、地下商业中心、地下街节点以及不同类型地下空间的交接处设置下沉式广场。

10.3　城市公共开放空间规划

10.3.1　基本概念

（1）概念

公共开放空间是指城市面向所有市民全天免费开放，经过人工开发并提供活动设施的室外场所，强调使用上的公共性。在空间形态上，包括绿地、广场、步行街、运动场地和附设的公共开放空间。

（2）评价指标

城市公共开放空间的服务水平通常以“人均公共开放空间面积”和“5分钟步行可达范围覆盖率”两项指标进行评价。

①人均公共开放空间的面积——公共空间面积与服务人口的比值，通常根据各地相关规范、规划和相似地区案例进行综合确定。

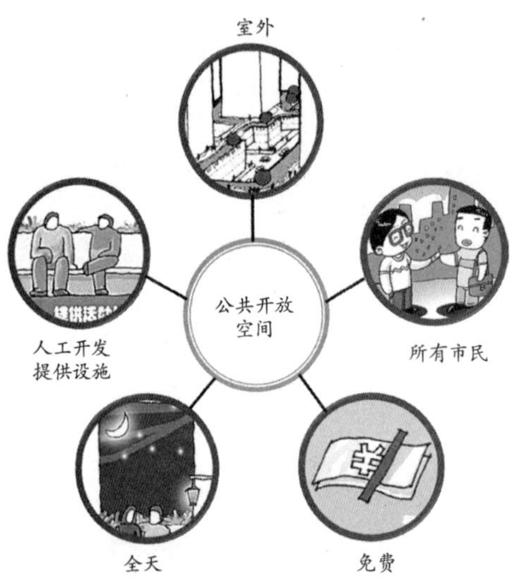

图 10-3-1　公共开放空间概念示意

②5分钟步行可达范围覆盖率——以公共开放空间的出入口为圆心、以5分钟步行可达距离为半径（通常为300米）做圆，其覆盖的建设用地面积（不包括城市道路面积）与总建设用地面积（不包括城市道路面积）的比值。

（3）实现方式

新区规划应在各层次法定规划中明确公共开放空间配置要求，包括布局原则、布局方式、规模与面积。旧区改造则鼓励提供一定面积的公共开放空间，并制定相关规划指引。

10.3.2　规划内容

包括现状评估、目标策略、分区指引、指标设置、实施操作等内容。

（1）现状评估

对现状进行综合评估，以问题为导向，为规划策略的制定提供方向性的指导。现状评估主要包括以下六个方面的内容：

①城市气候、地形地貌、自然资源、人文历史、经济社会发展状况；

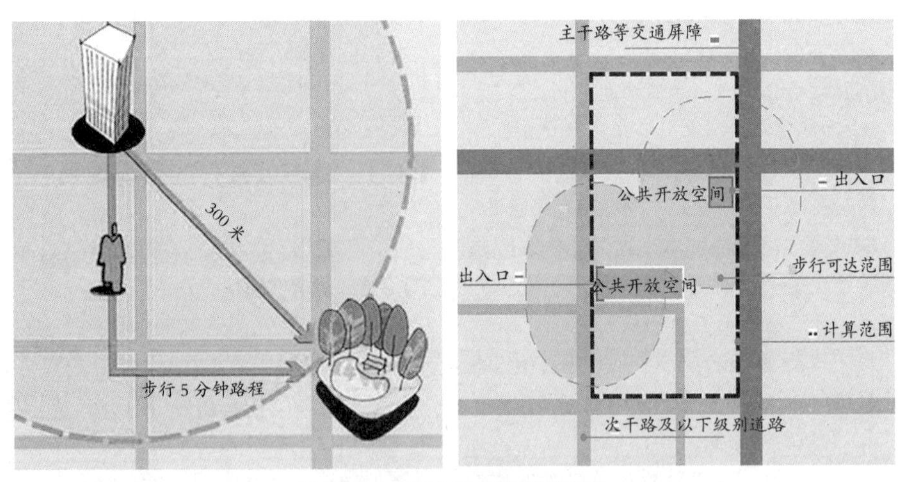

图 10-3-2　步行可达范围覆盖率示意

注：步行可达范围覆盖率 =S/S̄（S：为计算范围内，公共开放空间和其步行可达范围共同覆盖的建设用地面积；S̄：为计算范围内，总建设用地面积）。

②人均公共开放空间面积和公共开放空间布局的合理性；

③公共开放空间的使用效果，是否有利于市民休闲活动、满足不同的需求，内容是否丰富、有利于增强商业活力等；

④公共开放空间的环境设计品质，能否提供支持各类活动的设施、空间等；

⑤公共开放空间的通达性；

⑥现行的政策机制是否有利于推进改善。

具体的现状评价内容详见图 10-3-3 和表 10-3-1。

（2）策略目标

根据现状综合评估结论，制定规划目标和相应策略。

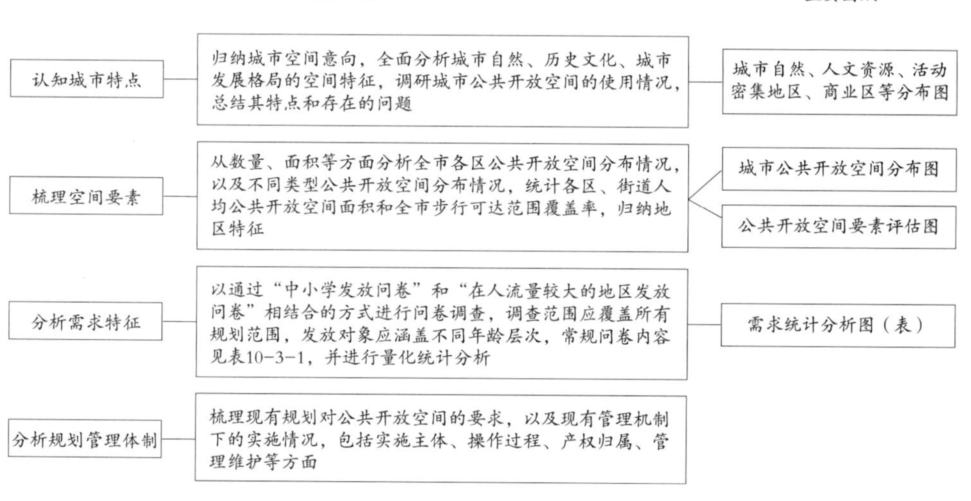

图 10-3-3　公共开放空间现状评估内容

居民活动需求问卷调查常规内容　　表 10-3-1

类型	常规内容		常规选项
总体评价	最有吸引力的公共开放空间		根据城市实际情况
	最常去的公共开放空间		根据城市实际情况
	最有特色的节事活动		根据城市实际情况
出行方式	最常用的出行方式		公共汽车、自行车、步行、私家车、出租车
空间需求	最缺少的公共开放空间类型		公园绿地、广场、运动场所、步行街、其他
	最缺少公共开放空间的地区		商业街区、办公区、交通枢纽、居住区、工业区、其他
	活动场地需求	经常去的体育活动场地	家附近的健身点、学校、街头、市区级体育中心、收费场馆、其他
		不去其他体育活动场地的原因	难以步行到达、坐车驾车不便、收费高、设施差、项目单一、缺乏知名度、其他
	居住区公共空间需求	经常去的公园广场	离家最近的社区公园广场、市区大型城市公园广场、其他
		需要增加的类型	体育场地、公园绿地、广场、其他
	参与户外活动类型		游玩放松、锻炼身体、聚会休闲、走走坐坐、购物逛街、其他
环境设计	公共开放空间环境设计要求		活动设施、遮荫乔木、服务设施（如小卖铺、公厕）、座椅、停车场（汽车、自行车）、供踩踏的草坪、其他

一般性目标和策略示例 表 10-3-2

目标	基本策略	具体对策
充足合理	因地制宜地增加公共开放空间，逐步提高人均占有面积	制定分区、分级、分类配置标准，实现多渠道规划控制
		研究各种新增公共开放空间的可能性，包括独立占地和非独立占地公共开放空间
	改善现状公共开放空间结构组成，为所有人平等地提供户外公共活动空间	重视就业地区与居住小区、商业区与棚户区、城中村，小型多点高覆盖，改善布局结构
		加强社区级公共开放空间建设，改善层级构成
	利用公益性用地	在道路与河流两侧起防护、装饰作用的绿地中布置活动场地和设施，使之成为公共开放空间
		有条件的城市结合文保单位、寺庙、历史建筑等，将其文保范围和建设控制地带利用为公共开放空间
	改善其他用地使用	条件有限的旧改用地，提出非独立占地公共开放空间的建设要求
		新建的商业街区，实行非独立占地公共开放空间的控制要求
		整治特色街道、商业活动集中的道路两侧的建筑前空间和人行道，要求提供通道及必要的绿化、座椅等环境设施
		在公共开放空间与社区临近部位，开放出局部为周边社区服务
		定时免费开放中小学内的体育活动场地
联系方便	建立联系通道系统，改善公共开放空间的区域联系	打通公共开放空间与水系、自然生态空间的联系，强调视线、步行与连续性
		加强公共开放空间与城市慢行系统的联系
	打通道路和大型地块对步行的阻隔，改善公共开放空间的可达性	强调公共开放空间选址的步行可达性，鼓励选址与居民活动密集区的结合
		改善公共开放空间的出入口与城市交通（尤其是公共交通）的相互关系
激发参与	提高公共开放空间与周边环境的多样性，满足不同人群的活动需求	公共开放空间与城市公共设施、商业中心和社区中心结合，营造多样化的活动氛围
		建立社区单元的多样化公共开放空间及设施的配置标准，鼓励居民交往与活动
		鼓励复合型公共开放空间的设置及与相邻公共开放空间的无障碍衔接
	强调适应当地气候特征和行为习惯的设计，改善公共开放空间的物质条件	强调适应本地气候的绿化和环境设施设计
		提出符合居民活动特征和需求的环境设施和布局的设计导则
	提倡体现地区风貌特色的公共开放空间设计，提炼形成城市公共空间意象结构的重要要素	加强城市中心区、商业地区、公共设施集中区、滨水地区等核心区域的公共开放空间的建设，提出建设指引
		针对不同文化特色，提出不同片区公共开放空间的主题设计指引
面向实施	改善公共开放空间规划与实施管理体制	在标准制定和规划方面强化公共开放空间的规划地位
		制定设计要点，完善公共开放空间管理手段
		在增加、改善和活化方面提出切实可行的行动计划
		为政府提供公共开放空间近期改善建议

（3）总体布局

基于现状评估，按照规划策略，制定城市公共开放空间的总体布局框架，主要包括以下六个方面的内容：

①提出城市多级、多类型的公共开放空间布局框架；

②针对市级大型公共开放空间，提出契合城市特色、提升城市活力的优化布局方案；

③针对区、社区级公共开放空间，提出布局标准、规模要求、环境设计要求；

④对公共开放空间的可达性提出交通改善措施，对实施性用地提出保障指标落实要求；

⑤提出不同地区发展目标和方向，体现不同地区特色，提出用地保障、指标、设施

规划要求；

⑥制定落实规划的政策及行动计划。

（4）分区指引

1）分区方法

按照城市公共开放空间总体布局，以街道行政区划或控规确定的管理单元为边界，将"现状公共开放空间特征"与"规划公共开放空间特征"进行叠加，对有类似问题的地区进行合并，形成不同策略分区。

2）分区策略

根据各分区实际情况和特色，依据目标策略，确定各分区人均公共开放空间面积和步行可达范围覆盖率目标；从空间获取途径、政策法规、路径联系、环境保护等多方面提出提升各分区公共开放空间的具体策略；提出各分区建设指引，引导公共开放空间的建设与优化。

（5）指标设置

1）参考标准

公共开放空间指标设置可参考相关规范、标准和案例，如《城市用地分类与规划建设标准》、《城市公共设施规划规范》、《国家园林城市评选标准》、《城市绿地公园设计规范》以及各省、市的相关规定。

2）总体指标

确定城市总体层面"人均公共开放空间面积"和"5分钟步行可达范围覆盖率"指标，包括：设置全市的总量控制范围，如扬州人均公共空间面积应达到9.5—12平方米/人，全市步行可达范围覆盖率应达到60%—100%；设置全市各类（如绿化空间、广场空间、运动空间、步行街）、各级（如区级、街道级、社区级）公共开放空间的指标控制下限，各指标设置应综合考虑城市建设用地的使用效率、功能定位、居民的实际需求情况等；提出各级公共开放空间建设指引，包括公园、广场、体育活动场地、健身场地等的建设数量和设施内容。

3）分区指标

确定城市各分区"人均公共开放空间面积"和"5分钟步行可达范围覆盖率"指标，包括各策略分区的总体控制指标、各策略分区中各街道（管理单元）的控制指标。其中各街道（管理单元）的控制指标通常会与相关规划规定的指标进行校核。

4）百分比指标

针对商业区、居住区、工业区等地区"人均公共开放空间面积"规划指标的缺失，参考相关案例并综合考虑城市特点和实际情况，提出上述地区的公共开放空间用地百分比设置要求。

（6）实施操作

1）纳入地方标准

将公共开放空间的定义、分类等内容纳入地方城市规划标准与准则中，确定各类公共开放空间与用地的关系；采用规划确定的"人均公共开放空间面积"、"5分钟步行可达范围覆盖率"、不同类型地区百分比指标的控制要求和配置标准。

将规划确定的控制要求纳入控制性详细规划和修建性详细规划编制内容中，按照规划设置的人均面积指标，落实独立占地公共开放空间的用地，并以步行可达覆盖率指标校核布点。在条件有限的情况下，可以配置非独立占地公共开放空间，但需明确规模位置、开放要求、环境设计要求等，并以图例加备注（类似公共设施配建要求）的形式表达。

2）建设引导

将策略和指标落实到空间上，形成"城市公共开放空间规划总图"，需表达的核心内容包括现状公共开放空间、规划新增公共开放空间、公共开放空间5分钟步行可达范围等。该图通常作为控制性详细规划、修建性详细规划中公共空间规划要求的依据。

制定公共开放空间设计导则通常包括规划选址、交通设计、环境设施、路径联系等内容。

公共开放空间一般性设计导则示例　　表 10-3-3

内容	分类	导则内容
规划选址	与城市道路的关系	独立占地公共开放空间应与次干路以下（包括次干路）级别的城市道路相邻，社区级公共空间应与城市支路相邻，街道级公共空间应与城市支路或次干路相邻
		非独立占地公共开放空间需提供联系城市道路的人行通道
	周边资源	结合市区级景观资源：市区级公共开放空间与社区临近部位宜辟出局部为社区服务，或另设社区级公共开放空间
		结合文物古迹和传统街巷：在有文物古迹、宗教建筑和传统街巷的城市，宜在文物古迹周边布置公共开放空间，将传统街巷改造为步行街道。可利用文保控制线内控制建设的区域，或通过保护改造规划和旧城更新开辟出公共开放空间，既为本地居民使用，也可为外地游客使用
		结合活力节点：公共开放空间宜选址于市民活动密集处，如大型商业或办公设施、商业街或街区、楼盘或小区出入口、公交枢纽等周边，尤其应注重周边建筑的底层多功能使用
交通	出入口	必须至少提供 1 个临街开敞的边界，避免设围墙和护栏
		若多个公共开放空间相邻，相邻空间的边界应保持开敞；应尽量保持公共开放空间和相邻的其他非公共开放空间的联系
		公共开放空间出入口的位置应临近周边建筑的出入口，宜临近公交站点和地铁出入口
	自行车	在出入口附近可设置带有遮阳雨篷的自行车租赁点或停放点，并派专人管理
		边长大于 100 米的公共开放空间可结合城市自行车道设置必要通道
环境设施	绿化	应尽量利用原始地形地貌和植被；应设置乔木、灌木、草坪结合的立体式绿化；乔木应选择冠径较大的树种，尽量提供树荫以供市民避暑；选择本地树种，适当增加耐践踏草种，坚持生态型的绿化设计，降低维护成本
		广场空间的绿地率应不低于 30%，绿化覆盖率应不低于 45%；绿地空间的绿地率应不低于 70%，绿化覆盖率应不低于 85%
	设施提供	鼓励非独立占地公共开放空间周边的混合功能开发，尤其鼓励零售商业、餐饮、办公和娱乐等商业服务设施的复合设置
		居住型社区内的绿化空间，早晚是主要的使用时段，应以提供活动设施为主，提供夜晚的照明；就业集中地区内的绿化空间，中午及午后是主要的使用时段，应以提供休息设施为主，重视日间的遮荫；应设置较多座椅，提供午餐和休息场所；宜设置餐馆、咖啡馆、书报亭等商业服务设施
		运动空间：应提供一定数量的免费运动设施
路径联系	滨水步道	应加强滨水空间的连续性，并加强公共开放空间与滨水空间的步行联系
	交通枢纽通道	加强与地铁站、城际铁路站通道的衔接，发挥其疏解功能，增加与周边商业、公共服务设施、居住等的衔接

10.4 低碳生态规划

10.4.1 基本概念

（1）生态城市

生态城市是有效运用具有生态特征的技术手段和文化模式，实现人工—自然生态复合系统良性运转，人与自然、人与社会可持续和谐发展的城市。生态城市按照生态学原则建立社会、经济、自然协调发展的新型社会关系，有效地利用环境资源，并按照生态学原理进行城市设计，实现可持续发展。

（2）低碳城市（low-carbon city）

低碳城市目前未有明确的定义，根据国内学者的理解，低碳城市是指以低碳经济为发展模式及方向，市民以低碳生活为理念和行为特征，城市管理以低碳社会为建设标本和蓝图，在经济健康发展的前提下，保持能源消耗和二氧化碳（CO_2）排放处于低水平的城市，其重点为碳减排。

低碳城市释义观点汇总 表 10-4-1

提出者	概念描述	角度和重点	出处
夏堃堡	在城市实行低碳经济，包括低碳生产和低碳消费，建立资源节约型、环境友好型社会，建设一个良性的可持续的能源生态体系	手段——经济（生产和消费），目标——两型社会、可持续能源生态体系	夏堃堡．发展低碳经济，实现城市可持续发展．环境保护，2008（03）：33-35.
付允等	通过在城市发展低碳经济，创新低碳技术，改变生活方式，最大限度减少城市的温室气体排放，彻底摆脱以往大量生产、大量消费和大量废弃的社会经济运行模式，形成结构优化、循环利用、节能高效的经济体系，形成健康、节约、低碳的生活方式和消费模式，最终实现城市的清洁发展、高效发展、低碳发展和可持续发展	社会经济运行模式的转变	付允，汪云林，李丁．低碳城市的发展路径研究．科学对社会的影响，2008（02）：5-9.
庄贵阳	城市经济以低碳产业和低碳化生产为主导模式，市民以低碳生活为理念和行为特征，政府以低碳社会为建设蓝图的城市。低碳城市发展旨在通过经济发展模式、消费理念和生活方式的转变，在保证生活质量不断提高的前提下，实现有助于减少碳排放的城市建设模式和社会发展方式	主体角度 城市建设模式和社会发展方式	庄贵阳．低碳经济引领世界经济发展方向．世界环境，2008（02）：34-36.
胡鞍钢	在中国从高碳经济向低碳经济转变的过程中，低碳城市是重要的一个方面，包括：低碳能源，提高燃气普及率、提高城市绿化率、提高废弃物处理率等方面的工作	低碳城市促进经济转型	胡鞍钢．中国如何应对全球气候变暖的挑战 // 张坤民等主编．低碳经济论．北京：中国环境科学出版社，2008：41-62.
戴亦欣	通过消费理念和生活方式的转变，在保证生活质量不断提高的前提下，有助于减少碳排放的城市建设模式和社会发展方式	综合考虑经济发展、社会进步和环境保护的发展方式和可能性，城市治理者观念和市民生活方式转变	戴亦欣．中国低碳城市发展的必要性和治理模式分析．中国人口·资源与环境，2009，19（3）：12-17.
顾朝林等	指城市经济以低碳产业为主导模式，市民以低碳生活为理念和行为特征，政府以低碳社会为建设蓝图的城市。其目标：一方面是通过自身低碳经济发展和低碳社会建设，保持能源的低消耗和 CO_2 的低排放；另一方面是通过大力推进以新能源设备制造为主导的“降碳产业”的发展，为全球 CO_2 减排作出贡献	经济与社会 生产与生活 低能耗与新能源	顾朝林，谭纵波，韩春强等．气候变化与低碳城市规划．南京：东南大学出版社，2009.

（3）低碳生态城市（low-carbon eco-city）

低碳生态城市是以碳排放减少为主要切入点的生态城市类型，直接为改善城市生态环境质量的行为指明了方向，相对更容易量化和衡量。

10.4.2 规划内容

低碳生态规划作为专项规划的一种类型，对接当前的城市规划体系，分为两个层次：宏观层面的总体规划和微观层面的详细规划。总体规划侧重于目标定位、结构性和框架性布局安排，划定低碳生态发展区等，主要包括低碳生态发展目标与定位、产业发展与布局、发展规模、功能结构、土地利用、绿色交通体系、公共服务设施、生态基础设施、自然生态保护与利用、开发建设时序等内容。详细规划则是针对总体规划确定的低碳生态发展区，开展指导开发、面向实施的详细规划设计，将低碳生态理念和技术落实到具体地块和开发项目中，主要包括低碳发展要素控制、低碳交通、公共配套设施、公共开放空间等内容，以及根据开发实施需要，制定保障项目成功运营的综合实施计划，如投融资规划等。

（1）总体层面

1）综述规划研究背景

说明城市低碳生态建设规划编制的背景、主要过程及规划研究成果构成，阐明规划研究的主要内容、目标、意义、思路、技术路线以及相关工作综述等。

2）明确低碳生态规划总体思路

总结当前低碳生态发展趋势，结合城市低碳生态建设规划编制要求，明确低碳生态规划总体思路。根据城市实际情况，选择具有相似性、代表性和可比性的国内外城市低碳生态建设案例进行研究，总结值得借鉴的理念、方法和技术。

3）评估低碳生态发展条件

分析城市低碳生态建设的现状基础条件和规划发展趋势，包括生态环境资源、三次产业发展和结构、能源消费情况、空间结构和土地利用情况、道路交通系统、资源利用和市政基础设施系统、建筑能耗和绿地公园系统等、挖掘城市低碳生态建设的潜力。

4）确定低碳生态建设目标

在整体评估分析的基础上，依据国家、省市、地区层面的相关目标，合理制定城市碳减排和水、大气、动植物等生态环境质量的近期和远期目标。

5）构建低碳生态建设指标体系

充分借鉴国内国际上常用的指标体系研究方法与相关经验，形成参考指标库，以城市低碳生态建设目标为基础，根据区位和资源特点、现状问题、事权划分等实际情况，从生态、空间、交通、市政、碳汇等方面建立指标体系，明确各指标的定义和计算方式，进行指标赋值，并区分强制性指标和引导性指标。

6）制定低碳生态建设策略和措施

根据城市低碳生态建设目标，结合城市低碳生态建设指标体系，以城市总体规划和各专项规划确定的相关内容为基础，对城市生态、产业、能源、空间、交通、市政、建筑、环境、绿地等要素做出符合城市低碳生态建设需要的整体性安排，形成良好的空间发展框架。

7）进行碳绩效评估

从总量减排和结构优化两个方面，分别对城市在生态、产业、能源、空间、交通、市政、建筑、环境、绿地等方面采取的减碳策略进行碳减排效益核算。

分析各减碳策略对城市碳减排总目标的贡献率，核算通过规划制定的各项策略措施，城市可以达到的减碳目标。

8）制定行动计划和保障措施

提出系统性与合理性的实施方案，包括近期行动项目库及各事权主体的责任分工。说明推进低碳生态建设规划实施的工作保障机制和公众参与机制，从统筹协调决策机构、建立考核评估机制、出台激励调控政策、开展宣传活动、促进公众参与等方面提出切实可行的实施保障措施和建议。

（2）详细层面

1）评估低碳生态建设潜力

对基地内生态环境资源、地形地貌、道路系统、绿化景观、工程管线、各类现状用地，以及现状建筑的范围、性质、层数、质量等要素进行研究分析，挖掘现状进行低碳生态建设的潜力。

2）确定发展目标与指标要求

根据上层次规划要求，明确片区低碳生态发展目标。按照上层次规划确定的强制性指标和引导性指标要求，进一步明确需要落实的指标，并根据需要对指标进行细化分解。

3）项目策划和发展定位

根据片区低碳生态发展要求，结合相关案例研究、趋势判断，开展项目策划工作，明确项目总体主题定位、功能定位。结合目标与指标体系要求，进一步明确片区建设发展方向，为后续规划设计指明方向。

4）制定低碳生态规划策略

运用绿色低碳理念和技术方法，因地制宜地对生态系统、功能项目、资源能源、空间组织、交通网络、市政设施、建筑、环境、绿地等要素作出符合城市低碳生态建设需要的规划设计策略。对建设的用地与交通组织、空间发展模式、项目布局模式提出前瞻性的发展指引。

5）规划方案设计

根据需要，针对基地内的建筑、道路和绿地等进行空间布局和景观规划设计，布置总平面图。对建筑、绿地、道路、广场、停车场、河湖水面的位置和范围进行详细安排。基于建筑特色研究，对设计方案进行三维效果图表达，展现建设愿景。

6）物理环境分析模拟

基于风环境优化、热环境优化、声环境优化等几个方面，从有效降低建筑碳排放和交通碳排放角度切入，从道路方向、道路网密度、地块开发强度和建筑密度、建筑方位和朝向、空间尺度、开放度、建筑高度和布局关系研究物理环境优化的方法，提出推动街区、街坊、地块等尺度层面上的室外物理环境改善对策和措施。

7）绿色交通规划

结合详细设计方案，搭建以公交和慢行为导向的绿色交通系统。预测未来可能的交通发生量，根据周边道路情况评估道路交通的通行能力。根据交通影响分析提出交通组织方案和设计，并对基地内道路的红线位置、横断面，道路交叉点坐标、标高、停车场用地界线予以明确。

8）绿色市政基础设施

以资源集约高效利用为导向，合理选择低碳生态市政技术，布局智能与可持续基础设施。结合规划设计方案的设施安排，明确基地内各类市政公用设施的供给规模，管线的平面位置、管径、主要控制点标高，以及有关设施和构筑物位置。

9）开发实施

面向开发实施，提出务实可行的开发时序和计划安排，重点研究项目后期开发模式、招商策略、融资模式、开发策略、运营模式与策略、风险防范建议和方案优化建议，最后提出项目投融资方案实施建议，为项目开发提供参考依据。

（3）控制指标

低碳生态城市规划控制指标[1] 表 10-4-2

类别		序号	指标	属性	赋值
生态环境系统	生态环境保护	1	本地植物指数	扩展	不低于 0.7
	水环境保护	2	地表水功能区水质达标率	核心	100%
		3	城镇生活污水集中处理率	核心	100%
		4	工业废水达标排放率	核心	100%
		5	集中式饮用水源水质达标率	核心	100%
土地利用	总体结构	6	规划人均建设用地指标	核心	不超过 80 平方米 / 人
		7	绿地占城市建设用地的比例	核心	不低于 15%
		8	文教体卫四类公共服务设施占城市建设用地的比例	核心	不低于 8%
	功能组织	9	人均公共服务设施用地	核心	不低于 6.0 平方米 / 人
		10	公共服务设施 500 米范围覆盖率	扩展	100%
		11	政策性住房占新建住房面积比例	扩展	不低于 20%

[1] 广东省住房和城乡建设厅．广东省绿色生态城区规划建设指引（试行）．2014.

续表

类别		序号	指标	属性	赋值
城市形态与空间环境	城市街区环境	12	城市支路网密度	扩展	不低于 4 公里 / 平方公里
		13	林荫道推广率	扩展	不低于 85%
	绿地和广场	14	人均绿地广场用地面积	核心	不低于 9.50 平方米 / 人
		15	城市公园绿地 500 米范围覆盖率	扩展	不低于 80%
	绿色建筑	16	新建绿色建筑达标率	核心	一星 A 标准达标率 100%
		17	绿化覆盖率	扩展	居住地块大于 40%，非居住地块大于 30%
		18	场地透水率	扩展	透水率 >0.5×(1−A)(A= 建筑覆盖率)
交通系统	公交服务系统	19	绿色交通出行分担率	核心	不低于 80%
		20	公交站点 500 米覆盖率	扩展	建成区应大于 90%，城市核心区 100%
	慢行系统	21	步行网络密度	扩展	不低于 10 公里 / 平方公里
		22	自行车道路网密度	扩展	不低于 8 公里 / 平方公里
市政基础设施	能源综合利用（参见规划术语——能源综合利用）	23	居民用气气化率	核心	100%
		24	可再生能源占一次能源比例	扩展	不低于 10%
	水资源保护和利用	25	非常规水资源利用率	扩展	不低于 15%
		26	工业用水重复利用率	扩展	不低于 90%
		27	地表径流系数	核心	不高于 0.5
	废弃物管理	28	生活垃圾无害化处理率	核心	100%
		29	危险废物处置率	核心	100%
		30	工业固体废弃物处置利用率	扩展	100%
		31	垃圾分类收集比例	扩展	50%

（4）支撑研究

低碳规划是前沿领域的开创性命题，也是一项复杂的系统工程，需要在规划设计上体现先进的低碳营城理念和技术应用，在低碳规划涉及的多方面进行创新性的专题研究。

（5）政策和制度保障

进一步强化体制机制创新，探索尝试先行先试政策。结合产业发展实际，加快政策、人才、资金等资源要素向重点领域和关键环节倾斜，为项目建设发展营造良好环境。

1）创新开发管理模式

创新统筹机制。由相关部门、国内外专家共同组建成立项目理事会，指导项目重大发展战略、国际合作交流重大事项，协调相关部门建立低碳发展示范政策。建立项目论坛，加强国内外低碳城市交流合作。

创新开发机制。明确规划建设领导小组及其办公室规划、统筹、协调、督办、服务职能，制定总体发展规划、产业布局、项目准入标准等。积极探索市区共建、自求平衡的投融资开发模式，吸引国内外企业参与项目的建设、运营和管理。

2）完善政策保障措施

探索低碳发展鼓励政策。借鉴国内外鼓励低碳发展的经验和政策，研究制定项目管理办法，建立健全项目发展政策规章。对项目符合条件的合同能源管理、环境保护、节能节水项目实施企业所得税优惠政策。根据国家低碳经济发展需要，对土地、金融、税收、投资、价格、人才等方面政策进行探索创新。

低碳规划支撑研究内容　　表 10-4-3

支撑研究	专题研究名称	具体内容
低碳功能与产业研究	功能定位与产业发展优化专题研究	明确低碳城的发展定位与功能内涵，深入研究低碳经济、低碳产业发展趋势，围绕低碳产业、战略性新兴产业发展战略与布局安排，结合地区产业发展基础与发展潜力，合理确定低碳城产业发展定位、主导产业选择，制定低碳产业发展策略
	产城融合发展模式研究（参见规划术语——产城融合）	从产业布局与城市功能的相互关系出发，探索产城一体的空间布局模式与空间组织方式，实现产业布局与用地布局协同发展；基于功能复合、减少交通碳排等角度，探索适宜尺度的土地混合利用方式与模式；结合产业布局，从低碳企业与人群需求出发，基于职住平衡视角，提供完善的生产性、生活性服务配套，为生产、研发、生活提供良好的服务，为空间规划提供布局模式与组织方式等方面的指引，力求实现低碳城的产城一体，协调共生
低碳空间组织研究	碳汇网络构建及规划策略	围绕构建完善的碳汇网络展开研究，试图通过多种方式提高城市绿地的碳汇品质，优化城市绿地空间格局，实现"点"、"线"、"面"有机结合，形成碳汇网络布局，构建低碳型城市绿地。对碳汇现状以及不同绿地规划方案所能产生的碳汇进行定量分析和模拟预测，比较、评价不同规划方案的碳汇效益，并优化城市碳汇网络和空间布局
	物理环境优化方法与对策专题研究	基于风环境优化、热环境优化、声环境优化等几个方面，从有效降低建筑碳排放和交通碳排放角度切入，从道路方向、道路网密度、地块开发强度和建筑密度、建筑方位和朝向、空间尺度、开放度、建筑高度和布局关系，山体、水体、植被绿化等要素的保护等方面出发，研究低碳城物理环境优化的方法，提出推动低碳城组团、街区、街坊、街道、地块等尺度层面上的室外物理环境改善对策
	低碳街区组织模式与优化对策专题研究	结合现状条件和整体规划结构与功能配置方案，针对街区尺度研究有利于降低碳排放、增加碳汇的规划组织模式，并针对动态发展提出优化对策。主要从四个方面入手：基于土地利用混合、绿色交通组织及合理公共设施分布的街区功能、空间组织模式或对策;基于微气候优化的被动型节能设计的低碳街区空间组织模式或对策，包括促进通风、散热、降噪的街区布局模式、建筑群体量与布局类型选择和组合方式等；基于太阳能、风能等可再生能源高效利用的低碳街区空间组织模式，以及街区雨水收集等与资源循环利用有关的优化对策；从增加固碳能力和碳中的立体型碳汇网络构建对策。结合城市的实际情况，综合运用现场调研、经验对比、计算机多方案模拟、案例实证等方法提出低碳街区组织模式的具体构成，并针对不同层面的模式结果给出量化评估的具体结论，进一步指导详细规划具体空间方案设计
	绿色交通研究	以减少交通碳排放为目标，从城市低碳交通体系的构建出发，针对交通需求、交通结构和交通效率三个与交通碳排放紧密联系的要素，创新交通组织模式，引导交通出行需求，优化交通出行方式，提高交通设施效率，搭建高能效、低能耗、低污染、低排放的低碳交通体系。衔接上层次交通规划，协调片区内重大交通设施，明确片区道路网结构与布局，明确慢行系统、静态交通等规划控制要求，引导绿色健康的交通出行
	绿色建筑研究	完成规划区建筑单体概念方案，包括功能建筑典型平面设计、交通组织分析、内部空间设置、典型建筑的形态控制、建筑立面风格造型等，同时进行绿色建筑技术策略研究，对绿色建筑提出方案与建议，并提出建筑技术经济指标测算
低碳生态技术应用研究	水生态修复专题研究	通过对现状河流进行生态分析研究，以维护生态系统健康为核心，在景观生态学、环境规划学以及水敏感场地的生态设计理论指导下，借鉴国内外先进经验，落实水生态安全格局，构建生态廊道，调节水量、净化水质，结合滨水空间建设，提出水环境整治、水生态修复的策略和措施
	智能与可持续发展的基础设施应用专题研究	面向信息化时代的发展要求，结合规划区特征，应用先进技术，如智能电网、分布式能源、智能化管理和服务等，构建智能与可持续的支撑系统，规划布局保障性的基础设施，提出可引进、可复制、可推广的智能与可持续发展的基础设施技术与措施，引导城市向技术创新、管理高效、服务快捷、生活质量持续改善的目标不断进步
碳绩效评估与投资估算研究	空间规划碳绩效评估专题研究	利用层次分析法，构建低碳评估指标体系，对空间规划方案的低碳水平进行量化研究。结合现状调研以及其他专题的结论，针对空间规划方案进行系统的碳绩效评估，并依据与低碳规划目标的吻合度提出优化建议。研究内容包括空间规划方案的建筑碳排放量、交通碳排放量、产业碳排放量、碳汇固碳量，并以碳排放总量、人均碳排放量、地均碳排放量、固碳量等指标为主线评估低碳城整体的碳中和水平；与现状情形、平均水平以及常规方案比较，分别得出总体规划方案的总减排量和百分比、人均碳排放减少量和百分比、地均碳排放减少量和百分比；对各个分项策略的碳减排贡献率进行评估
	投资估算与开发模式专题研究	对空间规划方案进行投资估算与分析，对整体投资效益作出宏观评价，测算项目经济效益，评估项目开发的经济可行性和市场可操作性；对低碳城开发模式展开研究，重点研究开发时序、开发模式、招商策略、风险防范建议和方案优化建议，最后提出项目开发实施建议，为项目开发提供参考，以利于统筹资金及规避市场风险

健全企业排放管理。制定低碳产业导向目录，强化节能减排管理，对碳排放超过排放标准或者超过碳排放总量控制指标的企业，强制实施低碳生产审核，将实施低碳生产审核作为企业进入项目、扩大生产规模、搬迁及享受优惠政策的约束条件。

健全知识产权体系。引导企业注重研发过程中的知识产权保护，鼓励企业申请专利和注册商标，支持企业和技术联盟构建专利池。推进 PCT 专利申请与国际接轨，促进产业标准与国际水平的对接。建立和完善知识产权侵权预警和风险防范机制，加强海外知识产权维权服务。

10.5 绿道网系统规划

10.5.1 基本概念

（1）概念

绿道（Greenway）是一种线性绿色开敞空间，通常沿滨河、溪谷、山脊线等自然走廊，或是沿用做游憩活动的废弃铁路线、沟渠、风景道等人工廊道而设立。绿道内设可供行人和骑车者进入的景观游憩线路，连接主要的公园、自然保护区、风景名胜区、历史古迹和城乡居民居住区等，有利于积极主动地保护和体验自然、历史文化资源，并为居民提供充足的游憩和交往空间。

绿道网规划应注重与城市总体规划、绿地系统规划、慢性交通系统规划、公共自行车系统规划的有效衔接，将风景名胜区保护、旅游资源开发、慢行系统与绿道网系统建设统筹考虑，并与控制性详细规划对接协调，落实对绿道线路和宽度的导控指引，强化规划后续实施的可操作性。

（2）功能

绿道串联城镇及外围生态区各类有价值的自然和人文资源，兼具生态、社会、经济、文化等多种功能。

（3）级别

①区域绿道：连接区域各城市，对区域生态环境保护具有重大意义。

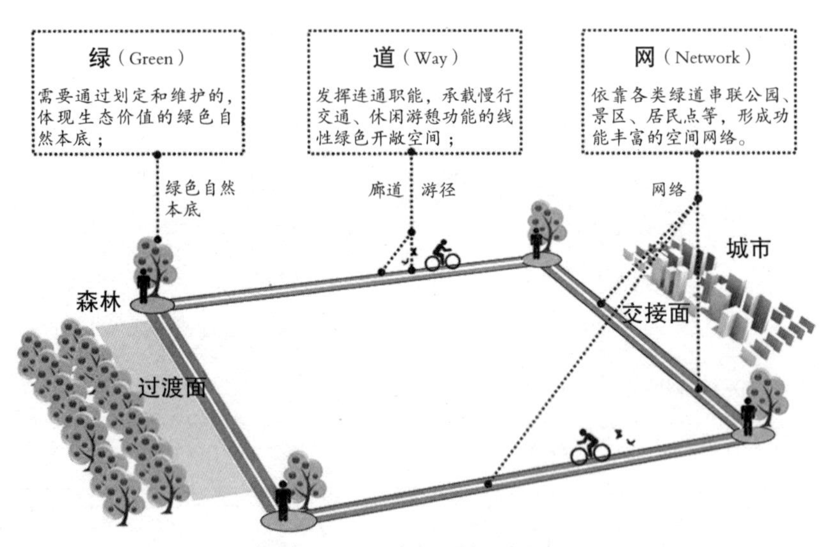

图 10-5-1 绿道与绿道网概念示意
图片来源：《驻马店市绿道网专项规划》

绿道功能一览表　　表 10-5-1

类别	功能
生态功能	发挥防洪固土、生态涵养的作用，可以为植物生长和动物繁衍栖息提供充足空间，有助于更好地保护自然生态环境；同时也可以为都市地区提供通风廊道，缓解热岛效应
社会功能	为人们提供更多贴近自然的场所，可供居民安全、健康地开展慢跑、散步、骑车、垂钓等各种户外活动；同时，提供充足的户外交往空间，增进居民之间的交往
经济功能	促进旅游观光、商贸服务等相关产业的发展，提供就业机会；同时，还能够提升土地使用价值，改善城市投资环境，促进经济增长
文化功能	将各类有代表性的文化遗迹、历史建筑和传统街区串联，使人们可以更便捷地感受历史记忆；同时，可以彰显城市的文化魅力，提升城市品位

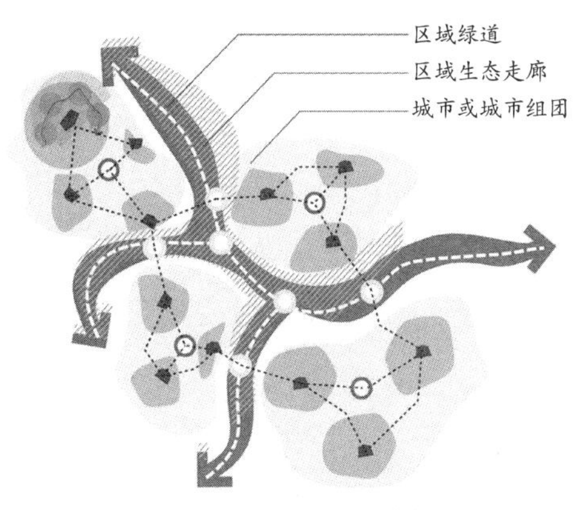

图 10-5-2　区域绿道示意图

②城市绿道：连接城市内重要功能组团，提供城市生态游憩专用线路。

③社区绿道：连接区级公园、小游园和街头绿地，主要为附近居民服务。

区域绿道更加强调生态价值，以线性空间串联区域内重要自然与人文资源，为城市居民提供户外活动与野趣；城市与社区绿道更加贴近城市居民的日常出行与休闲活动，强调绿道的使用效率、便捷性与可达性。因此，为了提高绿道系统的服务水平，更好地为市民服务，在绿道选线的过程中应注重网络密度，注重与城市居住区、城市公园、社区小游园、绿地广场等开放空间连通，尽可能多地满足城市居民的使用，兼顾城市居民日常的通勤、步行与非机动车出行距离。

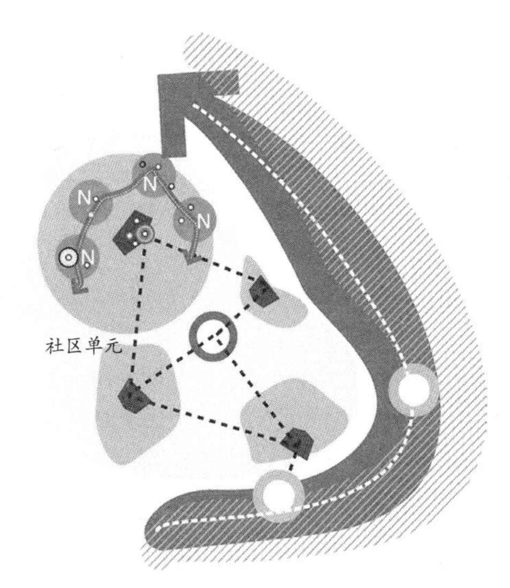

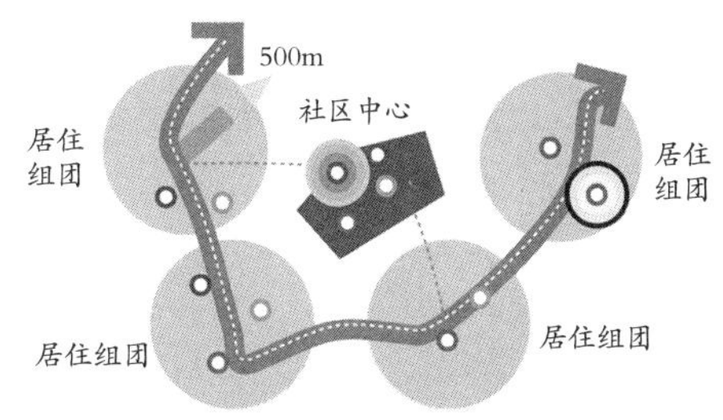

图 10-5-3　城市绿道示意图

图片来源：《深圳市绿道网专项规划》

（4）构成要素

由自然要素所构成的绿廊系统和配建的人工系统两部分构成。

绿道网络构成要素一览表　　表 10-5-2

类别		指引	
1）绿廊		绿廊系统是绿道的生态基底，主要由地带性植物群落、水体、土壤、野生动物资源等构成。	
		生态型绿道绿廊	控制范围宽度一般不小于 200 米
		郊野型绿道绿廊	控制范围宽度一般不小于 100 米
		都市型绿道绿廊	控制范围建议宽度为 5—20 米
2）人工		由绿道游径、服务设施、基础设施、标识四大要素组成	
	①绿道游径	根据使用者类型，可将绿道游径分为步行道、自行车道、无障碍道、综合慢行道四种类型	
	②服务设施	为市民提供信息咨询、休闲游憩、康体活动、商品租售、医疗救助、安全保卫、管理维护等服务。服务设施集中设置形成服务节点	
		一级服务节点	一级服务节点之间的距离不小于 15 公里，包括访客中心、休息点、游戏点、露营点、售卖点、医疗点、治安点、消防点、自行车租赁点，以及办公管理用房等功能
		二级服务节点	二级服务节点之间的距离不小于 10 公里，包括信息咨询亭、休息点、游戏点、露营点、售卖点、医疗点、治安点、消防点、自行车租赁点等功能
		一般性服务点	一般性服务点可结合当地实际情况灵活设置，包括设置休息点、售卖点等功能
	③基础设施	包括出入口、停车场、给排水、照明、通讯、环卫等设施	
	④标识	包括信息标识、指向标识、规章标识、警示标识、活动标识、安全标识和教育标识七类	
		信息标识	可以设置在入口、交叉口、停车场和公众集聚的地方，用于提供绿道相关设施、项目、活动、游览线路及时间等总体信息
		指向标识	可以设置在绿道临近的公交站点、入口、主要交叉口处，用于标明游览方向和线路的信息，并引导人群进入绿道
		规章标识	用于标明绿道法律、法规方面的信息，以及政府有关绿道网建设的政策
		警示标识	用于标明可能存在的危险及其程度，且至少要在危险路段前 50 米处设置
		活动标识	用于标明绿道提供的相关活动、设施等信息
		安全标识	各级绿道必须设置，且间距不大于 800 米，用于明确标注使用者所处的位置，以便为应急救助提供指导
		教育标识	标明绿道所在地的独特品质或自然与文化特征，作为向普通公众，特别是青少年普及，自然科学、历史文化知识的载体

10.5.2　规划内容

（1）技术路线

（2）成果内容

1）现状评价及选线

2）规划原则目标与策略

明确建设目标：落实城市建设发展目标以及发展愿景，综合考虑城市山水特点，理清本地绿道网内涵，明确建设目标。

制定规划策略：在实地踏勘的基础上，全面分析城市自然资源、历史文化资源的分布特征，从自然资源保护、历史文化彰显、优质人居环境、综合统筹实施等方面提出规划策略。

3）规划方案

4）绿道网建设标准及配套设施

构成要素建设标准：结合旅游、历史文化特点，提出符合城市特色的设施设计标准，并与城市现行的慢行系统标准、自行车系统设计标准、风景名胜区标准相协调。同时针对各级绿道特点，分别建立绿廊、绿道游径、交叉口、服务节点、基础设施、标识六大构成要素的建设标准。

完善绿道各类设施配套：按照绿道网选线要求与建设内容，完善城市绿道各类设施配套。在城市绿道沿线结合市内公园、重要公共开放空间设置城市级服务点。

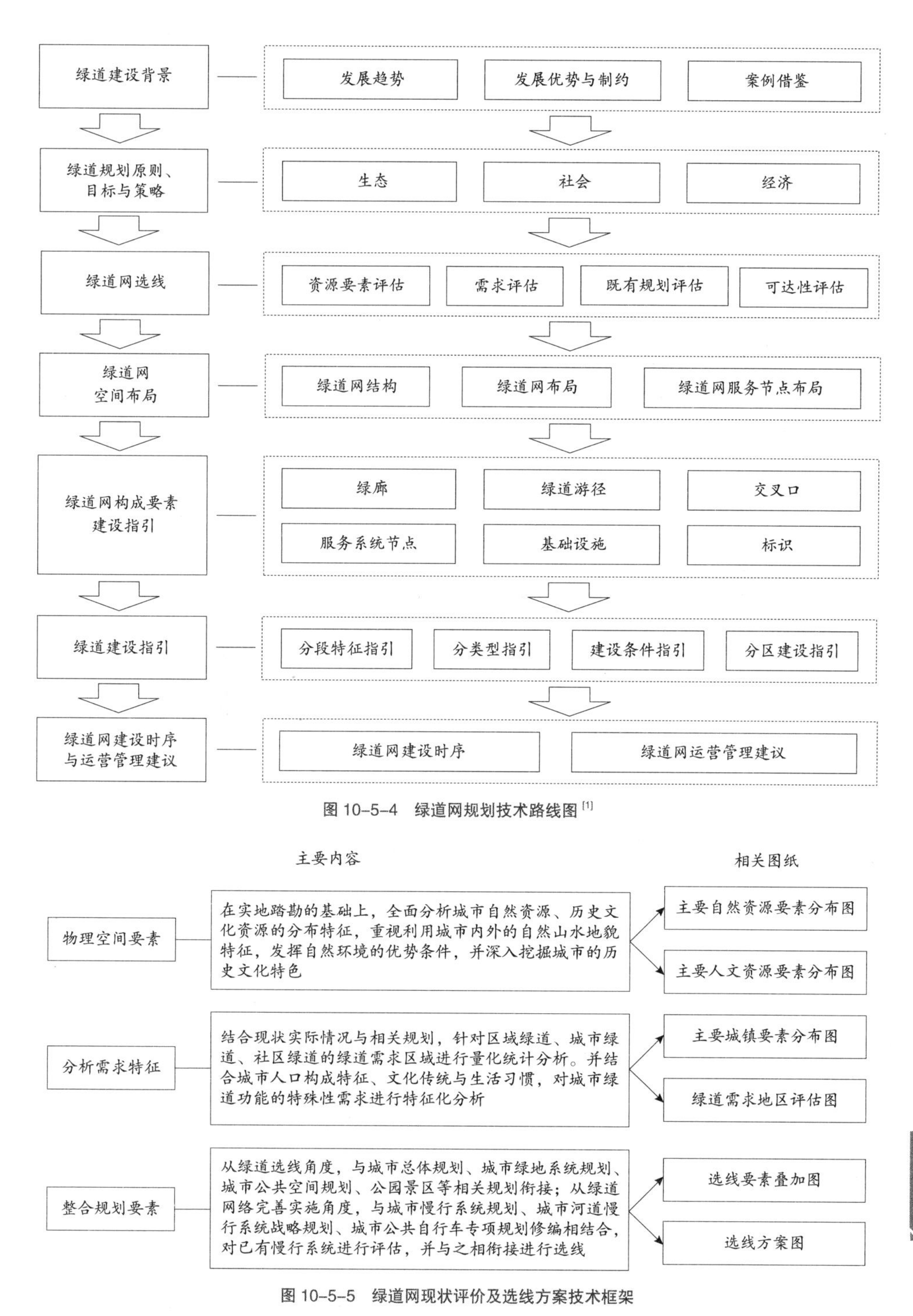

图 10-5-4　绿道网规划技术路线图[1]

图 10-5-5　绿道网现状评价及选线方案技术框架

[1] 参考《深圳市绿道网专项规划》。

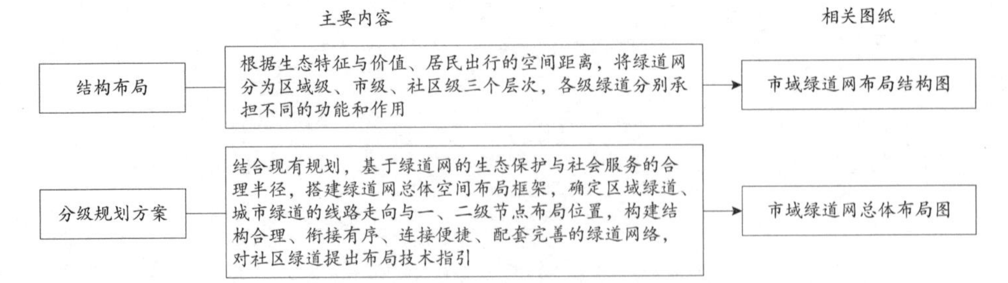

图 10-5-6　绿道网规划方案框架

优化景观节点：提出城市绿道系统网络中主要节点景观、景点修复建议，并提出绿道配套设施及标识系统规划的主要内容。

5）分类分区建设指引

根据绿道所处地区类型、周边自然空间特征、现状通行条件、实施主体等，对城市绿道从特征段、类型、建设条件、分区建设等几方面进行指引。

6）近期行动计划

与步行系统和自行车系统等相关规划的近期行动计划相结合，提出可实施性强的近期绿道行动计划。选定示范段作为近期建设

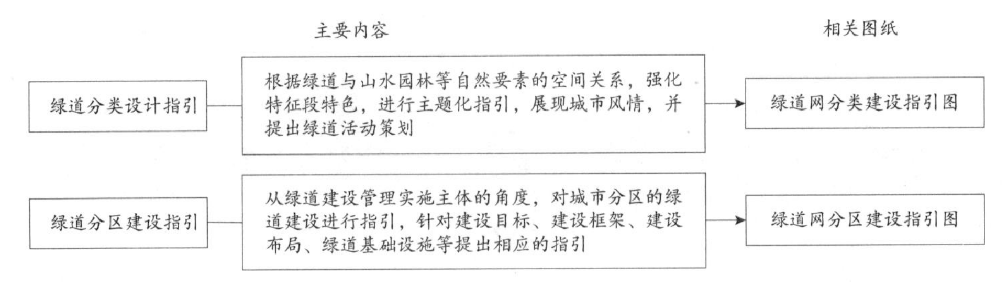

图 10-5-7　绿道网系统规划分类指引

不同特征段绿道设计指引　　表 10-5-3

类型	设计指引	断面设计
滨水段	经过江、河、湖、海、溪谷和滩涂湿地等水体岸线的绿道。强调与滨水开放空间的联系，通过生态驳岸恢复等手段保护、改造和生态修复等手段构建连续的线形滨水生态廊道。同时可开展自行车、慢跑、划龙舟等活动	混凝土公路　泽泻　溪流　菖蒲　机制石路面　肾蕨、马齿苋

续表

类型	设计指引	断面设计
山林段	经过山脊、山谷等地形起伏地区的绿道。应合理利用山林自然地原有的生物气候条件，结合地域特点，提供户外运动、郊野游憩和自然教育的场所	1.5—3m 芒草 酢浆草 机制石路面 马齿苋 芒草
田野段	经过耕地、园地等乡村地区的绿道。应结合农田林网、河渠道路串联主要历史村落，维持和保护原有农业景观和田野乡村肌理。结合现有村庄设施，配合果蔬采摘、农家乐等活动形式，促进村镇农业经济发展	2m 3m 1m 15m 现状农田 漫步道 自行车道 绿化带 机动车道
城区段	在建设中应该选择避开城市主要交通干道，针对其使用人群多样性的特点，在安全的前提下，设计可用于进行长跑、轮滑、自行车运动等社区康体锻炼活动的游径	现状建筑 Status of Building 8m 4m 2m 6m 2m 15m 建筑 绿化带 绿道游径 绿化带 自行车及助动车道 绿化带 机动车道

图片来源：《深圳市绿道网专项规划》

重点，逐步引导绿道从重点区域向全市绿道系统网络的延伸。

7）实施保障建议

按照城市及各区绿道网建设的工作部署与时序安排，从财政、土地、金融、税收、管理等各方面提出绿道网建设的行动政策保障措施及维护方案。

10.6 步行与自行车交通系统规划

10.6.1 基本概念

步行与自行车交通是以人力为空间移动动力的交通方式，基于城市公交优先的原则，承载着衔接城市公共交通系统，优化城市交通网络，保障短距离的高效出行，缓解人车矛盾，为行人提供安全、健康的城市体验的重要职能。倡导步行与自行车交通有利于减少大气污染，创造人性化交往空间，促进城市的可持续发展，保证社会公平性。

值得一提的是，现阶段国内一些城市提出将时速低于20公里/小时的交通出行模式归纳为“慢行”交通，并编制慢行交通系统规划。对此，本书的观点认为步行与自行车的交通方式及速度不同，因此在需要时将对各自的需求分别研究并制定方案布局。

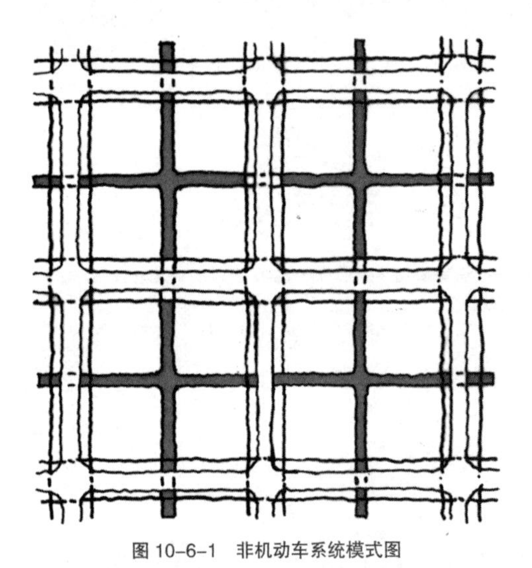

图 10-6-1　非机动车系统模式图

从人性化的角度出发，应确保步行与自行车交通（慢行）主体的通行权和通行空间不受侵犯；在适应于人类感官和意愿的尺度上，注重细节设计，体现“以人为本”的规划设计理念。并且在规划过程中确保与其他规划的融合，例如与公共交通系统、公共空间规划、绿道网系统规划等其他专项规划的衔接。

10.6.2　规划内容

（1）规划流程

步行与自行车交通和人们每日的出行活动需求密切相关，因此步行与自行车交通系统规划的编制应具备较强的系统性和实际操作性，针对城市现状交通环境、出行导向、相关指标、目标策略、区块划分、实施操作等相关内容进行全面研究。

步行与自行车交通系统规划流程主要包括前期调研、策略研究、规划方案、保障实施四个阶段。

1）前期调研

通过对城市道路交通相关规范标准的梳理和对步行与自行车系统规划案例的研究，充分了解步行与自行车交通系统的规划需求。

根据所在规划地区的交通环境现状和交通系统规划，分析并预测未来通行模式需求，

步行与自行车交通系统规划的基本原则　　表 10-6-1

安全性	通过完善步行和自行车系统中的无障碍设施等相关细节配套设施，为不同年龄、不同运动能力的人群提供安全舒适的通行环境
连续性	从空间布局上确保各个步行及骑行区、廊道的顺畅连接；确保此类交通模式能够与其他交通模式顺畅地衔接，最大限度减少换乘时间，实现交通一体化
便捷性	为确保从出行起始点至出行终点之间各段步行及自行车设施与其他交通系统的连通，应提供适当的辅助设施
舒适性	确定合理的步行和骑行空间尺寸，设置易识别的标识设施，并且考虑恶劣天气对此类通行群体的出行影响
多样性	结合道路的使用情况、沿线的土地开发利用、自然资源的保护，合理设定慢行圈和慢行廊道的分类、规模与功能；并合理划定各类慢行设施所需要的空间，设计具有特色的步行和骑行活动空间
全覆盖	确立步行和自行车系统的空间构成要素，从节点到通道到网络形成系统的空间布局，实现系统性全覆盖的最终目标，解决公交出行“最后1公里”的难题

明确总体规划、分区规划等上层规划，以及公共开放空间规划、绿道网规划、轨道交通规划等专项规划的内容要求，确保规划内容的有效衔接。

通过系统性收集居民出行意愿调查、城市各类交通模式信息、交通管理和信息化交通数据等基础资料，综合分析并识别城市步行与自行车交通出行的问题与潜力，并对工作方案进行综合全面的评估。

2）策略研究

依据城市总体规划，结合综合交通枢纽、轨道交通站点、城市主要商业节点以及主要景观廊道，确立步行与自行车系统总体结构与框架，确保快慢交通的分离，并与其他专项规划进行衔接。

结合城市绿色出行的总体交通发展目标，确立步行与自行车交通在城市交通发展中的重要地位，通过建立完善的政策保障体系，鼓励绿色出行方式，建立设施完善、安全的步行与自行车交通系统。

3）规划方案

根据总体结构确立系统性步行与自行车交通网络；通过对区域活动特征和自然资源的认知，进行区域划分；针对具备特色或需求的城市公共走廊，设立步行与自行车通行廊道；形成通则指导全市或地区步行与自行车交通系统的建设。

在城市中心区、主要商业区、特色景观区等重点地区完成详细规划设计，形成分区指引并制订具体建议方案。

4）实施保障

制定分期实施方案，针对近期建设工作，提出重点地区的起步建设工作，包括城市中心区、大型综合交通枢纽、主要商业区等，以及主要通行廊道的建设；远期方案注重构建城市公交、公共空间与步行和自行车系统

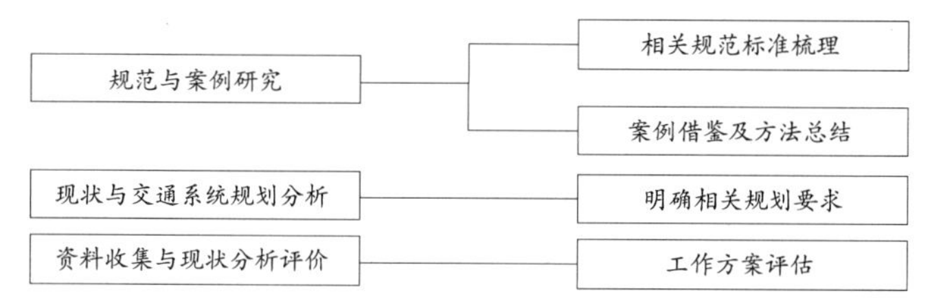

图 10-6-2　前期调研工作内容

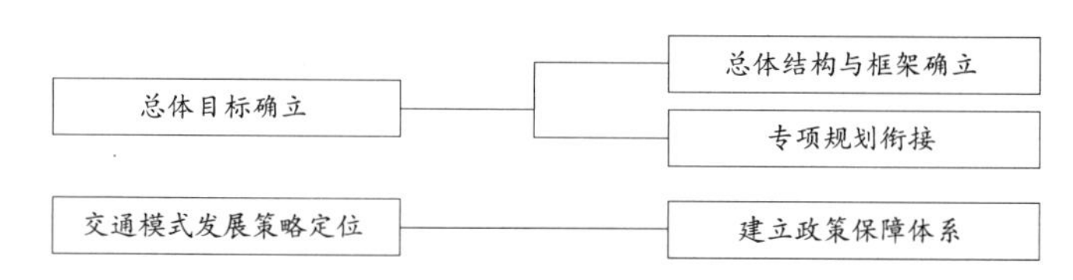

图 10-6-3　策略研究工作内容

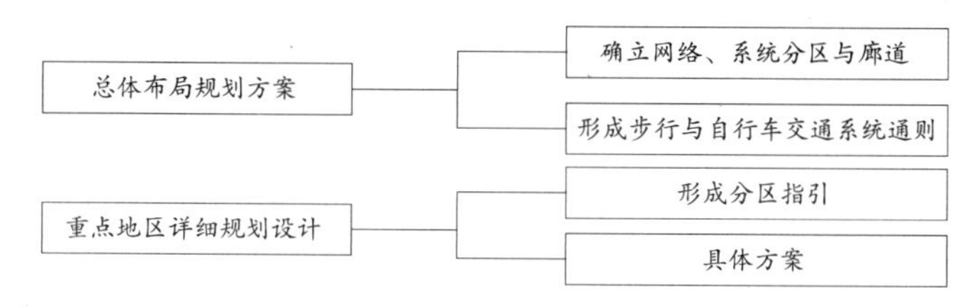

图 10-6-4　规划方案工作内容

整体交通网络。

估算近期建设所需投资，为实施决策提供参考。

（2）通行空间构成要素及规划要求

（3）参考资料

1）相关标准指引

《城市步行和自行车交通系统规划设计导则》；

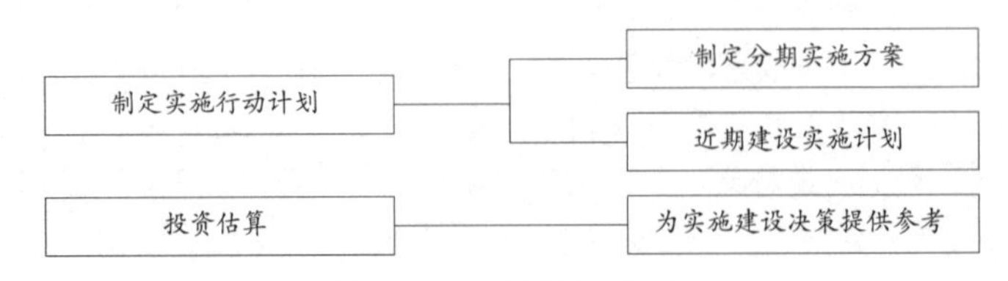

图 10-6-5　实施保障工作内容

步行与自行车通行空间构成要素一览表　　表 10-6-2

类别	主要功能	规划要求
1）市政道路附属道	是实现步行与自行车交通系统全覆盖的重要基础保障	在各个道路等级中确保空间资源分配的公平与合理，并确保步行和骑行人群的安全
①快速路	主要服务于运输路程较长的机动车，建立在快速路两旁的步行与自行车系统应以必要的、连续的自行车交通路线为主，步行交通为辅	步行：以必要的交通功能为主，设置相对安全且独立的人行道，并且引导步行人流至其他适宜步行活动的街区
		自行车：以交通功能为主，应与机动车道和步行道分隔开，空间范围每侧不小于 2 米
②主干路	主干路两旁的步行与自行车交通应根据路段环境配置不同比例的通行空间	步行：结合主干道两侧城市功能与环境设置独立人行道
		自行车：通过标线或隔离带与机动车道和步行道分隔开，空间范围每侧宽不小于 1.5 米
③次干路	次干路两旁应根据路段的环境为行人和自行车配置不同比例的通行空间	步行：结合沿街功能与环境设置独立人行道
		自行车：根据需要设定标线或隔离，空间范围每侧宽不小于 1.5 米
④支路	支路两旁的步行和自行车交通应主要考虑安全因素，使慢行成为一种健康的出行选择	步行：应确保街道空间的连续性，避免人行空间被其他用途占领
		自行车：通常与机动车使用同一空间，为提高骑行安全，应注重转角、交叉路口的细节设计
2）专用道	与城市商业、交通枢纽、自然景观等资源衔接，突显城市休闲、健康的生活方式	通过对商业步行街、滨水休闲带、生态绿道等专用道的设置，强化人们对城市特色空间的感知与体验
①商业型	汇集各类活动，为商业区提供舒适、高效的步行活动空间	需要连续、宽阔的步行空间，可设置供行人休息的设施，并与沿街商业充分协调
②滨水型	河堤栈道与沿河绿地相结合，主要承担观水、亲水等步行或骑行的休闲娱乐活动	以交通为主的滨水地带可为不同的交通模式设置不同高差、层次丰富的栈道，分隔不同的交通需求；以休闲为主的滨水地带可为观水、亲水建立开放的景观休闲带
③生态型	依托城市自然生态资源，在保护自然的前提下承担休闲、运动等活动	依托城市绿道系统，建立开放和共享的景观休闲带，可适当分离步行道与自行车道，防止过快的自行车速对行人安全造成威胁
3）街区	营造识别性强、连续、尺度宜人的步行与骑行空间，连接各类公共空间，增强城市体验	通过对不同类型、功能街区的具体发展条件研究，结合相关规划，设定建设和改造原则，建立便捷的步行与自行车交通网络，鼓励形成慢行区和重要慢行节点
①中心区	人流密集、步行活动集中的城市中心或副中心，提供富有生机的活动空间	提供步行系统专项规划，确保步行优先，根据需要建立高效连通、多功能的立体步行系统
		确保公共交通的覆盖与自行车设施的连续供应
②交通枢纽区	以公共交通衔接功能为主，将步行与自行车交通延伸至城市公共空间，构建全面覆盖的步行与自行车交通网络	主要针对轨道站点和综合交通枢纽 500 米服务半径内步行活动密集的区域，在此范围内以发展各类商业活动为主参考公交导向的开发模式（TOD）；确保出站点 50 米范围内可到达公交车站和自行车停放、租赁点

续表

类别	主要功能	规划要求
③混合功能区	与中心区相似，主要应对各类活动的汇集，为城市提供高效、富有生机的步行活动空间，并提供便捷的自行车设施	应确保步行的优先，根据需要建立高效连通、多功能的立体步行系统；确保公共交通的覆盖与自行车设施的连续供应；根据不同地块的流量分布，调节步行与自行车空间的比例
④居住区	作为出行的起始点，应重点考虑居住区的空间优化，以实现步行与自行车交通系统的全覆盖	应确保公交车站点（300—500 米）的覆盖与自行车设施（100—300 米）的覆盖；优化步行与自行车的环境与服务设施
⑤历史文化街区	为休闲旅游观光提供舒适、吸引人的、易识别的综合活动区	参考各历史文化区的保护专项规划，结合文化特色，疏导此类街区的内外交通，构建步行与公交为主、自行车为辅的旅游示范区
4）服务设施	确保步行与自行车网络的安全性和可达性，有效地满足出行要求	通过对慢行接驳设施、过街设施、停泊设施的设计，达到不同交通模式的有效衔接
①接驳设施	结合轨道交通、公共交通及停车设施，衔接自行车与步行功能。既解决“最后 1 公里”的出行，又能满足远距离的运输需求	轨道公交站点半径 100 米范围内应设置自行车停放与租赁设施
②过街设施	一般情况下鼓励平面过街设施，必要时采用立体过街设施；提供弱势人群安全出行的必要设施	在“步行交通需求线”范围内设置足够数量的过街节点；平面过街设施应充分考虑车速、车流量和过街人流量安设信号灯；在过宽（通常车行道宽于 16 米）的道路中设置安全岛；在机动车车速较快的快速路或者连接轨道交通站点的路段可采取过街天桥或地下通道等立体过街设施，间隔应在 300—400 米；为自行车使用者与弱势慢行人群提供坡道或升降梯
③交通安宁化设施	在城市中心区、商业区或住宅区通过设计将汽车速度限制在 10—30 公里 / 小时内，提高步行安全性	通过拓宽人行道、优化停车位等措施提高步行的体验；通过缩窄行车道、设置减速带及小于 10 米的交叉口转角半径等物理设计来降低车速
④自行车设施	在自行车停泊需求集中的节点提供一定数量的自行车停放设施和租赁站点	依据城市人口和岗位密度分布、用地性质、建筑密度、居民出行特征、城市交通特征等，结合地区功能，在商业区、公共建筑、居住区、轨道交通站点、中运量公交站点、常规公交站、公交枢纽、休闲旅游区、大中专院校等建筑和人流密集区域设置自行车停放和租赁设施，以满足居民的多样化交通需求
⑤无障碍设施	充分考虑并尊重残障人士和弱势群体在交通系统中的地位，提供对弱势群体友好的通行环境	结合城市现有步行系统，规划连续、安全、可达、人性化的无障碍设施，避免无障碍设施的间断，或被其他交通设施阻碍的设计
5）环境设施	提高步行与自行车环境的舒适性和可识别性，从而鼓励更多的人群使用环保、可持续的出行方式	通过对标识与指路系统、街具、景观小品的精细化设计，构建优美、安全的步行与骑行环境
①标识系统	确保步行与自行车通行环境的可识别性，引导行人和自行车顺利通行，提高慢行的出行效率	在主要街区和节点设置标识系统和区域步行与骑行地图；提供街区环境信息，并指引周边的交通、服务设施，以及景点、商业信息
②街道家具	街道家具包括街道座椅、垃圾桶、路灯、广告牌、候车亭、电话亭等设施；作为公共空间中与人们生活关系紧密的要素，应注重人的需求，尤其考虑老龄人、残障人士以及弱势群体的出行需求，为弱势群体提供舒适的环境	以《城市道路交通设施设计规范》GB50688-2011 为基本要求设置街道家具；按现行《城市道路和建筑物无障碍设计规划》JGJ50-2001 要求设置缘石坡道、盲道、过街音响设备、标识等无障碍设施；同时，在天气恶劣地区应提供必要的遮蔽设施
③路面铺装	结合城市公共空间设计，确保步行与自行车通行空间的连续性与舒适性	步行系统和自行车道应设置必要的标志标线；遵循《道路交通标志和标线》GB5768-2009 的相关规范；自行车道路面铺装宜采用平整、抗滑、耐磨、美观的沥青路面，并设置特定颜色（如伦敦的蓝色自行车道）
④绿化与景观	为行人和自行车骑行者提供良好的遮荫，营造连贯且多元的景观体验	步行或自行车廊道的沿线应形成连续的林荫路系统，并在不影响通行的前提下设置适合的景观小品和公共艺术品

《城市人行天桥与人行地道技术规范》CJJ69-95；

《城市道路交通规划设计规范》GB50220-95；

《城市道路和建筑物无障碍设计规范》JGJ50-2001；

《城市道路交通设施设计规范》GB50688-2011；

《城市道路路内停车泊位设置规范》GA/T850-2009；

《城市道路绿化规划与设计规范》CJJ75-97；

《城市道路照明设计标准》CJJ45-2006；

《道路交通标志和标线》GB5768-2009；

《城市道路工程设计规范》CJJ37-2012。

2）案例借鉴

10.7 历史文化名城（镇、村）保护规划

10.7.1 基本概念

历史文化名城、名镇、名村是中国历史文化遗产的重要组成部分。为了更好地对其进行保护与管理，并协调经济社会发展与历史文化保护的关系，《城乡规划法》（2008）第三十一条、《文物保护法》（2002）第十四条等皆明文规定了保护规划的重要意义及法律地位，彰显了保护规划的重要性。

面向名城、名镇、名村、街区等不同的历史文化载体，法定的历史文化保护规划具体包括历史文化名城保护规划、历史文化名镇保护规划、历史文化名村保护规划及历史文化街区保护规划等四类。

步行与自行车系统规划相关案例一览表　　表 10-6-3

总体布局规划案例	重点地区规划方案	相关政策保障案例
■ 深圳经济特区步行系统规划 ■ 上海市慢行交通系统规划 ■ 杭州公共自行车系统规划 ■ 厦门市步行系统规划研究	■ 北京步行和自行车交通规划准则及典型大街改善方案 ■ 龙岗中心城片区自行车交通系统规划	■ 杭州市公共自行车租赁 ■ 深圳市“绿色出行”计划 ■ 伦敦公共自行车租赁

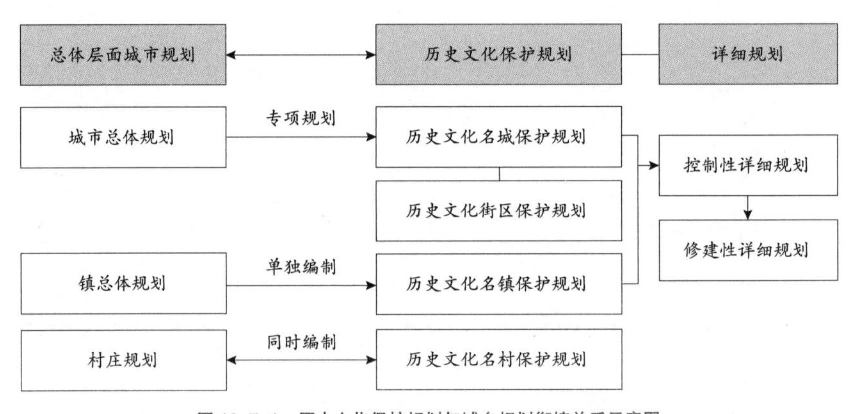

图 10-7-1　历史文化保护规划与城乡规划衔接关系示意图

保护规划的编制应当遵循科学规划、严格保护的原则，保持与延续其传统格局与历史风貌，维护历史文化遗产的真实性和完整性，继承和弘扬传统文化，正确处理经济社会发展和历史文化遗产保护的关系等原则。主要应包含以下内容：

①保护原则、保护内容和保护范围；

②保护措施、开发强度和建设控制要求；

③传统格局和历史风貌保护要求；

④历史文化街区、名镇、名村的核心保护范围和建设控制地带；

⑤保护规划分期实施方案。

10.7.2 规划内容

（1）基础资料搜集与评估

编制保护规划时，应先对自然及人文资源的价值和现状进行调研与评估，形成成果附件中的基础资料汇编，具体内容应包含地区的历史沿革、传统格局和历史风貌、单体文物和历史建（构）筑物、历史环境要素、非物质文化遗产、地区发展现状、公共服务和基础设施现状等。

（2）编制内容与流程

保护规划的编制流程大致包括现状评估、目标确立、划定保护范围、明确保护对象与保护措施、非物质文化遗产继承与发扬、提升环境质量、建立保障措施等内容。但在名城与名镇等规划面积较大的保护层级，须按行政界线或历史格局，分层建立保护规划体系，并相应提出规划要求，以及后续的分期实施计划。

保护规划除了提出保护措施外，同时提出历史遗存的展示与利用策略，具体包含了展示与利用原则、展示与利用内容、展示线路、服务设施建设等，部分内容近似于旅游规划。

（3）规划成果构成

保护规划成果包括规划文本、规划图纸及附件。

（4）相关标准指引参考

《历史文化名城名镇名村保护条例》（2008）；

《历史文化名城名镇名村保护规划编制要求（试行）》（2012）；

《历史文化名城保护规划规范》GB 50357-2005（2005）；

基础资料汇编内容　　表 10-7-1

资料搜集类型		内容
区位与环境		区位、地理特征、地质地貌、自然资源、气象气候、旅游资源等
现状发展		经济社会发展情况、城镇体系和行政区划、人口和基础服务设施、用地性质、基础设施和公共服务设施现状
历史沿革		建制沿革、聚落变迁、重大历史事件
传统格局和历史风貌		与历史形态紧密关联的地形地貌和河湖水系（如母亲河、中心湖）、传统轴线和文化线路、风景名胜区、历史村镇和街巷、重要公共建筑和公共空间布局
城市历史文化要素	历史地段	具有传统风貌的街区、镇、村的人口与用地性质，建筑物和构筑物的风貌、年代、质量、风貌、高度、材料、历史景观价值
	历史建筑	文物保护单位、历史建筑、其他文物古迹和传统风貌建筑等详细信息
	历史环境要素	反映历史风貌的古塔、古井、牌坊、戏台、围墙、石阶、铺地、驳岸、古树名木等
	非物质文化遗产	方言、民间文学、传统表演艺术、传统技艺、礼仪节庆等民俗、传统体育和游艺，其余可代表地域人文精神者，如老字号商铺、名人文化、老地名
服务设施现状		基础设施、公共安全设施和公共服务设施现状
保护工作现状		保护管理机构、规章制度建设、保护规划与实施、保护资金

规划编制流程与内容　　表 10-7-2

<table>
<tr><th>编制流程</th><th>历史文化名城保护规划</th><th>历史文化名镇名村保护规划</th><th>历史文化街区保护规划</th></tr>
<tr><td>1）现状评估</td><td colspan="3">评估历史文化价值（包含历史、艺术、科学等方面）、特色（如文化内涵、建筑特色、名人轶事等）和现状存在问题</td></tr>
<tr><td>2）保护目标与原则确立</td><td>确定总体目标和保护原则、内容和重点</td><td>确定保护原则、保护内容和保护重点</td><td>确定保护原则和保护内容</td></tr>
<tr><td rowspan="2">3）提出分层保护内容及策略</td><td>提出市（县）域需要保护的内容和要求</td><td>提出与名镇名村密切相关的地形地貌、河湖水系、农田、乡土景观、自然生态等景观环境的保护措施</td><td rowspan="2">—</td></tr>
<tr><td>提出城市总体层面上有利于遗产保护的规划要求</td><td>提出总体保护策略和镇域保护要求（名镇）</td></tr>
<tr><td>4）划定保护范围</td><td>划定历史城区的界限，提出名城传统格局、历史风貌、空间尺度，及其相互依存的地形地貌、河湖水系等自然景观和环境的保护措施</td><td colspan="2">确定核心保护范围和建设控制地带界线，制定相应的保护控制措施</td></tr>
<tr><td>5）明确保护对象与保护措施</td><td>确定文物保护单位、地下文物埋藏区、历史建筑、历史文化街区的保护范围，提出保护控制措施</td><td colspan="2">提出保护范围内建筑物、构筑物和环境要素的分类保护及整治要求（包含文物保护单位、历史建筑、传统风貌建筑、历史环境要素等）</td></tr>
<tr><td>6）提升环境质量</td><td>提出完善城市功能、改善基础设施、提高环境质量的规划要求与措施</td><td colspan="2">改善交通和基础设施、公共服务设施、居住环境的规划方案</td></tr>
<tr><td>7）非物质文化遗产的继承与发扬</td><td colspan="2">提出继承和弘扬传统文化、保护非物质文化遗产的内容和措施，以及为之提供活动经营的场所设计</td><td>提出保持地区活力、延续传统文化的规划措施</td></tr>
<tr><td>8）展示与利用</td><td>提出展示与利用要求与措施</td><td>（无明文规定，可视情况增加内容）</td><td rowspan="2">（无明文规定，可视情况增加此部分内容）</td></tr>
<tr><td rowspan="2">9）实施方案及保障措施</td><td>提出近期实施保护内容</td><td>提出保护规划分期实施方案</td></tr>
<tr><td colspan="3">提出规划实施保障措施（具体包含管理总体策略、资金保障、监督体系、管理人员及人才培养、规章制度、日常管理、宣传教育工作等内容，以及后续分期实施规划、近期工作目标与相关规划协调等）</td></tr>
</table>

保护规划成果形式与内容要求　　表 10-7-3

<table>
<tr><th colspan="2">规划成果形式</th><th>内容要求</th></tr>
<tr><td colspan="2">规划文本</td><td>1）保护原则、保护内容和保护范围；
2）保护措施、开发强度和建设控制要求；
3）传统格局和历史风貌保护要求；
4）历史文化街区、名镇、名村的核心保护范围和建设控制地带；
5）保护规划分期实施方案</td></tr>
<tr><td colspan="2">规划图纸</td><td>1）历史资料图；
2）现状分析图：区位图、文物古迹分布图、用地现状图、格局风貌与历史街巷现状图、建筑现状图（反映年代、质量、风貌、高度）、历史环境要素现状图、基础设施、公共安全设施与公共服务设施现状图等；
3）保护规划图：保护区划图、建筑分类保护规划图（标绘文物保护单位、历史建筑、传统风貌建筑、其他建筑的分类保护措施，其中其他建筑要根据对历史风貌的影响程度再行细分）、高度控制规划图、用地规划图、道路交通规划图、基础设施及公共服务设施规划图、主要街道立面保护整治图、规划分期实施图</td></tr>
<tr><td rowspan="2">附件</td><td>规划说明书</td><td>历史文化价值和特色评估、历版保护规划评估、现状问题分析、规划意图阐释</td></tr>
<tr><td>基础资料汇编</td><td>1）城市历史演变、建制沿革、城址兴废变迁；
2）城市现存地上地下文物古迹、历史街区、风景名胜、古树名木、革命纪念地、近代代表性建筑，以及有历史价值的水系、地貌遗迹等；
3）城市特有的传统文化、手工艺、传统产业及民俗精华等；
4）现存历史文化遗产及其环境遭受破坏威胁的状况</td></tr>
</table>

《文物保护法》(2002);

《文物保护法实施条例》(2003);

《非物质文化遗产法》(2011)。

10.7.3 技术要点

保护规划须在坚持保护历史真实载体、历史环境、合理及永续利用的原则下，对地域的传统格局、历史风貌、空间尺度及与其相互依存的自然景观和环境等提出保护要求，以维护历史遗存的真实性与完整性；将上述内容落实于单体建（构）筑物上，则应对文物保护单位、历史建筑、非物质文化遗产等提出保护和整治措施。

（1）历史文化名城

历史文化名城常以市域资源、历史城区、历史文化街区、文物古迹及非物质文化遗产等层次组成保护规划体系。

1）市域层次

市域范围的历史文化资源应着重于作为历史文化背景的自然环境、人文底蕴、实物遗存及非物质文化遗产的保护，以及资源间的协调；指认核心地区、文化线路和重要廊道、重要片区和风景名胜区、历史村镇；提出古城形态遗存、历史文化景观带、景观视廊、古遗址、古水系、传统聚落等的保护策略。

2）历史城区

历史城区是指城镇中能体现其历史发展过程或某一发展时期风貌的地区，也是历史文化名城保护规划编制中主要的保护范围。广义而言，涵盖一般通称的古城区和旧城区；狭义则特指历史城区中历史范围清楚、格局和风貌保存较为完整的需要保护控制的地区。历史城区层次的保护须对古城轮廓、传统轴线与水系及特色建筑形态等进行整体保护框架搭建，如城市轴线、街巷空间等，并依靠历史文化街区及文物保护单位的控制要求加以落实。

历史城区的保护要求与措施须考量用地功能调整、地块保护整治、交通改善策略（内部与外围组织、停车设施）、开发引导、高度分区控制及视线通廊（包括观景点与景观对象相互之间的通视空间及景观对象周围的环境）、风貌街道与街巷、市政工程、综合防灾等内容。

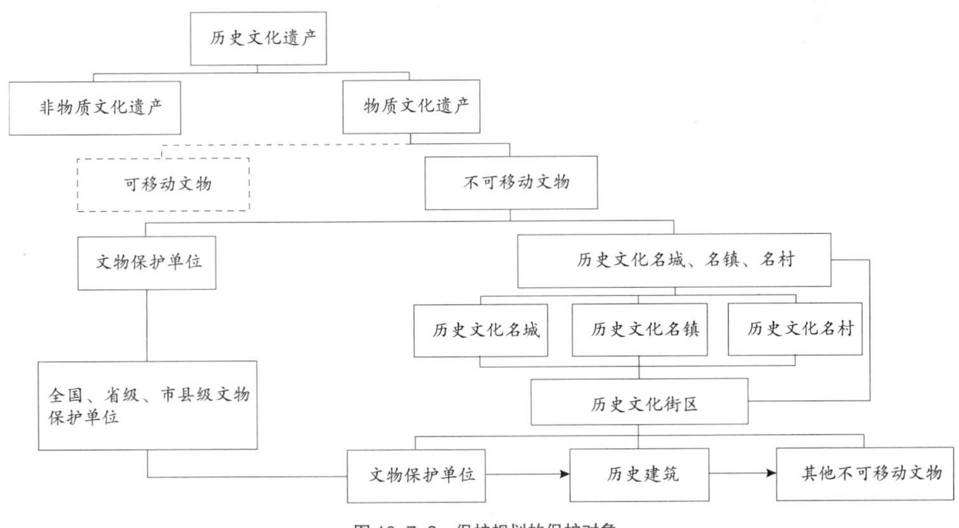

图 10-7-2　保护规划的保护对象

（2）历史文化名镇

历史文化名镇保护规划常以镇域、历史镇区、名镇保护范围区划、文物保护单位与历史建筑、非物质文化遗产等五个层次组成保护规划体系。

1）镇域层次

镇域层次的历史文化资源保护重点关注生态格局、与城镇建设发展的协调、基础设施的建设、整体景观风貌维护等。以古城镇为核心，与周边的自然环境、传统村落相协调，对山、水、人文景观（包含城镇、村落、港口、农业设施、古迹、地下文物、文化景致等）分别提出保护策略，并对其进行有机连接。

2）历史镇区

历史镇区的保护须先明确其范围、保护结构及保护要素，后对其城垣、古镇格局、传统街巷、传统水系和滨水空间、景观视廊、建筑（性质、高度、体量、色彩、形式）等提出保护策略，并配合高度分区、道路交通规划、镇区职能调整等措施进行整体风貌的维护。

3）名镇保护区划

名镇保护规划是以划定核心保护范围来明确片区层面的保护措施，以保护重要的历史街区、村落及人文景致。通常划设核心保护区和建设控制地段两种范围界限，也可依实际需要增设风貌保护区和环境协调区。

（3）历史文化名村

历史文化名村的保护是以古村落为核心，向外与山水格局相协调，内部则重点保护古村的街巷格局、文物古迹及其他的历史遗存。以核心保护区、建设控制地带、环境协调区作为主要的区划范围及控制对象。

（4）历史文化街区

历史文化街区是历史文化保护的重要控制层面，在保护历史信息真实性、风貌完整性的原则下，应致力于保护街区原有的空间格局和街巷肌理，维持历史景观特征和社会生活的延续性，继承文化传统，改善基础设施和居住环境，并保持街区活力。

历史文化街区的保护应划定核心保护区和建设控制地带的具体界线，其中的建筑应

历史文化名镇的保护范围划定原则与控制内容　　表 10-7-4

保护范围	范围划定原则	保护与控制内容
核心保护区	为保护古镇传统街巷的历史文化风貌、保护文物古迹和历史建筑的完整性和安全性而划定实施重点保护的区域。通常选择文保单位和历史建筑等历史遗产较集中、历史风貌与传统格局保存较完整的地段	新建设的控制要求，如禁止新建、协调建设等；传统街巷的保护及整治要求，如建筑立面、色彩及材质控制，街巷格局保护等；基础设施完善要求，如公共设施的完善、绿化要求等
建设控制地带	为了与核心保护范围的历史文化风貌相协调而必须实施规划控制的周围区域	

历史文化名村的保护范围划定原则与控制内容　　表 10-7-5

区划范围	范围划定原则	保护与控制内容
核心保护区	能最好体现古村核心历史文化价值的地段，应尽可能将大部分具有保护价值的建筑群连片划入，以保持历史风貌的连续性	建（构）筑物的整治与保护要求、历史遗存（如街巷格局、历史环境要素）的保护措施、道路和基础设施完善
建设控制地带	是协调保护与建设的主要缓冲带，承担协调古村人工环境风貌的职能，以确保传统风貌的完整性	对新建设项目的规模、旧建筑改建和扩建等的要求，以达成与传统风貌相协调的目的
环境协调区	是协调古村落与周边风貌的地带，包含保护范围外的山体、水系、农田、植被绿化等	对自然环境的保护要求，如水土保持、建设控制等

以保存、维修和改善为主，采取“小规模渐进式”的方式，以完整保留真实历史遗迹，为改善基本生活水平而为的恢复改建，也应与整体风貌格局相协调；除了建筑外，历史街区是体现城市文化肌理的重要部分，因此对于传统空间节点、街巷格局也应有所把控，具体可落实在容积率、限高、街巷贴线率、小型开放空间设计及历史元素保护等方面。除了核心保护区和建设控制地带外，还可根据需要划定环境协调区的界线。

（5）文物与历史建筑

须依法进行管理维护的文物古迹有各级文物保护单位和历史建筑两类，其是在遵守“维修保养时不改变文物现状”的原则下，经由划定核心保护区及建设控制地带的具体界线进行保护，也可根据需要划定环境协调区的界线。其他类型的文物古迹包含历史环境要素、传统风貌建筑、古树名木等，详述如下。

1）文物保护单位

文物保护单位是人类在历史上创造的具有价值的不可移动的实物遗存，包括地面与地下的古遗址、古建筑、古墓葬、石窟寺、古碑石刻、近代代表性建筑、革命纪念建筑等文物古迹，经县以上人民政府核定公布应予以重点保护者是为文物保护单位。

文物保护单位是依据《文物保护法》（2002）进行管理和维护，故其核心保护区和建设控制地带通常是以文物主管部门核定的范围为准，区内的建设及修缮行为皆需符合《文物保护法》（2002）的规定。文保单位须以保护为核心，坚持维持文物原状和历史环境，合理利用并加强管理，适当降低外在环境对历史环境的破坏。单体通常采取修缮的保护方式，包括日常保养、保护加固、现状整修、重点修复等。

历史文化街区的保护范围划定原则与控制内容　　表 10-7-6

保护范围	范围划定原则	保护与控制内容
核心保护区	以历史风貌较为完整、历史建筑和传统风貌建筑集中成片的地区划为核心保护区	提出街巷保护要求和控制措施，按照建筑物保护分类，对建筑的高度、体量、外观形象与色彩、材料等进行控制
建设控制地带	在保护区范围以外允许建设，但应严格控制其建（构）筑物的性质、体量、高度、色彩及形式的区域	按照与历史风貌相协调的要求控制建筑高度、体量、色彩等，对新建、扩建、改建和加建等活动作出约束，避免历史环境受到新建设影响
环境协调区	在建设控制地带之外划定的以保护自然地形地貌为主要内容的地区	用以控制重要的地形地貌、用地及建筑功能、形态的范围界线

文物保护单位的保护范围划定原则与控制内容　　表 10-7-7

保护范围	范围划定原则	保护与控制内容
核心保护区	指对文物保护单位本体及其周围一定范围实施重点保护的区域。应当根据文物保护单位的类别、规模、内容，以及周围环境的历史和现实情况，结合地下文物埋藏情况，合理划定，并在文物保护单位本体之外保存一定的安全距离，确保文物保护单位的真实性和完整性	1）由各级人民政府作出标志说明，建立记录档案，并区别情况分别设置专门机构或者专人负责管理； 2）制定城乡规划时，应根据需要，事先由城乡建设规划部门会同文物行政部门商定对各级文物保护单位的保护措施，并纳入规划； 3）保护范围内一般不得进行其他建设工程
建设控制地带	指在文物保护单位的保护范围外，为保护文物保护单位的安全、环境所划设的控制地带，应满足安全、景观控制、风貌控制及实施管理的要求。历史风貌对建设项目加以限制的区域，应当根据文物保护单位的类别、规模、内容以及周围环境的历史和现实情况合理划设	在此范围进行建设工程，不得破坏文物保护单位的历史风貌；工程设计方案应当根据文物保护单位的级别，经相应的文物行政部门同意后，报城乡建设规划部门批准

2）历史建筑

历史建筑是经城市、县人民政府确定公布的，具有一定保护价值、能够反映历史风貌和地方特色，未公布为文物保护单位，也未登记为不可移动文物的建筑物、构筑物。

历史建筑的保护范围应包含历史建筑本身和必要的建设控制区，建筑本体常采取维修或改善的方式进行保护。规划与调研时应建立历史建筑档案，根据历史、科学和艺术价值及历史建筑完好程度对历史建筑进行分类，提出不同的保护和改造措施；同时也鼓励历史建筑进行合理的功能调整和利用。

3）其他历史遗存

除了文物保护单位与历史建筑外，其他诸如历史环境要素、传统风貌建筑、工业遗产等是为历史遗存，也是维护历史环境整体性的重要保护、整治的对象，可借由特色构筑、建筑部件的提炼等进行整体街区的气氛营造。

①历史环境要素：指的是除文物古迹、历史建筑之外，构成历史风貌的围墙、石阶、铺地、驳岸、树木等景物。对古树名木须按《城市古树名木保护管理办法》（2000）进行建档挂牌等管理措施；其余的历史遗存也应通过保护和设计手段，适当展现其文化内涵。

②传统风貌建筑：指具有一定建成历史，能够反映历史风貌和地方特色的建（构）筑物。一般建议在不改变其外观风貌的前提下，适当改善内部设施；对具有较高历史文化价值的传统风貌建筑，则应按相关程序申报为历史建筑或文物保护单位。

（6）非物质文化遗产

是指各族人民世代相传并视为其文化遗产组成部分的各种传统文化表现形式，以及与传统文化表现形式相关的实物和场所。包括六类：传统口头文学以及作为其载体的语言；传统美术、书法、音乐、舞蹈、戏剧、曲艺和杂技；传统技艺、医药和历法；传统礼仪、节庆等民俗；传统体育和游艺；其他非物质文化遗产。

在对现存各类非物质文化遗产与非物质文化遗产传承人进行调查与记录后，可采取学校教育或社会教育的方式在本地继承与发扬；也可以多媒体、编辑出版、定期举行活动等手段，向社会大众推广；与其他历史遗迹相结合，形成非物质文化遗产的展示平台，促进社会共享。

历史建筑与特色风貌建筑的保护与整治方式　　表 10-7-8

保护整治方式	单体建筑保护整治方式
保护	对保护项目及其环境所进行的科学的调查、勘测、鉴定、登录、修缮、维修、改善等活动。就单体建筑而言，通常是对已公布为文物保护单位的建筑和已登记尚未核定公布为文物保护单位的不可移动文物的建筑，依据《文物保护法》（2002）进行严格保护
修缮	对历史建筑和建议历史建筑在不改变外观特征的前提下进行加固和保护性复原活动
改善	对历史建筑所进行的不改变外观特征，调整、完善内部布局及设施的建设活动。对于传统风貌建筑应保持和修缮外观风貌特征，特别是保护具有历史文化价值的细部构建或装饰物，允许其内部进行改善和更新，以改善居住、使用条件，适应现代生活方式
整修	对与历史风貌有冲突的建（构）筑物和环境因素进行的改建活动
整治	为体现历史文化名城和历史文化街区风貌完整性所进行的各项治理活动。特别针对那些与传统风貌不协调或质量很差的其他建筑，可以采取整治、改造等措施，使其符合历史风貌要求

10.8 城市风貌规划

10.8.1 基本概念

城市风貌是城市的自然景观和人文景观及其所承载的城市历史文化和社会生活内涵的总和。“风”通常为对城市非物质形态的概括；“貌”则是对城市物质形态的统称，故城市风貌可以简单理解为城市的面貌与格调，是借由城市文化的空间载体展现城市的个性特征，具有可感知、可辨识与可延续的特点。

风貌规划一般被认为是总体城市设计的早期形式或组成部分，两者在目标设定、理论借鉴、关注内容、设计方法等方面均有较大的相似性[1]，风貌规划几乎等同于总体城市设计，但其在编制目的、技术手段与成果导向方面与总体城市设计仍有些微差距。

10.8.2 规划内容

风貌规划工作可分为基于宏观层面的城市风貌总体规划和基于微观层面的详细规划。

城市风貌规划的内容一般由建筑形式、公共开放空间、道路交通、整体建筑高度、

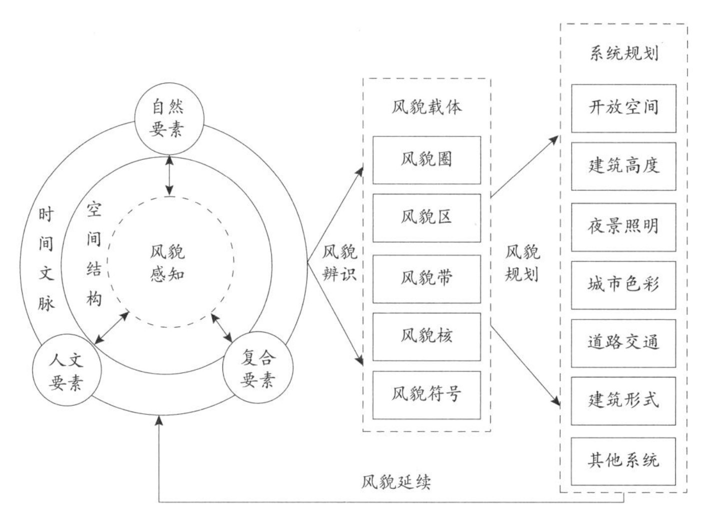

图 10-8-1 城市风貌与风貌规划

城市风貌规划与总体城市设计 表 10-8-1

	城市风貌规划	总体城市设计
编制目的	视觉主导，强化受众对城市的空间感知、增强城市的个性	全局把握，综合考虑与城市的发展形态和视觉形式及其产生的社会、经济、环境效益之间的有效联系
技术手段	较具针对性，因应地域差异及时空演变，采取个性化的手段应用	强调整体与全面性，经常是大范围的系统设计及系统间的交互联系
成果导向	借由发掘城市的自然格局及文化载体，增加城市的自明性	注重城市空间的整体和谐，作为城市规划的弹性补充，提供适应发展的空间模式与整体框架

[1] 李明，朱子瑜．城市风貌规划的技术解读与思考：以黑河市为例 // 中国城市规划学会．城市规划和科学发展：2009 中国城市规划年会论文集．天津：天津科学技术出版社，2009.

城市风貌规划的两个工作层次　　表 10-8-2

规划阶段	研究方向与规划内容	与相关规划的对接
城市风貌总体规划	针对城市和城市片区、廊道轴线范围，对整体城市空间形态、风貌分区、建筑风格意向等进行定量描述，分析并总结现状城市风貌的特征，依此提炼城市特色，提出城市风貌的总体定位，建立整体城市风貌的框架结构，以制定相应的目标和策略	以城市总体规划为依据，参考相关专项规划（绿地系统、高度分区等）
城市风貌详细规划	针对重要廊道、街区、地段、节点或建筑，重点偏重于对街道空间的指引和建筑造型与风格的规定，例如色彩、材料、立面等，提出详细的建设导控指引	为控制性详细规划提供参考，为修规提供设计条件

城市风貌规划的空间要素与设计内容　　表 10-8-3

要素	风貌规划涉及的设计内容		
建筑形式	建筑整体：色彩、体量、高度、材料、顶部、布局结构、形象的特征，如传统建筑的形式与特色、现代建筑的功能与类型； 建筑单体：代表城市形象的地标性建筑、传统建筑等		
公共开放空间	公园绿地	公园绿地的种类、功能及分布	对公园绿地、滨水空间和广场空地进行指认后，应明确主要城市廊道和空间的留设、公共开放空间的整体布局、各类开放空间的景观设计原则
	滨水地段	城市各类水系的分布及特征	
	广场空地	城市广场的功能、区位、设施、意义等	
道路交通	交通路网形成的城市结构、不同等级道路的分布、景观大道的景观设计、主要道路与周边建筑的关系、景观设计的现状、绿道及慢行系统、街道家具的设计等		
整体建筑高度	街区	全城高度分区、重点片区如历史街区等的整体高度控制	
	天际线	主要的城市天际线形象与设计；未来一级控制点、一般控制点、次级控制点的选择及设计原则	
	眺望系统	重要的视景、眺望点、视廊分析	
色彩	城市的代表性色彩；城市的主体色、辅助色及点缀色的选择，色彩分区及调配色的选择		
照明	城市功能照明、景观照明及夜游系统；照度分区、光色分区及气氛分区；夜景系统整体规划		
其他	依据城市的地域和文化特色所形成的特殊元素，如广告物、标识系统等		

色彩、照明等系统所构成，借由对各项空间组成要素现状的把握（包含实际情况及为人所感知的情况），进行系统性的导控。城市面临的状况不同，城市风貌规划的主要内容也有所区别。

10.8.3 技术要点

（1）城市特征分析

由于城市风貌的内容不仅是空间要素（此为“貌”），还有空间承载的城市精神与体验（此为“风”），因此研究初期不仅须借由文献资料搜集、实地调研等方式对空间形态进行调查，也常通过民意征集、专家访谈的形式对城市意象及印象等进行了解。而后评估城市整体风貌资源，整合各类资源评估结果，进行交叉分析，初步得出城市风貌定位。

（2）风貌要素设计与导引

1）整体建筑高度

①高度分区：考虑城市历史文化、山水资源、景观视廊、特色街巷、土地性质与开发强度、高压走廊及机场限高等因素，在注重城市整体形态塑造、尊重城市特色、满足土地效益和弹性控制管理等原则下，对城市进行高度分区，确定各街区建筑高度范围。

②天际线控制：确定建筑高度分区后，将一级控制点视为城市标志与象征进行重点识别与控制。

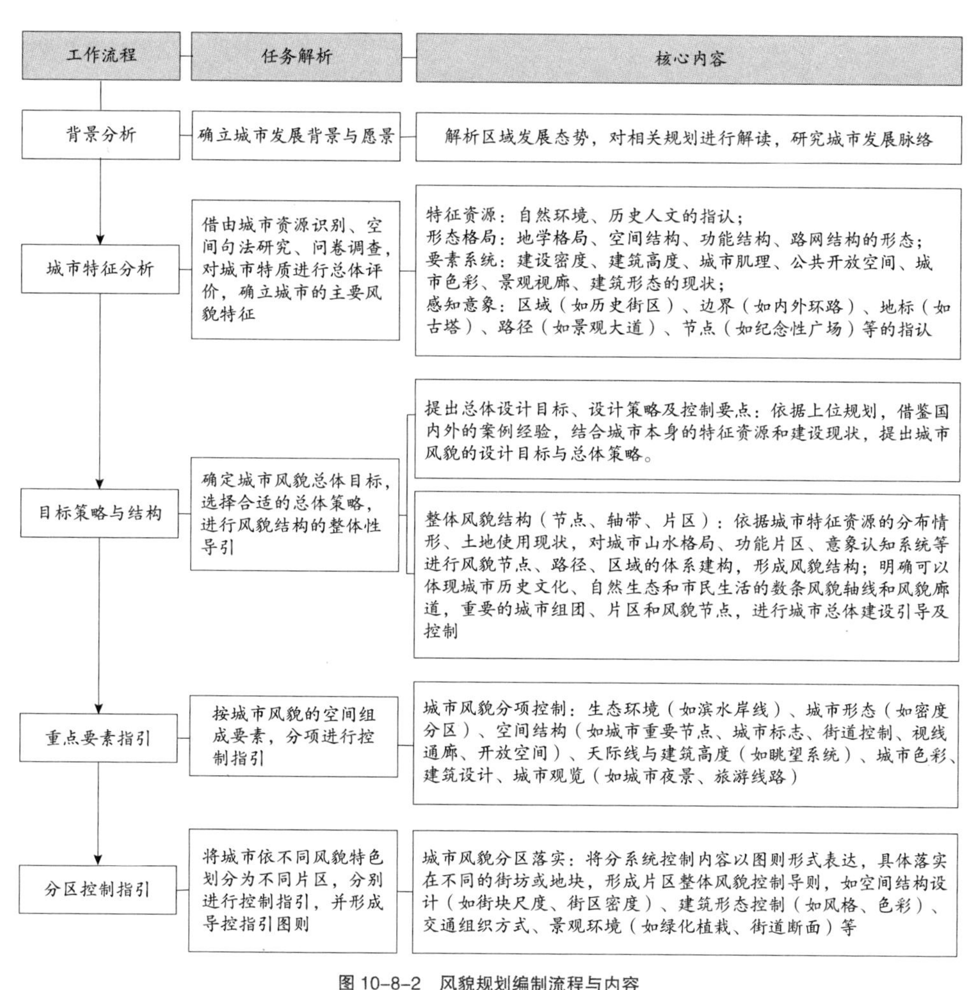

图 10-8-2　风貌规划编制流程与内容

城市特征调研与分析方法　　表 10-8-4

调研内容		⇨	交叉分析	
空间形态	借由文献回顾梳理城市的空间区位、历史沿革、气候条件、地形环境、经济社会等方面。结合实际走访对城市现状的形态格局、城市肌理、道路交通、开放空间、建筑形态等分类整理		聚类统计分析（SPSS）	通过分析问卷调查所搜集的资料，进一步了解每类人群对城市环境和风貌意象不同的感知及意见
城市意象	通过问卷与访谈，调查市民和游客对城市的总体印象、环境风貌、城市意象、市民活动等的认知，包含城市的特色、代表景点、特色建筑、特殊建筑符号、街道景观、市树市花、传统活动、商业区特点等		因子叠置分析（Arc GIS）	将城市风貌要素简化为自然环境、建筑风貌、道路系统、开放空间、风貌感知等五类因子，进一步细化分析，得到各地块综合风貌评价结果
城市体验	通过实地走访，着重于城市的空间体验，如生活氛围、空间尺度和感受、环境质量、开放空间评价、建筑设计方面的感官认识		三维模拟分析（Arc GIS）	通过三维模拟分析检视天际线、建筑高度、景观轴线、眺望系统、建筑与自然的关系

高度控制——香港山脊线的保护：

依据维多利亚港等七个瞭望点可见的两岸视廊为设计主体，规定景观视廊范围的建筑高度，以维护需保存的山脊线（保护 20% 以上的山脊不受建筑物遮挡）。

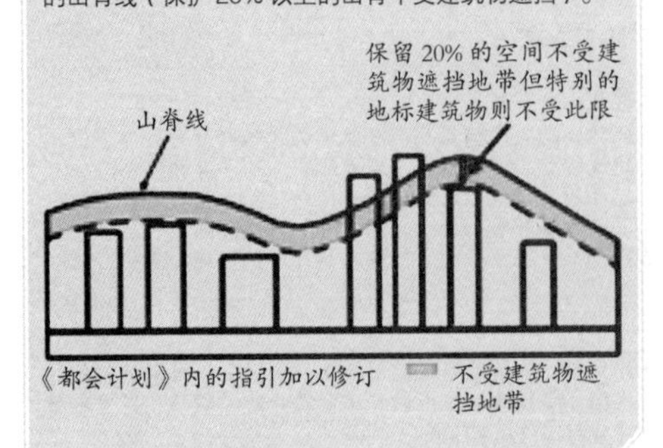

眺望系统：借由对高度与通道的控制，实现城市眺望的良好景观效果。

2）城市色彩

以城市的自然人文环境为色彩要素提取的基础，根据色彩的面积大小区分各片区的主调色、辅助色、点缀色、禁用色的色谱，进行色彩感知的分区，提出分级分类的控制引导策略。

3）建筑形式

对新建、改建、扩建建筑提出引导及控制要求，遵循文化脉络，注重空间的整体性，鼓励个体在统一中求变化。

城市天际线构成与控制对象　　表 10-8-5

天际线构成	控制对象
一级控制点	天际线构图中位于视觉中心地位的城市实体元素，通常是超高层建筑、标识建筑、城市历史建筑的尖顶、高层建筑簇群或山体等。以对其本身及周边地区的高度、体量、形态的控制为主，对天际线节奏变化影响较大
一般性控制面	城市中的一般性建筑，通常形体相近、建筑密度高，其群体轮廓构成天际线的地平抬升线，衬托一级控制点的主导作用

城市眺望系统构成与控制对象　　表 10-8-6

眺望系统构成	控制对象
视景	具体包括山水景观等自然风貌、地标建筑群、城市整体延展面等城市空间景观
眺望点	眺望点的位置应具有良好的可达性，一般是城市的广场、山顶、水岸或高层建筑顶层
视廊	一般借由建筑物和开放空间的布局控制从眺望点至视景的视线通廊

城市色彩规划技术手段及控制内容　　表 10-8-7

规划阶段	技术手段及控制内容	
现状调查	范围界定	通常可分为整个城镇或代表性的片区与街道两种不同范围，调查的对象可分为街道街区调研或是建筑使用分类调研两种方式
	色彩取样	分为自然色彩景观要素与人工色彩景观要素两大类，通常是借由观感测色和仪器测色同时调查色彩数值
色彩设计	基础色调	继承并认同城市的自然色彩，提出主调色、辅助色、点缀色、禁用色的色谱建议
	节点控制	对重要节点与地区提出色彩搭配建议，提出整体色调的气氛营造，如同一色调配色、类似色相配色、对照色相配色等表现手法
规划控制	色调控制	按城市主要色调进行控制，如杭州和北京的灰色系、广州的黄灰色
	分区控制	按照城市建设时间、功能布局或色彩控制等级程度进行分区

建筑形式控制要点及原则　　表 10-8-8

控制要点	控制原则
体量与尺度	整体考虑与周边环境的协调、布局的变化等，单体设计不宜过度夸张
立面与顶部造型	立面的单体应在统一中求变化，提取及应用街区建筑的主要符号，并配合景观需要设计建筑顶部造型
高度与层次	与高度分区相适应，在满足眺望系统和天际线设计的前提下，形成建筑空间的层次感
形象与风格	考量地方特色及文化内涵在建筑上的反映，掌握建筑个性和形象表现的度
材料与技术	因地制宜地选取本土材料及新技术材料在建筑上的应用

京都景观风貌地区设计标准
——建筑形态控制：

1）屋顶色彩：屋顶色彩原则上应采用铁灰、锈铜色，其他屋顶材质以暗灰色和暗黑色为宜；

2）外墙材质：外墙材质应是无光泽、粗糙的，玻璃及自然材质除外；

3）阳台：阳台禁止超出外墙，较低矮，与公共空间特殊景观的建筑除外；

4）外墙色彩：饱和度大于 6 的红色调与黄红色调不能作为主要外墙色彩（未加工的自然材质除外）；

5）门、围墙、篱笆：将机动车与自行车停车场紧靠门、围墙和篱笆，以维持城市景观

4）开放空间

针对水系、绿地、广场等要素进行控制，提出规划原则、规划布局与控制要点。

5）夜景照明

从功能照明、景观照明、夜景设计等三方面建构照明系统，增强夜晚的城市感知与环境标识，塑造夜间城市活动的场所感。

6）其他

除上述普遍进行系统控制的几类元素外，

开放空间类型及控制原则　　表 10-8-9

对象	控制原则
水系	尊重现状自然水系格局，鼓励应用地方材料营造生态滨水绿地，重点设计滨水景观带、绿色河岸线、城市重要亲水观景节点等
绿地	尊重原有山水环境，以生态为前提进行绿地布局及景观控制，如绿地功能、植物选择、设施配置、铺装材质选择等
广场	与周边环境互相配合，延续文化意涵，创造广场活动，并形成城市眺望系统中的眺望点

城市夜景系统构成类型及控制原则　　表 10-8-10

类型		控制原则
功能照明	道路交通	在保证出行安全和效率的前提下，依据道路的性质和层级，控制路面的平均亮度、亮度均匀度、水平照度、灯具的风格
景观照明	照度分区	将不同的区域分为鼓励照明、允许照明、限制照明和禁止照明等数种等级，同时考虑水平照度、垂直照度及两者间的比例关系。同时主要的功能建筑、道路应成为照明系统的引导元素
	光色分区	光色是影响环境气氛的主要因素，一般而言，生活性较强的地区采用较低的色温，而功能性较强的地区则采用较高的色温
	气氛分区	依据不同的用地性质与公共活动的集中程度设计不同的灯光气氛
夜景设计	道路交通	从功能与景观两方面适应不同的夜间游览模式
	重点区域 / 建筑	重点突出城镇滨水、商埠或其他易于识别的特色，并充分考虑与气候、绿化、风俗的协调，对其照度、光色和气氛进行控制建议
	夜游组织	针对城市主要的夜间活动区域，包含旅游景区、主要商业区、市民广场等应进行重点照明系统的设计，整合夜间旅游，充实城市夜景

新加坡城市中心夜景系统设计：

为宣扬新加坡作为热带都会及花园城市的特色，新加坡对滨河空间等四个重要地段进行夜景系统设计，主要设计理念如下：

1）创造新加坡独特的天际线和“cool”的夜景系统；

2）重新创造白天韵律的光影模式，以形成夜景的反差；

3）借由结合夜间灯光照明和绿化，加强新加坡丰富的热带绿化意象；

4）结合滨水的灯光照明增强新加坡岛屿城市的形象；

5）使用多样的灯光效果反映社会的多元文化

城市也可依据自身特色与需要，增加整体控制的类型与内容，如密度分区、标识系统、街道家具、道路景观等。

（3）成果形式

《城乡规划法》（2008）中并没有明确城市风貌规划的法定地位，通常是作为必要但非法定的专项规划，其作用多是城市总体规划的充实、控制性详细规划的完善及重点地段的城市设计研究，故成果形式往往系统性较强，有一定的控制效果。

10.9 城市产业空间布局规划

10.9.1 基本概念

（1）概念

城市产业空间布局是指在一定时期内，各类产业、影响要素、生产环节为选择最佳区位而在城市地域上的流动、转移、集散的配置与再配置的过程，体现了城市产业在地域空间范围内动态的优化组合与分布状况，是产业结构在城市地域空间上的投影。

城市产业空间布局规划是城市总体规划层面的专项规划之一，侧重分析城市各类产业在地域空间上的布局，有别于经济学视角下的产业发展规划。

（2）分类

近年来我国有关部委为促进产业转型，培育高新技术产业，陆续出台了新兴产业分类相关文件及指导意见，参照《国务院关于加快培育和发展战略性新兴产业的决定》，战

风貌规划的作用与成果表达　　表 10-8-11

案例地区	城市特色	风貌规划名称	作用	成果表达
香港	商业文明	《香港城市设计指引》（2002）	改善公共地方、市容、文化设施，以提升相关的居住品质，并确保发展计划与所涵盖的环境能相关配合，从而改善相关的城市竞争力，缔造更佳的安居之地	①发展高度轮廓指引； ②海旁地区发展指引； ③城市景观设计指引； ④行人环境设计指引； ⑤舒缓道路交通噪声和空气污染的措施； ⑥保存在远眺下的山脊线 / 山峰景观； ⑦缔造设计优美的海滨空间
京都	历史古都	《京都景观策略》	①确立自然流域景观； ②新旧文化景观协调； ③多元空间形成城市特色； ④景观使城市具生命力； ⑤由政府、居民和企业协作参与景观美化	①建筑高度； ②建筑形态设计； ③周边环境景观及观览系统； ④历史街道； ⑤户外广告； ⑥支撑系统
桂林	风景旅游	《桂林市城市风貌设计导则》	①保护历史文化名城风貌； ②延续山水城市格局； ③保持园林城市骨架； ④维护生态城市特征	①建筑体量、尺度、形象、风格等引导； ②道路、桥梁等市政公用基础设施引导； ③园林布局与园林要素； ④照明分类与设计指引； ⑤色彩分区与设计指引； ⑥城市标识的分类与控制

一般常规产业分类列表[1]　表 10-9-1

所属产业	产业名称	
第一产业	农业（种植业、林业、牧业、渔业）	
第二产业	工业（采掘业，制造业，电力、煤气、水的生产和供应业）和建筑业	
第三产业	流通部门	交通、运输、物流仓储、批发和零售贸易、餐饮业等
	生产和生活服务部门	金融、保险业，地质勘查业、水利管理业，房地产业，社会服务业，农、林、牧、渔服务业，交通运输辅助业，综合技术服务业
	科学文化服务部门	教育、文化艺术和广播电影电视业，卫生、体育和社会福利业，科学研究等
	为社会公共需求提供服务的部门	国家公共服务机构、社会服务组织机构和司法服务机构等

战略性新兴产业分类一览表　表 10-9-2

产业类型	产业分类二级目录
节能环保产业	节能、节水、环保、能源综合利用、再制造
新一代信息技术产业	电子信息核心基础、下一代信息网络、高端软件和信息技术
生物产业	生物医药、生物医学工程产品、生物制造
高端装备制造产业	航空产品、卫星及服务、轨道交通装备、海洋工程装备、智能制造装备
新能源产业	核电、太阳能、风电、生物质能源、智能电网
新材料产业	特种金属功能材料、高端金属结构材料、先进高分子材料、新型无机非金属材料、高性能复合材料、前沿新材料
新能源汽车产业	新能源汽车整车、储能装置、驱动装置、整车电子控制装置、专用辅助系统、专用接插件、供能装置及“车网互动”

略性新兴产业分类包括节能环保产业、新一代信息技术产业、生物产业、高端装备制造产业、新能源产业、新材料产业、新能源汽车产业七大产业。

10.9.2 规划内容

（1）规划层次

产业空间规划一方面是为配合《城市产业发展规划报告》做出相对应的城市产业空间布局专项规划，另一方面，按某类产业在不同空间规模范围内布局划分为区域（城镇群）产业（带）空间布局规划、城市总体规划产业（集群）空间布局专项规划、城市分区规划产业空间布局规划和城市重点片区或产业园区空间布局规划。

城市产业空间布局规划通常遵循产业与空间两条主线，以“产业”为核心脉络，强调产业主导、空间支持的编制思路，主要包含产业选择与空间布局规划[2]。具体内容见表 10-9-3。

（2）编制流程与工作内容

1）现状调查与资料收集

收集有关产业、经济发展及影响因素的基础资料，展开实地调查，规划编制单位可通过网络对发改、经贸、科技、市政、国土、

[1] 陈文晖，鲁静．产业规划研究与案例分析．北京：社会科学文献出版社，2010.

[2] 崔功豪，魏清泉，刘科伟．区域分析与区域规划．北京：高等教育出版社，2006.

城市产业空间布局规划基本任务与规划内容 表 10-9-3

规划层次	基本任务	规划内容
区域（城镇群）产业带空间布局规划	通过对区域内各城市的产业现状、发展机遇、挑战等分析，识别经济发展阶段与发展条件，明确产业发展战略与目标，并选定主导与配套产业类型，以“轴、带、圈层、功能区、功能组团”等对产业进行结构性的空间布局	①城市经济、产业现状发展概况分析； ②自然资源条件、区位交通条件分析； ③国际环境、国家战略、区域政策、区域基础设施等不同层次的产业发展环境研究、评估产业布局影响要素； ④相关规划依据及对接要求； ⑤产业发展战略与发展目标； ⑥城市产业分工的依据与原则； ⑦明确主导、配套产业的类型； ⑧构建产业布局空间结构与规划布局
城市产业空间布局专项规划	通过分析产业发展现状、发展机遇、挑战等，识别经济发展阶段与发展条件，明确产业发展战略与目标，选定主导与配套产业类型，以“点、线、面、轴、带、功能区”等对产业进行结构性的空间布局并提出近远期结合的实施策略	①城市经济、产业现状发展概况分析； ②自然资源条件、区位交通条件分析； ③国家战略、区域政策、区域基础设施等不同层次的产业发展环境研究； ④周边区域城市的经济产业比较； ⑤产业发展战略与目标； ⑥产业选择的依据与原则； ⑦明确主导产业、关联产业、基础产业的类型与用地规模，就业人口类型与需求预测； ⑧构建产业布局空间结构与空间规划布局，明确近期产业重点发展地区及实施策略
城市分区产业空间布局专项规划	在城市总体产业空间布局的指引下，在分区规划层面上落实主导产业及各类相关产业用地规模与分布，及其产业配套设施用地，提出职住平衡策略	①现状产业发展情况分析； ②产业发展 SWOT 分析（参见规划术语——SWOT 分析）； ③产业发展定位； ④产业空间发展结构； ⑤产业空间需求规模预测； ⑥相关配套设施布局； ⑦产业园区规划建设引导； ⑧相关政策与措施
重点地区及产业园区空间布局专项规划	在城市产业空间布局的引导下，细化产业内涵与发展路径，构建空间结构与规划用地布局，合理配套服务设施，提出相关政策与措施，保障产业规划在空间布局上的落实	①园区现状产业发展情况分析； ②园区发展动力分析； ③园区发展定位与目标； ④园区产业发展的重点与路径； ⑤构建空间结构与规划布局； ⑥合理布局各项配套设施； ⑦细化产业构成功能及配套设施； ⑧建设方案及行动计划

规划、交通、行业协会（企业）等部门进行访谈、资料收集以及展开问卷调查。

2）识别经济发展阶段与发展条件

通过对城市现状经济社会发展情况（GDP、人口、城市化水平等）、产业发展情况（产业结构、门类、规模等）、空间分布现状（城区、各县市（乡镇）的产业布局）的分析，立足于产业经济理论，研究产业发展基础，识别经济发展阶段；明确产业发展的优势和限制因素，找出发展中的关键问题和潜力；识别产业用地规模、就业人口规模与人力素质需求的对应关系。

3）明确发展战略与目标

针对性研究全球贸易、国家战略、区域政策以及区域基础设施布局等不同层次的产业发展环境演变，对产业发展进行 SWOT 分析，为研究产业发展战略、制订产业发展目标及产业空间布局规划方案提供依据与支撑，研究包含产业升级、产城融合、产业聚集等在内的规划策略。

4）明确主导产业、关联产业、基础性产业类型

城市产业在“主导产业支撑结合联动发展、依托区域资源、预留弹性空间”等原则下，从自身产业基础、产业链完善、产业竞争态势综合评判，选择适合城市发展的主导产业、关联产业、基础性产业以及战略性新兴产业的类型。

5）构建空间布局与规划方案

分析产业布局影响因素（如交通区位、经济成本、科技政策等），参考增长极、点—轴、网络、产业集群等理论，提出产业在不同发展阶段的空间结构与空间布局，重点地区或园区还要确定空间布局形态、用地规模、产业集聚作用等以及各项配套设施布局等。

6）提出相关政策与保障措施

加强与相关规划和政策的对接，提出产业发展策略、相关政策建议与措施，保障产业规划在空间布局上的落实。同时提供相应的城市公共服务保障（如保障性住房、文化教育设施、产业服务平台建设、商业配套等）。

10.9.3 技术要点

（1）产业空间布局影响要素

除资源性（电力、煤气采掘）产业及政治历史因素形成的产业布局外，基于城镇产业提升转型的产业空间布局规划主要关注影响要素与城市区位的需求。

（2）城市区位空间需求关系

适合产业布局的地区依据城市区位与城市功能的不同可划分成城市中心区、城市过渡区、产业园区、特色资源区和生态保护区五类。

对应不同的产业类型，特别是新兴产业类型倚重的生产要素，可选择不同的城市区位，建立相匹配的空间需求关系。

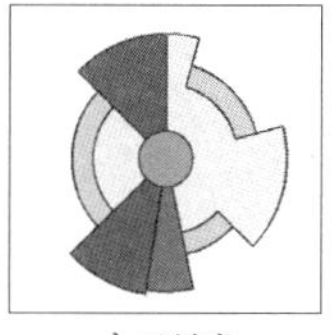

图 10-9-1 五类产业分区与扇形、多核心城市空间对应关系模式图

创新型产业空间布局影响要素[1] 表 10-9-4

要素名称	所吸引的产业特征		产业案例	
科技要素	以创新为核心动力		高新技术产业、战略性新兴产业、生产性服务业	
服务要素	以服务供给质量与便利程度为核心竞争力		金融、法律、咨询等商务服务业	同时需要考虑服务与成本双重关系：文化创意产业等
成本要素	以价格优势为核心竞争力		制造业的规模生产环节	
特色资源要素	交通区位	产品或服务时效性强	专业物流与商贸会展	
	特殊政策	需要特殊政策许可	保税物流、服务外包	
	历史文化	依托历史文化资源	文化创意、文化旅游	
生态资源要素	产业环境友好度高		生态农业、观光农业	

[1] 贺传皎，王旭，邹兵．由“产城互促”到“产城融合”：深圳市产业布局规划的思路与方法．城市规划学刊，2012（5）：30-36.

新兴产业与空间需求对应一览表　　表 10-9-5

产业类型	产业倚重的生产要素	城市区位
金融、企业总部、互联网、旅游、商贸会展	服务要素、高端综合服务	城市中心区
文化创意设计、科研、城市主导产业	服务要素、综合服务、土地成本	城市过渡区
研发、高新技术、先进制造、高等教育、科研	科技要素、成本要素、土地要素	产业园区、城区边缘
物流、旅游、保税	交通要素、政策要素、人文要素	特色资源区
休闲旅游、观光农业、种植业	生态要素	生态保护区

第十一章　市政工程专项规划

城市基础设施分为工程性基础设施和社会性基础设施两类。我国通常的城市基础设施主要指工程性基础设施，包含交通、水、能源、通信、环境、防灾等六大工程系统。本章的市政工程专项规划包括给水、排水、电力、通信、燃气、供热、环境卫生、防灾以及管线综合等各项专项规划，同时纳入了近几年常见的新型市政工程如再生水、低影响开发雨水系统、竖向等专项规划。

市政工程规划分为两个编制体系，一是随城市规划同步开展且融为一体的市政工程配套规划，二是与城市规划相互协调且独立沿专业纵向开展的市政工程专项规划。《城乡规划法》只对城镇体系规划、总体规划和详细规划等综合性规划赋予法律地位，市政工程配套规划作为综合性规划的重要组成部分，相应地具有法律地位。考虑到市政工程系统的专业性、系统性和整体性，以及市政工程配套规划存在覆盖不足、区域协调性差和修改程序复杂等问题，国内不少地方开始系统性地编制市政工程专项规划，以实现市政工程配套和专项两个体系规划相互配合，更好地指导市政设施建设，促进城市经济社会健康发展的目的。

《城乡规划法》、《城市规划编制办法》(2006)等法律法规及规范性文件对市政工程配套规划编制内容和深度要求的规定比较粗略，更没有对市政工程专项规划的编制要求作出规定。本章借鉴国内先行城市经验，尝试在市政工程专项规划的编制程序及内容深度要求等方面提炼相对规范的做法，各地可结合本地特点，因地制宜开展市政工程专项规划编制工作。市政工程配套规划作为综合性规划的一部分，编制内容及深度要求详见前述各章节，也可参照本章内容执行。

11.1 市政工程专项规划概述

(1)编制要求

1)编制任务

市政工程专项规划的主要任务是根据城市经济社会发展目标，结合各市政工程系统的现状和区域供配情况，制定规划建设目标，科学预测需求量，合理确定各市政工程系统设施规模和布局，预留设施和通道走廊用地，并制定建设策略、措施和时序。

2)规划层次

市政工程专项规划层次与城市规划基本一致，分为总体规划、分区规划和详细规划三个层次[1]。考虑到各市政工程专业的系统性和整体性，在较大范围内进行整体布局、系统构建更具科学性和合理性，一般只在重点地区和特殊要求地区编制市政工程专项详细规划，且宜多专业工程同步编制。同步编制多个系统的市政工程专项规划，并在规划建设目标、空间布局和建设时序方面进行综合协调的规划称为市政工程综合规划。市政工程综合规划分为分区规划和详细规划两个层次，总规层面各市政工程综合协调工作在城市总体规划中完成。

3)各层次规划之间的关系

市政工程专项总体规划、分区规划、详细规划三个层面的相互关系是逐层深化、逐

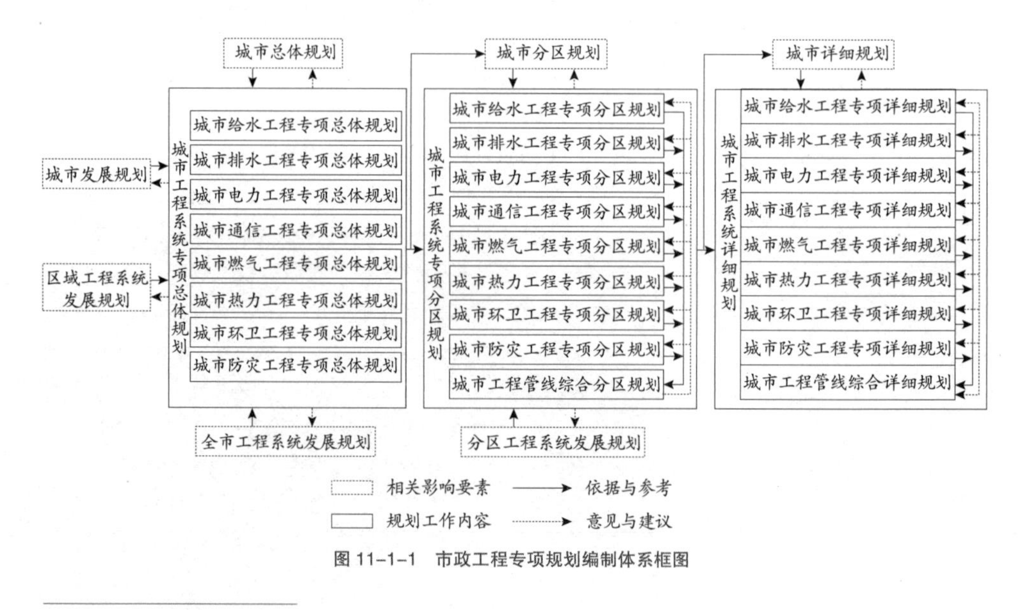

图 11-1-1 市政工程专项规划编制体系框图

[1] 戴慎志. 城市工程系统规划. 第二版. 北京：中国建筑工业出版社，2013：8.

层完善的，是上层次指导下层次的关系，即市政工程专项总体规划是分区规划和详细规划的依据，起指导作用；而市政工程专项分区规划、详细规划是对总体规划的深化、落实和完善。同时下层次规划也可对上层次规划不合理的部分进行调整，从而使工程规划更具合理性、科学性和可操作性[1]。

4）与法定规划之间的关系

市政工程专项总体规划与城市总体规划相匹配，从本工程系统角度分析和论证城市经济社会发展目标的可行性、城市总体规划布局的可行性和合理性，并提出对城市发展目标和总体布局的调整意见和建议。同时依据城市总体规划确定的发展目标、空间布局，合理布局本系统的重大设施和管网系统，制定本系统主要的技术标准和实施措施。

市政工程专项分区规划是市政专项总体规划和市政专项详细规划的重要衔接，是根据城市工程规划建设的实际需要，按功能分区（行政管理区、新城、新区、特殊功能区、工程系统管理分区等）范围进行编制。从本工程系统角度分析和论证功能分区内城市规划布局的可行性、合理性，并提出相关调整意见和建议；根据市政工程专项总体规划和城市功能分区的规划布局，布置本系统在功能分区内的主要设施和工程管网，制定针对本功能分区的技术标准和实施措施。

市政工程专项详细规划与城市详细规划相匹配，从本工程系统角度对城市详细规划的布局提出调整意见和建议。同时依据上次层次专项规划和城市详细规划确定的用地布局，具体布置规划范围所有的工程设施和工程管线，提出相应的工程建设技术要求和实施措施。

（2）编制程序

1）工作程序

城市工程专项规划一般包括前期准备、现场调研、规划方案、规划成果等四个阶段。

①前期准备阶段是项目正式开展前的策划活动过程，需明确委托要求，制定工作大纲。工作大纲内容包括技术路线、工作内容、成果构成、人员组织和进度安排等。

②现场调研阶段工作主要指掌握现状自然环境、社会经济、城市规划、专业工程系统的情况，收集专业部门、行业主管部门、规划主管部门和其他相关政府部门的发展规划、近期建设计划及意见建议。工作形式包括现场踏勘、资料收集、部门走访和问卷调查等。

③规划方案阶段主要分析研究现状情况和存在问题，并依据城市发展和行业发展目标，确定本专业工程的建设目标，完成设施管网系统布局，安排建设时序。期间应与专业部门、行业主管部门、规划主管部门和其他相关政府部门进行充分的沟通协调。

④规划成果阶段主要指成果的审查和审批环节，根据专家评审会、规划部门审查会、审批机构审批会的意见对成果进行修改完善，完成最终成果并交付给委托方。

2）编制主体

市政工程专项规划应由城市规划管理部门单独组织编制或联合工程系统专业部门（行业管理部门）共同组织编制。

3）审批主体

市政工程专项总体规划一般由市规划委员会或市政府审批，市政工程专项分区规划和详细规划建议由规划管理部门审批。

（3）成果要求

规划成果包括规划文本和附件。规划文本是对规划的各项指标和内容提出规划控制要求或提炼规划说明书中重要结论的文件；附件包括规划说明书、规划图纸、现状调研报告和专题报告，其中现状调研和专题报告

[1] 戴慎志．城市工程系统规划．第二版．北京：中国建筑工业出版社，2013：8.

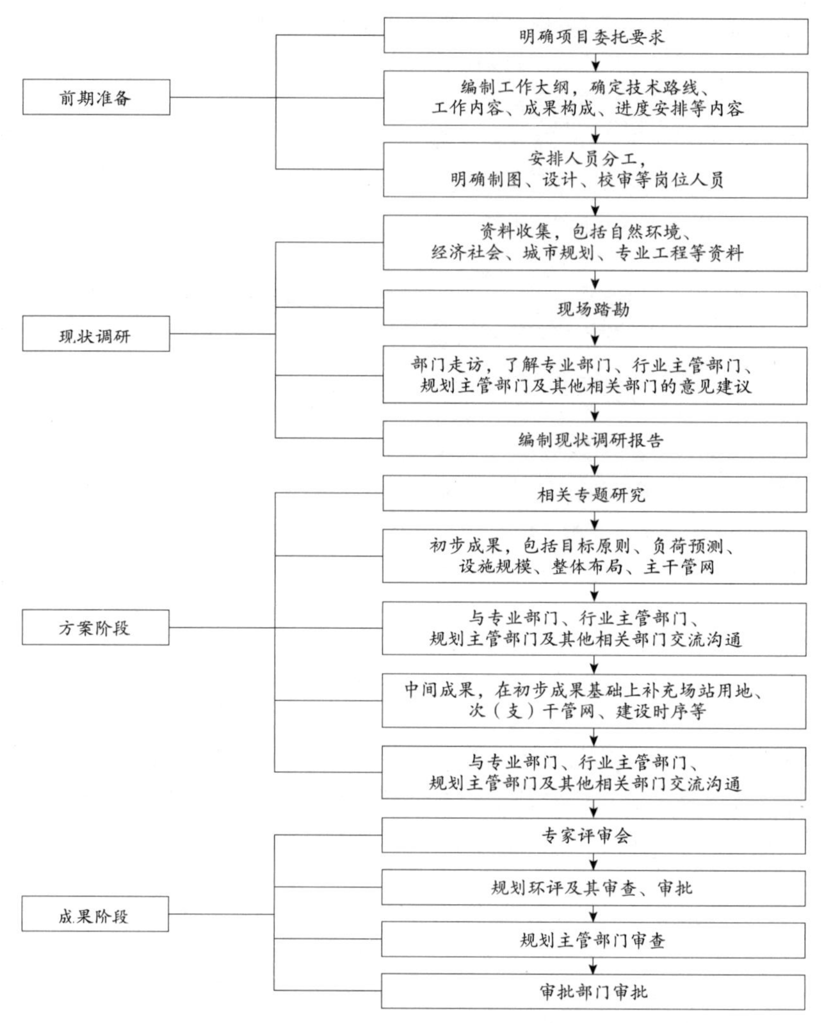

图 11-1-2　市政工程专项规划工作流程框图

可根据需要编制。市政工程系统专项总体规划应编制现状调研报告，并同步编制规划环境影响评价报告。

11.2　给水工程专项规划

（1）工作任务

根据区域和城市的水资源情况，保护水资源，确定水源地保护范围，制定水源地保护措施，选择水源；预测用水量，平衡水资源利用；确定城市水厂、加压泵站等给水设施的规模、容量；布局给水设施和管网系统，落实相关用地并确定建设要求。满足用户对水质、水量、水压等要求。

给水工程专项总体规划与分区规划的主要区别如下：

①总体规划确定水源布局、水源平衡分析，分区规划以总体规划为依据进行细化落实；

②给水设施规划方面，总体规划主要确定水厂和泵站的布局、规模和用地要求；分区规划细化落实相应用地，并确定其他给水设施的位置和规模；

③给水管道方面，总体规划主要确定主干管道整体格局，明确主干管道的布局和管径；分区规划细化落实所有管道的位置和管径。

（2）资料收集

需要收集的资料包括自然环境资料、经济社会情况、城市规划资料和给水工程专业资料等。自然环境资料包括气象、水文、地质和环境资料等；经济社会情况资料包括经济发展、人口、土地利用和城市布局资料等；城市规划资料包括城市总体规划、分区规划、详细规划和其他相关规划资料等；给水工程专业资料主要包括给水规划、城市水源、现状供水设施、现状供水情况和其他相关资料等。

（3）文本编制内容

给水工程专项总体［分区］规划文本内容包括：

①前言；

②规划范围、依据、目标、原则及内容；

③确定用水量指标、预测各类用水量；

④确定给水水源种类、布局、规模［根据上层次规划确定给水水源种类、位置、规模；取水口位置］；

※⑤确定给水系统整体格局；划分供水区；

⑥明确给水水厂、主要加压泵站布局、规模及用地要求［确定给水水厂、加压泵站和高位水池的位置、规模及用地面积］；

⑦确定给水主干管道的布局、管径及给水管道的规划原则［确定给水主次管道的布局、管径及一般管道的设置概况］；

给水工程专项主要资料收集汇总表　　表 11-2-1

资料类型	资料内容	收集部门
1）水源资料	①区域主要河流、水库、湖泊、海域分布图； ②城市水源类别、位置、资源量、水源保护范围； ③城市现状水源工程位置、规模、水质及运行情况	水务部门 环境部门 规划部门
2）现状给水设施资料	①城市现状水厂的位置、规模、处理工艺、供水压力及运行情况； ②城市现状加压泵站和高位水池的位置与规模； ③城市现状给水管道的位置、管径及运行情况	自来水公司 规划部门
3）现状供水情况资料	①城市现状给水系统的供水范围； ②城市近十年现状各类用水量增长情况； ③城市现状供水普及率、保证率、漏损率、重复利用率及分质供水情况； ④城市现状供水水质情况	自来水公司 水务部门
4）相关专项规划资料	①城市水资源规划； ②区域水功能区划； ③上一版或上层次给水工程专项规划； ④城市总体规划、分区规划、详细规划； ⑤城市道路工程规划； ⑥城市防洪工程规划	规划部门 水务部门
5）其他相关资料	①水资源综合规划； ②上一版或上层次给水工程专项规划； ③城市近十年的供水、水资源公报； ④城市年鉴和统计年鉴； ⑤规划区及邻近地区近期地形图，1 ∶ 1000—1 ∶ 10000； ⑥城市总体规划、分区规划、详细规划； ⑦城市道路工程规划、城市防洪工程规划	水务部门 规划部门 自来水公司 统计部门

⑧确定水源地的保护范围；制定水源地保护措施；

⑨确定近期建设内容；

⑩确定工程投资匡算；

⑪规划实施建议及保障措施。

（4）图纸绘制内容

给水工程专项总体［分区］规划图纸内容包括：

①给水系统现状图：标明现状水源和供水设施的位置与规模，标明给水管道位置及管径；

※②城市水资源配置规划图：标明水源及保护范围，水资源分布及调配情况，标明给水厂布局及规模，标明原水管道布局及管径；

※③给水区域划分图：标明各给水分区范围和预测用水量；

④给水管网水力平差图；标明管网平差后给水管道的布局、管径、管段长度、流速、流量、水力坡度和水头损失等［标明管网平差后给水管道的位置、管径、管段长度、流速、流量、水力坡度和水头损失等］；

※⑤管网水压坡降线分布图；

⑥给水工程规划图：标明给水厂、主要加压泵站的布局及规模；标明主要给水主干管布局及管径［标明给水厂、加压泵站和高位水池的位置及规模；标明给水管道位置及管径］；

※⑦水厂处理流程图；

⑧近期建设规划图：标明近期建设的给水设施布局及规模，标明近期建设的给水管道布局及管径；

⑨［给水设施用地图集：标明给水设施功能、规模、用地范围及建设要求］。

（5）说明书编制要求

给水工程专项总体［分区］规划说明书内容包括：

①前言：规划背景、必要性，编制过程；

②概述：规划范围、依据、目标、原则及内容；

③城市概况：城市自然条件、经济社会发展状况；

④现状及问题：现状城市水源、给水设施与管道、给水系统运行管理情况及存在的问题；

⑤相关规划解读：对城市总体规划、分区规划、水资源综合规划、上层级或上版给水工程专项规划和其他相关规划的解读等；

⑥用水量预测：采用多种方法预测近远期用水量；

⑦水源规划：水资源供需平衡分析，选择水源，明确水源保护范围和保护措施［根据上层次规划确定水源的种类、位置、规模］；

⑧设施规划：确定给水工程整体格局，划分供水区域；确定给水水厂、主要加压泵站的布局、规模及用地要求；确定各水厂的处理工艺［确定给水水厂、加压泵站和高位水池的位置、规模及用地面积］；

⑨管网规划：进行给水管网平差计算，确定给水主干管道的布局、管径及给水管道的规划原则［进行给水管网平差计算，确定给水主次管道的布局、管径及一般管道的设置概况］；

⑩近期建设规划：针对给水工程突出问题和预测近期用水量，确定近期建设内容；

⑪投资匡算：确定近远期给水工程量及工程投资匡算；

⑫规划实施建议及保障措施[1]。

[1] 带※的表示只适用于专项总体规划，在专项分区规划中毋需表述；带［　］的内容表示在专项分区规划中的做法；后文同。

11.3 污水工程专项规划

(1)工作任务

根据城市自然环境和用水情况，预测污水量，划分污水收集范围；确定城市污水厂、加压泵站等污水设施的规模、容量；布局污水设施和管网系统，落实相关用地并确定建设要求。满足城市排水与水体保护的要求。

污水工程总体规划与分区规划的主要区别如下：

①总体规划确定污水系统布局、排水体制，分区规划以总体规划为依据进行细化落实；

②污水设施规划方面，总体规划主要确定污水厂与泵站的布局、规模和用地要求；分区规划细化落实相应用地，并确定其他污水设施的位置和规模；

③污水管道方面，总体规划主要确定主干管道整体格局，明确主干管道的布局、管径、坡向等要求，分区规划细化落实所有管道的位置、管径、管长、标高和坡向。

(2)资料收集

需要收集的资料包括自然环境资料、经济社会情况、城市规划资料和污水工程专业资料等。自然环境资料包括气象、水文、地质和环境资料等；经济社会情况资料包括经济发展、人口、土地利用和城市布局资料等；城市规划资料包括城市总体规划、分区规划、详细规划和其他相关规划资料等；污水工程专业资料主要包括污水规划、现状污水设施、现状污水管道和其他相关资料等。

(3)文本编制内容

污水工程专项总体[分区]规划文本内容包括：

①前言；

②规划范围、依据、目标、原则及内容；

③确定排水制度、污水处理率、采用的最小管径等；

④确定污水量指标，预测近远期污水量；

※⑤确定污水系统整体格局，划分污水收集范围；

⑥确定污水厂与主要加压泵站的布局、规模及用地要求[确定污水厂、加压泵站的位置、规模及用地面积]；

⑦确定污水主干管道的布局、管径及污水管道的规划原则[确定污水主次管道的布

污水工程专项主要资料收集汇总表　　表 11-3-1

资料类型	资料内容	收集部门
1)现状污水设施资料	①城市现状污水厂的位置、规模、处理工艺流程及运行情况； ②城市现状污水泵站的数量、位置、规模及运行情况； ③城市现状污水管道位置、管径及运行管理情况； ④城市污水处理收费，污水处理厂和污水管运行费用	规划部门 水务部门 市政公用部门 污水厂
2)现状污水处理量资料	①城市现状污水系统的收集范围； ②城市近十年污水处理量； ③城市现状污水厂进、出厂水质； ④城市现状污水收集处理率	水务部门 市政公用部门 污水厂
3)其他相关资料	①区域水功能区划； ②上一版或上层次污水工程专项规划； ③城市水源位置及保护范围； ④城市近十年的供水公报； ⑤城市年鉴和统计年鉴； ⑥规划区及邻近地区近期地形图，1 : 1000—1 : 10000； ⑦城市总体规划、分区规划、详细规划； ⑧城市道路工程规划、城市防洪工程规划	水务部门 环保部门 规划部门 市政公用部门 统计部门

局、管径及一般管道的设置概况]；

⑧确定近期建设内容；

⑨确定工程投资匡算；

⑩规划实施建议及保障措施。

（4）图纸绘制要求

污水工程专项总体[分区]规划图纸内容包括：

①污水工程现状图：标明现状污水处理厂与污水泵站的位置及规模，标明现状污水管道的位置、管径、标高及坡向；

※②污水区域划分图：标明各污水分区范围和预测污水量；

③污水工程规划图：标明污水厂、主要泵站的布局及规模，标明污水主干管的布局、管径及坡向[标明污水厂、泵站的位置及规模，标明污水管道的位置、管径、标高及坡向]；

④近期建设规划图：标明近期建设的污水设施的布局及规模；标明近期建设的污水管道布局、管径、标高及坡向；

⑤[污水设施用地图集：标明污水设施功能、规模、用地范围及建设要求]。

（5）说明书编制要求

污水工程专项总体[分区]规划说明书内容包括：

①前言：规划背景、必要性、编制过程；

②概述：规划范围、依据、目标、原则、内容等；

③城市概况：城市自然条件，经济社会发展状况，城市建设及人口规模；

④现状及问题：现状排水体制、污水工程现状、水体污染状况及存在问题分析；

⑤相关规划解读：包括对城市总体规划、分区规划、上层次或上版污水工程专项规划和其他相关规划的解读；

⑥规划目标：确定排水制度、污水处理率、采用的最小管径等；

⑦污水量预测：预测近远期污水量；

⑧设施规划：确定污水工程整体格局，划分污水收集范围，确定污水水厂与主要泵站的布局、规模及用地要求，确定各污水厂的处理工艺[确定污水厂与泵站的位置、规模及用地面积]；

⑨管网规划：确定污水主干管道的布局、管径及污水管道的规划原则[确定污水主次管道的布局、管径及一般管道的设置概况]；

⑩近期规划：针对污水工程突出问题和近期预测污水量，确定近期建设内容；

⑪规划匡算：分近、远期确定工程投资匡算；

⑫规划实施建议及保障措施。

11.4 雨水工程专项规划

（1）工作任务

根据城市自然环境，确定排水体制、暴雨设计重现期；确定雨水排放量，划分雨水排放区域；确定雨水泵站规模、容量；布局雨水设施和雨水管渠系统，落实相关用地并确定建设要求。满足城市雨水排水的要求。

雨水工程专项总体规划与分区规划的主要区别如下：

①总体规划确定雨水系统划分、排水体制，分区规划以总体规划为依据进行细化落实；

②雨水设施规划方面，总体规划主要确定雨水设施布局、规模和用地要求，分区规划细化落实相应用地；

③雨水管道方面，总体规划主要确定主干管道整体格局，明确主干管道的布局、管径、坡向等要求；分区规划细化落实所有管道的位置、管径、管长、标高和坡向。

（2）资料收集

需要收集的资料包括自然环境资料、经济社会情况、城市规划资料和雨水工程专业资料的等。自然环境资料包括气象、水文、

雨水工程专项主要资料收集汇总表　　表 11-4-1

资料类型	资料内容	收集部门
1）现状雨水设施资料	①城市现状雨水泵站的数量、位置、规模及运行情况； ②城市现状雨水管（渠）位置、管径及运行情况； ③区域江、河、海堤的防洪（潮）标准、防洪（潮）设计水位等资料； ④区域河流、水库、湖泊、海域等水体资料	规划部门 水务部门 市政公用部门
2）其他相关资料	①上一版或上层次雨水工程专项规划； ②各设计重现期的暴雨强度公式； ③城市年鉴和统计年鉴； ④规划区及邻近地区近期地形图，1 ∶ 1000—1 ∶ 10000； ⑤城市总体规划、分区规划、详细规划； ⑥城市道路工程规划；城市防洪工程规划	水务部门 环保部门 规划部门 市政公用部门 统计部门

地质和环境资料等；经济社会情况资料包括经济发展、土地利用和城市布局等；城市规划资料包括城市总体规划、城市分区规划、城市详细规划和其他相关规划资料等；雨水工程专业资料主要包括雨水规划、现状雨水设施、水体环境和其他相关资料等。

（3）文本编制内容

雨水工程专项总体[分区]规划文本内容包括：

①前言；

②规划范围、依据、目标、原则及内容；

③确定排水制度、雨水设计标准与暴雨强度公式；

※ ④确定雨水系统整体格局，划分排放区；

⑤明确雨水设施布局、规模及用地要求[确定雨水设施的位置、规模及用地面积]；

⑥确定雨水主干管渠的布局、管径及雨水管渠的规划原则[确定雨水主次管渠的布局、管径、出口位置及一般管渠的设置概况]；

⑦确定近期建设内容；

⑧确定工程投资匡算；

⑨规划实施建议及保障措施。

（4）图纸绘制要求

雨水工程专项总体[分区]规划图纸内容包括：

①雨水工程现状图：标明城市河流水系与雨水设施的位置、规模，标明现状雨水管渠的位置、尺寸、标高、坡向及出口位置，标明地形情况；

※ ②雨水分区划分图：标明河流水系，标明汇水分区界线及汇水面积，标明雨水设施的布局，标明雨水主干管渠的布局、坡向及出口；

③雨水工程规划图：标明雨水设施的布局及规模，标明雨水主干管渠的布局、管径、坡向及出口，标明地形情况[标明雨水设施的位置、规模及用地面积，标明雨水管渠的位置、管径、标高、坡向及出口，标明地形情况]；

④近期建设规划图：标明近期建设的雨水设施布局及规模，标明近期建设的雨水管道布局、管径、标高及坡向，标明地形情况；

⑤[雨水设施用地图集：标明雨水设施功能、规模、用地范围及建设要求]。

（5）说明书编制要求

雨水工程专项总体[分区]规划说明书内容包括：

①前言：规划背景、必要性、编制过程；

②概述：规划范围、依据、目标、原则、内容等；

③城市概况：城市自然条件；经济社会

发展状况；

④现状及问题：现状排水体制、雨水工程现状及存在问题；

⑤相关规划解读：包括城市总体规划、分区规划、上层次或上版雨水工程专项规划；

⑥规划目标：确定排水制度、区域防洪标准、雨水设计标准、暴雨强度公式、采用的最小管径等；

⑦雨水排放分区：划分雨水排放流域分区，确定分区雨水排放方式；

⑧设施规划：确定雨水工程整体格局，确定雨水设施的布局、规模和用地要求［确定雨水设施的位置、规模和用地面积］；

⑨管道规划：确定雨水主干管渠的布局、管径、出口位置及雨水管渠的规划原则［确定雨水主次管渠的位置、管径、出口位置及一般管渠的设置概况］；

⑩近期规划：针对雨水工程突出问题和城市近期建设，确定近期建设内容；

⑪投资匡算：确定近远期雨水工程量及投资匡算；

⑫雨水利用：提出雨水利用原则及相关措施；

⑬规划实施建议及保障措施。

11.5 低影响开发专项规划

（1）概念与工作任务

低影响开发模式是近年国际上流行的暴雨综合管理模式。低影响开发主要提倡模拟自然条件，通过在源头利用一些微型分散式生态处理技术实现对降雨所产生的径流和污染的控制，使区域开发后的水文特性与开发前基本一致，进而保证将土地开发对生态环境造成的影响减到最小。

编制低影响开发雨水系统专项规划的任务在于根据城市发展目标，确定低影响开发的控制目标；制定不同地区的低影响开发策略；并提出各类建设用地项目的低影响开发规划建设指引；提出促进低影响开发的措施建议；减少对自然环境的干扰和破坏。

（2）资料收集

需要收集的资料包括自然环境资料、经济社会情况、城市规划资料等。自然环境资料包括气象、水文、地质和环境资料等；经济社会情况资料包括经济发展、土地利用和城市布局资料等；城市规划资料包括城市总体规划、分区规划、详细规划和其他相关规划资料等。

低影响开发专业资料收集汇总表　　表 11-5-1

资料类型	资料内容	收集部门
1）基础资料	①区域降雨情况的相关资料； ②区域河流、水库、湖泊、海域等水体资料； ③城市地表层土壤的性质，渗透性资料； ④城市地下水及地下水水位资料； ⑤城市土地利用现状资料	规划部门 国土部门 水务部门 气象部门
2）规划资料	①城市总体规划、分区规划； ②区域水资源综合规划； ③城市雨水工程规划、城市防洪工程规划、城市绿地系统规划	规划部门 水务部门
3）其他相关资料	①城市年鉴和统计年鉴； ②城市建设项目的规划建设管理体系； ③区域水功能区划； ④一级水源保护区的范围； ⑤城市规划建设标准与准则	规划部门 建设部门 环保部门 统计部门

（3）文本编制内容

低影响开发专项规划文本内容包括：

①前言；

②规划范围、依据、目标、原则及内容；

③确定流域或片区低影响开发的控制目标；

④确定各分类用地低影响开发策略；

⑤确定主要类型建设用地项目的低影响开发规划指引；

⑥规划实施建议及保障措施。

（4）图纸绘制要求

低影响开发专项规划图纸内容包括：

①规划范围图：标明规划范围、区域地形、河流水系、水库湖泊、规划用地等；

②地下水位分布图：标明规划地形、河流水系、地下水位等高线或地下水位埋深分布；

③流域分布图：标明规划区地形、河流水系、流域划分等；

④各类建设用地项目的规划指引图：标明主要类型建设用地的低影响开发控制目标、规划设计指引。

（5）说明书编制要求

低影响开发专项规划说明书内容包括：

①前言：规划背景、必要性，编制过程；

②概述：规划背景，规划范围、依据、规划目标及原则、规划必要性和规划内容等；

③城市概况：区域位置、自然状况、防洪体系、社会经济、城市建设；

④经验借鉴：国外相关经验、国内相关经验（特别是国内同等城市的经验），并对相关经验进行解读，提出适合本地化的相关经验；

⑤相关规划解读：包括对城市总体规划、雨水工程专项规划、防洪工程专项规划、相关规划标准、建设管理政策等资料的解读；

⑥建设区低影响规划：确定城市建设区开发策略，确定流域或片区的控制目标，编制各类用地项目的规划指引；

居住项目低影响开发控制目标

1. 径流量控制：

开发建设后的综合径流系数≤0.45

2. 径流污染控制：

雨水径流中污染物去除率>50%（以SS计）

居住项目低影响开发规划指引

1. 居住建筑屋面雨水应引入建筑周围绿地入渗。
2. 居住区应充分利用绿地的入渗、过滤和吸收功能。增大区域雨水入渗量，消减雨水径流的污染负荷，绿地应建成下凹式绿地。
3. 居住区非机动车路面、人行道、停车场、广场、庭院应采用透水铺装地面。
4. 居住区道路超渗雨水应就近引入周边绿地入渗。
5. 结合居住区的景观设计，可选择采用雨水花园、景观湖、绿色屋面等。
6. 结合居住区的雨水工程设计，可选用采用渗透雨水井、渗透雨水管等。

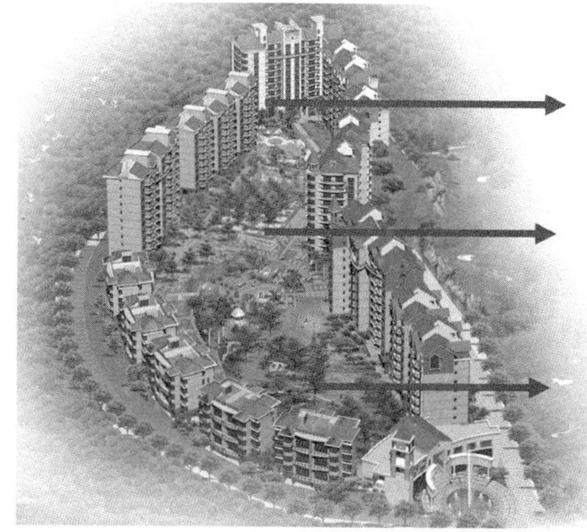

屋面雨水进入建筑周围雨水花园

透水铺装地面

下凹式绿地及雨水花园

图 11-5-1　居住用地建设项目低影响开发规划指引图

⑦生态区（山区）低影响策略：明确生态区开发策略，确定各类项目的控制目标，编制各类项目的规划指引；

⑧低影响规划实施建议及保障措施：提出规划建设管理保障政策及措施，提出激励机制等实施建议；

⑨综合效益分析：环境效益分析、社会效益分析。

11.6 再生水工程专项规划

（1）工作任务

根据城市的用水和污水收集处理情况，确定再生水水源量、再生水用户；预测再生水用水量，确定再生水水源；确定再生水水厂、加压泵站等再生水设施的规模、容量；布局再生水设施和管网系统，落实相关用地并确定建设要求，满足再生水用户对水质、水量、水压等要求；提出促进再生水利用的保障措施建议。

再生水工程专项总体规划与分区规划的主要区别如下：

①总体规划确定再生水水源布局、水源平衡分析，分区规划以总体规划为依据进行细化落实；

②总体规划确定再生水系统布局、再生水用户分析，确定再生水规划原则及标准，分区规划以总体规划为依据进行细化落实；

③再生水设施规划方面，总体规划主要确定再生水水厂和主要加压泵站的布局、规模和用地要求；分区规划细化落实相应用地，并确定其他再生水水厂和加压泵站的位置和规模；

④再生水管道方面，总体规划主要确定主干管道整体格局，确定主干管道的布局和管径；分区规划细化落实所有管道的位置和管径。

（2）资料收集

需要收集的资料包括自然环境资料、经济社会情况、城市规划资料和再生水工程专业资料等。自然环境资料包括气象、水文、地质和环境资料等；经济社会情况资料包括现状经济发展、人口、土地利用和城市布局资料等；城市规划资料包括城市总体规划、城市分区规划和其他相关规划资料等；再生水专业资料主要包括给水工程规划、污水工程规划、现状污水厂、现状再生水利用、现

再生水工程专项主要资料收集汇总表　　表 11-6-1

资料类型	资料内容	收集部门
1）水源资料	①城市现状及规划污水厂分布、规模、用地、运行情况； ②城市现状污水处理厂处理工艺流程，现状污水厂进、出厂水质； ③城市现状污水厂近几年污水处理量情况； ④城市其他非常规水水资源利用情况	水务部门 规划部门 市政公用部门 污水厂
2）现状再生水设施资料	①城市现状再生水水厂的分布、规模、处理工艺、供水能力、供水压力及运行情况； ②城市现状再生水加压泵站的数量、位置、规模； ③城市现状再生水管道、管径、管材及运行情况； ④城市现状再生水系统运行情况	水务部门 规划部门 市政公用部门 污水厂
3）其他相关资料	①区域主要河流、水库、湖泊水质情况； ②城市近十年给水、污水、水资源公报； ③区域水功能区划； ④区域用水大户的统计资料； ⑤城市原水和给水水价、污水处理收费； ⑥城市年鉴和统计年鉴； ⑦城市道路工程规划、城市给水工程规划、城市污水工程规划	水务部门 环保部门 规划部门 自来水公司 统计部门

状再生水设施和其他相关资料等。

（3）文本编制内容

再生水工程专项总体[分区]规划文本内容包括：

①前言；

②规划范围、依据、目标、原则及内容；

③预测再生水近远期用水量；

④确定再生水水源及可用水源量；

⑤确定再生水水厂和主要加压泵站的布局、规模及用地要求[确定再生水水厂和加压泵站的位置、规模及用地面积]；

⑥再生水给水管网平差计算，确定再生水主干管布局、管径、管材及再生水管道的规划原则[再生水给水管网平差计算；确定再生水主次管道布局、管径、管材及一般管道的设置概况]；

⑦确定近期建设内容；

⑧确定工程投资匡算；

⑨规划实施建议及保障措施。

（4）图纸绘制要求

再生水工程专项总体[分区]规划图纸内容包括：

①再生水系统现状图：标明现状再生水水源与再生水供水设施的位置、规模及现状再生水管道及管径；

②再生水预测水量分布图：按不同再生水用户，分别标明再生水大用户、重点供水区域的分布等；

③城市杂用再生水管网平差图：标明管网平差后再生水管的布局、管径、管段长度、流速、流量、水力坡度和水头损失等；

④城市杂用再生水规划图：标明规划的再生水厂与加压泵站的位置和规模，规划的城市杂用再生水管道位置及管径，供水等水压线；

⑤生态景观再生水规划图：标明规划的再生水厂与加压泵站的位置和规模，规划的生态景观再生水管道及管径，生态补水点的位置及补水水量；

⑥近期建设规划图：标明近期建设的再生水设施布局及规模，标明近期建设的再生水管道布局及管径，标明近期生态补水点的布局及补水水量等；

※⑦再生水厂工艺流程图；

⑧[再生水设施用地图集：标明再生水设施功能、规模、用地范围及建设要求]。

（5）说明书编制要求

再生水工程专项总体[分区]规划说明书内容包括：

①前言：规划背景、必要性，编制过程；

②规划范围、依据、目标、原则及内容；

③城市概况：城市自然条件，经济、社会发展状况；

④现状及分析：现状再生水水源、设施及管道的位置和规模，现状再生水体系管理；现状存在的问题；

※⑤相关政策分析及经验借鉴：包括相关政策解析、经验借鉴等；

⑥相关规划解读：包括对城市总体规划、分区规划、上层次或上版再生水工程专项规划的解读；

※⑦再生水用户分析：包括用水情况分析，再生水用户分类及再生水供水分类分析，再生水用户水质水量分析，再生水大用户分析等；

⑧再生水用水量预测：预测各类再生水近远期用水量；

⑨再生水水源规划，选择再生水水源，确定可利用再生水水资源量，水源供需平衡分析[根据上层次规划确定水源位置及规模]；

⑩再生水设施规划：确定再生水供水水质目标、再生水水厂处理工艺、再生水系统的布局，确定再生水水厂及加压泵站的位置及规模[确定再生水水厂与加压泵站的位置及规模]；

⑪再生水管网规划：再生水给水管网平

差计算，确定再生水主干管布局、管径、管材及再生水管道的规划原则［再生水给水管网平差计算，确定再生水主次管道布局、管径、管材及一般管道的设置概况］；

⑫近期建设规划：针对再生水工程突出问题、预测近期用水量，确定近期建设内容；

⑬投资匡算：确定近、远期再生水工程量及工程投资匡算，再生水供水效益分析；

⑭规划实施建议及保障措施：提出规划建设管理保障措施建议，提出推广运用的保障措施建议，提出供水安全及节水节能措施等。

11.7 电力工程专项规划

（1）工作任务

根据区域和城市的电力资源情况，预测用电负荷，确定城市电源，平衡城市电力负荷和电量；确定电网总体格局，划分供电区；确定城市发电厂、变配电设施的规模、容量；布局发电厂、变配电设施和输配电网络系统，落实相关用地并确定建设要求；制定各类电力设施和线路的保护措施。

电力工程专项总体规划与分区规划的主要区别如下：

①电源规划、确定电网格局等内容属于总体规划的工作范畴，分区规划以总体规划为依据进行细化落实；

②电力设施规划方面，总体规划主要确定电厂与重大（输送电网）变配电设施的布局、规模和用地要求，分区规划细化落实相应用地，并确定普通（高压配电网）变配电设施的位置和规模；

③电力通道方面，总体规划主要确定电力通道整体格局，明确主干电力通道的布局、规模和控制要求，分区规划细化落实所有电力通道的位置和规模，并确定中压配电网通道的位置和规模。

（2）资料收集

需要收集的资料包括自然环境资料、经济社会情况、城市规划资料和电力工程专业资料等。自然环境资料包括气象、水文、地

电力工程专项主要资料收集汇总表　　表 11-7-1

资料类型	资料内容	收集部门
1）电源资料	①现状区域电力系统地理接线图； ②现状电源种类，电厂和电源变配电所的位置、规模及用地面积； ③现状电源电力线路的位置、规模及敷设方式	供电公司 规划部门 发改部门
2）现状城网资料	①城市电网电力系统现状地理接线图； ②现状城市各级变配电所的位置、规模、用地面积及负荷； ③现状城市电力线路的位置、规模及敷设方式； ④现状城市电力通道的位置、规模	供电公司 规划部门
3）现状电力负荷资料	①城市近十年电力负荷、用电量增长情况； ②城市现状各类电负荷、高压直供电用户的近十年电力负荷、用电量增长情况； ③城市电价情况	供电公司 发改部门 经贸部门
4）其他相关资料	①区域电网规划； ②城市能源规划； ③上一版或上层次电力工程专项规划； ④城市年鉴和统计年鉴； ⑤规划区及邻近地区近期地形图，1 ：1000—1 ：10000； ⑥城市总体规划、分区规划、详细规划； ⑦城市道路工程规划； ⑧电网规划建设标准	供电公司 发改部门 规划部门 国土部门 统计部门

质和环境资料等；城市经济社会情况资料包括经济发展、人口、土地利用和城市布局资料等；城市规划资料包括城市总体规划、分区规划、详细规划和其他相关规划资料等；电力工程专业资料主要包括城市电源、现状城网、现状电力负荷和其他相关资料等。

（3）文本编制内容

电力工程专项总体［分区］规划文本内容包括：

①前言；

②规划范围、依据、目标、原则及内容；

③预测近远期用电负荷；

④确定城市电源种类、布局、规模［根据上层次规划确定城市电源种类、位置、规模及用地面积］；

※ ⑤确定电网整体格局，划分供电区；

⑥确定高压变配电所布局、规模和用地要求［确定高压变配电所位置、规模及用地面积］；

⑦确定电力通道体系，确定电力通道的规划原则，明确主干高压走廊和高压电缆通道的布局、规模及控制要求［确定高压走廊和高压电缆通道的布局、规模及控制要求，确定中压电缆通道的设置概况］；

⑧确定近期建设内容；

⑨规划实施建议和保障措施。

（4）图纸绘制内容

电力工程专项总体［分区］规划图纸内容包括：

①现状电力系统地理接线图：标明现状电源、高压变配电设施的位置及规模，标明电网系统接线；

②现状高压走廊和电缆通道分布图：标明现状高压走廊和电缆通道的位置、规模及控制要求；标明电源和高压变配电设施的位置、规模；

③规划电力负荷分布图：标明预测电力负荷分布情况；

※ ④规划电源分布图：标明电源种类、布局及规模；

⑤规划电力系统地理接线图：标明电厂、高压变配电设施的布局及规模，标明输送电网系统接线［标明电厂、高压变配电设施的位置及规模；高压电网系统接线］；

⑥规划高压走廊分布图：标明主干高压走廊的布局、规模及控制要求［标明高压走廊的位置、规模及控制要求］；

⑦规划高压电缆通道分布图：标明主干高压电缆通道的布局、规模及控制要求［标明高压电缆通道的位置、规模及控制要求］；

⑧［规划中压电缆通道分布图：标明市政中压电缆通道的位置及规模］；

⑨近期建设规划图：标明近期建设的电力设施布局及规模；

⑩［电力设施用地图集：标明电力设施功能、规模、用地范围及建设要求］。

（5）说明书编制要求

电力工程专项总体［分区］说明书内容包括：

①前言：规划背景、必要性，编制过程；

②规划范围、依据、目标、原则及内容；

③城市概况：城市自然条件，经济、社会发展状况；

④现状及问题：现状城市电源、高压变配电设施、高压电网、电力通道等情况及存在问题；

⑤相关规划解读：包括对城市总体规划、分区规划、能源规划、区域电网规划、城市电网发展规划、上层次或上版电力工程专项规划的解读；

⑥用电需求预测：采用多种方法预测近远期电力负荷、用电量；

⑦电源规划：进行电力电量平衡，确定城市电源种类、布局及规模［根据上次规划确定城市电源种类、位置、规模及用地面积］；

※ ⑧电网结构：确定电网整体格局，划

分供电区，确定城市电网电压等级；

⑨变配电设施规划：确定高压变配电所的布局、规模及用地要求［确定高压变配电所位置、规模及用地面积］；

⑩电力通道规划：确定电力通道体系，确定电力通道的规划原则，明确主干高压走廊和高压电缆通道的布局、规模及控制要求［确定高压走廊和高压电缆通道的布局、规模及控制要求，确定中压电缆通道的设置概况］；

⑪［市政中压电缆通道规划：确定市政中压管道的位置及规模］；

⑫近期建设规划：针对电力工程突出问题及预测的近期用电需求，确定近期建设内容；

⑬规划实施建议和保障措施。

11.8　通信工程专项规划

（1）工作任务

结合城市通信现状和发展趋势，确定城市通信发展的目标，预测通信需求；确定电信、广播电视、邮政等各种通信设施的规模与容量；布局各类通信设施和通信管道系统，落实相关用地并确定建设要求；制定通信设施综合利用对策和措施，以及通信设施的保护措施。

通信工程专项总体规划与分区规划的主要区别如下：

①通信设施整体布局、服务区域划分等内容属于总体规划的工作范畴，分区规划以总体规划为依据进行细化落实；

②通信设施规划方面，总体规划主要确定重大通信设施的布局与规模，分区规划细化落实相应用地，并确定普通通信设施的位置、规模及用地；

③通信管道方面，总体规划主要确定通信管道格局，确定主干、次干通信通道的布局及规模，分区规划依据总规确定主干、次干及支路通信通道的位置与规模；

④无线通信方面，总体规划确定重大无线通信设施、收发信区的布局、规模及防护要求，确定微波通道的控制要求，分区规划细化落实相应用地。

（2）资料收集

需要收集的资料包括自然环境资料、经济社会情况、城市规划资料和通信工程专业资料等。自然环境资料包括气象、水文、地质和环境资料等；城市经济社会情况资料包括经济发展、人口、土地利用和城市布局资料等；城市规划资料包括城市总体规划、分区规划、详细规划和其他相关规划资料等；通信工程专业资料主要包括通信业务发展、现状通信设施、现状通信管道和其他相关资料等。

（3）文本编制内容

通信工程专项总体［分区］规划文本内容包括：

①前言；

②规划范围、依据、目标、原则及内容；

③预测固定电话、移动电话、固定宽带、有线电视等近远期用户数；

④确定电信设施整体布局，划分服务区域，确定大中型电信局站的布局、规模及用地要求［确定大中型电信局站的位置、规模、用地面积］；

⑤确定有线电视设施整体布局，划分服务区域，确定有线电视总前端与分前端的布局、规模及用地要求［确定有线电视总端与分前端的位置、规模、用地面积］；

⑥确定邮政设施整体布局，划分服务区域，确定邮件处理中心的布局、规模及用地要求［确定邮件处理中心与邮政支局的位置、规模、用地面积］；

⑦确定通信管道体系，确定主干通信管道的布局、规模及通信管道的规划原则［确

通信工程专项主要资料收集汇总表 表 11-8-1

资料类型	资料内容	收集部门
1）电信资料	①城市近十年固定电话、移动电话、宽带业务增长情况； ②城市现状电信局站的位置、规模及面积	中国电信 中国移动 中国联通 规划部门
2）邮政资料	①城市近十年年邮政业务增长情况； ②城市现状邮件处理中心、邮政支局、邮政所的位置、规模及面积	邮政公司 规划部门
3）广播电视资料	①城市近十年有线电视用户增长情况； ②城市现状有线电视总前端、分前端、接入机房的位置、规模及面积	有线电视公司 广播电视局 规划部门
4）通信管道资料	城市现状通信管道的位置、规模及使用情况	中国电信 中国移动 中国联通 有线电视公司 信息管道公司 通信专网部门
5）无线通信资料	①现状无线广播电视发射塔（台、站）的位置、规模、面积及防护要求； ②现状无线电监测站（场、台）的位置、规模、面积及防护要求； ③现状微波站的位置、规模、面积及防护要求； ④现状卫星地球站的位置、规模、面积及防护要求； ⑤机场导航站（台）的位置、规模、面积及防护要求； ⑥其他无线通信设施的位置、规模、面积及防护要求	中国电信 中国移动 中国联通 广播电视公司 无线电管理局 机场管理部门 通信专网部门
6）其他相关资料	①上一版或上层次通信工程专项规划； ②区域及城市通信行业发展规划； ③城市年鉴和统计年鉴； ④城市总体规划、分区规划、详细规划； ⑤城市道路工程规划； ⑥通信设施规划建设标准	中国电信 中国移动 中国联通 有线电视公司 信息管道公司 无线电管理局 通信专网部门 统计部门 规划部门 交通部门

定主次通信管道的布局、规模及一般通信管道的设置概况］；

⑧确定收发信区；确定无线广播电视发射塔（台、站）、无线电监测站（场、台）、微波站、卫星地球站、机场导航站（台）等重大无线通信设施的布局、规模及防护要求，确定微波通道的控制要求［确定无线广播电视发射塔（台、站）、无线电监测站（场、台）、微波站、卫星地球站、机场导航站（台）等无线通信设施的位置、规模、面积及防护要求，根据上层次规划落实微波通道的控制要求］；

⑨确定近期建设内容；

⑩规划实施建议和保障措施。

（4）图纸绘制内容

通信工程专项总体［分区］规划图纸内容包括：

①现状通信设施分布图：标明现状的大中型电信局站、有线电视总前端和分前端、邮件处理中心和邮政支局的位置及规模，标明收发信区与各类无线通信设施的位置、规模及防护要求，标明微波通道的控制要求；

②现状通信管道分布图：标明现状的大

中型电信局站、有线电视总前端和分前端的位置及规模，主干和次干通信管道的位置及规模；

③规划通信业务分布图：标明各类通信业务预测量分布情况；

④规划通信机楼分布图：标明大中型电信局站、有线电视网络总前端和分前端、邮件处理中心等设施的布局及规模[标明大中型电信局站、有线电视网络总前端和分前端、邮件处理中心和邮政支局等设施的位置及规模]；

⑤规划无线通信分布图：标明无线广播电视发射塔（台、站）、无线电监测站（场、台）、微波站、卫星地球站、机场导航站（台）在内的重大无线通信设施的布局、规模及防护要求，标明微波通道的控制要求；

⑥规划通信管道分布图：标明主干通信管道的位置和容量[标明主干、次干和一般通信管道的位置和容量]；

⑦近期建设规划图：标明近期建设的通信设施和管道的布局及规模；

⑧[通信设施用地图集：标明通信设施功能、规模、用地范围及建设要求]。

（5）说明书编制内容

通信工程专项总体[分区]规划说明书内容包括：

①前言：规划背景、必要性，编制过程；

②规划范围、依据、目标、原则及内容；

③城市概况：城市自然条件，经济、社会发展状况；

④现状及问题：现状通信业发展情况及问题，现状通信机楼、无线通信设施、通信管道等建设、使用、保护情况及存在问题；

⑤相关规划解读：包括对城市总体规划、分区规划、各通信行业发展规划、上层次或上版通信工程专项规划的解读；

⑥通信业务需求预测：预测固定电话、移动电话、固定宽带、有线电视等近远期用户数；

⑦电信设施规划：确定电信设施整体布局，划分服务区域，确定大中型电信局站的布局及规模[确定大中型电信局站的布局、规模、用地面积]；

⑧有线电视设施规划：确定有线电视设施整体布局，划分服务区域，确定有线电视总前端、分前端的布局及规模[确定有线电视总端与分前端的布局、规模、用地面积]；

⑨邮政设施规划：确定邮政设施整体布局，划分服务区域，确定邮件处理中心的布局及规模[确定邮件处理中心与邮政支局的布局、规模、用地面积]；

⑩通信管道规划：确定通信管道体系，确定主干通信管道的布局、规模及通信管道的规划原则[确定主次通信管道的布局、规模及一般通信管道的设置概况]；

⑪无线通信设施规划：确定收发信区，确定包括无线广播电视发射塔（台、站）、无线电监测站（场、台）、微波站、卫星地球站、机场导航站（台）在内的重大无线通信设施的布局、规模及防护要求，确定微波通道的控制要求[确定无线广播电视发射塔（台、站）、无线电监测站（场、台）、微波站、卫星地球站、机场导航站（台）在内的重大无线通信设施的位置、规模、用地面积及防护要求，根据上层次规划落实微波通道的控制要求]；

⑫制定近期建设规划：根据通信工程突出问题及预测的近期通信业务需求，确定近期建设内容；

⑬规划实施建议和保障措施。

11.9 燃气工程专项规划

（1）工作任务

根据区域和城市的燃气资源条件及区域

燃气的供气格局，确定城市燃气的气源种类与气源结构；结合城市未来发展方向与需求，科学预测燃气负荷，进行燃气供需平衡工作；确定燃气输配系统压力级制及调峰储气方式；确定设施规模及布局；确定各级燃气管网系统布局及管径。

燃气工程专项总体规划与分区规划的主要区别如下：

①气源规划方面，确定城市燃气的气源种类与气源结构属于总体规划的工作范畴，分区规划重点落实总体规划确定的相关要求；

②燃气设施规划方面，总体规划主要确定气源设施、调峰储气设施、调压站等设施的规模和用地要求，分区规划以总体规划为依据，细化落实所有设施的位置、规模及用地；

③输配系统及管网规划方面，总体规划确定输配系统压力级制、调峰储气方式，确定高压、次高压、中压等各级燃气主干管网的总体布局和管径，对上游管道提出控制要求。分区规划细化落实市政燃气管道的位置和管径。

（2）资料收集

需要收集的资料包括自然环境资料、经济社会情况、城市规划资料和燃气工程专业资料等。自然环境资料包括气象、水文、地质和环境资料等；城市经济社会情况资料包括经济发展、人口、土地利用和城市布局资料等；城市规划资料包括城市总体规划、分区规划、详细规划和其他相关规划资料等；燃气工程专业资料主要包括上游气源资料、周边区域及规划区内现状燃气设施管网资料、现状燃气用户情况等其他相关资料等。

（3）文本编制内容

燃气工程专项总体［分区］规划文本内容包括：

①前言；

②规划范围、依据、目标、原则及内容；

③确定气源种类及燃气供应结构［落实上层次规划确定的气源种类、气源结构］；

④预测各类燃气近远期需求量；

⑤确定燃气输配系统压力级别、调峰储气方式［根据上层次规划确定燃气输配系统压力级别、调峰储气方式］；

燃气工程专项主要资料收集汇总表　　表 11-9-1

资料类型	资料内容	收集部门
1）气源资料	①上游气源情况及现状燃气气源种类、气源设施及基础参数； ②上游管道详细位置、压力及管径； ③分输站及门站规模、供气范围及位置	发改部门 建设部门 上游燃气经营企业
2）现状城市燃气设施及管网资料	①现状城市燃气设施规模、位置、供气范围、用地红线、用地面积及运行情况； ②周边大型燃气场站、设施基本情况； ③现状燃气系统压力级制、燃气管道位置、压力、管径、敷设方式、管材及运营情况	建设部门 规划部门 燃气经营企业
3）现状燃气用户资料	①现状城市燃气供应及利用情况，包括年、月、日及小时供气量等统计数据； ②现状大型燃气用户的分布及近十年的用气量； ③各类燃气用户发展情况、用气量指标、气化率及不均匀系数等基本参数	建设部门 燃气经营企业
4）其他相关资料	①城市及周边燃气工程专项规划或可行性研究报告等相关资料； ②上一版或上层次燃气工程专项规划； ③城市燃气行业发展规划； ④城市年鉴和统计年鉴； ⑤城市总体规划、分区规划、详细规划； ⑥城市道路工程规划； ⑦城市能源构成与供应、消耗水平； ⑧居民、工业、公共建筑用户的燃料构成、供应、消耗情况	规划部门 建设部门 发改部门 统计部门 燃气经营企业

⑥确定各类设施的布局、规模及用地要求[确定各类设施的位置、规模及用地面积];

⑦落实上游管道的位置、管径及控制要求;

⑧确定城市高(次高)压燃气管道布局及管径[确定城市高(次高)压燃气管道位置及管径];

⑨确定市政中低压燃气主干管道布局及管径[确定市政中低压燃气管道位置及管径];

⑩确定近期建设内容;

⑪规划实施建议及保障措施。

(4)图纸绘制内容

①现状燃气设施分布图:标明现状各类燃气设施的位置与规模;

②燃气管网现状图:标明现状上游管道、城市高(次高)压及燃气中压主干管的位置及管径;

③燃气需求量分布图:标明各区域预测燃气用气量;

④燃气设施布局规划图:标明天然气、液化石油气等各类设施的布局及规模[标明天然气、液化石油气等各类设施位置及规模];

※⑤城市燃气高(次高)压管网水力计算图:绘制管网系统简图,标明节点压力及流量,各管段管径、管长、流量及单位长度压降;

⑥城市燃气高(次高)压输配系统规划图:标明燃气设施布局及规模、上游管道布局及管径、城市高(次高)压管道布局及管径[标明天然气设施位置及规模、上游管道位置及管径、城市高(次高)压管道位置及管径];

⑦市政燃气中低压管网水利计算图:绘制管网系统简图,标明节点压力及流量,各管段管径、管长、流量及单位长度压降;

⑧市政燃气中低压管网规划图:标明市政中低压主干管管道布局及管径[标明市政中低压管道位置及管径];

⑨近期建设规划图:标明近期建设燃气设施布局及规模、管道布局及管径;

⑩[燃气设施用地图集:标明燃气设施功能、规模,用地范围及建设要求]。

(5)说明书编制要求

燃气工程专项总体[分区]规划说明书内容包括:

①前言:规划背景、必要性、编制过程;

②概述:规划范围、依据、目标、原则及内容;

③城市概况:城市自然条件,经济、社会发展状况;

④现状及问题:现状城市燃气气源、燃气系统结构、供气能力,各类燃气设施、燃气管网、用户构成等现状情况及存在问题分析;

⑤相关规划解读:包括对城市总体规划、城市分区规划、城市能源规划、上层次或上版燃气工程专项规划、燃气利用规划、燃气工程可行性研究等相关规划的解读;

⑥气源规划:确定气源资源条件及区域供气格局确定城市燃气的气源种类及气源结构[按照上层次规划确定气源种类、来源及气源结构];

⑦燃气需求量预测:确定用气量指标、燃气气化率、管道气化率等,采用多种方法预测近远期燃气需求量[根据上层次规划确定的规划基础参数,预测近远期燃气需求量];

※⑧输配系统及调峰和储气规划:确定城市燃气输配系统的压力级制和调峰储气方式;

⑨设施规划:通过燃气供需平衡,确定气源设施、调峰储气及各类燃气设施布局、规模及用地要求[根据上层次规划确定燃气设施位置、规模及用地面积];

⑩燃气管网规划:落实上游管线的位置、管径及控制要求,进行各压力级别城市燃气管网水力计算,确定规划城市高(次高)压管道的布局及管径,确定市政中低压燃气主

干管的布局及管径［根据上层次规划确定各级市政燃气管道位置及管径］；

⑪近期建设规划：针对燃气工程突出问题及预测的近期燃气需求量，确定近期建设内容；

⑫规划实施建议及保障措施。

11.10 供热工程专项规划

（1）工作任务

根据国家能源开发利用政策，结合城市经济水平与发展方向，确定城市热源种类，充分考虑工业余热利用及其他可利用能源的可能性；科学预测热负荷；结合用户需求特点及经济供热半径，合理划分供热分区；确定城市热源点数量、规模、面积和服务范围；确定供热介质及参数，确定供热干线管网路由及管径。

燃气工程专项总体规划与分区规划的主要区别如下：

①热源规划方面，总体规划主要确定城市供热方式、供热系统结构、供热分区、热源形式；确定供热介质及参数等；分区规划以总体规划为依据进行细化落实；

②供热设施规划方面，总体规划主要确定热源设施及其他主要供热设施的布局、规模、用地要求等，分区规划以总体规划为依据，细化落实热源及其他供热设施的位置、规模及用地；

③供热管网规划方面，总体规划主要确定供热主干管网总体布局与管径，分区规划细化落实所有管道的位置和管径。

（2）资料收集

需要收集的资料包括自然环境资料、经济社会情况、城市规划资料和供热工程专业资料等。自然环境资料包括气象、水文、地质和环境资料等；城市经济社会情况资料包括经济发展、人口、土地利用和城市布局资料等；城市规划资料包括城市总体规划、分区规划、详细规划和其他相关规划资料等；供热工程专业资料主要包括现状供热方式、供热设施及管网资料和其他相关资料等。

供热工程专项主要资料收集汇总表　　表 11-10-1

资料类型	资料内容	收集部门
1）现状热源、供热设施及管网资料	①城市现状电厂、锅炉房、热电厂等热源的位置、供热规模、热媒及参数、总供热面积及扩容能力、供热介质参数（蒸汽的压力、温度或热水的压力、温度）、热源使用的燃料种类； ②城市现状供热管道的位置、管径、管材、敷设方式、保温材料种类	规划部门 建设部门 供热管理部门 供热企业
2）供热方式和用户情况	①城市现状供热方式； ②城市现状集中供热普及率、供热对象； ③大型工业用户用热情况：包括用热参数、工业生产耗热量、各企业自备热源的占地面积、锅炉型号及台数、供热介质及供热量等情况； ④城市家庭壁挂式燃气锅炉的应用情况，其他采暖方式（太阳能、燃气 / 电空调等）的普及率	供热管理部门 供热企业
3）其他相关资料	①上一版或上层次供热工程专项规划； ②城市供热行业发展规划； ③城市年鉴和统计年鉴； ④规划区及邻近地区近期地形图，1 ∶ 1000—1 ∶ 10000； ⑤城市总体规划、分区规划、详细规划； ⑥城市道路工程规划； ⑦室外采暖气象参数、各类热负荷指标； ⑧城市供热工程建设标准与准则	规划部门 建设部门 供热管理部门 供热企业

（3）文本编制内容

供热工程专项总体［分区］规划文本内容包括：

①前言；

②规划范围、依据、目标、原则及内容；

③确定城市集中供热原则、供热标准、供热方式、集中供热率，划定供热分区［分区规划落实总规的相关要求］；

④分类预测热负荷，明确采暖期及非采暖期的最大、最小、平均热负荷；

⑤划定供热分区，确定集中供热系统及调峰形式、供热介质及参数；

⑥确定热源及其他主要供热设施的布局、规模、用地要求、服务范围［确定热源及其他供热设施的位置和用地面积等］；

⑦确定城市集中供热主干管道布局及管径［确定城市集中供热市政管道位置及管径］；

⑧确定近期建设内容；

⑨规划实施计划及保障措施。

（4）图纸绘制内容

①现状供热设施分布图：标明现状供热设施位置、规模、类型、用地面积及服务范围；

②供热管网现状图：标明供热介质及其参数、管道位置和管径；

③供热分区规划图：标明各供热分区范围及各分区热负荷预测量；

④热源规划图：标明各热源的布局、规模及用地要求［标明各热源的位置、规模及用地面积］；

⑤供热管网规划图：标明供热主干管道布局及管径，标明供热介质及其参数［标明供热市政管道的位置、管径及敷设方式］；

⑥近期建设规划图：标明近期建设的供热设施位置及规模，标明供热管道布局及管径；

⑦水力计算图：绘制管网系统简图，标明热源、热力站等供热设施位置及流量，各管段管径、管长及流量；

⑧［供热设施用地图集：标明供热设施功能、规模、用地范围及建设要求］。

（5）说明书编制要求

①前言：规划背景、必要性、编制过程；

②概述：规划范围、依据、规划目标、原则及内容；

③城市概况：城市自然条件，经济、社会发展状况；

④现状及问题：现状供热方式、供热设施及管道的运行管理情况和存在问题；

⑤相关规划解读：包括对城市总体规划、分区规划、城市能源规划、上层次或上版供热工程专项规划、供热行业发展规划、城市供热工程可行性研究等相关规划的解读；

⑥规划目标：确定供热发展目标、集中供热普及率；

⑦热负荷预测：分类预测近远期热负荷，明确采暖期及非采暖期的最大、最小、平均热负荷；

⑧供热分区规划：根据用户需求特点及负荷分布，结合经济供热半径，合理划定集中供热分区；

⑨热源规划：确定热源的形式与调峰方式，确定供热介质及其参数［按上层次规划确定热源、供热介质及参数］；

⑩供热设施规划：确定热源设施和其他主要供热设施的布局、规模、供热范围及用地要求［确定热源设施及其他设施的位置、规模、供热范围及用地面积］；

⑪供热管网规划：进行供热管网水力计算，确定规划供热主干管网的布局与管径［确定规划供热市政管道位置、管径及敷设方式］；

⑫近期建设规划：针对供热工程的突出问题与预测的近期用热需求，确定近期建设内容；

⑬规划实施建议及保障措施。

11.11 环卫工程专项规划

（1）工作任务

根据城市的经济条件和空间结构，确定城市垃圾的转运方式与处理方式；预测城市垃圾的产生量，确定转运设施与处理设施的规模和数量，平衡垃圾处理物流；确定转运设施与处理设施的布局，提出相应的用地要求和防护要求；提出特种垃圾的处理方式和环卫公共设施的规划数量与建设方式。

环卫专项总体规划与分区规划的主要区别如下：

①环卫总体规划重点在于确定垃圾收集、转运的模式，确定垃圾处理的发展思路和建设理念、垃圾物流调配方案，确定收集、转运和处理设施的布局，落实重大设施的用地；

②环卫分区规划和详细规划重点在于贯彻总体规划层面确定的发展策略和思路，进一步细化落实相应用地。

（2）资料收集

需要收集的资料包括自然环境资料、城市基本情况、城市规划资料和环卫工程专业资料等。自然环境资料包括气象、水文和地质资料等；城市基本情况资料包括现状经济发展、人口、土地利用、城市布局和城市环境资料等；城市规划资料包括城市总体规划、城市分区规划、城市详细规划、环卫行业发展规划和其他相关规划资料等；环卫工程专业资料主要包括环卫工程现状资料，特种废物管理和处置资料和其他相关资料等。

（3）文本编制内容

环卫工程专项总体［分区］规划文本内容包括：

①前言；

②规划范围、依据、目标、原则及内容；

③确定城市垃圾无害化处理率、回收利用率、道路机械化清扫率等指标的目标值；

环卫工程专项主要资料收集汇总表　　表 11-11-1

资料类型	资料内容	收集部门
1）现状生活垃圾和建筑垃圾处理资料	①城市现状生活垃圾的产生量、组成、产生源、物化特性； ②城市现状生活垃圾转运站的位置、分布、数量、转运能力、占地面积、服务范围、责任单位、建设时间等情况； ③城市公厕的详细位置、建设方式、厕位数、占地面积、管理单位、建设时间等； ④城市道路保洁清扫面积、机械化清扫率、责任单位等； ⑤城市环卫队伍基本情况（包括一线环卫职工人数、车辆、清洁公司、保洁清运费用等）； ⑥现状垃圾处理厂的位置、工艺类型、处理规模、服务范围、使用年限和运行情况等； ⑦现状环卫车停放场、洗车场、环卫工人休息场所等设施的分布、数量、规模； ⑧收集上版 / 上层次环卫（设施）专项规划、环卫部门年度工作报告、环卫设施建设可行性研究报告或项目建议书等； ⑨生活垃圾分类收集和回收利用现状、建筑垃圾综合利用和处理情况	规划部门 环卫部门
2）现状特种废物处理资料	①城市现状各类型特种废物的产生量、产生源； ②城市现状各类型特种废物的组成和性质； ③城市现状特种废物处理设施和有资质的处理单位情况，包括设施处理能力、处理工艺、运行状况、单位性质、管理体制等； ④城市现状特种废物管控制度和实施情况	规划部门 环保部门
3）其他相关资料	①行业发展规划； ②城市环卫法规和管理办法； ③城市年鉴和统计年鉴； ④规划区及邻近地区近期地形图，1 ∶ 1000—1 ∶ 10000； ⑤城市总体规划、分区规划、详细规划； ⑥城市道路工程规划	规划部门 建设部门 国土部门 统计部门 环卫部门 环保部门

※ ④确定城市垃圾收集、转运、处理思路和发展策略；

⑤预测城市垃圾近远期产生量；

⑥确定转运设施的布局、规模用地要求及卫生防护要求，确定主要垃圾运输路线［确定转运设施的位置、规模、用地面积及卫生防护要求，确定主要垃圾运输路线］；

⑦确定处理设施的位置、规模、用地面积及卫生防护要求；

⑧确定建筑垃圾、危险废物、城市污泥等特种垃圾的处理方式；

※ ⑨确定城市公共厕所、环卫车辆停车场、环卫洗车场、环卫工人休息场所等的布局、规模、设置原则和建设标准；

⑩确定近期建设内容；

⑪确定投资匡算；

⑫规划实施建议和保障措施。

（4）图纸绘制内容

环卫工程专项总体［分区］规划图纸内容包括：

①城市环境卫生设施现状布局图：标明现状垃圾转运站、垃圾处理厂、建筑垃圾处理厂、特种废物处理厂等各类环境卫生设施位置与规模；

※ ②城市垃圾产生量分布图：标明各分区预测城市垃圾产生量；

③收运设施规划图：标明垃圾转运站的布局、规模和主要垃圾运输路线［标明垃圾转运站的位置、规模及主要垃圾运输路线］；

④处理设施规划图：标明规划垃圾处理设施的位置、处理规模及服务分区；

⑤近期建设规划图：标明近期建设的各类环卫设施的布局及规模；

⑥环卫设施用地图集：标明环境卫生处理设施的功能、规模、用地面积、防护范围及建设要求。

（5）说明书编制要求

环卫工程专项总体［分区］规划说明书内容包括：

①前言：规划背景、必要性，编制过程；

②规划范围、依据、目标、原则及内容；

③城市概况：城市自然条件，经济、社会发展状况；

④现状及问题：环境卫生系统的现状及存在问题；

⑤发展策略：确定垃圾收集、转运、处理模式和发展策略；

⑥相关规划解读：对城市总体规划、分区规划、上层次或上版环卫专项规划、行业发展规划及其他相关规划的解读；

⑦城市垃圾产生量预测：预测各类城市垃圾近远期产生量；

⑧转运设施系统规划：确定规划转运设施布局与规模，确定主要垃圾运输路线［确定规划转运设施位置、规模及服务范围，确定主要垃圾运输路线］；

⑨处理设施系统规划：确定处理设施的位置、规模、工艺、用地面积、服务范围、服务年限等；

⑩特种垃圾处理规划：确定建筑垃圾、危险废物、城市污泥等特种垃圾的处理方式；

※ ⑪环境卫生工作场所系统规划：确定环卫车辆停放场、洗车场、环卫工人休息场所等的布局、规模、设置原则和建设标准；

⑫近期建设规划：针对环卫工程突出问题及预测的近期产生量，确定近期建设内容；

⑬投资匡算：确定近远期环境卫生设施工程量及工程投资匡算；

⑭规划实施建议及保障措施。

11.12 消防工程专项规划

（1）工作任务

根据城市总体规划所确定的城市功能分

区、各类用地分布状况、基础设施配置状况和地域特点，对城市火灾风险作出综合评估；确定城市消防安全布局；确定公共消防基础设施布局、规模，落实相关用地并确定建设要求；提出消防装备建设要求；制定规划实施措施。建立和完善城市消防安全体系。

消防工程专项总体规划与分区规划的主要区别如下：

①消防站规划方面，总体规划主要确定消防指挥中心、消防训练培训基地、普通消防站、水上消防站、航空消防站、特勤消防站、战勤保障消防站的布局、规模和用地要求，分区规划校核并细化落实相应用地；

②市政消防基础设施规划方面，总体规划主要确定消防水源、一级和二级消防车通道，明确主干供水通道的布局、规模和控制要求，构建消防通信指挥系统，分区规划细化落实消防供水管网、消火栓、三级和四级消防车通道的位置。

（2）资料收集

需要收集的资料包括自然环境资料、经济社会情况、城市规划资料、消防工程专业资料等。自然环境资料包括气象、水文、地质和环境资料等；城市经济社会情况资料包括经济发展、人口、土地利用和城市布局资料等；城市规划资料包括城市总体规划、分区规划、详细规划和其他相关规划资料等；消防工程专业资料主要包括消防行业发展规划、消防站资料、消防供水资料、消防车通道资料和其他相关资料。

消防工程专项主要资料收集汇总表　　表 11-12-1

资料类型	资料内容	收集部门
1）现状火灾及救援情况	①相关火灾分析资料，包括近十年火灾次数、所在区域，死亡人数、烧伤人数、经济损失等； ②火灾及抢险救援成因； ③各消防站或专职消防队消防警力及出警情况（按灭火和社会救援分开）	消防部门
2）现状消防站设施资料	①各消防站的位置、占地面积、建筑面积、辖区范围； ②专职消防站的位置、占地面积、建筑面积、辖区范围； ③各消防站或专职消防队消防装备情况； ④重点消防单位名称及分布	消防部门
3）现状消防通信资料	①火灾报警形式、受理方式，消防指挥调度形式，“119”火警报警、接警、程控调度指挥情况，有线通信情况，包括如火灾自动报警、联网数量、设备配置、CCTV 报警点数等； ②无线通信情况，包括无线通信运行方式、基站数、对讲机、频率、无线头盔等	消防部门
4）现状消防供水资料	①城市现状水厂的位置、规模、供水压力、运行情况； ②城市现状供水管网的位置、管径； ③城市现状消火栓位置、水压、运行情况； ④城市现状市政消防水池位置、规模	水务部门 自来水公司 规划部门
5）现状危险品资料	①城市现状易燃易爆设施（油气库、燃气设施、加油加气站）的位置、规模消防措施及消防设备的种类、数量； ②现状危险品运量、运输的种类、主要通道及技术要求	安监部门 建设部门 规划部门
6）现状道路交通及消防通道资料	①城市各主要道路平峰小时车速、高峰小时车速、日平均车速； ②城市现状主要交通拥堵点情况	交通部门 消防部门
7）其他相关资料	①上一版或上层次消防工程专项规划； ②消防体制； ③消防部门发展规划； ④城市年鉴和统计年鉴； ⑤城市总体规划、分区规划、详细规划； ⑥城市道路工程规划、城市给水工程规划、城市燃气工程规划、城市通信工程规划	水务部门 规划部门 消防部门 统计部门

（3）文本编制内容

消防工程专项总体［分区］规划文本内容包括：

①前言；

②规划范围、依据、目标、原则及内容；

③确定城市消防安全布局；

④确定消防站位置、规模及辖区范围；

⑤预测消防水量，落实消防供水水源，优化给水主干管网，确定消火栓设置原则［预测消防水量，落实消防供水水源，优化给水管网，确定消火栓布局］；

⑥确定消防调度系统、有线通信系统、无线通信系统等消防通信规划方案［根据上层次规划确定消防调度系统、有线通信系统、无线通信系统等消防通信规划方案］；

⑦划分一、二级消防车通道，确定危险品运输通道等方案［划分一、二、三、四级消防车通道，确定危险品运输通道等方案］；

⑧确定近期建设内容；

⑨确定工程投资匡算；

⑩规划实施建议及保障措施。

（4）图纸绘制内容

消防工程专项总体［分区］规划图纸内容包括：

①消防工程现状图：标明现状大型易燃易爆危险品单位，标明现状消防站、消防水源的位置与规模等，标明现状消防供水主干管道的位置与管径，标明现状一、二级消防车通道等［标明现状易燃易爆危险品单位，标明现状消防站、消防水源位置及规模等，标明现状消防供水管道位置及管径，标明一、二、三、四级现状消防车通道等］；

②现状火灾风险评估图：标明各级火灾风险区；

③消防重点地区规划图：标明各类消防重点地区的位置、分布；

④消防站系统布局规划图：标明消防站的位置、站级及辖区范围；

⑤消防供水规划图：标明消防供水水源的位置及规模，供水主干管的位置及管径［标明消防供水水源的位置及规模、供水管道的位置及管径，标明市政消火栓位置］；

⑥消防通信规划图：标明消防通信设施的位置及规模；

⑦消防车通道规划图：标明一、二级消防车通道的名称及位置［标明一、二、三、四级消防车通道的名称及位置］；

⑧近期建设规划图：标明近期规划消防设施的位置及规模；

⑨消防站用地图集：标明各规划消防站的站级、规模、用地范围及建设要求。

（5）说明书编制要求

消防工程专项总体［分区］规划说明书内容包括：

①前言：规划背景、必要性，编制过程；

②规划范围、依据、目标、原则及内容；

③城市概况：城市自然条件，经济、社会发展状况；

④现状及问题：现状消防发展历史沿革及总体抗灾能力、现状城市消防安全布局、现状消防站及市政消防基础设施情况及存在问题分析；

⑤相关规划解读：包括对城市总体规划、分区规划、上层次或上版消防工程专项规划、其他市政专项规划及行业规划等相关规划的解读；

⑥火灾风险评估：现状火灾风险评估和规划火灾风险评估，建立火灾风险评估指标体系对区域进行定量风险评估，如无法定量分析，应定性确定城市重点消防地区、一般消防地区、防火隔离带及避难疏散场地；

⑦城镇消防安全布局：对城镇工业区、居住区、商业区、高层建筑、文物古迹与保护性建筑、危险品单位等方面进行综合布局，确定消防重点地区、防灾避难场所等规划布局，并提出符合城市规划、消防安全和安全

生产监督等方面的措施；

⑧消防站规划：确定消防站的位置、规模及辖区范围；

⑨公共消防设施规划：预测消防水量，确定消防供水水源、主干管网的布局与规模，确定消火栓设置原则，确定消防调度系统、有线通信系统、无线通信系统等消防通信系统，确定一、二级消防车通道及危险品运输通道布局[预测消防水量，确定消防供水水源、供水管网的布局及规模，确定消火栓设置概况，确定消防调度系统、有线通信系统、无线通信系统等消防通信系统，确定一、二、三、四级消防车通道及危险品运输通道布局]；

⑩近期建设规划：针对现状突出消防隐患问题，综合考虑城市近期发展规划，确定近期建设内容；

⑪规划匡算：确定近远期工程量及工程投资匡算；

⑫规划实施建议和保障措施。

11.13 人防工程专项规划

（1）工作任务

根据城市防空袭预案确定的留城人口比例，预测城市人防工程需求量；确定指挥工程、人员掩蔽工程、物资储备工程、防空专业队工程及医疗救护工程等五大类人防工程的建设规模、位置和建设方式；确定应急避难场所布局，并制订有序的人口疏散与紧急避难方案。

人防工程专项总体规划与分区规划的主要区别如下：

①人防总体规划重点在于依照相关战术技术指标平衡人防工程建设量，确定城市战略地位、设防标准和各类工程的合适比例，构建完善的区域人防工程体系，在此基础上确定城市中心区、商业区、重点防护区的重大人防工程建设项目；

②人防分区规划和详细规划重点在于贯彻总体规划层面确定的发展策略和思路，进一步细化落实相应人防工程用地。

（2）资料收集

需要收集的资料包括自然环境资料、经济社会情况、城市规划资料和人防工程专业资料等。自然环境资料包括气象、水文、地质和环境资料等；经济社会情况资料包括经济发展、人口、土地利用和城市布局资料等；城市规划资料包括城市总体规划、分区规划、详细规划和其他相关规划资料等；人防工程专业资料主要包括人防工程现状资料、人防工程管理制度资料、人防工程发展规划和其他相关资料等。

人防工程专项主要资料收集汇总表　　表 11-13-1

资料类型	资料内容	收集部门
1）现状人防工程资料	①城市战略地位、城市人防重要性类别； ②城市人防工程的位置、类别、建筑面积、掩蔽范围、工程等级； ③城市现状人防工程系统的使用、管理情况，救灾手段与方法； ④城市防空袭预案和疏散方案； ⑤城市重点防护目标	规划部门 人防部门
2）其他相关资料	①上一版或上层次人防工程专项规划； ②城市年鉴和统计年鉴； ③城市总体规划、分区规划、详细规划； ④城市道路工程规划； ⑤城市地下空间开发和利用规划； ⑥人防部门发展规划； ⑦城市人防法规和管理办法； ⑧地方人防规划建设标准和规范	规划部门 国土部门 统计部门 人防部门

（3）文本编制内容

人防工程专项总体［分区］规划文本内容包括：

①前言；

②规划范围、依据、目标、原则及内容；

※③确定城市性质及人防定位；

④确定地下空间开发利用和人防工程建设的原则和重点；

⑤确定人防工程体系，确定人防工程规划建设策略和指导思想；

⑥确定城市人口基数、疏散人口和留城人口，预测指挥工程、医疗救护工程、防空专业队工程、人员掩蔽工程、配套工程等人防工程需求量[1]；

⑦确定疏散地域，确定各类人防工程设施的布局、规模及用地要求［确定各类人防工程设施位置、规模及用地面积］；

⑧确定应急避难场所的布局、规模及用地要求；

⑨确定警报器设施的布局与规模；

⑩确定近期建设内容；

⑪规划实施建议和保障措施。

（4）图纸绘制内容

人防工程专项总体［分区］规划图纸内容包括：

①现状人防工程设施分布图；

②城市应急疏散及疏散地域规划图：标明疏散主要通道、疏散方向、疏散地域；

※③防空分区划分图：标明防空分区的范围；

④各类人防工程规划布局图：标明各类人防设施的布局与规模［确定各类人防设施的位置与规模］；

⑤应急避难场所规划布局图：确定应急避难场所的布局与规模［确定应急避难场所的位置与规模］；

⑥防空警报器规划布局图：确定防空警报器的布局与规模；

⑦近期建设规划图：标明需近期建设的人防工程布局与规模；

⑧［各类人防工程选址图集：标明人防设施的功能、规模、用地范围及建设要求］。

（5）说明书编制要求

人防工程专项总体［分区］规划说明书内容包括：

①前言：规划背景、必要性，编制过程；

②规划范围、依据、目标、原则及内容；

③城市概况：城市自然条件，经济、社会发展状况；

④现状及问题：人防工程现状及布局、建设、使用方面存在的问题；

⑤相关规划解读：对城市总体规划、分区规划、上层次或上版人防工程专项规划和其他相关规划的解读等；

※⑥预测城市战时遭受空袭的方向、规模和方式，空袭后的破坏程度，确定疏散通道、方向及地域，划分防空分区；

⑦确定战时城市的疏散与留城人口，预测人防工程需求量，划分防空分区及预测分区人防工程需求量；

⑧人防工程设施规划：确定疏散地域，确定各类人防工程设施的布局、规模及用地要求［确定疏散地域，确定各类人防工程设施的位置、规模及用地面积］；

⑨防空袭警报器规划：确定警报器的布局及规模；

⑩应急避难场所规划：确定应急避难场所的布局、等级、规模及用地要求；

⑪近期建设规划：针对存在的突出问题和近期需求量确定近期建设内容，确定近期建设工程防护等级及位置；

⑫规划实施建议和保障措施。

[1] 城市人防工程人均人员掩蔽面积不小于1平方米。

11.14 应急避难场所专项规划

（1）工作任务

研究城市可能面临的主要灾害类型与影响范围；确定适应城市灾害特征的应急避难场所体系；预测不同等级的应急避难需求规模，确定中心避难场所、固定避难场所和紧急避难场所的布局和规模。

（2）资料收集

需要收集的资料包括自然环境资料、经济社会情况、城市规划资料和应急避难工程专业资料等。自然环境资料包括气象、水文、地质和环境资料等；城市经济社会资料包括经济发展、人口、土地利用和城市布局资料等；城市规划资料包括城市总体规划、分区规划、详细规划和其他相关规划资料等；应急避难工程专业资料主要包括应急避难工程发展规划、灾害事件资料、现状应急避难场所资料和其他相关资料等。

（3）文本编制内容

应急避难场所专项总体［分区］规划文本内容包括：

①前言；

②规划范围、依据、目标、原则及内容；

※③确定应急避难场所体系和建设标准；

④确定各类避难场所的布局、规模、用地要求及等级［确定各类避难场所的位置、规模、用地面积、等级］[1]；

※⑤确定疏散救援通道布局；

⑥确定近期建设内容；

⑦规划实施建议和保障措施。

（4）图纸绘制内容

应急避难场所专项总体［分区］规划图纸内容包括：

①现状应急避难场所分布图：标明应急避难场所位置及等级；

※②防灾避难分区划分图：表明各防灾避难分区范围；

③应急疏散通道规划图：标明应急疏散主要通道和疏散路线；

④应急避难场所规划布局图：标明应急避难场所的布局、等级及规模［标明应急避难场所的位置、规模及用地面积］；

应急避难场所专项主要资料收集汇总表　　表 11-14-1

资料类型	资料内容	收集部门
1）现在城市灾害情况	城市历史地震、地质灾害、气象灾害等情况	应急办 三防办 气象部门
2）现状应急避难场所资料	现状地震应急避难场所的建设与管理状况，包括其位置、面积、管理及使用情况	规划部门 应急办 三防办
3）其他相关资料	①城市综合防灾规划； ②应急办、三防办等部门发展规划； ③城市应急避难场所法规和管理办法； ④上一版或上层次应急避难场所专项规划； ⑤城市年鉴和统计年鉴； ⑥规划区及邻近地区近期地形图，1 ： 1000—1 ： 10000； ⑦城市总体规划、分区规划、详细规划； ⑧城市道路工程规划； ⑨城市绿地系统规划	规划部门 国土部门 统计部门 人防部门

[1] 紧急避难场所人均有效避难面积不小于 1 平方米，固定避难场所不小于 2 平方米；②紧急避难场所的用地不宜小于 0.1 公顷，固定避难场所不宜小于 1 公顷，中心避难场所不宜小于 50 公顷；③紧急避难场所的服务半径宜为 500 米，规定避难场所宜为 2—3 公里。

⑤近期建设规划图：标明近期建设的应急避难场所的布局、等级与规模。

（5）说明书编制要求

应急避难场所专项总体［分区］规划说明书内容包括：

①前言：规划背景、必要性，编制过程；

②规划范围、依据、目标、原则及内容；

③城市概况：城市自然条件，经济、社会发展状况；

④现状及问题：现状应急避难场所布局、建设规模、使用等情况及存在问题；

⑤相关规划解读：包括对城市总体规划、分区规划、综合防灾规划、上层次或上一版应急避难场所专项规划的解读；

※⑥应急避难场所体系：确定不同层级的应急避难场所体系，确定相应层级避难场所的建设标准，划分防灾避难分区；

⑦避难场所规划：确定各类避难场所的布局、规模、选址原则、规划指引及建设要求［确定各类避难场所的位置、规模和其他建设要求］；

⑧标识系统：确定标识系统设置原则；

※⑨应急交通和生命线系统：确定海陆空立体的应急交通系统，确定港口、机场、应急疏散通道的布局，确定生命线系统的规划建设要求；

⑩近期建设计划：针对现状存在的突出问题与近期城市发展目标，确定近期建设内容；

⑪规划实施建议及保障措施。

11.15 管线综合专项规划

（1）工作任务

根据城市规划布局，综合并协调各专项工程系统规划，检验各专项工程设施和管线布局的合理程度，提出对专项工程设施和管线规划的调整建议。具体包括：对各种工程设施的用地提出优化调整建议；对各种工程管线在城市道路上的水平排列位置和竖向标高提出优化调整建议；对城市道路断面提出优化调整建议。

管线综合专项规划主要是协调各专项工程规划中设施用地和管线平面及竖向的关系，并不解决各专项工程自身系统布局问题。因此管线综合专项规划一般和各专项工程规划同步编制，形成涵盖各专项工程规划（含道路工程）在内的广义管线综合专项规划。

从管线综合专项总体、分区、详细三个层次规划关系而言，上层次规划是下层次规划的指导和依据；下层次规划对上层次规划进行细化、落实并反馈调整建议。考虑到总规层面需协调的内容较少，设施和管线以确定布局为主，所以一般不编制管线综合专项总体规划，相关综合协调工作在城市总体规划编制时同步完成。

（2）资料收集

需要收集的资料包括自然环境资料、城市经济社会情况、城市规划资料和各专项工程（含道路、给水、排水、电力、通信、燃气、供热、环境卫生、防灾等工程）规划等。自然环境资料包括气象、水文、地质和环境资料等；城市经济社会情况资料包括现状经济发展、人口、土地利用和城市布局资料等；城市规划资料包括城市总体规划、城市分区规划、城市详细规划和其他相关规划资料等。

（3）文本编制内容

管线综合专项分区［详细］规划文本内容包括：

①前言；

②规划范围、依据、目标、原则及内容；

③确定设施、管线综合协调原则；

④确定各市政设施布局；

⑤确定各市政管线布局；

⑥确定市政设施和市政管廊的防护范围；

⑦确定各市政设施和管线的近期建设内容；

⑧提出对各市政工程（含道路工程）专项规划的修改建议[1]。

（4）图纸绘制内容

管线综合专项分区［详细］规划图纸内容包括：

①现状市政设施分布图；

②现状市政管线分布图；

③市政设施综合规划图：标明各市政设施的类别、位置和规模；

④市政管线综合规划图：标明各市政主次干管的类别、位置和管径［标明各市政管线的类别、位置和管径］；

⑤市政设施和市政管廊的防护范围图：标明市政设施和管廊的防护范围；

⑥市政管线标准横断面布置图：标明各市政管线道路中的平面位置和相互间距；

⑦市政管线关键点竖向布置图：标明各市政管线在关键点的竖向控制标高［市政管线道路交叉口竖向布置图：标明各市政管线在关键点和市政道路交叉口的竖向控制标高］；

⑧近期建设规划图：标明近期建设的各市政设施和管线的布局、规模及管径。

（5）说明书编制要求

管线综合专项分区［详细］说明书内容包括：

①前言：规划背景、必要性，编制过程；

②规划范围、依据、目标、原则及内容；

③城市概况：城市自然条件；经济、社会发展状况；

④现状及问题：现状市政设施及管线情况及存在问题，以各市政专业相互之间关系为主；

⑤相关规划解读：包括对城市总体规划、分区规划、详细规划、各市政工程（含道路工程）专项分区规划或详细规划的解读；

⑥确定市政设施、管线综合协调原则；

⑦确定各市政工程设施分布，对不符合相关规范标准要求的设施关系进行协商调整；

⑧确定各市政工程管线分布，对不符合相关规范标准要求的管线平面和竖向关系进行协商调整；

⑨确定各市政工程管线标准道路横断面布置（参见规划术语——道路横断面），确定道路上各市政管线的平面位置和相互间距；

⑩确定主要关键点的各市政工程管线竖向布置［确定关键点和道路交叉口的各市政工程管线竖向布置］；

⑪近期建设规划：综合协调各市政工程设施和管线的近期建设规划，尽量避免重复开挖建设；

⑫提出对各市政工程（含道路工程）专项规划的修改建议。

11.16 城市竖向专项规划

（1）工作任务

根据场地现状及用地规划情况，结合周边场地衔接的需要，对自然地形进行利用、改造，确定坡度、控制高程和规划地面形式等；组织城市用地的土石方工程和防护工程，提出有利于保护和改善城市环境景观的规划要求；满足道路交通、地面排水、建筑布置和城市景观等方面的综合要求。

（2）资料收集

需要收集的资料包括：城市规划资料、水文资料、环境资料、地形地质资料、道路交通规划资料、市政管线规划资料、防洪排涝规划资料、填土土源及弃土点情况等。

[1] 当工程管线竖向位置发生矛盾时，宜按以下规定处理：压力管线让重力自流管线；可弯曲管线让不易弯曲管线；分支管线让主干管线；小管径管线让大管径管线。

城市竖向专项主要资料收集汇总表　　表 11-16-1

资料类型	资料内容	收集部门
1）城市规划资料	①上一版或上层次竖向专项规划资料； ②城市总体规划、分区规划、详细规划； ③规划范围涉及的余泥渣土收纳场专项规划	规划部门 城市管理部门
2）地形地质资料	①规划区及邻近地区近期的地形图（1 ∶ 500、1 ∶ 1000）（0.05—1.00 等高线）（50—100 米纵横坐标网）； ②规划区及邻近地区近期的地质勘探资料	国土部门
3）道路工程规划资料	①城市道路工程规划； ②邻近区域的道路竖向高程	规划部门 交通部门
4）市政管线及地下空间资料	①规划区市政管线规划； ②规划区地下空间开发规划	规划部门
5）防洪排涝规划	①城市防洪排涝专项规划； ②城市河流、水库、湖泊、海域等水体资料； ③城市江、河、海堤的防洪（潮）标准、防洪堤的标高等资料； ④城市排水专项规划	水务部门
6）填土土源及其弃土点情况	①城市填土土源的分布、规模及使用情况； ②城市弃土点的分布、规模及使用情况； ③泥头车的运输路线组织情况	城市管理部门

（3）文本编制内容

详细规划阶段城市竖向专项规划的文本主要内容包括：

①前言；

②规划范围、依据、目标、原则及内容；

③确定场地最低竖向标高、最高竖向标高；

④确定场地和道路排水方向；

⑤确定道路高程和坡度控制要求；

⑥确定土石方平衡情况及土方调配方案；

⑦确定防护工程的类型、位置及规模；

⑧制定分期实施计划。

（4）图纸绘制内容

详细规划阶段城市竖向专项规划的图纸主要包括：

①道路及场地现状高程图：标明规划区的道路及场地现状高程；

②场地竖向规划图：标明场地的规划竖向标高；

③道路竖向规划图：标注道路交叉点（变坡点）的竖向标高、道路长度及坡度、坡向；

④场地排水规划图：标明场地排水的方向与出路；

⑤土石方平衡分析图：标明竖向方案下土石方的挖方与填方情况；

⑥土石方调配方案图：标明土石方的调配情况、挖方去向、填方来源等情况；

⑦防护工程规划图：标明防护工程的类型、位置及规模；

⑧关键节点断面示意图：标明竖向比较复杂的关键节点及路段的断面竖向安排。

（5）说明书编制要求

详细规划阶段城市竖向专项规划的说明书内容主要包括：

①前言：规划背景、必要性，编制过程；

②规划范围、依据、目标、原则及内容；

③规划区概况：规划区自然条件，经济、社会发展状况；

④现状及存在问题：规划区自然环境（包括气象、水文、地形、地貌、地质等）情况及存在问题分析；

⑤相关规划解读：包括对城市规划、道路交通规划、防洪排涝规划、市政管线及地下空间规划的解读；

⑥规划思路及策略；

⑦规划竖向方案：通过与用地布局、城市景观、道路广场、防洪排涝系统的协调，确定规划地面形式，道路及场地的排水方向，道路及场地竖向高程；

⑧规划土石方平衡情况及土方调配方案：确定土石方的挖方与填方情况，土石方的调配情况，包括挖方去向、填方来源等情况；

⑨规划防护工程方案：确定挡土墙与护坡等用地防护工程的类型、位置及规模；

⑩分期实施计划。

第二部分

规划术语

（按术语首字拼音排序）

产城融合
Integrated Industrial and Urban Development

（1）概念

产城融合是在我国产业转型升级背景下相对于工业化初期的产城分离现象提出的一种发展思路。其要求居住、产业、服务、绿地等主要城镇功能相互有机融合，改变以往相互隔离的空间布局，营造方便、舒适、生态的生产、生活环境。

产城融合有利于实现城市土地利用集约化，扩大产业空间并加速产业集聚；有利于增加就业人口，避免产业空心导致的“空城现象”；有利于构建城市产业生态体系，增强产业自我创新能力；有利于新型城镇化的有序推进，促进城乡一体化建设。实现产城融合的手段除了加强城市产业与空间布局的研究之外，城市用地分类标准等方面应注重土地利用的兼容性，为产业转型发展提供空间支持。

（2）特征

①功能复合：功能复合主要指的是产业、居住、商业、商务、娱乐、游憩等功能的混合。随着产业结构的升级发展，生产空间与生活空间的联系愈加紧密，服务于产业的现代服务业的发展更需要紧密结合生活空间，产业与城市功能的融合有助于产业升级，有助于促进创新型产业的发展。

②结构匹配：结构匹配是指促进居住和就业的融合，即居住人群和就业人群结构的匹配。产业结构决定城市的就业结构，而就业结构是否与城市的居住及其他服务功能供给状况相吻合，城市的居住人群又是否与当地的就业需求相匹配，是形成产城融合发展的关键。

③人本导向：产城融合的本质是从功能主义向人本主义的转变。从工业区、开发区发展历程的梳理及各时期的发展历程来看，产城融合发展是社会经济发展到一定阶段，反映到空间上的一种表征，是资本积累到一定阶段寻求新的空间生产的趋势。

城市更新
Urban Regeneration

（1）概念

城市更新指对城市中某一衰落的区域（包括旧工业区、旧商业区、旧住宅区、城中村及旧屋村等）进行综合整治、功能改变或者拆除重建，以有活力的城市功能补充或替换功能性衰败的物质空间，使之重新发展和繁荣。它既包括物质空间的改造，也包括文化环境、社会网络结构、心理认同、情感依恋等非物质空间的延续。

城市更新包括以下三种方式：

①拆除重建：对原有建筑物进行拆除后进行新的城市建设。

②综合整治：包括改善消防设施、改善基础设施和公共服务设施、改善沿街立面、环境整治和既有建筑节能改造等内容，但不改变建筑主体结构和使用功能。

③功能改变：改变部分或者全部建筑物使用功能，但不改变土地使用权的权利主体和使用期限，保留建筑物的主体结构。

（2）城市更新单元

城市更新单元是为实施以拆除重建类城市更新为主的城市更新活动而划定的相对成片地区，是清理产权关系、确定规划要求、协调各方利益、落实更新目标和责任的基本管理单位。

（3）城市更新单元规划

城市更新单元规划是在城市更新背景下，政府增加地区活力、调控城市空间资源、维护社会公平、保障公众利益的专项规划，也是重要的公共政策。

城市更新单元规划以法定图则为基础，重点就更新单元的改造模式、土地利用、配套设施、道路交通及地权重构等方面做出详细安排。

城市更新单元规划一经批准即具有与法定规划相等的效力，是进行城市更新和规划管理的基本依据。

（4）更新范围

仅以拆除重建类项目为例，包括"拆除用地范围"、"开发建设用地范围"和"独立占地公共利益项目范围"。

①拆除用地范围：指纳入更新单元规划制定计划范围，扣除现状保留、综合整治与更能改变区域后的范围。拆除用地范围划定须依照相关规定及流程申报并确认。

②开发建设用地范围：指依据相关规定将拆除用地范围内的部分用地移交给政府后，剩余交由开发商进行开发建设的区域。

③独立占地公共利益项目范围：指依据相关规定移交给政府的用地，包括纳入政府储备用地、道路用地、公共服务设施用地、市政基础设施用地等。

城市增长边界
Urban Growth Boundary, UGB

（1）概念

城市增长边界是一种空间增长管理的政策工具，源起于1976年的美国塞勒姆市（Salem），通过城市增长边界划定了塞勒姆都市区的发展范围，用于解决当时塞勒姆市与其相邻的波尔克（Polk）和马里恩（Marion）两县在城市规划管理上的冲突：城市增长边界以内的土地可用作城市建设用地进行开发，以外的土地则不可用于城市建设用地开发。

我国 2006 年新版《城市规划编制办法》中明确提出了在城市总体规划纲要（第 29 条）及中心地区规划（第 31 条）中要划定“城市增长边界”，用以限制城市的发展规模和划定城市的建设范围。虽然 2000 年初我国即引入城市增长边界概念，但因制度背景的不同，规划实施层面并未广泛应用。目前，对城市增长边界的理解包含以下两方面：

①一种多目标的城市空间管控工具。城市增长边界以生态、经济与社会效益的综合平衡为目标，控制由于城市规模无节制扩张带来的污染、拥堵、低效等一系列社会、经济、环境问题。

②一个动态的空间管控边界。城市增长边界并不是一条固定的边界，针对我国城市快速增长实际，既需要针对战略性生态保护区的“刚性”增长边界，也需要应对未来不确定性的城市周边发展的“弹性”增长边界。

（2）形式

①“刚性”城市增长边界：深圳是国内第一个将城市增长边界法定化的城市，为防止城市无序蔓延、保护区域生态空间、维持城市组团结构，于 2005 年划定了全国第一条基本生态控制线，并制定相应的管理规定和实施意见，将基本生态控制线内土地作为“生态底线区”实施严格管控。其他如《北京市总体规划 2004—2020》的限制建设区规划，将不同区域按建设限制划分为绝对禁建区、相对禁建区、严格限建区、一般限建区、适宜建设区五个级别，分别以绿线、蓝线、紫线等作为控制界线，同时依据法律法规文件针对具体城市建设内容和城市活动制定了限建规划导则。

②“弹性”城市增长边界：2008 年《城乡规划法》赋予城乡规划建设用地范围以法定地位，从实际操作层面来看，规划建设用地范围即相当于规划期内城市的“弹性”城市增长边界。应通过预测城市人口规模推算得到城市用地规模，确立城市建设用地的边界，合理引导城市土地的开发与再开发，进而对城市内部各类用地进行相应的布局。从公共政策的角度出发，增长边界可作为城市发展所带来空间利益增值与损失的公共分配管理的依据。

橙线（城市安全防护线）
The “Orange” Line: Urban Safety Base Line

（1）概念

城市橙线是指为了降低城市中重大危险设施（含现状的和规划新增的）的风险水平，对其周边区域的土地利用和建设活动进行引导或限制的安全防护范围的界限。

深圳市在学习借鉴香港危险品仓储管理控制区经验的基础上，结合本地经济社会快速发展与土地资源紧约束的实际，在国内首次提出划定城市“橙线”，加强对重大危险设施及其周边影响范围的控制与管理。《深圳市近期建设规划（2006—2010）》提出实施“五线”管理，正式将“橙线”和其他城市“四线”（黄线、蓝线、紫线和绿线）一起，作为加强城市空间管制的重要手段，将相关安全要求落实到空间上。目前，深圳市已编制《深圳市橙线规划

(2007-2020)》、《深圳市橙线补充划定》，并制订了《深圳市橙线管理规定》。

（2）案例

《深圳市橙线补充划定》指出：

1）城市橙线的划定对象主要包括：①核电站；②高压油气管道及附属设施；③大型油气及其他危险品仓储区；④其他须进行重点安全防护的重大危险设施。

2）根据风险水平的不同将橙线分为影响区、限制区和控制区进行管理：

①影响区：安全评估中的事故影响范围，其范围内不得规划建设幼儿园（托儿所）、游乐设施、文化设施、体育设施（专指建筑）、医疗卫生设施、教育设施（专指建筑）、宗教设施、特殊建筑、社会福利设施等建筑物，其他类别的建筑允许在影响区建设。

②限制区：安全评估中的事故轻伤范围，其范围内除影响区禁止规划建设的设施外，不得规划建设住宅、宿舍、私人自建房、商业、商务公寓、旅馆业、大型厂房 、研发用房、办公、其他配套辅助设施等建筑物，其他类别的建筑物允许建设，包括仓库（堆场）、物流建筑（专指一般仓储类物流建筑）、市政设施、交通设施。

③控制区：安全评估中的事故死亡范围，其范围内除市政管线及道路外，禁止规划建设其他设施。

城乡统筹
Integrated Urban and Rural Development

（1）概念

城乡统筹可追溯于霍华德的田园城市理论，通过“城市—乡村”的磁铁模式强调城市与乡村有机融合。我国进入转型期后，城乡统筹是消除城乡二元结构、缓和城乡矛盾、促进城乡结构和功能互补、推动城乡要素自由流动和城乡公共服务均等化，以实现城乡可持续发展的重要手段。科学全面地分析城乡差异和地区差异及成因是城乡统筹的前提。

城乡统筹是一项系统性和动态性的工作，需要通过经济、社会、人口、产业、财税等多领域的公共政策综合作用。不同时期、不同地区、不同空间层次的城乡统筹工作重点存在差异，因地制宜和因时制宜地确定城乡统筹路径是工作核心。

（2）模式

由于城乡地域特征、发展动力、基础条件不同，城乡统筹表现出不同的发展模式，可以总结为城市带动发展模式、乡村综合发展模式、城乡融合发展模式、网络化发展模式等。我国各地在城乡统筹过程中积极对发展模式进行实践探索，如北京城市带动农村的城乡发展模式，成都“三个集中”（工业向集中发展区集中，农民向城镇集中，土地向规模经营集中）的城乡发展模式，苏南“农村包围城市”的发展模式。

城乡统筹不同模式[1]　　表 C-1

发展模式	模式特点
城市带动：1950 年代刘易斯提出	①强调城市的主导作用、“自上而下”； ②具有明显的城市工业倾向，是一种城市工业导向模式； ③适用于城市发达、农村落后的区域； ④后来被部分学者批评为具有“城市偏向”的城乡发展模式
乡村综合：1980 年代之后，托达罗等相继提出，源于对“城市偏向”模式的修正	①以满足人们的基本需求为导向，强调“自下而上”的发展； ②以加强农村的综合发展和综合建设、缩小城乡收入差距为根本途径； ③适用于农业基础条件好，农业较为发达，或主要农业产业等地域； ④和“自上而下”一样，把城和乡看作两个相对封闭的空间概念
城乡融合：源于 1987 年麦吉（McGee）提出的城乡一体化概念，之后简化为城乡融合	①城乡融合是指城乡两大系统相互作用、影响形成的一种新的空间形态； ②打破城市和乡村相对封闭的概念，强调城乡之间的相互作用； ③独特的城乡联系模式，形成了城乡交融的系统，实现乡村城镇化； ④适用于大城市的近郊区或城市群的覆盖区等较为发达的地域范围
网络化：新形势条件下，一种高效率的区域城乡关系模式	①强调区域内城、镇、乡形成共生共长的网络系统； ②由均质性的乡村地区（城面）、城镇（节点）、交通等通道（轴线）构成； ③模式的形成依赖于 3 个方面：节点位势和扩张力的提升；城面承接、消化、反馈能力的提高；通道网络的构建； ④适用于行政区划阻力小、市场活跃条件下的区域城乡发展互动

城镇规模等级
Urban Scale Ranking

（1）概述

城镇等级规模体系是城镇体系的重要组成部分，它反映城镇在不同等级规模中的空间分布格局、时间演变规律、城镇人口规模集聚或离散程度，对于研究一个国家或区域内不同等级规模的城镇空间组合状况、发展演变规律和城镇体系所处的发展阶段有重要作用。

目前我国的城镇体系研究成果，基本上采用城镇人口规模（主要是非农业人口）作为城镇规模的代表指标，少量采用城镇建设用地规模表示城镇规模来分析城镇等级规模的分布特征。本手册以城镇人口规模为例分析城镇等级规模的分布特征。

（2）理论与方法

城镇等级规模结构理论在实际项目中比较常用的有城市首位律、位序—规模法则等。

1）城市首位律

1939 年马克·杰斐逊（M. Jefferson）提出城市首位律（Law of the Primate City）。排名第一位最大城市与第二位城市人口的比值就是首位度，又称两城市指数。后来，又有学者相继提出 4 城市指数和 11 城市指数。正常的两城市指数是 2，而 4 城市指数与 11 城市指数应该是 1。

2 城市指数 $S_2=P_1/P_2$；4 城市指数 $S_4=P_1/(P_2+P_3+P_4)$；11 城市指数 $S_{11}=2P_1/(P_2+P_3+P_4+\cdots+P_{11})$。其中，$P_1$、$P_2$、…、$P_{11}$ 为从大到小排序后的城市人口规模。

[1] 赵群毅．城乡关系的战略转型与新时期城乡一体化规划探讨．城市规划学刊，2009（6）．

2）位序—规模法则

位序—规模法则是从城市的规模和位序的关系来考察某个区域城市体系的规模分布。最具代表性的是捷夫公式，目前广泛应用的公式为罗特卡模式：$P_i=P_1 \times R_i^{-q}$。

其中，P_i 为从大到小排序后的第 i 个城市的人口规模；P_1 第 1 个（最大）城市的人口规模；R_i 为从大到小排序后的第 i 个城市的位序。$|-q|$ 值接近 1，表明城市规模分布接近捷夫的理想状态；$|-q|$ 值大于 1，表明城市规模分布比较集中，首位度较高；$|-q|$ 值小于 1，表明城市规模分布比较分散。当进行多年对比分析时，$|-q|$ 值变大，表明城市规模分布越来越集中；反之，$|-q|$ 值变小，表明城市规模分布越来越分散。

城镇化水平
Urbanization Level Forecasting

（1）概念

城镇化是农业人口和农用土地向非农业人口和城市用地转化的现象及过程，具体包括以下几个方面：一是农业人口向非农业的第二、三产业就业转移；二是产业结构中农业比重不断降低，第二、三产业比重不断提高；三是农业用地逐渐向非农业用地转化。

城镇化水平是目前国际上通行的衡量一个国家或地区城镇化程度的重要指标。城镇化水平的高低在一定程度上反映了一个国家（地区）的经济发展水平。

国际上城镇化水平通常以一定地域内城镇人口占总人口的比例来表示。其中，城镇人口规模的确定取决于城镇的地域范围和统计口径。目前，城镇的地域范围主要依据 2008 年国务院批复的国家统计局制定的《统计上划分城乡的规定》进行确定。城镇人口的统计口径主要有户籍人口和常住人口等。其中，户籍人口指在地域范围内的公安户籍管理机关履行登记常住户口手续的人口；常住人口指地域范围内连续居住满半年或半年以上的人口，还包括统计时点在地域范围内居住不满半年，但已离开常住户口登记地半年以上的人口。

（2）预测方法

城镇化水平的预测是城镇体系规划和城市总体规划的重要内容。预测方法主要包括经济因素相关分析法、时间序列模型、劳动力转移分析法、灰色系统模型 GM（1,1）、逻辑斯蒂曲线法、系统动力学方法、目标优化法、联合国法等。本手册重点介绍前两种。

1）经济因素相关分析法

经济因素相关分析法是通过对由分别表征经济发展与城镇化发展水平的不同数据所构成的数据集进行回归分析，建立两者之间的关系模型，寻找到两者之间的对应关系，并由此对未来的城镇化发展水平做出预测。

①模型建立：通过城镇化水平与相关经济发展数据（以人均 GDP 为例）建立函数关系，预测城镇化水平。采集近几年城镇化水平和人均 GDP 数据，运用 SPSS 软件进行回归分析，确定拟合曲线和城镇化水平与人均 GDP 的公式。根据规划期末人均 GDP，确定城镇化发展水平。

②适用情况：在城镇化水平处于较低阶段的时候，经济增长对城市化具有线性拉动作用，

城镇化水平预测方法一览　　表 C-2

预测方法	概要	适用情况
经济因素相关分析法	通过对分别表征经济发展与城镇化发展水平的不同数据所构成的数据集进行回归分析，预测城镇化发展水平	适用于低水平城镇化阶段，经济增长对城镇化具有线性拉动作用
时间序列模型	以时间为横坐标轴，以城镇化水平为纵坐标轴，将各年份的城镇化水平落到平面坐标系上来观察和预测城镇化水平	历史资料较长、发展较为平稳的地区
劳动力转移分析法	从乡村对劳动力的推力和城市对劳动力的拉力角度预测城镇化水平	基础资料比较齐全、人口输出和人口输入明显的地区
灰色系统模型 GM（1,1）	GM（1.1）是一个变量的微分方程模型。G 表示灰，M 表示模型，前一个 1 表示一阶，后一个 1 表示变量	原始数据较少、预测背景呈现稳定发展趋势的情形
逻辑斯蒂曲线法	根据逻辑斯蒂曲线预测城镇人口比重，利用城镇非农业人口比重与时间进行回归分析，建立预测模型	人口增长率开始下降的地区
系统动力学方法	将人口过程、城镇化过程和经济发展过程连接一起，构成一个相互制约、相互影响的动态系统，通过改变其中一个因素预测城镇化水平	适用于受政策和人为因素影响较大的地区
目标优化法	在满足各项约束条件的前提下，寻找与国民经济优化目标相适应的城镇人口的合理比重，预测城镇化水平	相关资料较多
联合国法	根据已知的两次人口普查的城镇人口和乡村人口，去求城乡人口增长率差，假设城乡人口增长率差在预测期保持不变，预测规划期末城镇人口比重	拥有两次人口普查资料

这个阶段建立二者之间的线性模型比较符合实际情况。当城镇化发展到较高水平以后，则可以通过 logistic 曲线关系来拟合城镇化水平与人均 GDP 之间的关系，比较符合高城镇化水平的情况[1]。

2）时间序列模型

时间序列模型以时间为横坐标轴，以城镇化水平为纵坐标轴，将各年份的城镇化水平落到平面坐标系上来观察和模拟城镇化发展的轨迹。它的特点是以时间为变量。

①模型建立：汇总该地区随时间推移的城镇化水平；分析时间序列的特性，对城镇化水平进行时间序列模型的拟合；选择适当的时间序列模型建模，对模型进行识别和定阶；通过拟合优度检验和噪声检验等方法，确定模型的可适性；预测该地区未来城镇化水平。

②适用情况：时间序列必须具有平稳性，如果时间序列是非平稳的，必须把它变换成平稳的时间序列之后才能进行模型分析。

城镇群
Urban cluster

（1）概念

城镇群是指在特定的地域范围内具有相当数量的不同性质、类型和等级规模的城镇，以

[1] 任建明，孙晖．省域城市化水平预测方法比较——以北京市为例 [J]. 城市问题，2006（3）：15-19.

一个或多个特大或大城市作为地区经济的核心，依托一定的自然环境条件、交通运输条件以及综合信息网络，城镇之间的经济、产业等内在联系不断加强，共同构成一个完整的城镇集合体。

（2）基本特征

城镇群是城镇化进入高级阶段，城市由松散发展走向区域化的产物，不同于以往单体城市及其与周边小区域的汇集，城镇群在更大的区域范围内发挥整体的集聚功能，是一个系统化程度更高，系统规模更大，更为开放复杂的动态巨系统。主要有以下特征：

①城镇群是一定区域内发挥巨大集聚效益的特定地域。城镇群内各城市及城乡间关系日益密切，协调分工，具有区域外城镇无可比拟的整体集聚功能。

②城镇群内各城镇间具有显著的集聚和扩散功能。一方面经济要素聚集，培育能量更为强大、职能更为多样的城镇；另一方面产生越来越大的经济势能，辐射更大区域。

③城镇群区域空间结构具有网络特征。城镇群以核心城市为中心，各级中心城市为网络节点，综合交通体系、信息系统为网络桥梁，紧密结合共同构成一个错综复杂的网络系统。

④城镇群的形成发展具有动态性。不同层次、等级规模的城镇受物流、人流、信息流的影响而不断发生变化。

（3）城镇群规划

城镇群规划、城镇体系规划、都市圈规划、区域（一体化）规划是目前主要的区域空间协调发展规划类型。其中，城镇群规划是以城镇密集地区协调发展为核心的规划类型；城镇体系规划是目前我国唯一有法定地位的区域性空间规划；都市圈规划一般以一个或几个城市高度连绵而发展关联的地区作为都市区的规划统筹范围；区域（一体化）规划涉及的范围更广，包括政策、国土、空间、交通等综合方面。

我国近年来城镇群规划的部分项目　　表 C-3

项目名称	规划（研究）范围	组织机构	规划编制单位	编制时间
珠江三角洲经济区域城市群规划	珠江三角洲经济区范围，共 25 市 3 县，约 4.16 万平方公里	广东省省委、省政府	广东省建设厅、广东省城乡规划设计院	1994—1995
辽宁中部城市群专题规划	沈阳、鞍山、抚顺、本溪、辽阳、铁岭 6 市的市域，约 5.9 万平方公里	辽宁省建设厅、6 市政府	辽宁省城乡建设规划设计院	1999—2000
珠江三角洲城镇群协调发展规划（2004—2020）	珠江三角洲（广州、深圳、珠海、佛山、江门、东莞、中山、高要、四会、惠东、博罗等市县及惠州、肇庆等市区），约 4.17 万平方公里	广东省省委、省政府，建设部	广东省建设厅、中国城市规划设计研究院、深圳市城市规划设计研究院、广东省城市发展研究中心	2003.7—2005.4
山东半岛城市群总体规划	济南、青岛、烟台、淄博、威海、潍坊、东营、日照等 8 个设区城市，约 7.4 万平方公里	山东省省委、省政府	北京大学、山东省建设厅	2003—2007.5
浙江省金衢丽地区城市群空间发展战略规划	金华、衢州、丽水 3 市，约 3.71 万平方公里	浙江省省委、省政府	浙江省建设厅、浙江省城乡规划设计研究院	2004.3—2004.11

续表

项目名称	规划（研究）范围	组织机构	规划编制单位	编制时间
浙江省温台地区城市群空间发展战略规划	温州、台州2市，约2.12万平方公里	浙江省省委、省政府	浙江省建设厅、浙江省城乡规划设计研究院	2004.3—2004.11
浙江省环杭州湾地区城市群空间发展战略规划	杭州、宁波、绍兴、嘉兴、湖州、舟山6市，约4.54万平方公里	浙江省省委、省政府	浙江省建设厅、浙江省城乡规划设计研究院	2004.4—2004.11
中原城市群总体规划	郑州、洛阳、开封、新乡、焦作、许昌、平顶山、漯河、济源9市，约5.87万平方公里	河南省省委、省政府	河南省发展和改革委员会、国家发改委宏观经济研究院	2004.8—2005.12
关中城市群建设规划	西安、宝鸡、咸阳、铜川、渭南、杨凌6市，约5.5万平方公里	陕西省建设厅	陕西省城乡规划设计研究院	2005.8—2008.8
京津冀城镇群规划	北京、天津及河北2市1省，约21.81万平方公里	建设部、北京市、天津市、河北省	中国城市规划设计研究院	2006.9—2009
长三角城镇群规划	苏、浙、沪、皖3省1市，约34.78万平方公里	建设部、上海市、江苏省、浙江省、安徽省	中国城市规划设计研究院	2005.12—
北部湾城镇群规划	南宁、崇左、防城港、钦州、玉林、北海6市，约7.30万平方公里	北部湾（广西）经济区规划建设管理委员会办公室、广西壮族自治区建设厅	中国城市规划设计研究院	2006.6—
辽宁沿海城镇带规划	大连、丹东、营口、盘锦、锦州、葫芦岛6市，约5.60万平方公里	辽宁省建设厅	中国城市规划设计研究院	2006.9—
海峡西岸城镇群协调发展规划	福建省全省，约12.14万平方公里	福建省建设厅、福建省发展和改革委员会	中国城市规划设计研究院	2006.12—2009
成都平原城市群规划	成都、绵阳、德阳、眉山、资阳5市及乐山、雅安的部分区县，约5.99万平方公里	四川省政府、成都市政府、四川省建设厅	成都市城市规划设计研究院	2005—2007.5
成渝城镇群协调发展规划	重庆市28个区县和四川省15个地级市，约16.9万平方公里	建设部、重庆市、四川省	中国城市规划设计研究院	2007.4—2009

D

大数据规划应用
Big Data Planning Application

（1）定义

“大数据”一词目前在学术界缺乏标准界定。Michael Batty 引用的定义之一是“大数据就是任何不能放在一张 Excel 表格中的数据”。与传统以静态统计和抽样方法获得的数据相比，大数据具有数据规模海量、数据类型多样、数据价值巨大和数据流转快速的特征。

大数据规划应用是指在运用网络数据挖掘和新信息设备采集获取大数据的基础上，更加注重新技术、新方法在城乡规划编制、管理、实施过程中的应用。数据获取方式由传统静态、小样本的统计年鉴、问卷调查、访谈等手段转变为以手机信令、社交网络、出租车 GPS 轨迹、公交智能卡、开放地图等实时、大样本数据的抓取和新空间定位技术的应用；数据结构内容也更加注重对象地理空间信息的获取，研究方法结合传统描述性统计分析方法，更加侧重网络分析、流动空间、社会群体或个体空间轨迹与属性等深入分析；研究方向也由城市实体空间拓展到了城市社会空间领域，更加注重城市特征与活动、城市社会关系、居民行为轨迹、城市重大事件等。

大数据规划应用的特征主要表现为：更易获取海量、多源、时空数据，更加强调“公众参与”对“专家领衔”、“精英规划”编制方式的影响，更加关注“实时化”响应速度与“以人为本”的“动态、过程式”实施过程。

（2）主要应用领域

1）城市实体空间研究

城市实体空间研究主要应用全球定位系统、网络日志、社交兴趣点、手机数据、浮动车数据和公交刷卡数据等，从微观尺度分析人类活动对城市空间结构的影响，如城市增长边界、时空结构、职住平衡等。通过对群体活动数据与城市空间结构匹配度的分析，能够更为直观、精细地研究城市空间结构的动态变化，深入理解群体活动对城市空间结构的适应程度，为城市空间结构的优化提供技术支撑。

2）城市社会空间研究

城市社会空间的研究更多关注城市社会空间特征与结构、社会事件、社会空间分异、社区问题等主题。通过大样本量的居民网络活动研究，从海量的非结构化数据中分析、揭示社交网络要素的地理空间分布特征及形成肌理，并可以较为精确地模拟城市重大事件的产生、发展、传播方式、影响效果等整个过程，提出针对性的管理措施。

大数据主要应用领域汇总　　表 D-1

主要应用领域	数据来源
判定城市增长边界、全国城市增长边界评价	公交一卡通、一书三证等数据
城市时空结构分析	出租车 GPS（浮动车 OD 矩阵）
判定城市空间发展质量	综合数据源
城市职住比例分析	手机基站定位
城市区域功能识别	地铁客流记录
居民生活质量评价	综合数据源
群体活动模式分析	公交一卡通
基于 GPS 数据的居民生活圈识别	GPS（样本一周出行轨迹）、互联网活动日志
基于 GPS 数据的旅游景区规划设计	GPS（样本一周出行轨迹）、互联网活动日志
利用位置签到数据探索城市热点与商圈	出租车上下客点、签到数据
养老机构布局	养老设施、老人活动等数据
判断场所空间功能及其动态变化	综合数据源
分析公共空间适应效率	手机、GPS
基于社交网站文本数据识别空间情绪	社交网站
全国人口密度变化（可视化）	手机数据等
全国 297 个城市用地现状（可视化）	GIS 数据
全国各街道 PM2.5 暴露评价	PM2.5 数据
判断城镇群内部空间联系	社交网站、手机
城市网络格局变化过程和特征	通信流
基于社交网络大数据探索人类社会组织结构和活动规律	新浪微博开放平台、腾讯 QQ
智慧出行	手机—智慧出行大数据平台—北京交研中心
基于实时交通信息的城市道路交通 CO_2 排放时空分布	智能交通系统 ITS、微观机动车排放模型
出租车大数据可视化分析与打车软件使用情况	出租车 GPS

（3）案例介绍

由于大数据在城市研究的实践十分广泛，且部分研究由于数据获取及分析方法等原因，还存在很多值得进一步深化、论证的地方，以下通过下表列举四个案例。

大数据在城市研究中的实践汇总表　　表 D-2

研究领域	区域关系	城市交通	城市公共空间	城市空间布局与质量
案例名称	《湖北省城镇化与城镇发展战略研究》（南京大学）	《基于流空间的苏州多尺度空间关系研究》	《出租车大数据可视化分析》	“十城一日”
数据类型	各城市间汽车班车次数、企业总部与分支机构数量	5000 辆出租车全日运行数据，采样间隔约 30 秒，共 1400 万余条定位数据	出租车 GPS 定位数据、路网数据	百度热力图
主要内容	通过交通、企业联系数据分析，构建省域流动空间格局，进而明确省域内部各城镇之间的空间联系强度，并支撑空间结构分析与方案制定	划定城市活动区范围，研究其空间结构；划分城市功能单元，研究职住平衡；划定都市区范围，确定连片区域范围划定的密度标准	描述城市道路的实时车速，并分析群体活动模式、城市时空结构、城市职住比例、城市区域功能识别等	选取中国 10 个大城市，以百度热力图的方式，展示同一时刻、相同比例尺下不同城市市民的空间活动强度与轨迹

道路横断面
Road Cross Section

（1）概念

城市道路横断面是指道路中心线法线方向的道路断面，主要由机动车道、绿化带、自行车道与人行道等共同组成[1]。根据车行道布置形式分为四种基本类型，即单幅路、双幅路、三幅路和四幅路。横断面形式和组成部分的影响因素包括道路功能、交通量、车辆类型与组成、设计速度、区位、地形条件、排除地面水的方法、地面结构物的位置等。

（2）设计要求

道路横断面设计基本要求如下：

①保障步行和自行车交通在空间上的落实，并为公交线网的敷设提供必要条件；

②满足不同等级道路交通功能的需要；

③合理布置横断面，节约城市用地；

④充分利用现有道路，并满足市政管线布设的工程技术要求。

（3）设计内容

机动车道最小宽度和步行路径最低宽度见下两表。

机动车道最小宽度 表 D-3

道路等级	机动车道宽度
高速公路	3.75 米
快速路	货道或混行车道为 3.75 米 小车道 3.5 米
主干路	公交专用车道宽度宜为 3.5 米 大车道或混行车道宽度宜为 3.5 米 小汽车道宜为 3.0 米
次干路	
一级支路	社区公交通行道宽度宜取 3.25 米 小汽车道宽度宜为 3.0 米
二级支路	2.8—3.0 米

各类步行路径最低宽度取值 表 D-4

用地功能 / 路径等级	商业（包括大型商住综合体）、办公、公共管理与服务设施、大型交通设施、公园绿地、广场	居住（密度一、二区）、新型产业类用地（MO）	居住（密度三、四、五区）、普通工业类用地（M1）、其他
片区主通道	≥ 6 米	≥ 5.25 米	≥ 4.5 米
街区步行路	≥ 5.25 米	≥ 4.5 米	≥ 3.75 米
地块连通径	≥ 3.75 米	≥ 3.75 米	≥ 3 米

注：①密度一、二区基准容积率为 3.2，容积率上限 6.0；②密度三区基准容积率为 2.8，容积率上限 5.0；③密度四区基准容积率为 2.2，容积率上限 4.0；④密度五区基准容积率为 1.5，容积率上限 2.5。

[1] CJJ37−2012 城市道路工程设计规范．北京：中国建筑工业出版社，2012：12.

各级自行车道规划控制要点见下表。

各级自行车道规划控制要点　　表 D-5

车道等级	设置建议	自行车道宽度	新建 / 改造条件较好时	改建条件有限时
主廊道	贯通性好的次干路、主干路	2.0—3.0 米 建议采用 2.5 米	机非有分隔自行车专用道	人非有分隔自行车专用道 车非有分隔自行车专用道
连通道	次干路、主干路、主要交通干路	1.5—2.0 米 建议采用 2.0 米	机非有分隔自行车专用道	人非有分隔自行车专用道 车非有分隔自行车专用道
休闲道	各等级城市道路、公园陆地等自然景观内的路径	1.5—2.0 米 建议采用 1.5 米	人非有分隔自行车专用道	人非有分隔自行车专用道 人非混行的自行车道

道路横断面设计宜引入低影响开发设计的理念，即利用路面及绿化带的空间，滞留雨水，使雨水得以蒸发、入渗，从而进行雨水径流总量、洪峰流量、面源污染控制。

机动车道雨水采用排水沥青贮存，排水槽收集排入植生滞留槽；非机动车道雨水采用直接入渗，超渗雨水排入植生滞留槽；机非分隔带（或机动车道两侧绿化带）采用植生滞留槽，储存、蒸发、入渗，超标径流溢流排入雨水管道；路侧绿化带采用植生滞留槽，储存、蒸发、入渗，超标径流溢流至非机动车道，最终进入机动车道两侧植生滞留槽。

（4）相关标准

《城市道路工程设计规范》CJJ37-2012（现行行业标准）；

《深圳市城市规划标准与准则》（深圳市人民政府，2013）；

《深圳市详规层面绿色交通规划编制指引》（深圳市规划和国土资源委，2013）。

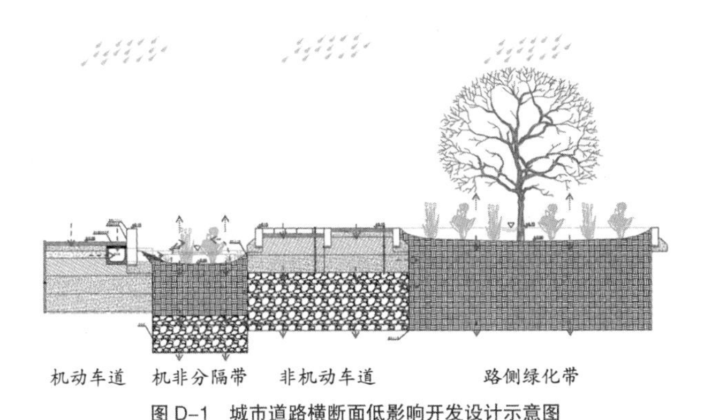

图 D-1　城市道路横断面低影响开发设计示意图

道路网络
Road Network

（1）概念

城市道路网络是城市范围内由不同功能、等级、区位的道路，以一定的密度和适当的形式组成的网络结构。一般由快速路、主干路、次干路和支路四类等级道路组成，支路根据需要，可分为一级支路和二级支路。各等级道路主要承担的功能如下：

①快速路主要承担市域内部组团间的长距离快速客货运交通功能；

②主干路主要承担相邻组团及组团内部片区间的中、长距离客货运交通功能；

③次干路主要承担组团内部片区间及片区内的中、短距离客货运交通功能；

④一级支路兼顾集散、到达交通，承担片区辅助集散通道功能；

⑤二级支路以进出功能为主，连接建筑、地块出入口。

（2）原则

不同城市规模、性质及用地状况决定了不同的城市道路网络规模和分布形态。道路网络布局要与城市空间结构、自然地理条件、其他运输网络相协调、适应，基本原则如下：

①与城市空间结构相协调；

②满足城市交通运输的需要，与交通产生特性相吻合；

③合理衔接城市对外交通；

④有利于产生城市活力，充分展现城市特色。

（3）规划指标

城市道路系统中各类道路的规划指标应该符合下表规定：

大、中城市道路网规划指标一览表[1] 表 D-6

项目	城市规模与人口（万人）		快速路	主干路	次干路	支路
道路网密度（公里／平方公里）	大城市	>20	0.4—0.5	0.8—1.2	1.2—1.4	3—4
		≤ 200	0.3—0.4	0.8—1.2	1.2—1.4	3—4
	中等城市		——	1.0—1.2	1.2—1.4	3—4
道路宽度（米）	大城市	>200	40—45	45—55	40—50	15—30
		≤ 20	35—4	40—50	30—45	15—20
	中等城市		——	35—45	30—40	15—20

小城市道路网规划指标 表 D-7

项目	城市人口（万人）	干路	支路
道路网密度（公里／平方公里）	>5	3—4	3—5
	1—5	4—5	4—6
	<1	5—6	6—8
道路宽度（米）	>5	25—35	12—15
	1—5	25—35	12—15
	<1	25—30	12—15

[1] GB50220-95 城市道路交通规划设计规范．北京：中国计划出版社，1995：20-21.

地籍
Cadastre

（1）概念

地籍是记载土地的权属、位置、数量、质量、价值、利用等基本状况的图簿册及数据；反映了土地及其地上附着物的基本状况，可看作土地的户籍。其出现之初是为征税的方便，后则转变为保护土地产权、收税和有效利用土地等功能，具有空间性、法律性、精准性、动态性等特征。

（2）内容

地籍包括土地调查册、土地登记册和土地统计册，用图、数、表的形式描述土地及其附着物的权属、位置、数量、质量和利用状况；具体内容则根据地籍管理或土地管理的需要应对一块地所描述的要素而决定，一般有两种表述方式：一是权属、位置、数量、质量和利用状况；二是权利人的状况、地块的自然状况和人与土地之间的权利关系和利用关系（简称人地关系）。

在城乡规划中，通常需查询地籍来确定土地的权属、位置、数量、质量、价值、利用等信息，如土地权属界线、性质等，并将其纳入基础资料，作为市政基础设施布点及通道安排、地块边界划分等的重要依据，以提高规划的可实施性。依《土地登记资料公开查询办法》规定，任何单位和个人都可以查询土地登记结果（土地登记卡和宗地图），一般是在国土局、国土资源信息中心等国土部门查询。

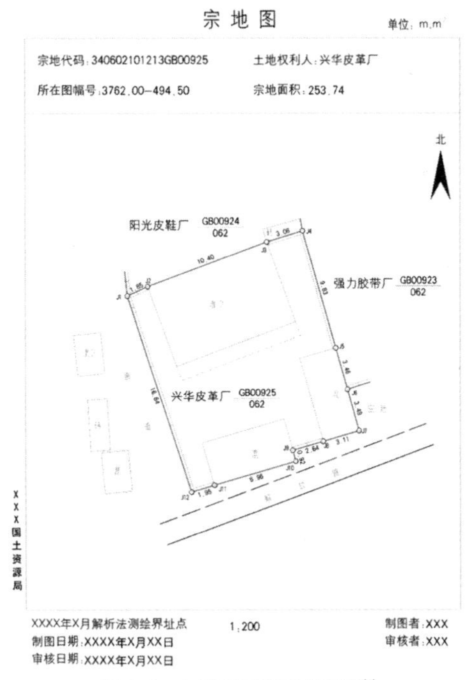

图 D-2 土地使用权宗地图示例[1]

[1] TD/T 1001-2012 地籍调查规程 . 中华人民共和国国土资源部 , 2012.

地价
Land Price

（1）概念

地价，又称土地价格，是土地的未来年期纯收益（地租）的资本化。通常是指土地所有者向土地需求者让渡土地权利所获得的收入，是买卖土地的价格。在我国，由于土地所有权不得买卖，实际交易的是具有一定年期的国有建设用地使用权，因此，一般可以认为地价是指国有土地使用权出让价格。

（2）形式

根据形成方式、权利形态、管理手段、开发条件、表示方式的不同，地价有多种表现形式，与城乡规划管理过程密切相关的主要是土地评估价格和土地交易价格。

①土地评估价格。即通过一定估价方法测算出来的土地价格，通常包括基准地价、标定地价和出让底价等。其中，基准地价是各城镇按照土地的不同区段、不同用途和不同等级评估和测算的土地使用权的平均价格，这是整个地价体系的核心内容；标定地价是根据基准地价，通过区域因素与个别因素修正而得到的宗地地价；出让底价是政府在招标、拍卖国有土地使用权时，根据基准地价或标定地价确定的宗地的最低控制价格。

②土地交易价格。通常包括拍卖地价、招标地价、协议地价和挂牌价格。拍卖地价，在土地市场上，通过拍卖形式，由出价最高者获得土地所有权或使用权的成交价格；招标地价，在土地市场上，采用招、投标方式进行土地交易的价格；协议地价，土地交易双方通过协商共同认可的交易价格；挂牌地价，在土地市场上，通过发布挂牌公告，接受竞买人报价申请并更新挂牌价格，在挂牌期限截止时的出价价格。

（3）构成

经济测算中使用的通常是土地评估价格，一般是以基准地价、标定地价等为基础，专业评估机构参考当地的市场交易价格进行评估的结果。地价评估过程中，从成本法的角度可以认为地价是由开发土地所耗费的各项费用，加上一定利润、利息、应缴纳的税金和土地增值收益组成，即：

地价＝土地取得费＋土地开发费＋税费＋利息＋利润＋土地增值收益

其中，土地取得费是指为取得土地而向原土地使用者支付的费用，包括征地费、拆迁安置补助费；土地开发费是指获得土地后将土地开发到设定开发程度条件（例如“三通一平”、“五通一平”或“七通一平”等）下所需的客观费用，通常包括基础设施配套费、公共事业建设配套费和小区建设配套费。税费包括城镇国有土地增值税、耕地占用税、城镇土地使用税等。利润是指正常条件下开发商所获得的平均利润，而非最终利润。土地增值收益是政府出让土地除收回成本外，同时要使国有土地所有权在经济上得到实现所应取得的一定收益。

（4）与城乡规划的关系

城乡规划管理所使用的是地价评估的最终结果，作为规划经济测算中成本部分的必需数据，按照土地总价格、单位面积地价或楼面地价表示如下：

楼面地价 = 土地总价格 / 规划建筑面积 = 单位面积地价 / 规划容积率

（5）地下空间地价

近年来，随着地下空间的开发利用，杭州、上海、深圳、广州等地开始出台地下空间土地出让金的缴交标准，通常是以土地基准地价为基础进行计算。为了鼓励地下空间的开发，在计算过程中会取一定的优惠系数。

例如，杭州市在2005年出台了《关于积极鼓励盘活存量土地促进土地节约集约利用的意见（试行）》，地下一层土地出让金按市区土地基准地价相对应用容积率为2.0的楼面地价的30%收取；地下二层的土地出让金按地下一层的标准减半收取，地下三层的则按地下二层标准减半收取，依次类推。2013年，深圳市发布的《深圳市宗地地价测算规程（试行）》规定，地下空间部分修正系数取0.5，其宗地地价按照建筑类型对应的基准地价标准以该修正系数予以修正。

（6）相关规范标准

《城镇土地分等定级规程》GB/T 18507-2001；

《城镇土地估价规程》GB/T 18508-2001；

《土地利用现状分类》GB/T 21010-2007；

《农用地定级规程》GB/T 28405-2012；

《农用地估价规程》GB/T 28406-2012；

《农用地质量分等规程》GB/T 28407-2012；

《城市地价动态监测技术规范》TD/T 1009-2007；

国土资厅发[2013]20号《国有建设用地使用权出让地价评估技术规范（试行）》。

地铁上盖物业
MTR Property

（1）概念

地铁上盖物业是指在轨道交通途经地区的上方或邻近周边进行民用建筑开发建设的土地开发方式，是TOD开发模式的应用，主要包括站点上盖物业和车辆段上盖物业两种形式。

通过地铁上盖物业的规划，可以实现捆绑开发。即以地铁为核心，对沿线的地区进行开发或再开发，使地铁与社区相互促进，形成良性循环。既能方便片区出行，缩短通行时间，吸引大量的客流，带来周边土地升值，反哺地铁工程建设的部分成本；同时，物业的开发又能为地铁聚集更多的客流，增加地铁运营的票务收入。

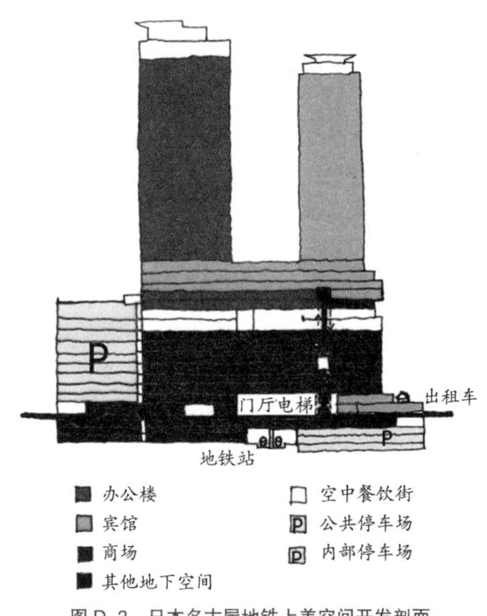

图D-3　日本名古屋地铁上盖空间开发剖面

地铁上盖物业的综合开发能够逐步实现区域功能的有序化和系统化，增加城市的活动强度，很好地带动区域经济的发展，提高城市的活力[1]。

地铁上盖物业开发重要影响因素包括：开发模式的选择、开发工作程序的选择及相应地铁站点的地下、地上空间，地铁车辆段基地开发方案。

按照地铁物业开发的先后顺序，其工作程序大致可分为可行性研究、项目策划、地铁物业招商以及地铁建设与物业开发的并轨四个步骤。

（2）模式

地铁上盖物业开发模式的研究属于项目策划部分的重要内容。地铁上盖物业开发分为站点地下空间利用、站点地上空间利用和车辆基地上盖物业等三种模式。

1）站点地下空间利用

方式一：站点“自然形成”的地下空间。指因为地铁运输组织的需要，某些地铁车站设置配线而形成的可供利用的地下空间。此类型空间的物业开发要充分考虑周边环境与空间自身特点，选择合理的业态，通常作为城市地面空间的有效补充和辅助。

方式二：站点“附加开发”的地下空间。指非轨道交通需求原因增加，而与车站一起实施的空间开发形式。

站点地下空间开发时需要考虑地上地下协调发展、平战结合、综合疏散、优化地下空间的环境质量等几方面因素；考虑对于项目沿线选择站点完成相应的商业策划、土地规划、城市设计、加强轨道交通与其他各类交通方式的无缝换乘、统筹规划沿线公交、停车场等城市服务设施。

2）站点地上空间利用

方式一：仅针对站点情况，适当进行扩建，主要提供交通疏导功能。

方式二：以轨道交通站点为核心进行综合性开发。主要是依托地铁、轻轨等轨道交通及巴士干线布局，以轨道交通或公交站点为中心，以400—800米（5—10分钟步行路程）为半径，进行高密度的商业、办公、住宅等复合用途的开发。

站点地上空间开发方案应包括客流及交通转换方式，不同功能的分区与衔接，垂直交通及防灾，环境与标识系统设计等内容。

3）车辆基地上盖物业

车辆基地是负责地铁车辆维修、清洗、整备的场所，占地大、层高较高、跨度较大。由于占地面积较大，上盖空间利用率高，利用地铁车辆段上部空间进行物业开发，按照规划开发成住宅、公建设施或体育活动场地，可获得比较可观的经济效益和社会效益。目前，车辆段物业开发实践参照了香港地铁的上盖开发，总的思路是在车辆基地上方设置钢筋混凝土结构（大平台），在其上因地制宜进行合理的物业开发，从而达到节约土地资源的目的。

车辆基地上盖空间开发技术要点包括：对各方面客流情况进行综合预测；将轨道交通车场与空间利用综合体统一进行景观控制、协调整体环境；对于轨道交通产生的振动、上盖空间的整体防水，需要进行专项分析研究；按照相关规范要求，对主要功能区进行安全评价，综合考虑疏散问题；场段上空间开发应充分考虑上盖空间防火、疏散等问题，进行专项论证。

---

[1] 缪东．对城市地铁车辆段物业开发的思考．铁道勘察，2010（4）：114-115.

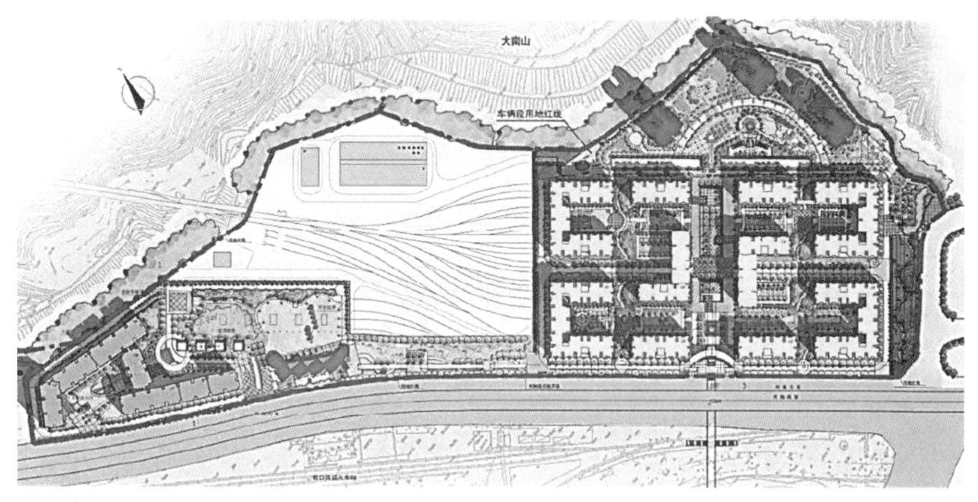

图 D-4　深圳市蛇口车辆基地上盖物业示意

地下空间
Underground Space

（1）概念

地下空间是指地表以下的土层或岩层中天然形成或人工开发的空间场所，其开发利用在提升土地利用集约度、扩大城市空间容量、提高城市综合防灾能力等方面发挥着越来越重要的作用。特别是在城市中心区、交通枢纽周边地区，地下开发已成为缓解交通压力、改善生态环境、提升空间活力与特色的重要手段。

（2）规划内容

①在总体规划层面，应提出城市或片区地下空间开发利用的基本原则和建设方针；研究确定地下空间开发利用的功能、规模、总体布局与分层规划；统筹安排近、远期地下空间资源开发利用的建设项目；制定各阶段地下空间开发利用的发展目标和保障措施。

②在详细规划层面，应明确城市重要地区地下空间开发利用的控制要求；制定城市公共性地下空间开发利用各项控制指标，提出具体地块地下开发的强制性和指导性要求；对规划区内地下空间的平面布局、交通组织、景观环境、安全防灾、开发时序等予以安排。

③在专项规划层面，相关工作内容详见本书第十章地下空间专项规划。

（3）主要技术用语

①覆土厚度：是地下空间顶板的最顶端至土层表面的垂直距离。

②地下建筑退界：是指地下空间的建设控制线与规划地块红线的距离。

③出入口设置：主要形式包括附设式、独立式、斜坡式和下沉式。

④地下通道：是地下空间之间以及地下空间与地面空间相互联系的线形、矩形步行通道，作为地下空间系统中重要的交通空间，发挥方向指引及紧急疏散的作用。

⑤下沉广场：是在竖向标高方面广场的整体或局部低于地坪标高的一种城市广场类型。

本处特指与地下功能空间连通的、衔接地面功能空间的一种立体化广场类型。

⑥人防与地下空间：是指满足平时救灾需求和保障战时人员与物资掩蔽、人民防空指挥、医疗救护而单独修建的地下防护建筑，以及结合地面建筑修建的战时可用于防空的地下空间。

地下空间涉及的主要技术用语的相关指标参见本手册专项规划中的“地下空间规划”。

低影响开发
Low Impact Development

（1）概念

低影响开发（又称低冲击开发）是 20 世纪 90 年代末由美国马里兰州的乔治王子县和西北地区的西雅图市、波特兰市共同提出的一种暴雨管理技术。低影响开发主要提倡模拟自然条件，通过在源头利用一些微型分散式生态处理技术实现对降雨所产生的径流和污染的控制，使得区域开发后的水文特性与开发前基本一致，进而保证将土地开发对生态环境造成的影响减到最小。

（2）应用现状

目前，低影响开发已广泛应用于欧美等发达国家，通过低影响开发建设，增加透水地面面积和蓄水空间，可以实现减少径流量、延长径流集聚时间、削减洪峰、削减径流污染物、保护水质、补充地下水及河流基流、减小土地侵蚀等生态目标。

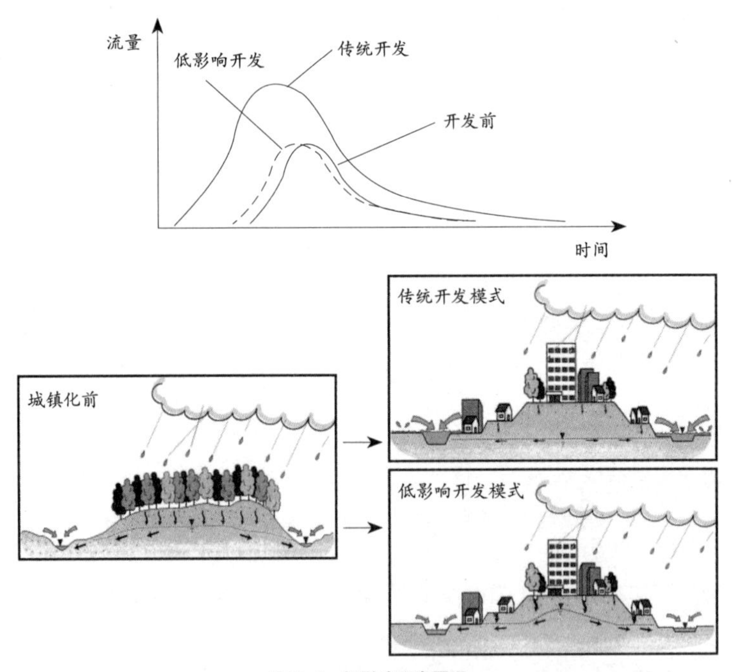

图 D-5　低影响开发原理

作为新型的城市雨洪管理模式，低影响开发模式已成为我国力推的城市开发建设模式。2013 年，《国务院办公厅关于做好城市排水防涝设施建设工作的通知》（国办发〔2013〕23 号）和《国务院关于加强城市基础设施建设的意见》（国办发〔2013〕36 号）先后发布，均明确要求各地应积极推行低影响开发建设模式；2014 年，住房和城乡建设部发布的《海绵城市建设技术指南——低影响开发雨水系统构建（试行）》对各地低影响开发建设的应用、落实与管理起指导作用。深圳市近年来已相继完成了从总规层面到详规层面的低影响开发相关专项规划，深圳光明新区已列为国家低影响开发雨水综合利用示范区，一批低影响开发示范项目已相继建成，相关配套政策也已制定并实施，对建设项目低影响开发的实施起到很好的示范作用。

（3）目标与指标

通常来讲，某一区域的低影响开发目标可通过综合径流系数来表征，即规定某一城市或某一区域开发建设后的综合径流系数不得大于目标值，例如深圳前海合作区规定开发建设后的综合径流系数不得大于 0.43。

低影响开发目标可分解至构成该区域的每一类建设项目，对于某一类建设项目，其低影响开发目标亦可用综合径流系数来表征。图 D-5 所示为某一区域或某一建设项目的低影响开发目标的实现途径。表 D-8 所示为《深圳市城市规划标准与准则》（2013）中不同建设项目的综合径流系数控制目标。

不同建设项目的综合径流系数控制目标　　表 D-8

区域名称	商业区	住宅区	学校	工业区	市政道路	广场、停车场	公园
新建区	≤ 0.45	≤ 0.4	≤ 0.4	≤ 0.45	≤ 0.6	≤ 0.3	≤ 0.2
城市更新区	≤ 0.5	≤ 0.45	≤ 0.45	≤ 0.5	≤ 0.7	≤ 0.4	≤ 0.25

规划阶段针对每类建设项目，可提出四个低影响开发控制指标，根据建设项目性质赋予不同推荐值以供参考，确保低影响开发目标的实现。表 D-9 所示为深圳市光明新区国家低影响开发雨水综合利用示范区各类用地的低影响开发指标推荐值。

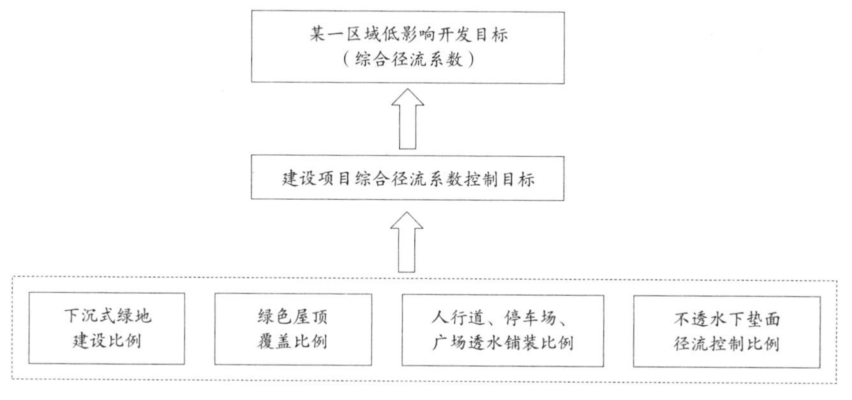

图 D-6　低影响开发目标实现途径

不同建设项目的低影响开发指标推荐值　　表 D-9

用地性质	用地代码	绿地下沉比例	绿色屋顶覆盖比例	人行道、停车场、广场透水铺装地面比例	不透水下垫面径流控制比例
居住用地	R	≥ 50%	—	≥ 70%	≥ 80%
商业服务业用地	C1	≥ 60%	≥ 50%	≥ 70%	≥ 80%
公共管理与服务设施用地	GIC				
工业用地、物流仓储用地	M、W	≥ 60%	≥ 50%	≥ 30%	≥ 80%
市政道路	S1、S2	≥ 90%（占绿化带面积）	—	≥ 20%（占道路面积，人行道、自行车道）	≥ 60%（占道路面积）
广场、停车场	G4、S3、S4	≥ 80%	—	≥ 80%	≥ 90%
绿地	G1	≥ 20%	—	≥ 80%	≥ 90%

（4）效果评估

低影响开发设施的效果主要有削减雨水径流总量和峰值流量、控制雨水径流污染物。国外研究表明，设计合理的低影响开发设施能够有效削减雨水径流量与峰值流量，且对雨水径流中 SS、COD、重金属、油脂类等污染物有很好的去除效果。下表所示为深圳市两个建设项目低影响开发应用效果评估。

深圳市低影响开发设施应用效果评估　　表 D-10

评估对象	评估方式	年径流总量削减	峰值流量削减	污染物削减
光明新区 38 号路	SWMM 模拟	较传统方式削减 70.7%	较传统方式削减 11.6%（2 年一遇降雨）	SS 去除率为 88.6%—93%（实测值）
国际低碳城启动区市政道路	SWMM 模拟	较传统方式削减 70%—85%	按照传统方式 2 年一遇设计的雨水管网，能够承受 5—10 年一遇的降雨	—

调研方法
Research Methods

英国区域规划先驱格迪斯最早将社会调查方法引入城市规划领域，提出“调查—分析—规划”方法并在实践中被广泛应用，从社会改革的视角来探讨解决城市问题。

现状调研即通过对基础资料的收集、基本规律的把握，研究出适合城市发展，为规划方案制定提供基本依据的一种综合性调查研究。《城市规划基础资料搜集规范》GB/T 50831-2012 初步规范了城市总体规划、控制性详细规划、修建性详细规划的基础资料搜集范围。然而，实际工作中因为调研内容的包罗万象、调研时间的紧迫，很容易“大而全”而浮于表面，造成调研工作的浪费，同时也因为缺乏针对性而难以为下阶段规划方案制定提供有效依据。本手册试图通过概述总体规划调研方法，探讨一种针对性更强的“有效调研”工作方法。

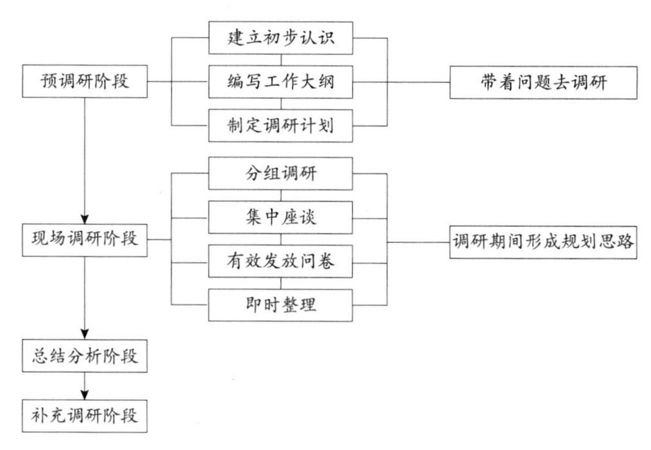

图 D-7　调研工作一般流程

(1)预调研阶段

1)建立初步认识

借助公开资料首先展开内业分析，从区域关系、产业经济、人口社会、空间用地(包括城市结构、综合交通、市政设施、生态环境)等方面建立对规划对象的初步认识。

预调研内业分析要点　　表 D-11

内容	工作目的	工作要点	资料来源
发展愿景	了解城市的发展目标及定位	对比分析历年政府工作报告	地方政府政务网
		上级政府、本级政府的五年发展规划(纲要)	
区域关系	了解城市的区域地位	与其他城市的人口、经济总量对比	统计信息网
		分析区域内各城市间经济联系强度	
产业经济	了解城市的经济运行特征	分析历年经济增长趋势	统计信息网、历年国民经济与社会发展统计公报
		判断城市发展阶段	
		分析城市产业结构、劳动力就业结构	
		通过区位熵分析识别城市优势产业	
		识别城市产业空间组织形式	
人口社会	了解城市的人口发展特征	人口的流入流出特征	五普、六普等人口数据、统计信息网
		判断人口增长趋势	
		分析人口结构(年龄、教育等)	
历史演变	了解城市的演变脉络以及民风民俗	卫星影像对比分析城市用地演变脉络	国家科学数据服务平台、市志、地方网站及论坛
		了解城市的历史沿革及文化特色	
		了解主要历史遗迹的空间分布	
空间用地	了解城市的空间拓展特征	认识城市自然生态格局	Google 卫星地图
		理解现状空间结构	
		梳理现状重要对外交通通道	
		梳理现状对外交通设施	
		总结城市道路组织方式	

2）编写工作大纲

基于对规划对象的初步认识，讨论并预判项目的重点、难点与切入点，编写初步工作大纲，并明确现场调研需要关注的重点问题。工作大纲通常包括项目背景、工作目标、工作内容（规划范围、规划重点）、工作组织（技术路线框图、项目组人员安排、工作进度）、成果形式等五方面内容。

3）制定调研计划

整理调研清单：熟悉政府部门的业务范围，根据调研重点列出资料清单：优先收集部门规划材料；列明所需资料的具体名称，而不是含糊笼统的“社会经济方面相关材料”；以表格的形式将调研所需数据列出，发放给各部门直接填写以提高数据的有效性。

设计调查问卷：通过设计企业问卷、市民问卷的“开门规划”方式，充分了解自下而上的社会经济发展需求。企业问卷以调查产业链的区域分布、行业发展问题、企业发展诉求为主要目的，从微观产业发展的角度判断城市需要为产业提供什么，并在规划策略中予以落实。市民问卷以调查市民对文教体卫设施、交通设施、基础设施、公共空间的使用体验为主要目的，优化公共设施与公共空间的规划策略。充分考虑调研人群特征以提高问卷的有效性，确保每个调研问题都有明确指向，以更好地为规划重点内容服务。

安排调研日程：将编制动员会、集中座谈会、现场踏勘与重点部门走访结合，紧凑安排每日工作行程，包括日期、工作内容、需甲方协助事项（安排踏勘车辆、安排熟悉情况的业务人员陪同走访座谈）。

（2）现场调研阶段

1）分组调研、集中座谈

通常划分为产业经济组、人口社会组、空间用地组、综合交通组、市政设施组、生态环境组（可视情况将综合交通、市政设施与生态环境内容纳入空间用地组）。调研结束后通常还需要与委托部门的内部座谈，交流现场调研情况以及项目开展的初步思路。

现场调研分组参考　　表 D-12

调研分组	座谈部门	座谈要点
产业经济组（重点座谈）	政府办、发改委、经贸局、招商局、旅游局、财政局、科技局、林业局、农业局、畜牧局等	政府工作报告的工作重点； 产业现状特征及发展问题； 重点产业的招商引资意向； 规模以上、规模以下企业对城市财政的贡献情况； 各部门需要在本次规划中解决什么问题； 部门最新开展的专项规划编制情况
人口社会组	公安局、民政局、计生委、劳动和社会保障局、地方志办、教育局、卫生局、文体广电局、市扶贫办等	流动人口的流入流出特征； 就业变化情况； 文教体卫等公共设施的现状特征及问题； 各部门需要在本次规划中解决什么问题； 部门最新开展的专项规划编制情况
空间用地组（重要座谈）	规划局、规划院、国土局、住建局等	二调数据与最新土地利用规划情况； 住房规划与保障房建设计划； 重要规划的编制情况； 各部门需要在本次规划中解决什么问题

续表

调研分组	座谈部门	座谈要点
综合交通组（重要座谈）	交通局、公路局、公交公司等	重要对外交通、枢纽站场的建设计划与选线； 现状道路交通存在的问题； 综合交通规划； 各部门需要在本次规划中解决什么问题
市政设施组	住建局、消防局、供排水总公司、文体广电局、供电局、邮政局、电信、移动、联通公司等	区域性市政廊道的预留布局； 各市政专项的线位和设施布局问题； 各专项需要在本次规划中解决什么问题
生态环境组	环保局、水利局、气象局、应急办、地震局等	主要的地质灾害类型及空间分布（如地震断裂带等）； 城市生态环境发展的现状问题； 各部门需要在本次规划中解决什么问题

2）即时整理

现场调研期间尽量将踏勘信息落到相应地形图上，并开始绘制整理用地现状、现状道路交通、现状公共设施布局等一系列图纸。根据座谈信息修改工作大纲，讨论项目切入点与规划思路。

（3）总结分析阶段

随着城乡规划的普及，大部分地区已经完成了多项覆盖本地区的总体规划及相关专项规划（如交通专项、环保专项、国土专项、产业及经济发展专项规划等），因此调研结束后应首先开展针对既有上层次规划及专项规划的评估，确立“有限目标”下本次规划的规划重点及切入点。在此基础上完成现状分析报告的编写，校核并完善工作大纲，形成稳定的工作框架以及明确的工作重点，指导下阶段规划方案的编制。

（4）补充调研阶段

项目开展的过程中应视重点内容需要，有针对性地开展补充调研（包括重点地区再次踏勘，以及重点部门的再次走访），补充调研可开展多次。

G

GIS 分析
Geographical Information System Analysis

（1）概念

地理信息系统（简称 GIS）是在计算机软硬件支持下，对整个或者部分地球表层空间中的有关地理分布数据进行采集、存储、管理、运算、分析、显示和描述的技术系统。GIS 处理和管理的对象是多种地理空间实体数据及其关系，包括空间定位数据、图形数据、遥感图像数据、属性数据等，用于分析和处理一定地理区域内分布的各种现象和过程，支持解决复杂的规划、决策和管理问题[1]。

GIS 已成为国家宏观决策和区域多目标开发的重要技术支撑，也成为与空间信息有关各行各业的基本工具，其主要应用领域包括：资源管理、资源配置、城市规划和管理、土地信息系统和地籍管理、生态环境管理与模拟、应急响应、地学研究与应用、商业与市场、基础设施管理、选址分析、网络分析、可视化应用、分布式地理信息应用等方面。

（2）基于 GIS 的主要城市规划应用

1）地形分析

表面分析是为了获得原始数据中（如地形）暗含的空间特征信息，如等值线、坡度、坡向、山体阴影等，主要功能有：从表面获取坡度和坡向信息、创建等值线、分析表面的可视性、从表面计算山体的阴影、确定坡面线的高度等。

2）水文分析

通过建立地表水流模型，研究与地表水流相关的各种自然现象，主要包括流向分析、水流长度计算、汇流分析、河网分析、流域分析。其中 ArcGIS 提供的水文分析工具 Arc Hydro Tools 可以完成最基本的水文分析功能，即从 DEM 数据中提取河流长度、汇流累积量、河流网络等信息，完成河流网络矢量化的过程。

3）生态敏感性分析

基于地形分析、水文分析、现状土地利用生态评价、地质安全评价等生态因子栅格数据，通过加权合并运算，获得生态敏感性评价图。根据不同地区的生态特征与问题，选取有针对性的生态评价因子，根据因子重要性进行权重赋值。

4）距离分析

距离分析（最佳路线分析）是指根据每一栅格相距其最邻近要素（“源”）的距离分析结果，

---

[1] 汤国安，杨昕．ArcGIS 地理信息系统空间分析实验教程．北京：科学出版社，2006.

得到每一栅格与其相邻近源的相互关系，距离分析的两种主要方法是利用欧氏距离工具和成本加权距离工具。城市规划通过距离分析，可以根据某些成本因素找到从 A 地到达 B 地的最短路径或最低成本路径，如交通规划中的道路选线问题、绿道网规划中两点间的绿道线位选择。

5）网络分析

网络分析是 ArcGIS 提供的重要的空间分析功能，利用它可以模拟现状及规划方案的网络问题，ArcGIS 使用几何网络分析和基于网络数据集的网络分析两种模式来实现不同网络分析功能。城市规划基于网络分析主要可进行路径分析、服务区域判定、交通可达性分析、交通规划中的 OD 数据分析。

6）选址分析

根据不同的情况有针对性地选择分析方法，一般通过多种方法结合使用获得不同因子，最终加权叠加获得最佳选址。主要常用功能有表面分析的坡度分析，距离分析的欧氏距离分析，现状土地利用适宜性评价，环境影响范围分析等。

7）太阳辐射分析

GIS 太阳辐射分析工具可以针对特定时间段太阳对某地理区域的影响进行制图和分析，为城市规划工作中的经济作物种植选址（如葡萄园种植选址），太阳能发电装置选址，绿化种植提供参考。

（3）GIS 主要发展趋势

1）地理设计[1]

"地理设计"很多年前就有类似理念，即通过 GIS 系统平台把地理和设计两个领域综合起来进行地理规划和决策制定的系统方法。地理设计通过在设计过程中对设计成果作出评估和反馈，从而随时调整或优化设计，最终实现改善居住环境、提高生活质量的目标。主要应用领域包括：低碳城市规划、风能利用、太阳能利用、管网设施规划与管理、物流配送、路径优化等。

2）云 GIS[2]

地理信息系统目前已经发展到支持云架构的 GIS 平台，以 ESRI 公司开发的 ArcGIS 为例，ArcGIS 10 可直接部署在 Amazon 云计算平台上，并把对空间数据的管理、分析和处理功能送上云端。ArcGIS.com 是 Esri 在云端部署的在线资源共享平台，提供了由 Esri 统一维护的在线地图服务、分析功能服务、在线应用服务等。用户不仅可以随时查看地图服务、共享地图成果，还可以从ArcGIS桌面、移动终端盒浏览器等各类客户端调用完全开放的开发接口进行应用定制。

3）3S 集成[3]

3S 是指地理信息系统（GIS）、全球定位系统（GPS）和遥感（RS）。目前，国际上 3S 的研究和应用开始向集成化方向发展。这种集成应用中，GPS 主要用于实时、快速地提供目标的空间位置；RS 用于实时提供目标及其环境的信息，发现地球表面的各种变化，及时对 GIS 数据进行更新；GIS 则是对多种来源的时空数据进行综合处理、集成管理和动态存取，作为新的集成系统的基础平台，并为智能化数据采集提供地学知识。

---

[1] 蔡晓兵．地理设计（Geodesign）：衔接地理和设计领域的桥梁——专访 Eris 中国副总裁蔡晓兵．景观中国：2013-07-11. http://www.landscape.cn/news/interview/2013/0711/66890.html.

[2] 牟乃夏等．ArcGIS 10 地理信息系统教程．北京：中国地图出版社，2012：19.

[3] 汤国安，杨昕．ArcGIS 地理信息系统空间分析实验教程．北京：科学出版社，2006.

公共服务设施
Public Service Facilities

（1）概念

公共服务设施是保障生产、生活的各类公共服务的物质载体[1]。在规划体系中一般可被归纳为两类，一是在总体规划层面落实的区域级或市级公共服务设施，需配合宏观发展意图进行“定性、定量、定位”的规划；二是与居民生活密切相关的、日常生活配套的基本服务设施，需依据具体建设条件，在详细规划层面落实建设。

为适应各地、各规划层级的实际规划管理需要，我国现有的各种标准对于公共服务设施并没有统一界定，通常是以公共设施的分级和分类进行定性控制；以千人指标与人口规模相对应配套，进行定量控制；以独立占地和非独立占地两种形式，对设施落地进行用地控制。但无论是何种规划、管理层级，在现今“以人为本”的新型城镇化发展背景下，城乡公共服务能力水平均被放在前所未有的重要地位。

（2）分类

目前，公共服务设施多依其功能性质划分了大类和小项，但是具体的分类和界定都具有十分多样化的特点，见下表。

相关标准对公共服务设施的分类　　表 G–1

相关标准	公共服务设施的界定
《城市居住区规划设计规范》GB 50180–93（2002）	其中公共服务设施把居住区的公共服务设施分为教育设施、医疗卫生设施、文体设施、商业服务设施、社区服务设施、市政公用设施（含居民存车处）、行政管理和其他设施八大类
《镇规划标准》GB 50188–2007	“公共设施”按其使用性质分为行政管理、教育机构、文体科技、医疗保健、商业金融和集贸市场六类
《城市公共设施规划规范》GB 50442–2008	城市公共设施用地指在城市总体规划中的行政办公、商业金融、文化娱乐、体育、医疗卫生、教育科研设施和社会福利设施用地
《城市用地分类与规划建设用地标准》GB 50137–2011	“公共管理与公共服务设施用地”一般为非营利的公益性设施用地，分为行政办公、文化设施、教育科研、体育、医疗卫生、社会福利、文物古迹、外事、宗教九大类用地
《深圳市城市规划标准与准则》（2013）	包括公共设施、交通设施和市政设施，其中公共设施按使用功能分为管理服务设施、文化娱乐设施、体育设施、教育设施、医疗卫生设施和社会福利设施六类

（3）分级

依据公共服务设施的服务范围和等级进行分级。目前，国家标准和相关的地方规定是依据居住人口规模提出公共服务设施的分级配建标准，一般分为居住区（3 万—5 万人）、居住小区（1 万—1.5 万人）和居住组团（0.1 万—0.3 万人）三级，后在考虑辐射半径和功能定位的基础上确定各级住区应该配置的公共服务设施项目，上述分级仅提供居住区基本的公共服务保障，并未体现城市和地区以公共服务提升竞争力的配置要求，因此需在全市、地区范围内完成公共服务设施系统分级及布点标准要求，再通过详细规划落实。以控制性详细规划

[1] 吴志强，李德华．城市规划原理．第四版．北京：中国建筑工业出版社，2010.

层面为例，需要确定的公共服务设施则包括市、区级公共服务设施和居住区级公共服务设施。

我国多数地方指标考虑到社区建设以及配套设施的社会管理模式，以街道社区、基层社区代替居住区和居住小区。如深圳市就将公共设施分为市级、区级和社区级。

（4）千人指标

千人指标是我国公共服务设施规划标准的主要指标，过去多以居住区、居住小区及居住组团三个级别中，每千人对各类公共服务设施的用地面积及建筑面积来进行控制；或如（深圳市）初中 23 座学位 / 千人、小学 58 座学位 / 千人的方式表现。随着经济、社会、人口的发展，以往单一的千人指标国家标准已经难以适应我国近年来逐步出现的社区老龄化、保障性社区等差异化的需求，同时由于我国各个城市处于不同的城市发展阶段和水平，对于公共服务设施的需求呈现多样化特点，因此多数城市均根据自身发展特点和需求，制定更加适合的千人指标，例如在基础教育设施方面，深圳划分了更多类型，上海的生均面积则普遍高于深圳，参见下表。

基础教育设施配置标准汇总　　表 G-2

项目名称	地域	一般规模（平方米 / 处）		生均面积（平方米 / 处）		配置规模指标	服务半径(米)
		建筑面积	用地面积	建筑面积	用地面积		
幼儿园	国标	—	≥ 1200		>7 或 >9	4 班	>300
		—	≥ 1400			6 班	
		—	≥ 1600			8 班	
	深圳	1600—2000	1800—2100	9—11	10—12	<0.5 万人；6 班	100—300
		2400—3000	2700—3200			0.5 万—0.8 万人；9 班	
		3200—3900	3600—4300			0.8 万—1.0 万人；12 班	
		4800—5800	5400—6500			1.0 万—1.5 万人；18 班	
	上海	5500	6490—	—	—	1 万人；15 班 390 座	300
小学	国标	—	≥ 6000	—	—	12 班	>500
		—	≥ 7000			18 班	
		—	≥ 8000			24 班	
	深圳	5000—9000	6500—10000	6—11	8—12	<1.5 万人；18 班	500
		6500—12000	8700—13000			1.5 万—2 万人；24 班	
		8100—15000	10800—16500			2 万—2.5 万人；30 班	
		9800—18000	13000—20000			2.5 万—3 万人；36 班	
	上海	10800	21770	9.6	19.35—22.95	2.5 万人；28 班 5 年制 1125 座	
中学	国标	—	≥ 11000	—	—	18 班	<1000
		—	≥ 12000			24 班	
		—	≥ 14000			30 班	
初中	深圳	7200—1000	9000—14400	8—11	10—16	<3 万人；18 班	1000
		9600—13200	12000—19200			3 万—5 万人；24 班	
		14400—19800	18000—28800			5 万—人；36 班	
		19200—26400	24000—38400			7 万—人；48 班	
	上海	10350	19670	11.5	21.86—25.54	2.5 万人；20 班 4 年制 900 座	

续表

项目名称	地域	一般规模（平方米/处）		生均面积（平方米/处）		配置规模指标	服务半径(米)
		建筑面积	用地面积	建筑面积	用地面积		
高中	深圳	7650—9450	16200—18900	8.5—10.5	18—21	18班	—
		10200—12600	21600—25200			24班	
		12800—15800	27000—31500			30班	
		15300—18900	32400—37800			36班	
	上海	13300	26800	11.09	22.33—26.08	5万人；24班1200座	1000

注：深圳另有寄宿制高中及九年一贯制学校的相关规定。

（5）用地控制

公共服务设施的用地控制分为独立占地和非独立占地两种基本类型，大型的中小学幼儿园、综合医院等设施往往需要独立占地，规模较小且兼容性较强的设施往往以非独立占地形式附设于其他用途建筑内。具体应根据地区位置、发展阶段、投资建设财力以及服务半径合理性进行配置。

公共服务设施用地控制分类（深圳市）　　表G-3

用地控制	设施布置	鼓励性原则
独立占地	中小学幼儿园，综合医院，门诊部，体育馆	—
非独立占地	社区中心的公共设施适合以集中配建的形式布置，包括文化娱乐、体育、管理服务、社会福利和医疗卫生等设施	鼓励公共服务设施在现状已建成的公共设施或其他公共建筑内集中布置，通过对现状建筑的改建或扩建增加公共服务设施功能

公共设施配置标准汇总　　表G-4

	项目名称	地域	一般规模（平方米/处）		千人指标（平方米/千人）		服务人口规模及配置规模	服务半径(米)
			建筑面积	用地面积	建筑面积	用地面积		
管理服务	派出所	国标	700—1000	600	—	—	3万—5万人	—
		深圳	2500—3000	1500—2000	—	—	15万—20万人	—
		上海	1200—3000	1500—3000	12—30	15—30	10万人	—
	社区管理用房	深圳	250—300	—	—	—	1万—2万人	—
	社区服务中心	国标	200—300	300—500	—	—	每小区设置一处	—
		深圳	≥400	—	—	—	1万—2万人	—
	街道办事处	国标	700—1200	300—500	—	—	3万—5万人	—
		上海	1400—2000	—	14—20	18	10万人	—
	市场（小区）	国标	500—1000	800—1500	—	—	—	—
	社区菜市场	深圳	500—1500	—	—	—	1万—2万人；居住人口不足1万人的独立地段设1万处	—
	室内菜场	上海	1500	—	120	148	—	500

续表

	项目名称	地域	一般规模（平方米/处）		千人指标（平方米/千人）		服务人口规模及配置规模	服务半径（米）
			建筑面积	用地面积	建筑面积	用地面积		
文化娱乐	文化活动中心	国标	4000—6000	8000—12000	—	—	—	—
		深圳	8000—10000	—	—	—	1万—2万人	—
		上海	10000	6000	50	30—40	—	—
	文化活动站（室）	国标	400—600	400—600	—	—	—	—
		深圳	1000—2000	—	—	—	1万—2万人；居住人口不足1人的独立地段设1处	—
	社区文化活动中心	上海	4500	—	90	100	—	500—1000
体育设施	居民运动场馆	国标	—	10000—15000	—	—	—	—
	体育场馆（中心）	深圳	–	10000—15000	—	—	10万—15万人	—
		上海	3000	15000	10—15	60—80	20万人	—
	社区体育活动场地	深圳	—	3000—6000	—	—	1—2万人	—
	社区体育中心	上海	1580	>7000	64	240	–	500—1000
社会福利	托老所	国标	—	—	每床位建筑面积20平方米		30—50床/所	—
		深圳	≥ 300	—	社区老人人均建筑面积0.32平方米		—	<500
		上海	1000	—	40	40	—	—
	养老院	国标	—	—	每床位建筑面积≥ 40平方米		150—200床/所	—
		深圳	6000—9000	4000—7500	建筑面积≥ 30平方米/床，用地面积20—25平方米/床		200—300床/所	—
		上海	4200	4000	84	80	120床/所	—
医疗	综合医院	国标	12000—18000	15000—25000	—	—	10万人；300—400床	—
		深圳	16000—18000	16000—23400	—	—	3万—5万人；200床	—
			40000—45000	40000—58500	—	—	10万—12万人；500床	—
			64000—70000	64000—93600	—	—	15万—20万人；800床	—
		上海	12000—14000	16000	45—70	70—100	20万人	—
	卫生站	国标	300	500	—	—	1万—1.5万人	—
		上海	150—200	—	6~8	—	1.5万人	—
	社区健康服务中心	深圳	400—1000	—	—	—	1万—2万人；居住人口不足1万人的独立地段设1处	—
	社区卫生服务中心	上海	3000	4000	60	80	—	—
交通设施	公交首末站	深圳	800—2500	—	—	—	不大于3条线路，可采用附设式布局	—
		上海	400	1000	20	50	2万人	—

注：上海规定的建筑及用地规模为最小规模。

公共开放空间
Public Open Space

（1）概念

公共开放空间是指城市中室外的、面向所有市民的、全天免费开放的、经过人工开发并提供活动设施的场所，强调使用上的公共性。

（2）分类

1）根据表现形式，可分为 4 类：绿地空间、广场空间、运动空间、街道。

绿地空间：是指以自然植被、各类水面为主，绿地率大于 65%，仅供慢行（步行和自行车）活动的空间，通常指免费的公园绿地（G1），研究范围小于绿地系统规划。

广场空间：是指以硬质铺装为主，绿地率小于 65%，非紧急情况下汽车不得进入的空间。在《城市用地分类与规划建设用地标准》GB 50137—2011 中属于绿化用地（G3），为独立占地的广场空间。

运动空间：是指专供市民从事体育活动的公共开放空间，通常包括可提供免费场地的公益性体育设施，不包括专门的体育设施。

街道：是市民日常交流、购物、交通等的最主要的场所，通常指城市为了振兴旧区、恢复城市中心区活力、保护传统街区而建设的商业步行街，以及城市历史文化保护街区中供步行或步行优先的街巷空间。

2）根据用地权属，可分为 2 类：独立占地和非独立占地。

独立占地公共开放空间：指具有独立的土地权属的公共开放空间。

非独立占地公共开放空间：指设在用地红线内部，通过建筑退线或底层架空等规划控制而实现的公共开放空间。

3）根据服务等级，可分为 4 级：市级、区级、街道级、社区级。

（3）评价指数

城市公共开放空间的服务水平通常用“人均公共开放空间面积”和“5 分钟步行可达范围覆盖率”两项指标进行评价。具体指标设置参见本书“专项规划”章节中的“城市公共开放空间规划”。

人均公共开放空间面积，指公共空间面积与服务人口的比值，通常根据各地相关规范、规划和相似地区案例综合确定。

5 分钟步行可达范围覆盖率，指以公共开放空间的出入口为圆心、以 5 分钟步行可达距离为半径（通常为 300 米）作圆，其覆盖的建设用地面积（不包括城市道路面积）与总建设用地面积（不包括城市道路面积）的比值。

规划区
Planning Area

（1）概念

根据《城乡规划法》规定，规划区是指城市、镇和村庄的建成区以及因城乡建设和发展需要，必须实行规划控制的区域。规划区的具体范围由有关人民政府在组织编制的城市总体规划、镇总体规划、乡规划和村庄规划中，根据城乡经济社会发展水平和统筹城乡发展的需要划定。

在我国当前行政管理体制下，规划区是城乡规划管理部门的事权范围，是城乡政府实行城镇管理、开展城镇建设的空间范围。

（2）范围划定

由于《城乡规划法》中尚未明确各类规划区的划定方法，且城市规划区范围是城市总体规划审批、修改的强制性内容。本手册以最常用的城市规划区为例，说明城市规划区与行政辖区、中心城区之间的关系。

1）城市规划区与行政辖区的关系

在我国，大多数城市的行政辖区范围是市区。城市规划区与行政辖区的关系存在三种类型，一是将全市域划定为城市规划区，如北京市、深圳市等；二是在行政辖区内划定城市规划区，这是城市规划区划定的最普遍做法，包括两种情况，即市区全部划为城市规划区和市区大于城市规划区范围；三是超越行政管辖范围划定城市规划区，主要由于资源保护、城市未来发展、基础设施建设、市县同城等因素使得城市规划区超出行政辖区。

2）城市规划区与中心城区的关系

中心城区是在城市总体规划的城市规划区范围内，包括城市建设用地和近郊用地，是城市总体规划的两个规划层次之一。

（3）城市总体规划中规划区层次的重点内容

由于中心城区的用地规模和人口规模受到审批指标的限制，且城市规划区的经济发展迅速、城乡矛盾激烈、部门单位多条管理等属性特征成为规划的重点研究内容，所以苏州、大连等多地城市总体规划编制都增加了规划区层次的内容，一方面可以反映城市拓展的需求，另一方面可通过“三区”的划定增强规划管控。本手册结合各地规划案例，对城市总体规划中规划区层次的重点内容总结归纳。

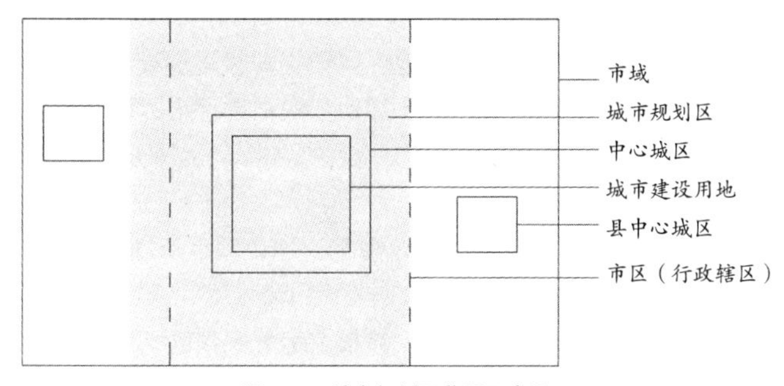

图 G-1　城市规划区范围示意图

城市总体规划中市域城镇体系规划以城镇为核心，重在战略制定和对城镇等级规模、职能分工、空间结构的指导。中心城区规划以城镇建成区为核心，重在对城镇的规模、用地布局、设施建设的指导。而城市规划区层次的规划以城镇和乡村并重，强调城乡统筹和区域协调，体现城乡管理的需求。因此，主要包括以下几方面内容：

①划定“三区”。按照“先底后图”的方法确定规划区内需要控制的地区。所谓“先底后图”的规划方法，就是首先根据生态结构完整性和用地适宜性的标准划定禁建、限建、适建、已建的区域，在此基础上再进行建设用地布局。

②确定城乡用地布局。重点确定建设用地发展方向和规模，协调规划区用地布局，满足城乡发展需求。

③提出城镇发展指引。落实市域城镇体系规划的内容，明确各片区及乡镇的发展定位及主要功能。从区域协调的角度出发，提出各片区优先发展和限制发展的内容。

④确定村庄建设标准。重点在于确定标准，包括建设用地标准、设施配置标准，以及村庄建设和更新标准。

⑤提出产业发展指引。重点在于空间引导，通过与发改部门的衔接，引导各片区产业类型的选择，注重产业集聚空间的形成及引导。

⑥重点保护生态环境。主要是对非建设用地的控制，重点限制不符合规划区整体利益和长远利益的开发建设活动，保护资源和环境。

⑦确定道路交通规划。重点是区域协调对接，即对外交通规划。首先是加强对区域性道路和组团间联系道路的控制，合理引导过境交通，协调对外交通与城市交通的关系，加强干路系统与周边地区的衔接。同时，协调区域公共交通，结合城镇用地布局，优化轨道交通和重要的枢纽设施。

⑧确定公共服务设施和市政基础设施。

⑨协调管理建议。规划区内有不同级别的政府、不同的管理部门，需要确定相应的协调管理机制。

规划设计条件
Planning Conditions

规划设计条件是建设用地规划许可、修建性详细规划和建筑设计方案审查、建设工程规划许可和建设项目竣工验收的重要依据，是贯穿规划实施管理全过程的重要线索，是落实城市总体规划、控制性详细规划，对建设行为有效实施控制引导的核心手段。

（1）拟定依据

规划设计条件的拟定主要是依据城市总体规划、建设项目所在地区的控制性详细规划、国家技术标准规范和地方相关技术规定、各类专项规划和相关主管部门要求等。

虽然《城乡规划法》将控制性详细规划作为拟定规划条件的主要依据，由于编制中仍存在不确定性（如项目用地边界及开发强度等），可能会导致地块分宗、地块组合、配套设施位置改变、支路网调整、土地利用相容性等控制指标与实际操作有差距，或需要增加地下空间衔接、公共空间控制等城市细节的设计条件。因此，规划条件拟定需要在控制性详细规划的基础上，结合项目开发实际进一步研究论证。

（2）主要内容

规划设计条件分为规定性条件和指导性条件。规定性条件要求建设单位必须遵守；而对于指导性条件，建设单位可根据建设项目的具体情况尽可能遵守。

规划条件制定分项要求及具体内容　　表 G-5

分项	具体内容
用地情况	包括用地性质、边界范围（包括代征道路及绿地的范围）和用地面积
开发强度	包括总建筑面积、人口容量、容积率、建筑密度、绿地率、建筑高度控制等
建筑退让与间距	建筑退让为基础的“四线”：道路红线、城市绿线、河道蓝线、历史街区和历史建筑保护紫线，建筑间距、日照标准、与周边用地和建筑的关系协调
交通组织	包括道路开口位置、交通线路组织、主要出入口、与城市交通设施的衔接、地面和地下停车场（库）的配置及停车位数量和比例
配套设施	包括文化、教育、卫生、体育、市场、管理等公共服务设施和给排水、燃气、热力、电力、电信等市政基础设施
城市设计	建筑形态、尺度、色彩、风貌、景观、绿化以及公共开放空间和城市雕塑环境景观等
公共安全	满足防洪、抗震、人防、消防等公共安全的要求
其他特殊要求	如地段内需保留和保护的建筑和遗迹、古树名木，地下空间开发和利用，其他特殊审批程序要求等

规定性条件：一般包括用地范围、土地性质、开发强度（不包括人口容量）、环境指标中的绿地率、建筑间距和日照标准、交通组织、相邻关系、市政设施、公共设施、“四线”管制、公共安全等内容。

指导性条件：一般包括人口容量、环境指标中的绿化覆盖率和空地率、环境景观、城市设计等要求。城市设计一般依据城市设计导则拟定，在重点地区（如历史保护地段、城市中心区、重要景观地段），城市设计条件应转化为规定性条件。

H

海绵城市
Sponge City

（1）概念

顾名思义，海绵城市是指城市能够像海绵一样，在适应环境变化和应对自然灾害等方面具有良好的“弹性”，下雨时吸水、蓄水、渗水、净水，需要时将蓄存的水“释放”并加以利用。海绵城市建设应遵循生态优先等原则，将自然途径与人工措施相结合，在确保城市排水防涝安全的前提下，最大限度地实现雨水在城市区域的积存、渗透和净化，促进雨水资源的利用和生态环境保护。

（2）“海绵城市”提出的背景

城镇化是保持经济持续健康发展的强大引擎，也是促进社会全面进步的必然要求。然而，我国在快速城镇化的同时，不可避免地出现了一系列城市水问题，例如城市内涝频发、水环境恶化、水资源短缺等。为此，必须创新城镇化发展道路，实现可持续发展。党的十八大报告明确提出“面对资源约束趋紧、环境污染严重、生态系统退化的严峻形势，必须树立尊重自然、顺应自然、保护自然的生态文明理念，把生态文明建设放在突出地位”。建设具有自然积存、自然渗透、自然净化功能的海绵城市是生态文明建设的重要内容，也是今后我国城市建设的重大任务。

2014年10月，住房和城乡建设部发布《海绵城市建设技术指南——低影响开发雨水系统构建（试行）》，标志着我国海绵城市创建迈出了重要一步。

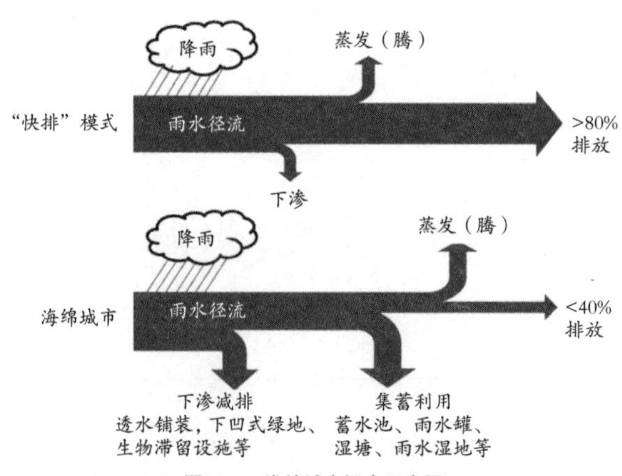

图 H-1　海绵城市概念示意图

（3）目标与指标

海绵城市的建设目标是综合性的、多样性的。具体来讲，海绵城市规划控制目标一般包括径流总量控制、径流峰值控制、径流污染控制、雨水资源化利用等。应结合水环境现状、水文地质条件等特点，合理选择其中一项或多项目标作为规划控制目标。鉴于径流污染控制目标、雨水资源化利用目标大多可通过径流总量控制实现，各地低影响开发雨水系统构建可选择径流总量控制作为首要的规划控制目标。

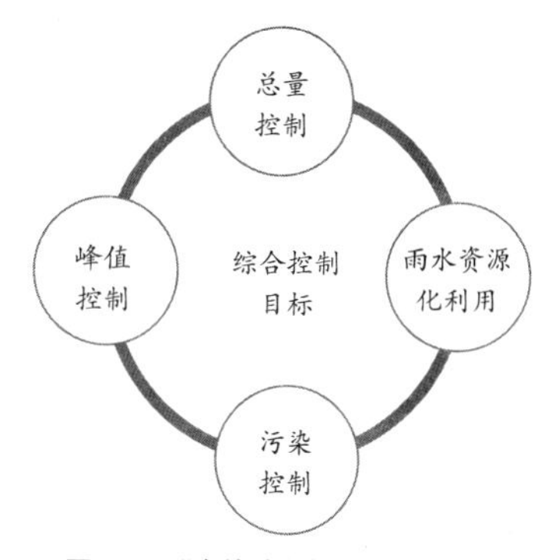

图 H-2 “海绵城市”之低影响开发控制目标示意图

对于某一城市或城市的某一地区应结合当地水文特点及建设水平，构建适宜并有效衔接的海绵城市控制指标体系。海绵城市控制指标的选择应根据生态基底、建筑密度、绿地率、水域面积率等既有规划控制指标及土地利用布局、当地气候、水文、水环境等条件合理确定，可选择单项或组合控制指标，最终有效落实到用地条件或建设项目设计要点中，作为土地开发的约束条件。以深圳市某地区为例，海绵城市控制指标及分解方法如下表所示。

海绵城市建设控制指标体系 表 H-1

分类	指标	备注
城市规模与增长边界	城市非建设用地比例	含农业、水面、生态、绿地等
	城市蓝线控制用地	含水面及绿带
	城市水面率	
生态恢复和修复	生态河道和生态湖区比例	
	独立湿地面积比例	集中式湿地的面积
低影响开发	绿地下沉比例	按照《深圳市某地区建设项目低冲击开发雨水综合利用规划设计导则》等相关要求
	绿色屋顶覆盖比例	
	人行道、停车场、广场透水铺装地面比例	
	不透水下垫面径流控制比例	
低影响开发与排水系统	城市排水防涝系统建设	按照《城市排水防涝综合规划编制大纲》等相关要求

（4）建设途径

海绵城市的建设途径主要有以下三个方面，一是对城市原有生态系统的保护。最大限度地保护原有的河流、湖泊、湿地、坑塘、沟渠等水生态敏感区，留有足够涵养水源，应对较大强度降雨的林地、草地、湖泊、湿地，维持城市开发前的自然水文特征，这是海绵城市建设的基本要求。二是生态恢复和修复。对粗放式城市建设模式下，已经受到破坏的水体和其他自然环境，运用生态的手段进行恢复和修复，并维持一定比例的生态空间。三是低影响开发。按照对城市生态环境影响最低的开发建设理念，合理控制开发强度，在城市中保留足够的生态用地，控制城市不透水面积比例，最大限度地减少对城市原有水生态环境的破坏，同时，根据需求适当开挖河湖沟渠，增加水域面积，促进雨水的积存、渗透和净化。

红线

The “Red” Line: Boumdary Line of Roads & Builing Line

红线分道路红线及建筑红线。道路红线是指规划的城市道路路幅的边界线；建筑红线则是指城市道路两侧控制沿街建筑物（如外墙、台阶等）靠临街面的界线，又称建筑控制线。

（1）道路红线

道路红线的控制应确定各道路的等级、位置、宽度、路幅分配、控制点坐标、平面交叉口渠化、道路缘石半径、公交港湾停靠站、行人及非机动车过街通道（包括二层和地下）及其出入口位置与控制要求等，并应确定主要交叉口的形式（包括立交设施用地红线）、交通广场形式、位置、控制要求和竖向设计等。

道路路幅的边界线反映了道路红线的宽度，其组成包括了通行机动车或非机动车和行人交通所需的道路宽度；敷设地下、地上工程管线和城市公用设施所需增加的宽度；种植行道树所需的宽度等。特殊道路的断面形式（如公交专用道、BRT 专用道），可按城市规划要求另行确定。

（2）建筑红线

道路红线两侧的建（构）筑物，应根据相应规划管理要求，由道路红线两侧分别向地块内部退缩，其距离应满足消防、日照、地下管线、交通安全、防灾、绿化和工程施工等要求，退缩范围内属道路防护绿地或公共空间用地，不得建设永久性建（构）筑物。建筑红线一般可按高度分为二级控制，具体因建筑高度、使用功能、建筑朝向、面临道路的层级等而有所不同。

建筑退线距离（深圳市） 表 H-2

分类	住宅建筑	非住宅建筑	最小退让距离（米）
一级退线	三层及以下住宅	24 米及以下部分	6
二级退线	四层及以上住宅	24 米以上部分	9

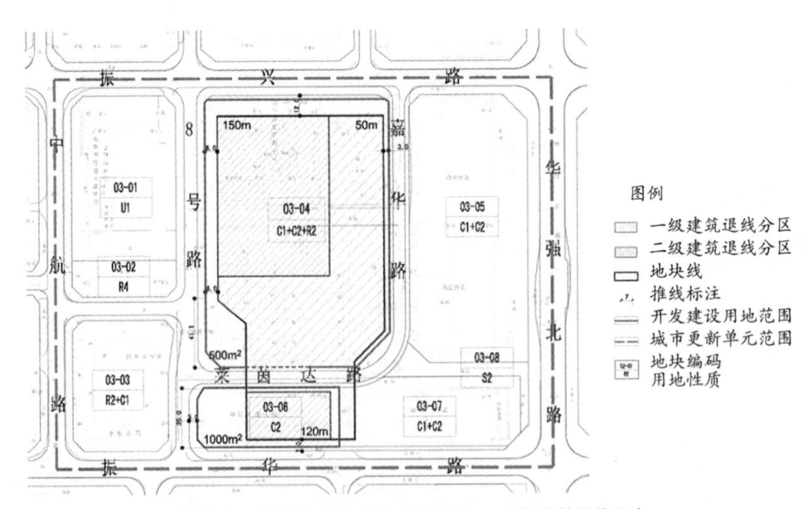

图 H-3 深圳市上步片区某多层建筑一、二级建筑退线示意

户外广告规划与指引
Outdoor Advertising Planning and Guidance

（1）概念与分类

户外广告是指利用公共、自有或者他人所有的建筑物、构筑物、场地、空间等设置的展示牌、路牌、霓虹灯、灯箱、电子显示屏、招牌、标牌、招贴栏、实物造型、标语、气球、条幅、彩旗及充气式设施等。根据不同特性分类方式如下表所示。

户外广告的分类方式　　表 H-3

分类依据	分类名称			
场地权属	公共用地户外广告		非公共用地户外广告	
广告用途	经营性户外广告		公益性户外广告	
设置位置与形式	依附于建筑物的广告	落地式广告	空间广告	其他类型广告

户外广告规划的编制旨在减少其破坏城市景观形象、带来安全隐患、造成环境污染等方面的负面影响，规范和引导户外广告设置，发挥城市户外广告在营造现代城市公共视觉形象中的特殊作用，从而为优化城市空间资源、加强城市户外广告管理工作提供技术依据。

1）按户外广告所依附场地权属分类

根据所设置的场地权属不同，户外广告可以分为公共用地户外广告和非公共用地户外广告两类。

公共用地户外广告，指在政府未出让或政府拥有使用权的土地（含该地上建筑物、构筑物）上设置的户外广告。

非公共用地户外广告，指在政府已出让使用权的土地（含该地上建筑物、构筑物）上设置的户外广告。

2）按户外广告用途分类

根据使用用途不同，户外广告可以分为经营性户外广告和公益性户外广告两类。

经营性户外广告，指利用公共、自有或他人所有的建筑物、构筑物、户外场所、空间、设施以及交通工具等载体发布的、以推销商品或服务为目的的商业广告。

公益性户外广告，指以公益宣传为目的所设置的户外广告（一般指单纯性公益广告媒体）。

3）按户外广告设置位置与形式分类

按照设置位置与形式进行分类如下：

①指依附于建筑物外表面的户外广告，主要包括三类：

- 平行于建筑物外墙广告——通过构架或构筑物依附于建筑外墙面、立柱面上，且与外墙平行的广告。
- 垂直于建筑物外墙广告——指通过构架或构筑物依附于建筑外墙面、立柱面上，且与外墙垂直的广告。
- 建筑物屋顶广告——指超出建筑物顶部外轮廓线凌空部分设置的广告，又称楼顶广告。

②落地式广告，指具有独立支撑，以室外地面为载体的广告，主要包括三类：

- 大型支架式广告——指带支架的大型广告牌，广告总体高度（含牌面及支架）大于4米或牌面面积大于9平方米。
- 小型独立支撑式广告——指以支架或支座固定并放置于地面上，广告总体高度（含广告牌面和支撑结构）小于等于4米，且牌面面积小于等于9平方米的广告，包括立杆型广告、底座型广告、实物造型广告等。
- 立柱式广告——指以地面为载体，通过独立支撑柱固定广告牌发布广告信息的大型户外空间广告，不包括大型支架式广告。

③空间广告，是指利用空中漂浮物为载体的广告，主要包括气球类广告和飞艇类广告等。

④其他类型广告，主要包括街道公共设施广告、机动车车身广告、工地围墙广告和一些新兴类型广告，如：单透贴膜广告和LED广告等。具体包括如下几类：

- 街道公共设施广告——是指以街道公共设施（如:公交候车亭、电话亭、出租汽车候车亭、张贴栏、电杆、灯杆等）为载体的广告。
- 机动车车身广告——指附着于机动车车体表面的广告。
- 工地围墙广告——指利用建筑工地及待建地围挡作为载体设置的户外广告。
- 大型电子显示屏广告（含LED广告）——指以电子屏幕光源（含LED光源和电脑程控设备）为载体显示广告内容的广告，其中电子屏幕面积大于等于10平方米的在本手册中称为大型电子显示屏广告。
- 楼体点光源广告——指依附于建筑物墙面，以由电脑程序控制的LED点光源为显示载体，以动、静态方式显示广告内容的户外广告。
- 投影广告——指以投影光束将广告内容投射到建筑表面的相关设施，主要包含投影光源设备等。
- 单透贴膜广告——指以单向透视材料为载体，贴附于建筑物表面（含玻璃幕墙）显示广告内容的广告。
- 立体广告——指以三维实体造型为载体，依附于建筑物墙面，以动、静态方式显示广告内容的户外广告。

（2）规划层次

户外广告规划分为宏观、中观和微观三个层次：

①宏观层次：对应城市总体规划层面，主要规划对象为整个城区。根据城市的风貌格局、区域功能和道路性质来划分户外广告设置区域。

②中观层次：介于宏观层次和微观层次之间，主要的规划对象为某片重点区域，相当于控制性详细规划，是对宏观层次规划的补充。中观层次规划应以城市景观建设为出发点，对户外广告的设置要求作出进一步的细化，以更好地指导下层次设置规划的编制。

③微观层次:以户外广告个体作为研究对象，以地方户外广告设置法规、规范为直接依据，对城市重点地区的户外广告提出具体的设置方案。此类规划可视为城市规划体系中的修建性详细规划。

（3）规划原则

在满足上层次规划要求和地方户外广告设置法规、规范要求的前提下，规划需遵循以下原则：

①安全原则。户外广告的设置不能对城市的生产和交通、人们的生活和健康存在任何安全隐患。户外广告的设置、结构、材料都要有安全保障，布置时要充分考虑到水、火、风、电、地震等自然或人为因素的影响。

②环境协调原则。户外广告的设置要服从于城市空间环境的整体规划，和城市风格统一协调，发挥凸显城市特色的积极作用。

③人性化原则。通过对广告位置、色彩、文字、声音的规范和限制，利用广告视觉传达的引导性和交互性，来正确良好地传播广告信息，为人们提供情感和精神方面的享受。

④生态及绿色原则。保证城市的生态自然环境不损坏是城市户外广告发展的原则。

⑤可实施性原则。充分考虑城市的实际情况，合理规划、合理设计，以可实施性为前提，不盲目、不激进，根据城市各区域的不同情况区别对待，合理搭配，充分尊重建筑物的原有形态，保证规划的实际效用。

⑥易识别原则。特别是对于公益性广告，应尽量保持其在位置、尺度、色彩、材料、照明等方面的协调统一，为公众准确、便捷地提供信息。

（4）规划设计要点

户外广告规划设计要点主要包括位置、尺度、色彩、照明、材料、运营管理等六个方面。

1）位置

①平行于建筑物外墙广告

- 广告下端距地面净高不得低于 3 米，并且不得超出骑楼或悬挑架空部分底沿，上端不得高于建筑物檐口底面或女儿墙，左右不得突出墙面的外轮廓线；
- 广告牌面突出墙面距离不得超过 0.3 米，不得妨碍行人安全；
- 禁止在建筑物层与层之间的窗间墙上设置；
- 不得在建筑物室外台阶、踏步上设置；
- 禁止在建筑物屋顶凌空部分设置广告物；
- 不应在高层建筑主体墙面部分设置广告物；
- 多层建筑或裙房、附楼一层墙面（从二层窗户下沿到地面）范围内，仅允许依附门楣、骑楼或檐下位置设置（详见下文对应设置位置的具体要求），其余位置禁止设置户外广告物；
- 依附于建筑物山墙的广告物各边距山墙面的外轮廓线不应小于 1 米；
- 依附于（不带裙房）高层建筑底层墙面的广告仅允许在底层建筑范围内设置，且最大设置高度不得超出地面高度 12 米；仅允许依附门楣、骑楼或檐下设置，以建筑开间为基本设置宽度单元，每处建筑开间只允许设置一处广告；
- 依附于一层门楣的广告下端不得低于骑楼或悬挑架空部分底沿，上端不得高于二层窗户下沿，且总高度不得大于 3 米；
- 依附于骑楼或檐下的广告下端与地面垂直距离不得低于 3 米，厚度不得大于 0.3 米；骑楼外柱及外柱间不得设置广告；
- 禁止依附于建筑物遮蓬设置户外广告；
- 禁止依附于建筑物底层落地立柱面设置户外广告。

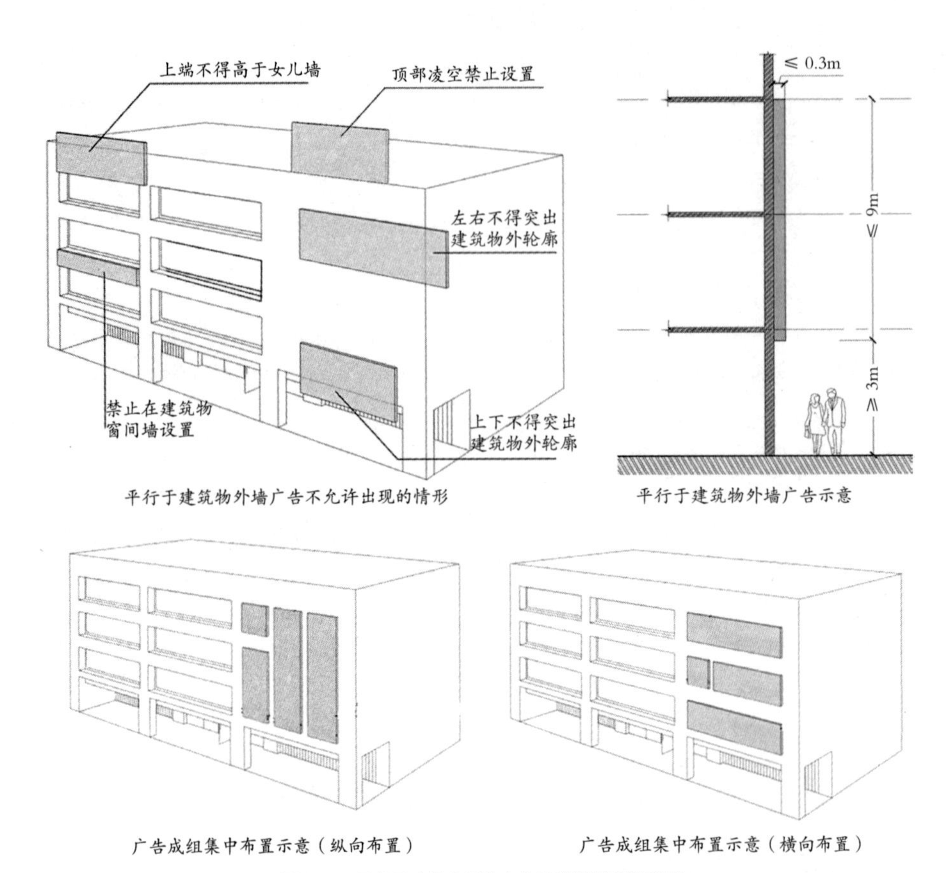

图 H–4　平行于建筑物外墙广告的设置要求示意图

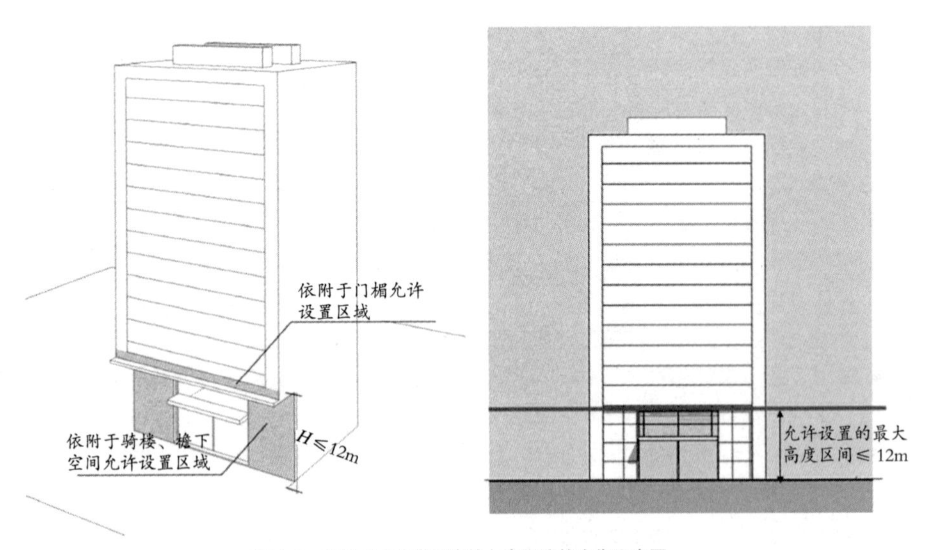

图 H–5　依附于（不带裙房的）高层建筑广告示意图

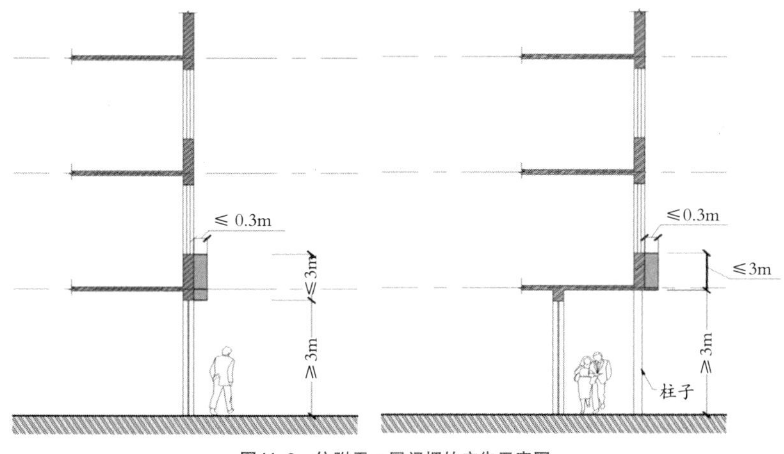

图 H-6　依附于一层门楣的广告示意图

②垂直于建筑物外墙广告

- 禁止出现垂直于建筑物外墙广告的情形：垂直于高层建筑及其相应裙房部分、垂直于建筑物山墙面的部分；
- 垂直于多层建筑物主立面的广告上端不得超过所依附建筑的顶层窗户上沿防护栏或屋顶女儿墙下沿，且距地面不得超过 18 米；下端距地面不得低于骑楼或悬挑架空部分底沿，且距地面不得低于 4.5 米；相邻广告水平间距不得小于建筑开间且最小不得少于 6 米；
- 垂直于骑楼檐下的广告下端与地面垂直距离不得低于 3 米、相邻广告的垂直距离不得小于建筑开间宽度且最小不得少于 6 米。

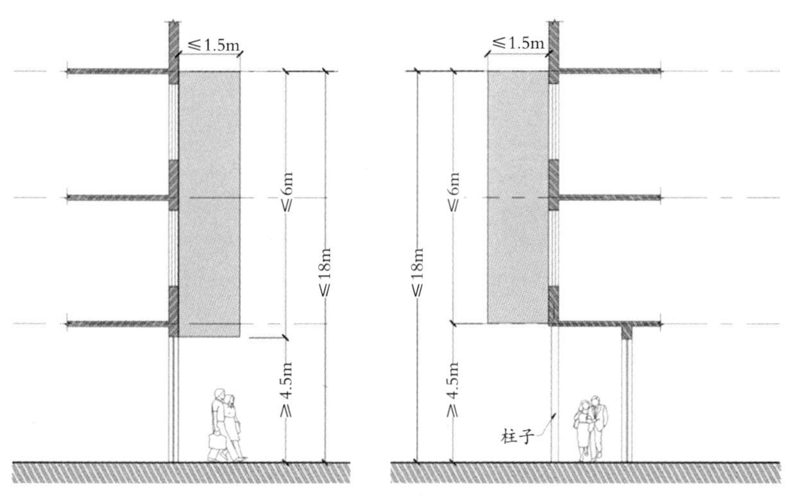

图 H-7　垂直于建筑物主立面的广告示意图

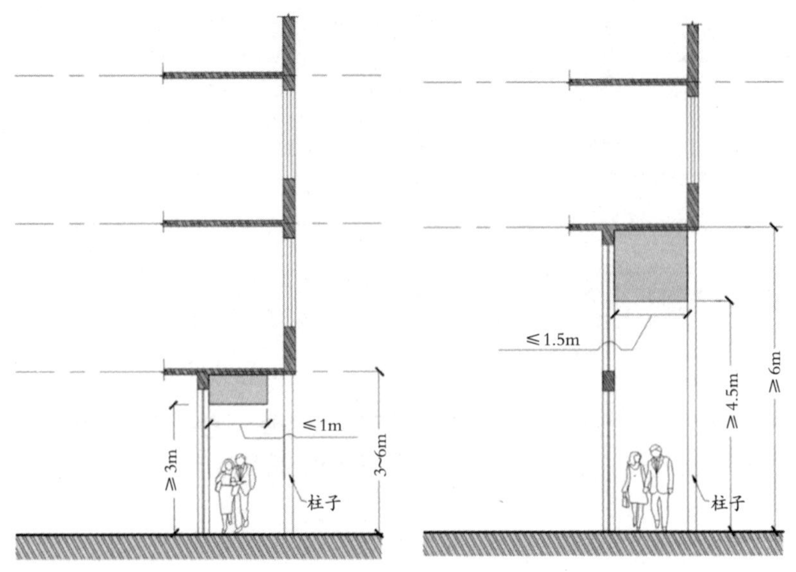

图 H-8　垂直于骑楼檐下的广告示意图

2）尺寸

①平行于建筑物外墙广告

- 主要市级商业区已建成建筑，每面主体墙面广告物面积不应大于该主体墙面总面积的 50%；
- 位于主要市级商业区新建\改造建筑物应结合建筑立面设计合理预留广告位置，原则上每面主体墙面预留广告位面积不应超过该墙面总面积的 50%；经相关政府主管部门审批通过的建筑方案的立面，批准后不应再增设任何广告位；
- 依附于多层建筑、裙房或附楼主体墙面的广告每面主体墙面广告物面积不应大于该墙面总面积的 40%；新建\改造建筑应合理预留主体墙面广告位，且每面主体墙面预留广告位面积不应超出该主体墙面总面积的 40%；

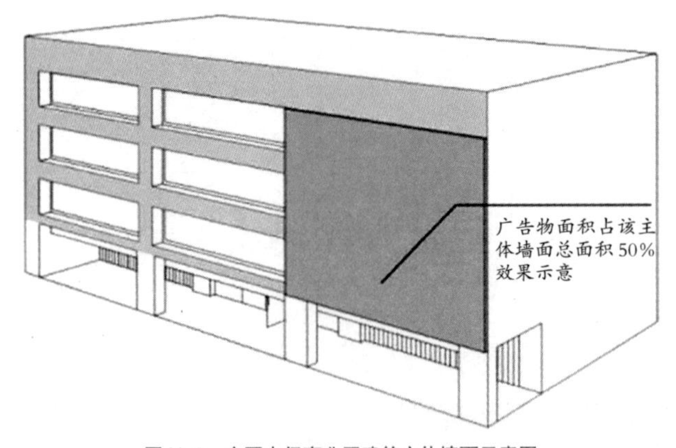

图 H-9　主要市级商业区建筑主体墙面示意图

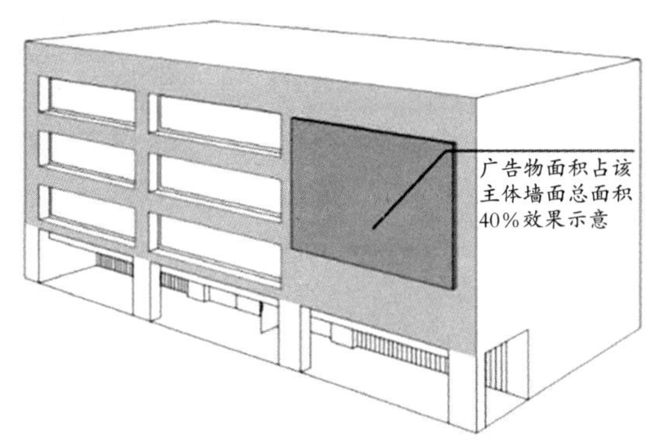

图 H-10　其他地区建筑主体墙面示意图

- 依附于多层新建大型商业购物中心（商业部分营业面积≥ 10 万平方米）的建筑、裙房或附楼主体墙面的广告，应结合建筑立面设计合理预留广告位置，原则上每面主体墙面预留广告位面积不应超过该墙面总面积的 50%；
- 依附于建筑物山墙的广告物面积不应超过所依附山墙面总面积的 70%；
- 依附于一层门楣的广告宽度应以建筑开间为基本设置宽度单元，每处建筑开间只允许设置一处广告。

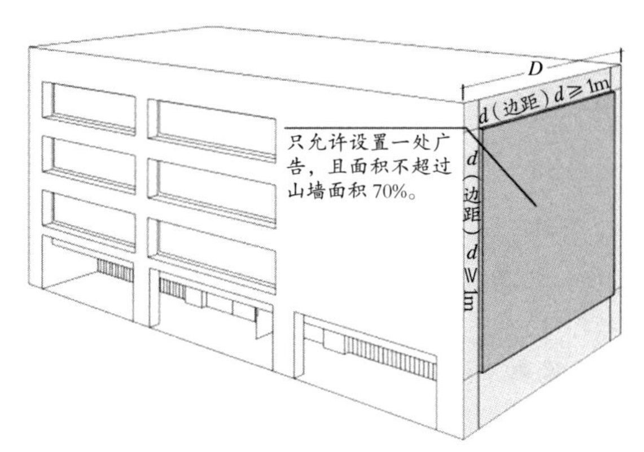

图 H-11　依附于建筑物山墙的广告示意图

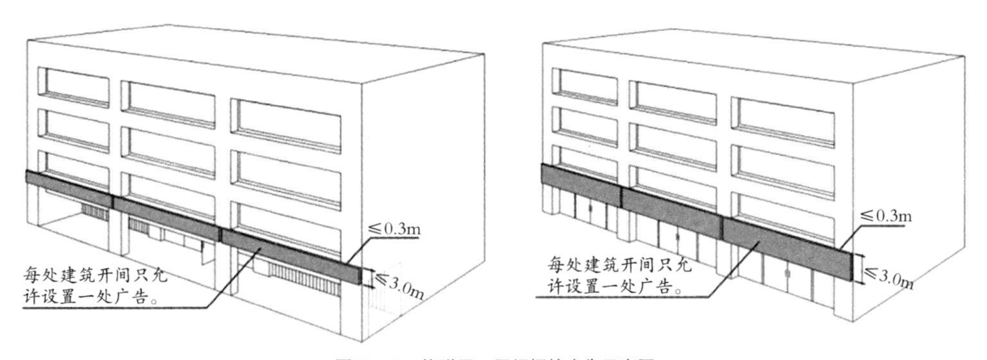

图 H-12　依附于一层门楣的广告示意图

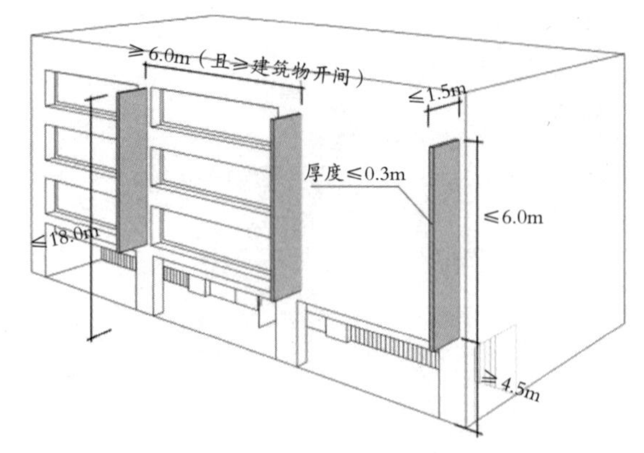

图 H-13　垂直于建筑物主立面的广告示意图

图 H-14　垂直于骑楼檐下的广告示意图

②垂直于建筑物外墙广告

- 垂直于多层建筑物主立面的广告高度不得大于 6 米，厚度不得大于 0.3 米；
- 对于垂直于骑楼檐下的广告，当骑楼高度大于等于 3 米、小于 6 米时，广告宽度不得大于 1 米；当骑楼高度大于等于 6 米时，广告宽度不得超出骑楼外墙面，且不得大于 1.5 米。

3）色彩

城市街区、场所的色彩是具有整体性的，其中户外广告的色彩是重要组成部分。户外广告在色彩选择的时候，首先应遵循城市街区的主题色，然后再根据场地以及户外广告所附属建筑的背景来进行选择，让户外广告的色彩能够顺应整个街区的功能定位与景观特色主旨。

4）照明

照明系统是户外广告的重要组成部分，其能为城市夜景增添色彩。关于户外广告照明系统的规定主要从以下几方面加以考虑：

户外广告照明系统的设置和设计应与所在区域的整体灯光环境气氛相协调，在繁华的商业区，应尽量利用广告的照明效果烘托其繁华的商业气氛，同时还要尊重历史环境；在幽静的历史街区，应符合其幽静的街区氛围，不应有过于花哨的广告夜景照明效果。

建筑物的户外广告照明必须与建筑照明统一，做到主次分明和整体协调。

户外广告的照明不得影响相邻的居住区。

照明广告既要考虑到夜间的灯光效果，也要考虑到日间景观，其外形支架结构不得影响城市的日间景观。

5）材料

户外广告的材质包括复合型材料、金属材料、电子材料、传统纸质、布质等。规划应结合不同区域的功能定位、景观特色、基础条件等情况，选择不同的材质，或给人以厚重感，适合工业类、科技类企业的广告风格，或给人以轻盈感，适合日化类、休闲娱乐类企业的广告风格。

6）运营管理

户外广告规划主要由城管部门或城乡规划部门牵头，会同工商、建设、公安、交通、水利、市政公用等相关部门负责制定。

各地方根据自身管理需要，确定不同部门主管负责户外广告规划实施的申报、审批、许可、管理，其他部门依据各自部门管理规定和其他法规提出审批、监督意见给主管部门。目前，我国地方政府多以城管或工商为主管审批部门;其他涉及部门包括市政公用、城管执法、公安、交通运输、园林、房管、环境保护、气象、质监、文物、财政、审计、监察等。

J

基本生态控制线
Basic Ecolonical Control Line

（1）概念

基本生态控制线源于城市增长边界理论（UGB：Urban Growth Boundary），是为了保障城市基本生态安全，维护生态系统的科学性、完整性和连续性，防止城市建设无序蔓延，在尊重城市自然生态系统和合理环境承载力的前提下，根据有关法律、法规划定后并经市人民政府批准公布的生态保护范围界线。

（2）实践

2005年深圳划定全国第一条基本生态控制线，随后分别于2005年、2007年、2013年出台《深圳市基本生态控制线管理规定》（简称《管理规定》）、《深圳市人民政府关于执行<深圳市基本生态控制线管理规定>的实施意见》（简称《实施意见》）、《深圳市人民政府关于进一步规范基本生态控制线管理的实施意见》（简称"新版《实施意见》"），用十年的时间探索从"一刀切"简单划线到"精细化"综合管理的政策研究。

国内其他城市如无锡、东莞、武汉也相继开展了基本生态控制线研究。但是，法律效力层面，目前只有深圳、武汉将基本生态控制线作为管理政策"立法化"；技术层面，无锡、东莞基本延续深圳的划线和管控思路，而武汉在空间分区、划定范围、管控要求等具体内容上，与深圳有所不同。

深圳与武汉基本生态线管理政策比较　　表J-1

空间分区	深圳	线内一个区
	武汉	线内分为生态底线区、生态发展区
	主要区别：深圳采取"一刀切"的管理模式，武汉采取"空间分级"的管理模式	
划定范围	深圳	①一级水源保护区、风景名胜区、自然保护区、集中成片的基本农田保护区、森林及郊野公园；坡度大于25°的山林地，及原特区内海拔超过50米、原特区外海拔超过80米的高地； ②主干河流、水库及湿地； ③维护生态系统完整性的生态廊道和绿地； ④岛屿和具有生态保护价值的海滨陆域； ⑤其他需要进行基本生态控制的区域
	武汉	生态底线区包括： ①饮用水水源一级、二级保护区，风景名胜区、森林公园及郊野公园的核心区，自然保护区； ②河流、湖泊、水库、湿地、重要的城市明渠及其保护范围； ③坡度大于16°的山体及其保护范围； ④高速公路、快速路、铁路及重大市政公用设施的防护绿地； ⑤其他为维护生态系统完整性，需要进行严格保护的基本农田、林地、生态绿楔核心区、生态廊道等区域
		生态发展区为基本生态控制线内扣除生态底线区外的其他地区
	主要区别：武汉将重大市政公用设施防护绿地纳入生态底线区进行严格控制	

续表

新建项目管控要求	深圳	除以下情形外禁止建设： ①重大道路交通设施； ②市政公用设施； ③旅游设施； ④公园
	武汉	生态底线区除以下情形外禁止建设： ①具有系统性影响、确需建设的道路交通设施和市政公用设施； ②生态型农业设施； ③公园绿地及必要的风景游赏设施； ④确需建设的军事、保密等特殊用途设施 生态发展区除以下情形外禁止建设： ①生态底线区规定项目； ②风景名胜区、湿地公园、森林公园、郊野公园的配套旅游接待、服务设施； ③生态型休闲度假项目； ④必要的农业生产及农村生活、服务设施； ⑤必要的公益性服务设施； ⑥其他经规划主管部门会同相关部门论证，与生态保护不相抵触，资源消耗低，环境影响小，经市人民政府批准同意建设的项目
	主要区别：深圳对线内新建项目的管控更加严格；相比之下，武汉鼓励线内土地“保护性利用”，允许生态农业设施、休闲度假设施及必要的公益性服务设施建设。需要指出的是，深圳新版《实施意见》对新建项目管控在原重大道路交通设施、市政公用设施、旅游设施、公园四大类基础上增加了“现代农业、教育科研”，并开展一系列线内分级分类管理研究	
已建项目管控要求	深圳	①线内已建合法建筑物、构筑物，不得擅自改建和扩建； ②线内原农村居民点应依据有关规划制定搬迁方案，逐步实施； ③确需在原址改造的，应制定改造专项规划，经市规划主管部门会同有关部门审核公示后报市政府批准
	武汉	生态底线区： ①原农村居民点除历史文化名村或其他确需保留的特殊村庄外，应当逐步在生态底线区外进行异地统建，原用地恢复生态功能； ②确需保留的历史文化名村或其他特殊村庄，应当遵循用地规模、建设规模不增加的原则，严格控制建筑高度、密度和体量，制定详细规划经市规划主管部门会同有关部门审核公示后报市人民政府批准 生态发展区： ①鼓励原农村居民点在基本生态控制线范围外进行异地统建； ②确需在生态发展区内建设的，应当按照规划要求进行集中建设
	主要区别：深圳与武汉均对已建项目的管控思路作出了原则性规定，但是深圳近10年的管理实践经验表明，线内已建项目因土地历史遗留、社区经济发展等客观问题导致清退难度较大，需要通过一系列深化、细化的实施细则研究支撑。2013年深圳新版《实施意见》提出结合土地改革综合方案，探索建立线外新增建设用地、建筑物功能改变、容积率增加与线内建设用地清退挂钩机制，以及线内城市更新、土地整备实施新机制	

集体土地
Collective-owned Land

（1）释义

依据《中华人民共和国宪法》第十条，农村和城市郊区的土地，除由法律规定属于国家所有的以外，属于集体所有；宅基地和自留地、自留山，也属于集体所有。集体所有是相对于土地国家所有而并列存在，城市市区的土地属于国家所有。土地所有权不能转让。

（2）类别及特点

集体土地使用权有四种形式：宅基地使用权，集体（经营性和公益性）建设用地使用权，农地承包经营权，自留地、自留山使用权。

1）宅基地使用权

宅基地使用权人依法对集体所有的土地享有占有和使用的权利，有权依法利用该土地建造住宅及其附属设施。农村村民一户只能拥有一处宅基地，其宅基地的面积不得超过省、自治区、直辖市人民政府规定的标准。且农村村民不得买卖或以其他形式非法转让宅基地，农村村民出卖、出租住房后，再申请宅基地的，不予批准[1]。

2）集体（经营性和公益性）建设用地使用权

任何单位和个人不得侵占、买卖或者以其他形式非法转让土地。土地使用权可以依法转让。但就具体的集体经营性建设用地使用权流转并未给出具体法律支撑，国家层面仅针对城镇国有土地出台了《城镇国有土地使用权出让和转让暂行条例》法律依据，集体土地流转法律见诸于部分地方法规[2]。

3）土地承包经营权

土地承包经营指土地承包经营人依法对其承包经营的耕地、林地、草地等享有占有、使用和收益的权利，有权从事种植业、林业、畜牧业等农业生产。土地承包经营人一般是集体经济组织的内部成员，对本集体经济组织以外的单位或者个人承包经营的，必须经村民会议三分之二以上成员或者三分之二以上村民会议代表的同意，并报乡镇人民政府批准[3]。

4）自留地、自留山使用权

自留地、自留山属农民集体所有，农民依法有使用自留地、自留山的权利，但不准买卖、出租和转作宅基地。在自留地上不可擅自建房[4]。

（3）集体土地改革导向

①土地承包经营权流转改革的基本导向在于落实所有权、稳定承包权、放活经营权，俗称“三权分立”。

②集体经营性建设用地改革坚持“试点先行”，赋予农村集体经营性建设用地出让、租赁、入股权能，探索建立城乡统一的建设用地市场，需要指出的是入市集体土地不能用于房地产开发。

③宅基地制度改革主要针对宅基地权益保障和取得方式的完善，探索农民住房保障在不同区域“户有所居”的多种实现形式；对因历史原因形成超标准占用宅基地和一户多宅等情况，探索实行有偿使用；探索进城落户农民在本集体经济组织内部自愿有偿退出或转让宅基地；改革宅基地审批制度，发挥村民自治组织的民主管理作用。

---

[1] 引自《物权法》第152条，《土地管理法》第62条。

[2] 引自《宪法》第10条、《土地管理法》第2条。

[3] 引自《物权法》第125条，《土地管理法》第15条，《农村土地承包法》第48条。

[4] 引自《土地管理法》第8条。

建设项目交通影响评价
Traffic Impact Assessment for Construction Projects

（1）概念

建设项目交通影响评价是指建设项目投入使用后，评价新生成交通需求对周围交通系统运行的影响程度，并制定相应的对策，消减建设项目负面交通影响的技术方法。在编制控制性详细规划、修建性详细规划或城市更新单元规划过程中，应开展项目交通影响评价，可分为三个阶段：

①第一阶段：准备工作阶段。开展现状调查与收集资料，评估现状交通条件，开展类似建筑物交通发生、吸引量调查。

②第二阶段：交通影响评估阶段。确定交通影响评价的年限和范围，分析建设项目对周边交通设施服务水平的影响，视需要提出交通改善措施；对项目停车泊位、项目内部交通组织等提出指导性意见，必要时结合建筑方案给出其具体布置。

③第三阶段：确定交通改善措施，给出交通影响分析结论。同有关单位和部门协调，确定可行的道路交通改善方案。

（2）内容与成果构成

建设项目交通影响评价内容应包括：

①确定交通影响评价的范围与年限；

②进行相关的调查和资料收集；

③分析评价范围现状、各评价年限的土地利用与交通系统；

④分析交通需求；

⑤评价项目交通影响程度；

⑥提出对项目评价范围内的交通系统、项目选址、项目报审方案的改善建议，并对改善措施进行评价；

⑦提出评价结论。

建设项目交通影响评价成果由研究报告和相关附图构成。

建设项目交通影响评价成果构成　表 J–2

项目	内容	项目	内容
报告	摘要 项目概述 现状交通分析 规划交通条件 交通需求预测 交通影响程度评价 交通改善措施与评价 结论与建议	附图	项目区域位置图 交通影响评价范围图 建设项目总平面及交通组织图 项目周边现状土地利用图 项目周边现状交通条件图 项目周边现状交通运行状况图 项目周边土地利用规划图 项目周边规划交通条件图 评价年无本项目路网交通流量及运行状况图 项目交通需求分布图 项目新增交通量在路网上的分配图 评价年有本项目路网交通流量及运行状况图（改善前） 总体交通改善措施图 评价年有本项目路网交通流量及运行状况图（改善后） 建设项目交通组织及出入口布局优化方案图 项目到达/离开车流交通组织建议图 道路交通改善措施详细方案图

（3）相关标准指引

《建设项目交通影响评价技术标准》CJJ/T 141—2010。

建设项目交通组织
Traffic Organization for Construction Projects

（1）概念

建设项目交通组织是指在建设项目所在地块空间内，科学地分配通行时间、空间，合理地引导机动车、行人、非机动车流向的交通管理方案。其目的是合理组织规划项目地块内的车行、人行交通和停车设施布设，完善地块与其他区域的交通联系，营造有序的交通出行环境。建设项目交通组织一般要求为：

①基地内交通组织应结合总平面功能布局及空间布局同时进行；

②因地制宜，建立地块与城市道路的多渠道连接出入口；

③尽量分流设置不同交通方式（人、车）的交通流线，各行其道。

（2）分类及基本原则

根据地块人行、机动车出入口的交通组织设置与控制要求，建设项目交通组织要合理设置行人出入口、机动车出入口和停车场（库）出入口。

1）行人出入口设置

行人（或自行车）出入口设置的基本原则：

①符合行人交通需求空间分布，与基地行人及自行车主要出行轨迹相吻合；

②与基地周边的轨道交通车站出入口、公交停靠站、立体过街设施等相结合；

③注重项目内部整体设计与布置配套设施，创造安全舒适、充满活力、符合无障碍设计要求的人行及自行车通道空间；

④设置连续、有效、系统化的遮阳避雨雪设施（绿化、风雨廊等），无缝衔接周边公园、绿地、广场、公共建筑等公共活动空间，满足多样化的交通需求；

⑤地块的主要人行出入口和机动车出入口应尽量分开设置，减少对行人的干扰。

2）机动车出入口设置

机动车出入口设置的基本原则：

①当与地块相邻的道路为两条或两条以上时，应向最低一级的道路上开口；

②快速路主路不应设置建筑出入口，主干路、国道、省道两侧不宜设置建筑出入口；

③机动车出入口应远离主干路、次干路、国路、省道交叉口，与道路交叉口的距离自道路红线交叉点量起不应小于70米；与地铁出入口、公共交通站台边缘的距离不应小于15米；与人行横道线、人行过街天桥、人行地道（包括引道、引桥）、桥梁或隧道等引道口最边缘线的距离应大于5米；

④机动车出入口应当符合行车视距的要求；

⑤机动车出入口范围内应按法定标准设置道路交通标志和标线；

⑥基地出入口之间净距不应小于 20 米。

机动车出入口宽度要求：在城市道路上设置的机动车双向行驶的出入口车行道宽度宜为 7—11 米；单向行驶的出入口车行道宽度宜为 5—7 米。有机非隔离带的道路，机非隔离带开口宽度可在原基础上增加 5—8 米。

机动车出入口个数设置要求如下表所示。

地块机动车出入口数量控制要求[1]　　表 J–3

停车泊位数（辆）	出入口总数（个）	
	主干路	次干路及支路
≤ 100	≤ 1，不建议	≤ 2
[100，300]	≤ 2，不建议	≤ 3
≥ 300	≤ 2，不建议	≤ 3

根据《建筑工程交通设计及停车库（场）设置标准》，地块机动车出入口与周边交通设施距离应符合以下要求：

①距地铁行人出入口、人行横道线、人行过街天桥、人行地道应保持不小于 30 米的距离；

②距铁路道口应保持不小于 50 米的距离；

③距桥梁、隧道引道端点等，出入口应保持不小于 50 米的距离；

④距公交车站应保持不小于 15 米的距离。

根据《城市道路交叉口规划规范》，地块机动车出入口与周边道路交叉口距离应符合以下要求：

①道路外侧规划用地建筑物机动车出入不得规划在新建交叉口范围内，应设置在支路或专为建筑物集散车辆所建的内部道路上；

②改建、治理交叉口规划，道路外侧规划用地建筑物机动车出入口应设置在交叉口规划范围之外的路段上，或设在道路外侧规划用地建筑物离交叉口的最远端；干路上道路外侧规划用地建筑物出入口的进出交通组织应为右进右出。

根据《城市道路交叉口规划规范》，改建交叉口附近地块或建筑物出入口应满足以下要求：

①主干路上，距平面交叉口停止线不应小于 100 米，且应右进右出；

②次干路上，距平面交叉口停止线不应小于 80 米，且应右进右出；

③支路上，距离与干路相交的平面交叉口停止线不应小于 50 米，距离同支路相交的平面交叉口不应小于 30 米。

3）停车库出入口设置

根据《建筑工程交通设计及停车库（场）设置标准》停车库出入口设置应满足以下要求：

①机动车停车库出入口不应直接设置在城市道路上，应设在基地内部道路上，并应符合内部交通组织的需要。

②机动车停车库出入口之间净距不宜小于 5 米。机动车与非机动车停车库出入口宜分开

[1] 《建筑工程交通设计及停车库（场）设置标准》，编制单位：上海市工程建设规范。

设置，出入口净距不宜小于 5 米。设置在一起时，应用物理分隔，确保人行出入口设置相应的交通安全措施。

停车库出入口与周边道路距离应参考《民用建筑设计导则》满足下列要求：

①地下车库出入口距基地道路的交叉路口或高架路的起坡点不应小于 7.5 米；

②地下车库出入口与道路垂直时，出入口与道路红线应保持不小于 7.5 米的安全距离；

③地下车库出入口与道路平行时，应经不小于 7.5 米长的缓冲车道汇入基地道路；

④平行城市道路或与城市道路斜交角度小于 75° 时应后退基地的出入口不小于 5 米。

停车库出入口车道数量应根据停车泊位数合理设置可参考《建筑工程交通设计及停车库（场）设置标准》，详见下表。

停车库出入口车道数量控制要求　　表 J-4

停车泊位数（辆）	出入口车道设置
≤ 100	不少于 1 个双车道或 2 个单车道
[100，200]	不少于 2 个单车道
[200，700]	不少于 2 条车道进、2 条车道出
≥ 700	不少于 3 个双车道

（3）相关标准指引

《建筑工程交通设计及停车库（场）设置标准》，编制单位：上海市工程建设规范；

《城市道路交叉口规划规范》，编制单位：住房和城乡建设部；

《民用建筑设计导则》，编制单位：住房和城乡建设部；

《深圳市详规层面绿色交通规划编制指引》，编制单位：深圳市规划国土发展研究中心。

交通承载力分析
Traffic Capacity Analysis

（1）概念

交通承载力指一定时期和一定区域内，特定交通系统在服务水平可接受的条件下，交通系统所能承受的最大发展规模。为优化布局交通资源，评估建设开发量，在编制城市控制性详细规划或修建性详细规划过程中，应开展片区交通承载力分析，评估片区总的交通需求与交通系统承载能力之间的关系，以分析土地开发与交通设施供应总体规模和空间分布的协调程度，并对片区总体开发规模、用地功能结构进行核对和修正，促进片区用地开发规模与交通设施总体供给的协调。

（2）主要内容

交通承载力分析方法参考《深圳市详规层面绿色交通规划编制指引》，可采用“供需平衡分析法”，其分为现状交通调整与特征分析、规划交通设施能力与需求分析和交通与土地利用互动反馈等三个过程。

1）现状交通调查与特征分析

应调查现状片区内的轨道交通、常规公交、道路交通、步行和自行车交通等设施及运行状况，结合居民出行调查及相关问卷调查数据，分析片区居民出行特征，剖析现状交通系统存在的主要问题及成因，深入分析片区潜在的剩余交通承载力空间。

片区交通运行情况包括轨道交通站点客流及周边建筑分析，常规公交站点、线路及客流分析，道路交通路分布等。出行特征包括片区机动化出行水平、内部出行比例、对外出行分布及比例、公交分担率等指标。

2）规划交通设施供应能力与需求分析

规划交通设施供应能力主要包括轨道交通和道路资源的供应能力。

道路容量（标准车 pcu）=[道路长度]×[车道数]×[单车道通行能力]×[内部交通占用系数]×[交叉口折减系数]/[高峰小时系数]/[片区内机动化出行距离]。

根据片区未来发展方向和土地利用情况，结合现状交通调查与特征分析，预测片区居民未来出行特征，根据交通设施发展及分布情况，预测合理的公交分担率，确定货运、轨道交通、常规公交和小汽车的交通需求量。

3）交通与土地利用互动反馈

通过规划交通设施供应能力与需求分析，建立片区交通供需平衡分析图。若交通承载力明显小于片区交通需求量，可通过加大交通设施供应（具体措施：增加市政道路、优化交通管理、提升交通衔接能力）或者适当降低开发规模，降低交通需求量大的土地类型比例或增加建设复合功能形成差异化交通出行等措施优化原有方案。

（3）相关标准指引

《深圳市详规层面绿色交通规划编制指引》，编制单位：深圳市规划国土发展研究中心。

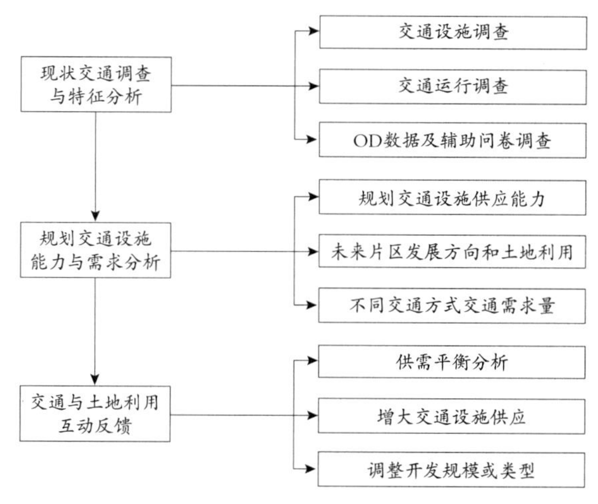

图 J-1　交通承载力分析技术路线流程图

K

空间管制
Spatial Control

（1）概念

空间管制是在一定区域范围内，依据区域可持续发展战略，综合考虑经济、社会、资源、环境、生态诸要素相互协调的要求，划定的不同发展方向的类型区域，是政府为控制空间资源的有序使用，协调资源开发与保护之间的矛盾，依法依规管理的重要手段。

空间管制实行分层分类控制，通常在市域层面进行风景名胜区等要素管制；在规划区层面进行禁建区、限建区和适建区等三区管制；在中心城区层面进行红线、蓝线、绿线和黄线等四线管制。随着城镇群规划的发展，在区域层面进行管治分区，如《珠江三角洲城镇群协调发展规划（2004–2020）》。

（2）区域管治分区

管治分区的目标是在遵循依法行政、创新机制、明晰事权、有限干预的原则下，重点针对区域规划对不同地区提出相应的分级管治要求，以达到优化空间结构和改善环境质量的目的。

以《珠江三角洲城镇群协调发展规划（2004–2020）》为例，根据事权划分和管治力度的差异，建立四级空间管治体系，即一级管治（监管型管治）、二级管治（调控型管治）、三级管治（协调型管治）、四级管治（指引型管治），并对九类政策地区实行分级管治。同时，针对四级管治分区提出不同的空间管治措施。

根据各地的不同需求，划定空间管治体系和管治措施。

（3）市域要素管制

确定市域需要管制的空间要素，如生态环境（自然保护区、生态林地等）、重要资源（基本农田、水源地及其保护区、湿地和水系、矿产资源密集地区等）、自然灾害高风险区和建设控制区（地质灾害高易发区、行洪区、分滞洪区等）、自然和历史文化遗产（风景名胜区、地质公园、历史文化名城名镇名村、地下文物埋藏区等）等。

确定各类要素的空间管制范围，提出各类要素的管制要求。

（4）规划区分区管制

1）划定原则

在遵循依法划定、科学合理划分、强制性与引导性并存、因地制宜与便于管制执行、定性与定量相结合的原则基础上进行划定。

2）划定方法

目前划定方法主要有两种，一种是基于生态敏感性和发展用地识别进行分析划定，另一种是基于自然因素、社会经济因素、生态安全因素3类12个指标评价体系与权重进行划分。其中自然因素主要包括:高程、坡度、坡向河流、湖泊、水库、植被等;社会经济因素主要包括:土地利用现状、建成区、国道、省道、县道、乡道等;生态安全因素主要包括:基本农田保护、50年一遇洪水淹没范围、饮用水源保护区、景区、重大市政廊道(能源运输通道、引水通道)等。

3)划定分区管制

分区管制主要包括禁建区、限建区和适建区。其具体内容和要求详见下表。

管制分区的内容和要求 表K-1

管制分区	管制内容	管制要求
禁建区	自然生态保护区(生态林地、生态湿地、生态绿化廊道以及其他生态敏感地区等)、水资源保护区(河流、湖泊、水库以及取水口、防洪大堤等)、风景旅游保护区(郊野公园、风景区、度假区绿地、民俗风情保护区等)、历史文化保护区(文化遗址、历史街区、特色城镇村落、名人故居墓碑和古树名木建筑等)、基本农田保护区和矿产资源保护区,重要的防护绿地、国道、省道、高速公路、铁路两侧、高压走廊等防护带、区域性市政走廊	禁建区以维持生态平衡、保护环境质量为第一要务,任何允许进行的行为都应有利于保护,杜绝任何形式的破坏活动
限建区	一般耕地、园地、荒地、未利用地以及与农业相关的池塘、水渠等用地,以及不具生态功能的林地、小片的独立工矿及基础设施建设用地等地区	限建区作为禁建区和适建区的过渡,既与两者有共性,又具有自身的一些特点,因此对其空间管制应灵活处理,保证此区生态缓冲带的作用,同时也应对其适当引导控制,进行低强度开发建设
适建区	现状城镇建成区与村庄建成区,城镇引导建设区和村庄引导建设区,城镇发展建设备用区	适建区的开发建设应基于编制完成的区域城乡体系规划、城乡总体规划和控制性详细规划,以批准的各类规划为依据,严格按照规划的范围、性质、规模、发展方向及控制指标、设计条件和环境要求进行开发建设

(5)中心城区四线管制

四线管制是在中心城区范围内对空间资源的具体控制和管制要求(参见规划术语——四线)。

L

历史文化名城（名镇、名村及街区）
Historical Cities (Towns, Villages and Street Blocks)

（1）历史文化名城

历史文化名城指经国务院批准公布的保存文物特别丰富并且具有重大历史价值或者革命纪念意义的城市。

国务院批准的历史文化名城数量[1]　　表 L–1

公布批次及时间	历史文化名城（座）
第一批公布（1982 年）	24
第二批公布（1986 年）	38
第三批公布（1994 年）	37
增补（2001 –2014 年）	26
总数	125

（2）历史文化名镇、名村

历史文化名镇、名村指经国务院批准公布的保存文物特别丰富并且具有重大历史价值或者革命纪念意义，能够较完整地反映一些历史时期的传统风貌和地方民族特色的镇（村）。

国务院批准的历史文化名镇、名村数量　　表 L–2

公布批次	历史文化名镇（座）	历史文化名村（座）
第一批公布	10	12
第二批公布	34	24
第三批公布	41	36
第四批公布	58	36
第五批公布	38	61
第六批公布	71	107
总数	252	276

[1] 国家文物局网站 http://www.sach.gov.cn/col/col1744/index.html, 登陆时间：2014—10.

历史文化名城、名镇、名村、街区的条件特质[1] 表 L-3

规划主体	条件特质
历史文化名城、名镇、名村	1）保存文物特别丰富； 2）历史建筑集中成片； 3）保留着传统格局和历史风貌； 4）历史上曾经作为政治、经济、文化、交通中心或者军事要地，或者发生过重要的历史事件，或者其传统产业、历史上建设的重大工程对本地区的发展产生过重要影响，或者能够集中反映本地区建筑的文化特色、民族特色； 5）历史文化名城保护范围内有 2 个以上的历史文化街区
历史文化街区	1）有比较完整的历史风貌； 2）构成历史风貌的历史建筑和历史环境要素基本上是历史存留的原物； 3）历史文化街区用地面积不小于 1 公顷； 4）历史文化街区内文物古迹和历史建筑的用地面积宜达到保护区内建筑总用地的 60% 以上

（3）历史文化街区

历史文化街区是指经省、自治区、直辖市人民政府核定公布应予重点保护的保留遗存较为丰富，能够比较完整、真实地反映一定历史时期传统风貌或民族、地方特色，存有较多文物古迹、近现代史迹和历史建筑，并具有一定规模的历史地段。

[1] GB 50357-2005 历史文化名城保护规划规范 . 中国建筑科学研究院，2005.

M

“美丽乡村”
“The Beautiful Countryside”

（1）概念

“美丽乡村”是指生态、经济、社会、文化与政治协调发展，科学规划布局美、村容整洁环境美、创业增收生活美、乡风文明身心美且宜居、宜业、宜游的可持续发展的建制村[1]。十六届五中全会提出“生产发展、生活宽裕、乡风文明、村容整洁、管理民主”，十七大提出要“统筹城乡发展，推进社会主义新农村建设”，十八大提出了“美丽中国”，以此为指导，“美丽乡村”已成为乡村规划建设的重要导向之一，通常表现为“一村一业、一村一品”的发展模式。

（2）内容

“美丽乡村”应基于保护村庄乡土文化、挖掘村庄特色资源为主要目的，形成特色化发展路径，规划工作主要包括特色资源挖掘、乡土文化保护、环境整治改善、公共服务水平提升及产业升级转型等内容。

“美丽乡村”的五项工作要点及核心内容要求　　表 M–1

工作要点	核心内容
特色资源提炼	对自然景观、人居景观、产业景观及文化景观等风貌资源进行挖掘及特色提炼，提升重要的景观风貌及旅游节点，并对村庄进行整体亮化、绿化和美化工作
乡土文化保护	历史文化名村及中国传统村落的村庄，应按相关规划要求进行保护利用；其他类型的村庄则应挖掘自身物质及非物质文化遗存，保留原生乡土文化及风貌
环境整治改善	环境保护：环境质量（地表水体及海水水质、大气环境质量、声环境质量、土壤环境质量的管理整治），污染控制（生活污水处理、生活垃圾分类处理、固体废弃物再利用、清洁能源使用、企业强制性清洁生产）； 环境卫生：村庄整洁（垃圾处理、标识系统规范、人畜分离）、水体清洁（坑塘河道的整治清淤）、卫生厕所改造、病媒生物防治； 房屋建筑：提出新建、改建、扩建房屋的规划要求，危旧房的改造整治，乡村景观集中设计整治，传统民居及古迹古建的保护；
公共服务水平提升	基础设施：道路建设（通村主干路工程建设，道路整治、公路安保建设），电气化和信息化建设（通信机房、基站和管线等通信基础设施设置，电气化、信息化及广电化的比例提高），给排水系统建设（系统完善且布局合理，加强饮水安全）； 公共服务：加强村内医疗卫生及养老服务，普及学前及九年义务教育，完善安全及防治救助和应急系统，设立提供各类便民服务的综合服务中心，建设文体活动场地并举行文体活动；
产业升级转型	推广具有明显特色的主导产业：基于生态经济的理念，可适度发展加工业，引入工业时须防止高污染、高能耗及高排放的企业向乡村转移； 发展高效生态农业：结合实际开展土地整治，并加强生态安全和先进生产技术应用； 提升乡村服务业：包括休闲旅游服务业、生产性及生活性服务业等

[1] DB 33/T 912—2014，美丽乡村建设规范．浙江省：浙江省质量技术监督局，2014.

密度分区
Density Zoning

（1）概念

密度分区指开发建设的密度在城市中的空间分布。其理念源于“竞租”理论，即西方国家私有土地使用者在土地使用成本和区位成本之间进行权衡并且追求效益最大化而对城市土地使用进行的空间分布。[1]

在我国超常规的城市发展态势下，城市土地面临极大的需求压力，基于土地的经济效益和各类功能使用对可达性的要求，合理的密度分区是协调城市总体形态格局、管控城市风貌特征、公平配置公共设施与基础设施资源的重要手段；是确保提供舒适、多样的城市环境和居住选择，达到建设用地集约化合理利用、基础设施、环境、经济的平衡供给的有效依据。

随着控制性详细规划的法定化，通过密度分区对城市各类地区的开发强度进行引导和控制，制定相应的密度标准，以掌控城市整体密度，并实现城市二次开发的精细化管理，因此，密度分区可以成为行政许可面对国有化土地与市场开发相结合的法定依据。

（2）影响因素

密度分区的划定应综合分析其影响因素，影响因素可分为区位因素、承载力因素、服务因素三类。

①区位因素：依据竞租理论，包括交通区位、服务区位和环境区位等；城市开发强度可随着区位条件水平而提高，以达到城市空间的高效利用。

②承载力因素：包括依照生态敏感原则的生态环境承载力，历史文化保护要求的开发强度控制，以及交通承载力、基础设施承载力等限制性因素。

③服务因素：包括基础性公共服务设施的覆盖与服务质量，例如公交设施、医院、学校、社区公园等，应确保开发量与公共服务设施的供应平衡。

（3）主要内容

一般用于在三个层次表现城市建设密度或开发强度，其指标有容积率、建筑覆盖率、建筑高度，个别地区还包括开放空间率等。

①宏观层面：在总体规划范围内确定城市总体开发量和城市整体密度的条件下，划分梯度性区位（中心区、副中心、组团中心、一般地区、边缘地区、特殊地区等）单元毛容积率，作为指导城市详细规划和开发控制的依据。

②中观层面的规模：按照不同区位的功能对各单元密度进行划分，确定建筑覆盖率、依据地区特色提供开放空间率，一般配合单元控制性详细规划编制确定。

③微观层面：制定地块开发的密度分配原则，确定地块的容积率、建筑覆盖率、建筑高度、开放空间等要素。

[1] 唐子来，付磊，城市密度分区：以深圳经济特区为例 . 城市规划汇刊，2003（4）.

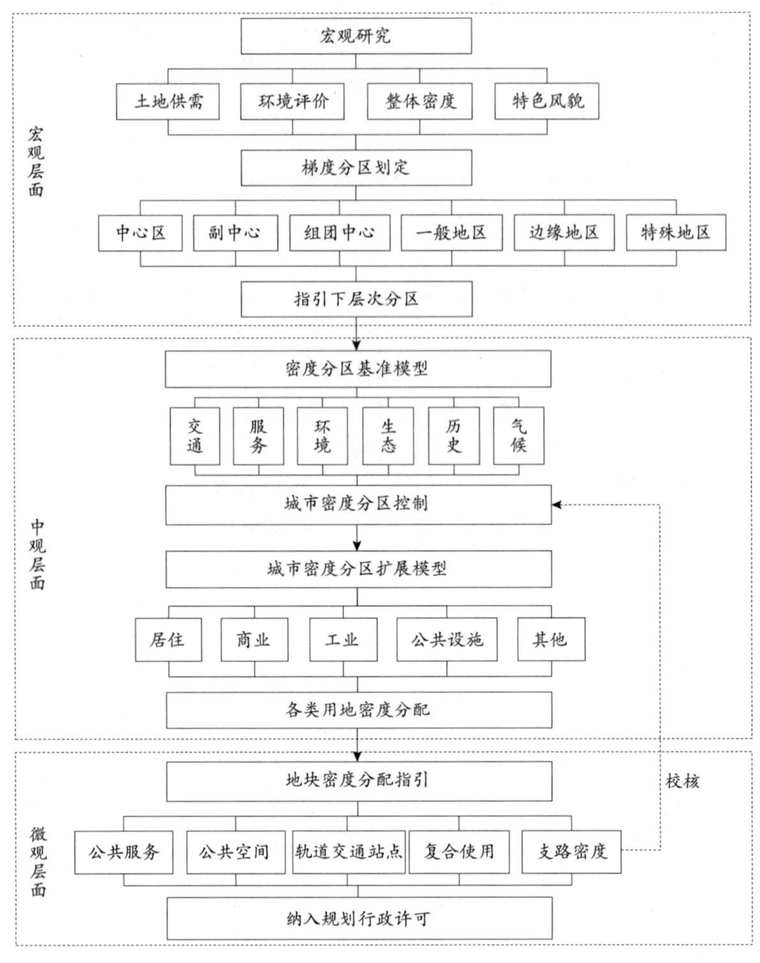

图 M–1　城市密度分区的方法体系

（4）相关规划标准

城市建设用地密度分区等级基本规定[1]　　表 M–2

密度分区	主要区位特征	开发建设特征
密度一区	城市主中心及部分高度发达的副中心	高密度开发
密度二区	城市副中心及部分高度发达的组团中心	中高密度开发
密度三区	城市组团中心及部分高度发达的一般地区	中密度开发
密度四区	城市一般地区，城市各级中心与城市边缘地区的过渡地区	中低密度开发
密度五区	城市边缘地区，紧邻生态控制线周边	低密度开发区
密度六区	城市特殊要求地区	滨海、滨水、机场、码头、港口等地区，根据专项规划确定

[1]　深圳市城市规划标准语准则 . 深圳市人民政府，2013.

N

能源综合利用
Comprehensive Use of Energy Resources

（1）概念

城市能源综合利用是一项不拘于常规能源供应和使用，更加系统高效的城市能源利用方式。通过在城市内部使用一系列新型能源生产、转化和供应技术，与常规能源相互补充，从而达到城市能源使用减量化、清洁化的目的。

（2）能源综合利用规划

城市能源综合利用技术包括但不限于以下方式：太阳能光电光热利用、风能利用、水地源热泵、清洁能源汽车、冷热电联供、天然气分布式能源、冰蓄冷、区域供冷、垃圾焚烧发电、生物质能利用等。

城市能源综合利用规划是在充分了解城市各类能源资源禀赋的条件下，科学分析各新型能源技术的可行性，因地制宜确定可利用能源技术，包括：

①优先发展可再生能源利用技术；

②充分应用建筑节能技术；

③促进清洁能源的使用；

④深入挖掘能源生产、转化、供应环节的能源梯级利用潜力；

⑤促进城市废弃物循环利用体系的建立。

城市能源综合利用规划是一项系统的工程规划，需要处理好各能源技术之间、各能源生产供应环节之间、各能源技术与城市规划及市政工程规划之间、各新型能源与常规能源之间、各发展建设时段之间的衔接关系。

P

排水防涝
Water Logging Drainage

（1）概念

排水防涝是指用工程措施和非工程措施解决城市局部短时间内暴雨（超过雨水管网设计排出能力，但没超过城市防洪体系最大负载）的排水问题。排水防涝工程系统由城市内河、湖、水面、道路和调节构建物等组成。

城市排水防涝工程的目标是通过采取综合措施，使直辖市、省会城市和计划单列市 36 个大中城市中心城区能有效应对不低于 50 年一遇的暴雨，地级城市中心城区能有效应对不低于 30 年一遇的暴雨，其他城市中心城区能有效应对不低于 20 年一遇的暴雨。

（2）内容

以《深圳市排水（雨水）防涝综合规划》为例，主要编制内容包括以下九个部分：

①深圳市城市设计暴雨雨型分析研究；

②深圳市历史内涝调查及其原因分析；

③现状排水能力及内涝风险评估；

④规划标准与方法研究；

⑤雨水径流控制与资源化利用规划；

⑥排水（雨水）管网系统规划；

⑦内涝防治系统规划；

⑧排水防涝设施近期建设规划；

⑨应急机制及管理规划。

R

容积率
Floor Area Ratio, FAR

（1）概念

容积率是地块内所有建筑物的总建筑面积之和与地块面积的比值。其反映了土地利用的强度，对城市开发建设活动的经济效益具有直接影响；同时也直接关系到城市的可持续发展，直接影响环境质量、城市基础设施的建设等；是国有土地使用权出让合同中必须规定的重要内容，也是进行城乡规划行政许可时必须严格控制的关键指标。

1）作用

我国正处于快速城镇化的发展阶段，容积率不仅体现了城市支撑能力（如公共交通、市政设施等）与建设开发量合理分配的关系；也是土地开发价值的重要标尺，反映了地价水平和土地利用经济效益；同时也作为城市历史文化保护地区及特定风貌地区等重要地段建设的控制手段。

2）容积率的动态变化

容积率的赋值和城市发展的阶段与特征是紧密结合的。在城市建设初期，容积率受基础设施的限制，对环境承载力的影响较大，容积率是开发管控的引导政策；至城市建设中期，城市公共服务及市政基础设施基本完备，容积率受环境承载力的影响减弱，便由政府政策属性向市场机制倾斜，赋值高低取决于市场的活力，甚至成为开发单位与规划管理部门的博弈工具；当城市发展渐趋稳定、开发速度逐步缓和、规划管理能力成熟后，容积率、房地产市场及基础设施投入水平三者间呈现相对平衡的状态，容积率的上下限控制已明确，因而转变为规划管理部门维护公共利益及环境质量的平台。

承上所述，容积率在不同城市发展阶段具有政策性、经济性及公共性的动态变化，并分别衍生出设定基准容积率、设定容积率修正系数以及容积率制度等赋值手段。

（2）基准容积率赋值

容积率与土地使用性质密切相关，且受到地块所处的区位影响较大。在满足市政交通及公共服务设施承载力、控制建设规模对环境的影响、满足日照及消防需求的前提下，一般是依据用地功能和区位决定各类用地的基本强度（基准容积率），如密度分区；部分城市同时采取制定容积率上限（特定强度）的做法。

举例而言，深圳将全市建设用地密度分为六区，密度一区为城市主中心及高度发达的城市副中心；密度六区则为城市特殊要求用地（如滨水地区）；介于其间则是城市副中心、组团中心、一般地区、边缘地区等。

深圳城市建设用地地块容积率指引（密度分区）[1] 表 R-1

密度分区	居住用地地块容积率指引		商业服务业用地地块容积率指引	
	基准容积率	容积率上限	基准容积率	容积率上限
密度一区	3.2	≤ 6.0	5.4	≤ 12.0
密度二区	3.2	≤ 6.0	4.2	≤ 10.0
密度三区	2.8	≤ 5.0	3.2	≤ 8.0
密度四区	2.2	≤ 4.0	2.4	≤ 5.5
密度五区	1.5	≤ 2.5	1.8	≤ 4.2

除了以密度分区对居住用地及商业服务用地的容积率进行引导外，深圳基于工业项目建设用地控制标准的下限控制基础，针对工业用地及物流仓储用地，进行容积率上限的管控，以保证用地的使用合理性。

（深圳市）工业用地、物流仓储用地的容积率控制（指定容积率上限） 表 R-2

用地类型	分级	用地性质	容积率上限
工业用地地块容积率	1	新增产业用地（M0）	≤ 6.0
	2	新增产业用地（M1）	≤ 4.0
物流仓储用地地块容积率	1	物流用地（W0）	≤ 3.5
	2	普通仓储用地（W1）	≤ 3.0

（3）容积率修正

目前中国多数城市尚处于容积率的经济性阶段，在控制性详细规划确定了基准容积率后（刚性标准），通常因应地块的微观影响条件（如地块规模、轨道交通站点、周边道路等），以容积率修正系数的设定来区别地块的特征（弹性）。基准容积率及容积率修正间须有明确的衔接与规范。

以深圳市为例，容积率的修正是依据地块规模、周边道路、轨道交通站点等因素确定修正系数。一般采用的公式是：FAR 规划＝FAR 基准 ×（1+A1）×（1+A2）×（1+A3）……（其中 FAR 规划为计算的地块容积率；FAR 基准为密度分区地块基准容积率；A1、A2、A3 为修正系数）。

深圳市容积率修正系数（深标） 表 R-3

居住用地地块规模修正系数		商业服务业用地地块规模修正系数		周边道路修正系数		地铁站点修正系数		
地块规模（公顷）	修正系数	地块规模（公顷）	修正系数	地块类别	修正系数	区位情况		修正系数
≤ 0.7	−0.06	≤ 0.3	−0.12	一边临路	0	距离站点 0—200 米	枢纽站	+0.6
0.7—1	−0.03	0.3—0.5	−0.06	两边临路	+0.10		一般站	+0.4
1	0	0.5—0.7	−0.03	三边临路	+0.20	距离站点 200—500 米	枢纽站	+0.4
>1*	−0.05	0.7	0	周边临路	+0.30		一般站	+0.2
		>0.7*	−0.05					

注：* 每增加 1 公顷（不足 1 公顷按 1 公顷修正）。

[1] 深圳市城市规划标准语准则．深圳市人民政府，2003.

对于混合用地地块的容积率确定，深圳采取了加权平均法的方式，计算公式为：FAR混合=FAR1×K1+FAR2×K2+FAR3×K3……

（FAR1、FAR2、FAR3分别为该地块基于各类单一功能可允许的容积率；K1、K2、K3分别为该地块各类功能建筑面积占总建筑面积的比例）

对特殊或无普遍规律的影响要素修正，通常可以通过个案研究、城市设计等手段弥补，如生态景观、公共设施等要素。在城市重点发展、城市更新等特定地区，为实现综合利益，在满足公共服务设施、交通设施和市政设施等各项设施服务能力的前提下，具体地块容积率经专题研究后可适当提高。

（4）管理制度

本质上来说，容积率同时具有技术理性和制度属性。容积率不仅是通过规划进行刚性控制的技术指标，同时在具体规划实施中需要相应的容积率管理制度来保障，增加规划的弹性和适应性。目前容积率的制度属性在我国城市建设实践中开始显现，如开始尝试容积率奖励、容积率补偿、容积率转移、容积率调整等管理制度，也是容积率公共性的重要体现。

以深圳市为例，高密度的城市建设、高新技术的产业特征以及规划有力引导的特点，使得深圳较早地完善了轨道交通及公共服务设施的强力支撑，因而发展出了密度分区及容积率修正系数等相关规范，在给定容积率控制上限的情况下，提高容积率调整的弹性。在整体开发强度稳定后，深圳市的容积率政策已转变为环境质量管控的手段，如强调开发过程中公共贡献率（包括提供保障性住房、市政支路、公共服务设施及市政设施、公共空间等）与容积率的关联，以及加强规划时的公众参与等。

人口规模预测
Population Forecasting

（1）概念

城市人口规模预测是根据城市人口现状规模，结合对历史人口发展趋势以及未来影响因素的分析，采用科学方法对未来某一时点的人口数量进行的测算。

城市人口现状规模统计主要包括户籍人口、常住人口和流动人口。

①户籍人口：在规划范围内的公安户籍管理机关履行登记常住户口手续的人口。

②常住人口：规划范围内连续居住满半年或半年以上的人口；还包括统计时点在规划范围内居住不满半年，但已离开常住户口登记地半年以上的人口。

③流动人口：规划范围内的、户口所在地却在规划范围以外的人口，亦即规划范围内的非户籍人口。

（2）预测方法

城市人口规模预测方法宜分为承载力（容量）预测法、增长率预测法、相关分析预测法和设施校核法四类。

1）承载力（容量）预测法

通常包括土地承载力法、水资源承载力法、环境容量法，基本思路都是根据资源总量、人均资源利用量来估算所承载的人口规模，规划实践中常用的是水资源承载力法。

水资源承载力法，采用水资源承载力法预测人口规模，宜按下式计算：

$$P_t=W_t/w_t$$

式中：P_t——预测目标年人口规模；W_t——预测目标年可供水量；w_t——预测目标年人均用水量。

该公式需要测算预测年的水资源总量、人均用水量，其中水资源总量是指由供水设施能力所决定的总供水量，指外地可引水在内的和最大投资保障下的可供水量；人均用水量所指的是人均综合用水量。

2）增长率预测法

通常包括综合增长率法、指数增长法、逻辑斯蒂曲线法，三种方法的区别在于不同增长情景下的趋势模拟。综合增长率法适用于模拟稳定增长趋势；指数增长法适用于模拟爆发式增长趋势；逻辑斯蒂曲线法通常结合承载力预测法，模拟一定资源承载极限下的人口增长趋势。

①综合增长率法

采用综合增长率法预测人口规模，宜按下式计算：

$$P_t=P_0(1+r)^n$$

式中：P_t——预测目标年人口规模；P_0——预测基准年人口规模；r——人口年均增长率；n——预测年限（$n=t-t_0$，t为预测目标年份，t_0为预测基准年份）。

②指数增长法

采用指数增长法预测人口规模，应按下式计算：

$$P_t=P_0e^{rn}$$

式中：P_t——预测目标年人口规模；P_0——预测基准年人口规模；r——人口年均增长率；n——预测年限（$n=t-t_0$，t为预测目标年份，t_0为预测基准年份）；e——自然对数的底，大约等于2.71828。

③逻辑斯蒂曲线法

采用逻辑斯蒂曲线法预测人口规模，应按下式计算：

$$P_t=\frac{P_m}{1+\left(\frac{P_m}{P_0}-1\right)e^{-r\cdot n}}$$

式中：P_t——预测目标年人口规模；P_0——预测基准年人口规模；P_m——规划范围的极限人口规模；r——人口年均增长率；n——预测年限（$n=t-t_0$，t为预测目标年份，t_0为预测基准年份）；e——自然对数的底，大约等于2.71828。

3）相关分析预测法

通常包括社会经济相关分析法和劳动力需求分析法。

①社会经济相关分析法

采用社会经济相关分析法预测人口规模，宜建立人口与经济总量之间的对数相关关系，并按下式计算：

$$P_t=a+b\ln(Y_t)$$

式中：P_t——预测目标年人口规模；Y_t——预测目标年 GDP 总量；a、b——参数。

②劳动力需求分析法

采用劳动力需求分析法预测人口规模，宜按下式计算：

$$P_t=\frac{\sum_{i=1}^{3} Y_t\times W_i/y_i}{x_t}$$

式中：P_t——预测目标年人口规模；Y_t——预测目标年 GDP 总量；y_i——预测目标年第 i（例如一、二、三）产业的劳均 GDP；W_i——预测目标年第 i（例如一、二、三）产业占 GDP 总量的比例（%）；x_t——预测目标年末就业劳动力占总人口的比例（%）。

4）设施校核法

通过公共设施、基础设施使用来校核人口规模，包括公共设施校核法、基础设施校核法。

①公共设施校核法

采用公共设施校核法预测人口规模，宜按下式计算：

$$P_t=F_t/f_t$$

式中：P_t——预测目标年人口规模；F_t——预测目标年公共设施总规模；f_t——预测目标年人均公共设施使用量。

该法可分别选取教育设施和医疗设施预测城市人口规模。

②基础设施校核法

采用基础设施校核法预测人口规模，宜按下式计算：

$$P_t=M_t/m_t$$

式中：P_t——预测目标年人口规模；M_t——预测目标年基础设施总规模；m_t——预测目标年人均基础设施使用量。

该法可分别选用道路面积、停车场面积、公交车数量、生活用电量、环卫车数量等预测城市人口规模。

（3）预测结果确定

不论采取哪种方法预测人口规模，最终确定的预测结果代表值和区间值一般不得大于承载力（容量）预测法的预测值。

S

SWOT 分析
SWOT Analysis

SWOT 分析方法（也称道斯矩阵）即态势分析法，通过调查确定与研究对象密切相关的各种主要内部优势要素（Strength，即 S）、内部劣势要素（Weakness，即 W）、外部机遇要素（Opportunity，即 O）、外部挑战要素（Threats，即 T），依照矩阵形式排列，并运用系统分析的方法得出一系列相应策略。

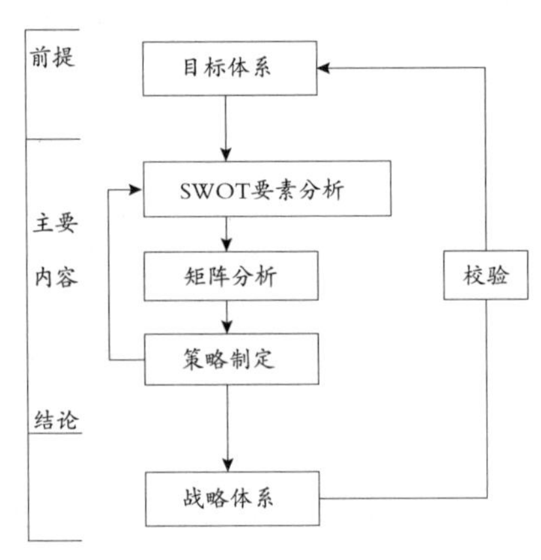

图 S-1　SWOT 分析流程示意图

SWOT 分析方法最早于 1980 年代初由美国旧金山大学管理学教授 Steiner 提出，初期应用于战略制定、项目开发、营销策略等企业重大决策，1990 年代被引入城市规划领域，成为城市战略规划、地区发展规划等的常用分析工具。

（1）分析前提：明确的目标

SWOT 是在既定目标的前提下筛选影响要素，分析生成对应战略，并回校目标的一个循环往复过程。“提升区域竞争力”是当前大部分城市战略规划、地区发展规划制定总体目标的出发点。

（2）分析内容：“定性 SWOT 分析”与“定量 SWOT 分析”

SWOT 分析通常包括环境要素分析、矩阵分析、策略制定三个要点，在矩阵分析阶段，根据是否引入定量方法又可以分为“定性 SWOT 分析”和“定量 SWOT 分析”两种。

1）环境要素分析

外部环境要素包括机遇和挑战。机遇要素如重大基础设施建设带来的区位改变、国家宏观战略实施带来的政策利好；挑战要素如产业趋同背景下城市的同构竞争、资源紧约束背景下的转型挑战等。内部环境要素一般包括生态资源、交通、历史文化、人力资源、产业经济等，带来积极影响时即优势要素，带来消极影响时即劣势要素。

2）矩阵分析

定性 SWOT 分析：按照内部条件和外部环境列出要素矩阵，优先排列对城市发展有重要影响的要素，根据不同的相位提出应对策略。

定量 SWOT 分析：引入特尔斐法（专家打分法）对不同要素进行评分，得出“战略四边形”，

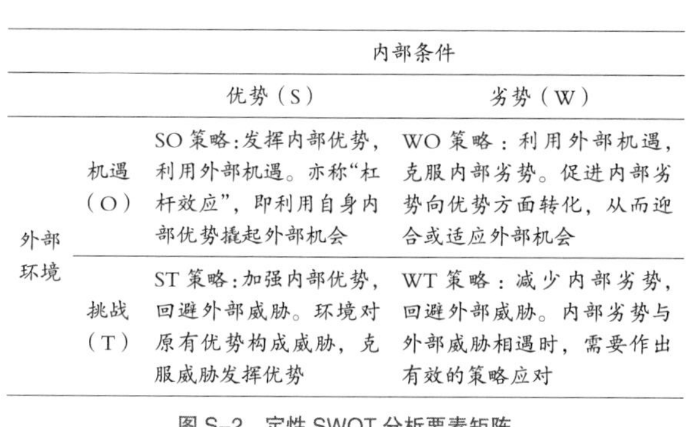

		内部条件	
		优势（S）	劣势（W）
外部环境	机遇（O）	SO 策略：发挥内部优势，利用外部机遇。亦称“杠杆效应”，即利用自身内部优势撬起外部机会	WO 策略：利用外部机遇，克服内部劣势。促进内部劣势向优势方面转化，从而迎合或适应外部机会
	挑战（T）	ST 策略：加强内部优势，回避外部威胁。环境对原有优势构成威胁，克服威胁发挥优势	WT 策略：减少内部劣势，回避外部威胁。内部劣势与外部威胁相遇时，需要作出有效的策略应对

图 S–2　定性 SWOT 分析要素矩阵

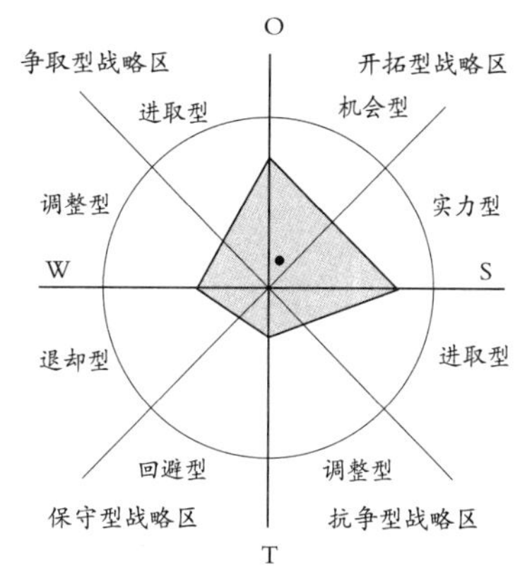

图 S–3　定量 SWOT 分析战略四边形

通过重心所处的位置判断城市应该采取的战略态势[1]。

3）策略制定

定性 SWOT 分析：SO 策略的目的在于使两种因素的影响趋于最大，WO 对策的目的是使劣势趋于最小、机遇趋于最大，ST 对策努力使优势趋于最大、挑战趋于最小，WT 对策努力使劣势和挑战都趋于最小。

定量 SWOT 分析：根据战略四边形的重心确定采取哪种策略，如落 SO 相位偏向 O，则在开拓性战略的基础上重点利用环境机会带来的影响。

（3）分析结论：制定战略体系

通过对城市或地区自身的关键内部条件（如社会经济现状、土地、人口、环境、发展机制等）和城市或地区发展的重要外部影响因素（如政策、区位等）的分析和研究，将分析策略归纳提炼为“战略体系”，并对照既定目标体系中的各项目标进行检验。

城市规划中常用的是定性 SWOT 分析，在区域竞争中各城市纷纷采取主动竞争策略，依据要素矩阵直接指导策略制定。规划实践中采取哪种方法并无明显差别，重要的是通过 SWOT 建立一种理性的思维方式和系统的分析逻辑。

“三规”协调
Integration of Three Categories of Planning

（1）概念

“三规”是指国民经济和社会发展规划（以下简称“发展规划”）、城乡规划和土地利用规划（以下简称“土地规划”）。发改部门的发展规划是对地区重大建设项目、产业分布等作出规

[1] 刘朝晖．VSOD 方法在城市规划中的应用：对传统 SWOT 分析方法的改进 // 城市发展与规划国际大会论文集．秦皇岛：中国城市科学研究会，2010：194–198.

划，为国民经济发展远景规定目标和方向。土地部门的土地利用规划是各级人民政府依法组织对辖区内全部土地的开发、利用、治理、保护在时空上所作出的总体安排和布局，强调对耕地、农用地的保护。规划部门的城乡规划是对城乡空间资源的合理配置和改善人居环境，根本目的是促进城乡经济社会全面协调可持续发展。

"三规合一"不是将三个规划简单地合并为一个规划，而是在尊重各规划特点的基础上，统一协调三个规划的核心诉求与矛盾，实现一级政府一级事权，各规划部门分头实施，将发展规划和土地规划具体落实到城乡空间规划中，最终实现"多规融合"。

（2）协调层次

由于"三规"的规划期限不一致，发展规划、土地规划、城乡规划的规划期限一般分别是5年、15年和20年。因此，将"三规"协调分为三个层次，即中长期规划、近期五年规划和年度计划。

1）中长期规划

中长期规划主要协调城乡总体规划、土地利用总体规划两大规划，重点协调空间管制、用地规模、耕地规模等内容。

2）近期五年规划

近期五年规划主要协调发展规划、近期建设规划两大规划，重点协调规划目标、规划指标、产业经济、社会管理、重点发展地区、重点项目用地等内容。

3）年度计划

年度计划主要协调发展规划的年度投资计划、土地规划的年度土地供应计划、城乡规划的年度实施计划三大规划，重点协调年度资金、项目安排、土地供给与空间布局等内容。

在具体的实践项目中，"三规"需要协调的层次主要根据项目类型、项目管控方式等不同要求有针对性地确定。

（3）协调主要内容

"三规"协调的主要内容包括：规划目标、规划指标、空间管制、重点发展地区、重点建设项目、政策制定等。

1）规划目标

发展规划侧重经济产业、社会发展和人民生活等领域。规划目标的协调以发展规划为主要导向，立足区域与城市发展一体化背景以及国情、省情和市情，统筹经济、社会、环境、空间等方面，构建可持续发展的战略规划目标，并指导完善相关规划内容。

2）规划指标

规划指标是规划目标和内容的具体定量表达。土地规划的主要指标包括耕地保有量、基本农田保护面积、城乡建设用地规模、新增建设占用耕地规模和人均城镇工矿用地规模等；城乡规划的主要指标包括城镇化水平、城市人口和用地规模等；发展规划的主要指标包括经济发展、资源环境、科技教育、人民生活等。

"三规"协调的指标包括两个方面：一方面，由于"三规"共同表达的指标较少，应以发展规划（"约束性"指标）为目标导向，以城乡规划和土地规划为载体，落实到具体的空间区域，切实增强规划的可操作性。另一方面，土地规划和城乡规划重点协调用地规模、耕地规模、基本农田规模等指标。城乡规划对土地规划所确定的建设用地规模等指标进行置换和分解，在各片区用地布局和具体的规划中进一步落实。

3）空间管制

鉴于空间资源的有限性，空间管制成为是“三规”协调的重要内容。“三规”的空间管制内容如下：

发展规划的空间管制指主体功能区规划的空间分类，根据资源环境承载能力、现有开发密度和发展潜力划分为优化开发区、重点开发区、限制开发区和禁止开发区。由于其重点在国家和省域层面指导空间的开发建设，难以落到实处。

土地规划根据土地用途分区与建设用地空间管制的关系将土地空间分为禁止建设区、限制建设区、有条件建设区和允许建设区，重点侧重对耕地和基本农田的保护。

城乡规划按照禁止建设区、限制建设区、适宜建设区、已建区实行空间管制，主要是对用地空间开发行为进行限制、约束或引导，为合理利用城市空间提供依据。

根据“三规”对空间要素的管制要求，在市域层面制定“五区五线”作为“三规”空间管制的衔接口。其中，“五区”即禁建区、严格限制区、一般限制区、发展区、建成区；“五线”即生态控制线、耕地控制线、基本农田控制线、远景预留控制线、城乡建设用地边界线。

“三规”空间管制协调内容一览表　　表 S-1

<table>
<tr><th>城乡规划空间管制分区</th><th>土地规划空间管制分区</th><th>主体功能区规划空间管制分区</th><th colspan="3">“三规”协调空间管制</th></tr>
<tr><td rowspan="2">禁止建设区</td><td rowspan="2">禁止建设区</td><td rowspan="2">禁止开发区域</td><td rowspan="2">生态控制线</td><td>耕地控制线</td><td rowspan="2">禁建区</td></tr>
<tr><td>基本农田控制线</td></tr>
<tr><td>限制建设区</td><td rowspan="2">限制建设区</td><td rowspan="3">限制开发区域</td><td colspan="2">远景预留控制线</td><td>严格限制区</td></tr>
<tr><td rowspan="3">适宜建设区</td><td colspan="2" rowspan="4">城乡建设用地边界线</td><td>一般限制区</td></tr>
<tr><td>有条件建设区</td><td rowspan="2">发展区</td></tr>
<tr><td rowspan="2">允许建设区</td><td>重点开发区域</td></tr>
<tr><td>已建区</td><td>优化开发区域</td><td>建成区</td></tr>
</table>

4）重点发展地区

重点发展地区是土地规划和城乡规划在发展方向上的协调重点。一般由城乡规划确定城市发展空间战略，确定城市发展方向和重点发展地区，根据土地规划的土地整备提供相应的土地利用信息，通过反复沟通和协商，实现重点发展地区、战略预留地区与土地整备、公共设施、基础设施等方面的协调。

5）重点建设项目

重点建设项目是建设用地增长的最主要因素。在近期五年规划中，土地规划和城乡规划要充分了解发展规划对城市经济发展意图、投资计划、项目安排以及对用地和设施方面的需求，并将这些计划、需求和项目进行空间布局上的协调、平衡和落实，通过反复沟通与充分协商，实现建设项目与土地利用、空间布局和基础设施建设上的协调一致。

6）政策制定

发展规划基于地区经济社会发展的全局性与战略性考虑制定项目投资、产业经济等相关政策；土地规划针对土地储备、土地出让、土地使用等方面制定相关政策；城乡规划结合土地政策，将发展规划等相关政策落实到空间布局中。

（4）实现途径

“三规”协调的实现途径有：搭建地理信息平台，成立部门联席会，统一行政管理制度。

1）搭建地理信息平台

以“三规”为核心，系统整合各层次、各专项规划，构建统一的地理信息库，实现用地空间与“三规”的信息对接，同时建立动态更新机制的信息共享、查询等管理平台，促进规划编制成果有效实施。

2）成立部门联席会

成立部门联席会，统一决策发展战略及重大事项，并协调各级政府、部门的不同意见。按照“一级政府、一级规划、一级事权”的原则，明确规划实施过程中市、县、区等政府的事权。

3）统一行政管理制度

协调各部门，建立以项目立项、项目评估、项目选址、土地储备、用地开发、规划许可、项目建设等为主要内容的全市统一的建设项目审批和用地管理制度，改善投资环境，降低运营成本。

竖向设计
Vertical Design

（1）概念

竖向设计是城市开发建设地区（或地段）为满足道路交通、地面排水、建筑布置和城市景观等方面的综合要求，对自然地形进行利用、改造，确定坡度、控制高程和平衡土方等而进行的规划设计。

（2）原则

①保证基地安全；

②充分发挥土地潜力，节约用地；

③合理利用地形、地质条件，满足城市各项建设用地的使用要求；

④减少土石方及防护工程量；

⑤保护城市生态环境，增强城市景观效果。

（3）设计方法

又称垂直设计、竖向布置，其设计应基于原有的地形地貌，合理配置道路及工程管线，尽量减少土方工程量。主要的表示方法有设计标高法、设计等高线法和局部剖面法三种。

①设计标高法。也称高程箭头法，该方法根据地形图上所指的地面高程，确定道路控制点（起止点、交叉点）与变坡点的设计标高和建筑室内外地坪的设计标高，以及场地内地形控制点的标高，将其注在图上。

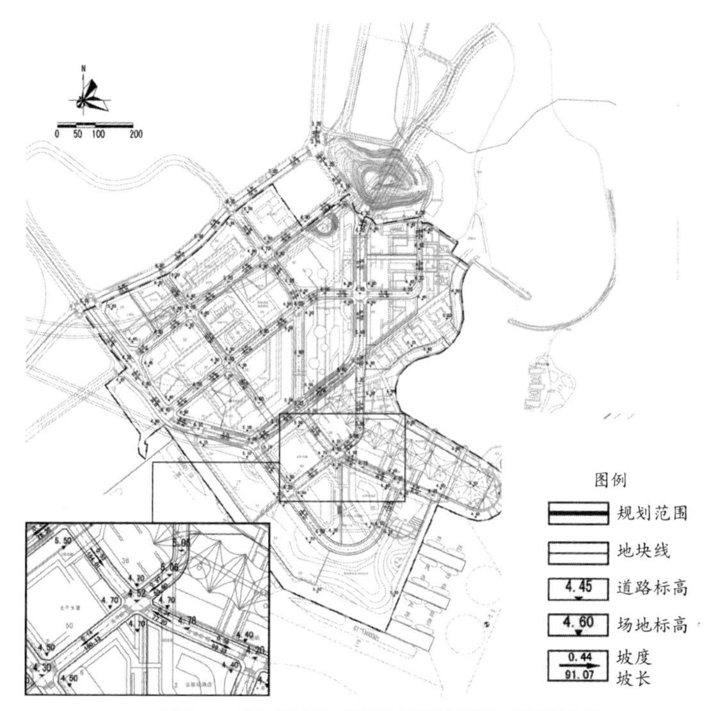

图 S-4 深圳市蛇口太子湾片区某项目竖向设计图示例

②设计等高线法。是用等高线表示设计地面、道路、广场、停车场和绿地等的地形设计情况。

③局部剖面法。该方法可以反映重点地段的地形情况，如地形的高度、材料的结构、坡度、相对尺寸等，用此方法表达场地总体布局时台阶分布、场地设计标高及支档构筑物设置情况最为直接。

四线
The “Four Lines”

四线指紫线、蓝线、绿线及黄线，是对历史文化、水系、生态环境及基础设施的保障和管理措施。规划区在“四线”范围内进行建设须符合经批准的规划要求，且须依法向建设行政主管部门（城市规划行政主管部门）申请办理城市规划许可，并依据有关法律、法规办理相关手续。如须调整，则应在组织进行专家论证后，与城市规划一并调整报批。

（1）**紫线**（The Purple Line: Heritage Conservation Boundary Line）

紫线是历史文化街区和历史建筑的保护范围界线，依《城市紫线管理办法》指导管理，在历史文化名城保护规划或城市总体规划编制阶段进行划设。

城市紫线划定及管理原则 表 S-2

保护及管理	历史文化街区	历史建筑
保护范围划定	应当包括历史建筑物、构筑物和其风貌环境所组成的核心地段，以及为确保该地段的风貌、特色完整性而必须进行建设控制的地区	应当包括历史建筑本身和必要的风貌协调区
	控制范围清晰，附有明确地理坐标及相应的界址地形图	
管理原则	历史文化街区内各项建设必须坚持保护真实的历史文化遗产，维护街区传统格局和风貌，改善基础设施，提高环境质量的原则。且市、县人民政府应当依据保护规划，对历史街区进行整治和更新，以改善人居环境为前提，加强基层设施、公共设施的改造和建设	历史建筑的维修和整治必须保持原有外形和风貌，保护范围内的各项建设不得影响历史建筑风貌的展示

注：城市紫线范围内的文物保护单位应依据国家有关文物保护的法律、法规进行保护范围的划定及管理。

（2）绿线（The Green Line: Natural Environment Boundary Line）

绿线是各类绿地范围的控制线，包括公共绿地、防护绿地、生产绿地、居住区绿地、单位附属绿地、道路绿地、风景绿地等，主要依《城市绿线管理办法》，配合相关绿化规定进行划定及管理。

城市绿线划定的任务 表 S-3

规划阶段	绿线划定任务
总体规划	编制城市绿地系统规划，确定城市绿化目标和布局，规定城市各类防护绿地、大型绿地等的绿线
控制性详细规划	提出不同类型用地的界线，规定绿化率控制指标和绿化用地界线的具体坐标
修建性详细规划	依据控制性详细规划，确定绿地布局，提出绿化配置的原则或方案，划定绿地界线

（3）蓝线（The Blue Line: Water Resources Boundary Line）

蓝线是地表水体保护和控制的地域界线，包括城市规划确定的江、河、湖、库、渠和湿地等，依《城市蓝线管理办法》进行指导管理。

城市蓝线划定的任务 表 S-4

规划阶段	蓝线划定任务
总体规划	确定城市规划区范围内需要保护和控制的主要地表水体，划定城市蓝线，并明确保护和控制要求
控制性详细规划	依据总体规划划定的城市蓝线，规定蓝线范围内的保护要求和控制指标，并附有明确的城市蓝线坐标和相应的界址地形图

（4）黄线（The Yellow Line: Infrastructure Control Line）

黄线是基础设施用地的控制界线，包括城市规划中确定的公共交通设施、供水设施、环境卫生设施、供燃气设施、供热设施、供电设施、通信设施、消防设施、防洪设施、抗震防灾设施及其他对城市发展全局有影响的城市基础设施，依《城市黄线管理办法》进行建设指导管理。

城市黄线划定的任务　　表 S-5

规划阶段	黄线划定任务
总体规划	合理布置城市基础设施，确定城市基础设施的用地位置和范围，划定其用地控制界线
控制性详细规划	依据城市总体规划，落实城市总体规划确定的城市基础设施的用地位置和面积，划定城市基础设施用地界线，规定城市黄线范围内的控制指标和要求，并明确城市黄线的地理坐标
修建性详细规划	依据控制性详细规划，按不同项目具体落实城市基础设施用地界线，提出城市基础设施用地配置原则或方案，并标明城市黄线的地理坐标和相应的界址地形图

部分地区在规划管控中会用到“七线”，是在“四线”的基础上增加红线、黑线及橙线。

（5）红线

红线包括道路红线和建筑红线（参见规划术语：红线）。

（6）黑线

黑线指城市电力的用地规划控制线，如高压走廊黑线。建筑控制线原则上在电力规划黑线以外，建筑物任何部分不得突入电力规划黑线范围内。

（7）橙线

橙线指为降低城市中重大危险设施的风险水平，对其周边区域的土地利用和建设活动进行引导或限制的安全防护范围的界线（参见规划术语：橙线）。

T

TOD 模式
Transit-oriented Development, TOD

（1）概念

以“公共交通为导向”的开发是使公共交通的使用最大化的一种非汽车化的规划设计方式。其基本特点为：紧凑布局、混合使用的用地形态，临近高效的公共交通服务的设施，有利于提高公共交通使用率的土地开发，为步行及自行车交通提供良好的环境，公共设施及公共空间临近公交站点，公交站点成为本地区的枢纽。[1]

一个典型的“TOD”片区有以下几种用地功能结构组成：公交站点、核心商业区、办公区、敞开空间、居住区、“次级区域”。

“TOD”功能区由于现状条件和地理位置的不同体现出不同的特点，承担不同的作用，主要分为“城市型 TOD”和“社区型 TOD”两种类型。“城市型 TOD”较之“社区型 TOD”有更高的发展密度、更大的规模以及承担更高级的城市职能。

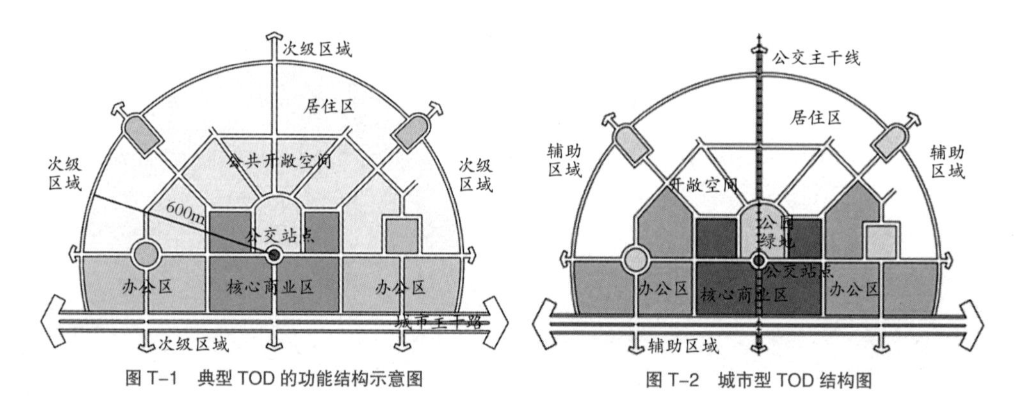

图 T-1　典型 TOD 的功能结构示意图

图 T-2　城市型 TOD 结构图

（2）开发模式

根据政府与企业在 TOD 规划实施中扮演的角色差异，可将 TOD 发展模式归纳为三种：

①政府控制型模式，政府在 TOD 规划建设中处于主导地位，以新加坡为代表；

②市场导向型模式，企业在追求利润的市场导向作用下，在车站周边进行综合开发，以日本东京为代表；

---

[1]　马强．走向精明增长：从小汽车城市到公共交通城市．北京：中国建筑工业出版社，2007：163-166.

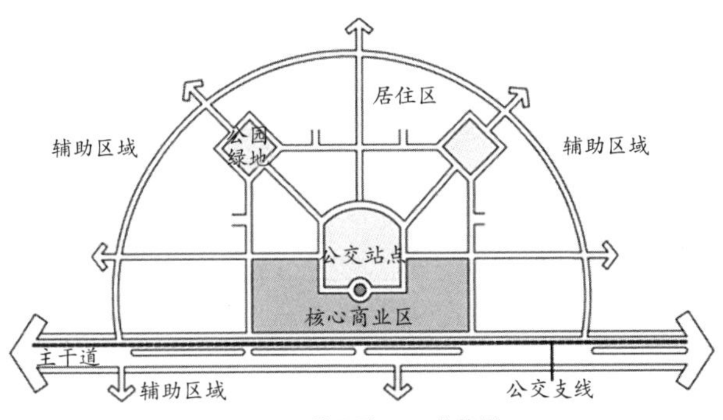

图 T-3 社区型 TOD 结构图

③政府资助、政策导向型模式，政府制定相关法律、法规等保障体系，通过规划引导实施 TOD 模式，以香港为代表。

三种模式各有优缺点。政府控制型模式规划执行度最高，但需要政府投入大量资金作为保障。市场导向型模式通常具有充足的市场融资渠道，但企业逐利的特性易造成发展侧重局部利益，导致片区整体功能不完善、配套设施建设缺乏，因此，过度依靠市场力量发展 TOD 不利于优化城市整体结构和功能，且难于统筹全局规划及城市长远发展。政府资助、政策导向型模式可同时发挥政府和企业的优势，并基本兼顾规划统筹和投资吸引的要求，但前提是必须结合城市特点制定完备的 TOD 发展政策和保障机制，提供公平、高效的市场环境。[1]

三种主要的 TOD 发展模式对比　　表 T-1

发展模式	城市	土地所有制	规划主体	建设开发（投融资）方式	企业所有权	运营方式
政府控制型	新加坡	76% 国有	政府中央集权式规划	起步阶段政府投资，后整体资产上市	上市后 33.7% 私有化	政府控股企业和私营企业共同运营，均已上市
	斯德哥尔摩	74% 国有	政府规划	政府投资建设	政府所有	特许经营，60% 市场竞标
	哥本哈根	90% 国有	政府规划	政府投资建设	政府所有	政府控股企业
市场导向型	东京	65% 私人和法人所有	政府规划 企业规划	公私合营	私有为主	公私合营
	纽约	58% 私有	政府规划	早期以私营投资为主，后政府并购	政府所有	政府运营，需大量财政补贴
政府资助、政策导向型	香港	除新界少数农业用地外，其他土地为政府所有	地铁公司规划，政府审批		上市后 23% 私有化	政府控股企业，已上市
	库里蒂巴	70% 私有	政府规划	公私合营	私有为主	公私合营

为了实现基于轨道交通的城市 TOD 开发模式，加强城市用地规划和轨道交通规划的协调性，必须把轨道交通发展规划与城市总体规划、控制性详细规划等法定规划结合，合理布设轨道交通线网和站点，在各个规划阶段中引导具有公交导向作用的用地形态和布局。

[1] 邵源等．深圳市 TOD 规划管理与实践．城市交通，2011，9（2）：60-66.

（3）内容

1）总体规划阶段

在TOD发展模式引导下，空间布局规划应切实贯彻交通引导发展的理念，与公共交通枢纽结合构建城市中心体系，以交通减量为目的，优化空间布局，提倡用地适度混合布局，合理提升土地开发强度。在交通体系构建方面，切实贯彻“以人为本，交通引导”的发展理念，强调小街区路网，强化并充分落实公交优先，关注慢行交通，构建步行和自行车交通网络。结合交通网络和枢纽建设综合考虑用地布局，有需求的城市还应加强城市轨道交通系统的规划或研究。

2）控制性详细规划阶段

通过TOD发展模式引导，在空间布局优化方面，一是交通引导用地布局优化，即优化调整大运量公共交通沿线的用地功能，鼓励商业、居住等就业岗位多、人口密度大的用地布局，尤其是轨道交通站点或主要公交枢纽周边土地，应该紧凑利用、高强度开发；二是混合用地的设置，即在一定范围内混合布局居住、商业、办公以及其他功能，通过功能的适度混合，引导“慢行尺度”出行，有效降低出行距离，提升出行效率；三是各级中心体系（公共服务设施）、学校（尤其是幼儿园、小学）等的合理布局，基本公共服务体系应使居民能够在慢行尺度内方便到达，促进交通减量。在交通组织方面，落实城市总体规划中交通引导发展的要求，深化细化道路网络，促进小街区的形成，保障公交优先和慢行友好，合理布局停车场和公交首末站等交通设施，制定分区差别化的停车调控策略，积极引导私人小汽车等“合理拥有，理性使用”，优化交通出行结构，是控规层面落实绿色交通体系构建的重要内容。

3）修建性详细规划阶段

通过TOD发展模式引导，空间布局应在满足建设项目功能布局、环境景观要求的基础上，结合当地的公共交通组织、周边建设影响等因素，综合考虑规划地块内的总平面布局、建筑密度、建筑朝向、建筑间距、建筑高度、建筑群体空间组合等内容，使规划方案与当地公共交通条件相适应，引导低碳出行。在交通流线组织方面，应在综合考虑规划范围外部交通和内部功能分区联系的基础上，结合内部交通流线组织，妥善布局出入口和地面、地下停车设施，同时应重视慢行空间的组织，为人行、车行创造安全、舒适的通行环境。[1]

土地相容使用
Land Use Compatibility

（1）概念

因满足城市发展的需要，规划编制往往会涉及多种用地性质需混合于单一地块内的状况，为了在维护环境品质的基础上增加土地使用的弹性，适应城市用地开发中存在两种或两种以上功能布局，一般采取土地使用相容的做法。城市开发程度越高，土地相容使用性的要求越强。

土地相容使用应考量环境及设施承载力、景观协调性、环境卫生及公共利益维护等因素，

[1] 彼得·卡尔索普，杨保军，张泉．TOD在中国——面向低碳城市的土地使用与交通规划设计指南．北京：中国建筑工业出版社，2014：123.

如避免公共设施被占用、减少环境干扰、提高土地效益等；并符合上层次规划及相关政策措施的要求，在鼓励土地相容使用的地区，如城市各级中心、商业与公共服务中心区、轨道交通站点服务范围、客运交通枢纽及重要滨水区等，以土地兼容使用或土地混合使用的方式，达成合理增加土地使用弹性的目标。

（2）表达方式

土地使用相容性相关名词概念及其表达方式　　表 T-2

类型	内涵	用地类型表达方式
土地相容使用	指不同使用功能的土地之间可以共处、互换的程度，或是特定环境条件下能同时容纳的多种土地使用功能的程度，关注的是不同类型土地使用之间的相互关系以及这些土地类型与所处环境之间的关系	—
土地兼容使用	是土地使用性质的宽容范围，一般以“允许设置”、“有条件的允许设置”和“不允许设置”来表示，指不同土地使用性质在同一土地中共处的可能性以及同一土地在使用性质上的多种选择与置换的可能性	A； 以某一种为主，适当设置少量（一般不超过 30%）其他功能
土地混合使用	是具有两种或两种以上功能实现整合的土地使用模式	A+B+C； 相容比例需明确

1）土地兼容使用（单一用地性质的混合使用）：A

单一用地性质的混合使用通常以“土地使用兼容表”进行控制，可分为用地性质兼容和建筑与设施用途兼容两种类型，并由主导用途（指一般情况下允许建设、使用的建筑与设施用途）的建筑面积比例进行控制。

上海市土地使用兼容控制表示例　　表 T-3

序号	类型	居住用地		公共设施用地	市政公用设施用地		绿地	
		R2	R3	C1，C2	C3—C6	U	G1	G2
1	低层居住建筑	√	○	×	○	×	×	×
2	多层居住建筑	√	√	×	○	×	×	×
3	高层居住建筑	○	√	×	○	×	×	×
4	单身宿舍	√	√	×	√	○	×	×
5	居住小区教育设施（中小学、幼托机构）	√	√	×	√	×	×	×
6	居住小区商业服务设施	√	√	√	√	×	×	×
7	居住小区文化设施（青少年和老年活动室、文化馆等）	√	√	√	√	×	×	×
8	居住小区体育设施	√	√	×	√	×	×	○
9	居住小区医疗卫生设施（卫生站、街道医院、养老院等）	√	√	×	√	×	×	×
10	居住小区市政公用设施（含出租汽车站）	√	√	√	√	√	×	○
11	居住小区行政管理设施（派出所、居委会等）	√	√	○	√	○	×	×
12	居住小区日用品修理、加工场	√	○	○	○	×	×	×
13	小型农贸市场	√	○	×	×	×	×	○
14	小商品市场	√	○	○	○	×	×	○
……								

注：√ 允许设置；× 不允许设置；○ 允许设置与否由城乡规划管理部门根据具体条件和规划要求确定。

深圳市常用土地使用兼容主导功能比例控制　　表 T–4

一类、二类、三类居住用地	商业用地		普通工业区、新型产业用地	仓储用地	物流用地
	城市中心区和副中心区	其他区域			
≥ 70%	≥ 50%	≥ 70%	≥ 70%	≥ 85%	≥ 60%

举例而言，依《城市用地分类与规划建设用地标准》规定，一类居住用地包括住宅用地和服务设施用地（包括幼托、文化体育设施、商业金融、社区卫生服务站、公用设施等用地，不包括中小学用地），其实已有土地兼容的概念；各地方标准据此加以细化，如上海市《上海市城市规划管理技术规定》（土地使用、建筑管理）则将一类居住用地建设项目细化为低层独立式住宅、其他低层居住建筑、居住小区教育设施、居住小区体育设施、居住小区医疗卫生设施、居住小区市政公用设施、居住小区行政管理设施等。

2）土地混合使用（混合用地的混合使用）：A+B

按《城市用地分类与规划建设用地标准》，城市建设用地都应列入该分类中的某一类别，并且不能同时列入两项或两项以上的功能类别。为满足城市发展需要，《深圳市城市规划标准与准则》中，规定当土地使用功能超出单一用地性质的适建用途和相关要求时，可采用土地混合使用的方式，组合表达两种或两种以上用地性质（如 C+R）。表 T–5 为深圳市常用土地用途混合使用指引，表达了一般情况下可提高土地使用效益的用地混合类别（鼓励混合使用的用地类别），并提出规划编制时可依具体情况混合使用的用地类别（可混合使用的用地类别）；其余需要混合的用地类别，也可通过专题研究确定。

深圳市常用土地用途混合使用指引　　表 T–5

用地类别		鼓励混合使用的用地类别	可混合使用的用地类别
大类	中类		
居住用地（R）	二类居住用地（R2）	C1	—
	三类居住用地（R3）	C1	M1、W1
商业服务业用地（C）	商业用地（C1）		GIC2、R2
公共管理与服务设施用地（GIC）	文体设施用地（GIC2）		C1
工业用地（M）	普通工业用地（M1）	W1	C1、R3
物流仓储用地（W）	仓储用地（W1）	M1	C1、R3
交通设施用地（S）	轨道交通用地（S3）	C1、R2	GIC2、R3
	交通场站用地（S4）	C1	GIC2、R3
公用设施用地（U）	供应设施用地（U1）		G1、GIC2、S4
	环境卫生设施用地（U5）		G1、GIC2、S4

注：深圳市城市用地分类与国家标准《城市用地分类与规划建设用地标准》（2012）略有不同，具体有以下几点：

1）B 类商业服务业设施用地代码改为 C 类商业服务业用地；且 C1 商业用地的范围为“经营商业批发与零售、办公、服务业（含餐饮、娱乐）、旅馆等各类活动用地”，是国标中 B 类用地的融合。

2）在 M 类工业用地中新增 M0 新型产业用地，是“融合研发、创意、设计、中试、无污染生产等创新型产业功能以及相关配套服务活动的用地”。主导用途为厂房（无污染生产）及研发用房。

3）将 A 类公共管理与公共服务用地代码改为 GIC，其中 GIC2 为文体设施用地。

碳排放评估
Cabon Emissioas Assessment

（1）概念

城市碳排放评估是指对人类生产和生活过程排放的温室气体量进行评估。温室气体，是指任何会吸收和释放红外线辐射并存在大气中的气体，京都议定书中控制的 6 种温室气体为：二氧化碳（CO_2）、甲烷（CH_4）、氧化亚氮（N_2O）、氰氟碳化合物（HFCs）、全氟碳化合物（PFCs）、六氟化硫（SF6）。由于二氧化碳（CO_2）是人类活动最常产生的温室效应气体，因此规定以二氧化碳当量（carbondioxide equivalent）作为度量温室效应的基本单位，其他温室气体根据相应的温室效应值（GWP）折算为二氧化碳当量进行评估。

从广义上说，一切产生温室气体的生产和生活行为均属于碳排放评估对象。《IPCC 国家温室气体清单指南》根据温室气体的排放和清除特点，将温室气体排放源划分为 5 类：①能源，包括燃料燃烧、源于燃料的逸散燃烧和二氧化碳运输与储存；②工业过程和产品使用，即非能源产品使用产生的温室气体排放；③农业、林业和其他土地利用，包括牲畜养殖、土地利用形式改变等；④废弃物，即固体废弃物、废水处理过程排放的温室气体；⑤其他，包括源于以 NO_x 和 NH_3 形式的大气氮沉积产生的 N_2O 间接排放等。

（2）方法

碳排放评估方法总体上划分为两类：系统核算法和非系统核算法。系统核算法包括生命周期法、模型核算法等，非系统核算法包括实测法、物料平衡法、清单法等[1]。清单法是目前应用最为广泛的碳排放评估方法，根据《IPCC 国家温室气体清单指南》确定的数据收集、估算方法和排放因子等进行计算，既可应用于国家和区域层面，也可以用于部门、产品和过程的碳排放评估。城市层面的碳排放评估通常采用清单法，以城市运行过程中由能源消耗产生的温室气体为重点进行评估。计算公式为：

$$C=\sum A_i \times K_i$$

其中：C—能源消费引起的碳排放，A_i—第 i 类能源消费量，K_i—第 i 类能源碳排放系数。

此外，城市固体废弃物、废水处理过程的温室气体（CO_2、CH_4、N_2O 等）排放计算方法较复杂，需依据相应公式及碳排放因子进行评估，此处不作详细说明。

[1] 齐绍洲，付坤．低碳经济转型中省级碳排放核算方法比较分析．武汉大学学报［哲学社会科学版］，2013（2）：85-92.

新型市政工程设施
New-Types of Municipal Infrastructure

（1）城市垃圾气力管道收集系统（Urban Pneumatic Pipe Waste Recycle System）

垃圾气力管道收集系统（垃圾自动收集系统）即通过预先铺好的管道系统，利用负压技术，将生活垃圾送到中央垃圾收集站，再经过压缩运送至垃圾处置场的技术与过程，通过系统风机运行产生的真空负压，管道中垃圾在风力的作用下被高速抽运至收集站，实现完全密闭收集与运输。

垃圾气力管道收集系统的主要优势在于改变了前端垃圾收集模式，家庭至转运站之间的垃圾收运路线由地面转至地下，由先前的地面暴露收运转变为地下封闭收集，解决了垃圾泄露问题，有助于改善市容环境卫生。但该系统投资、运行费用和对管理人员的要求较高，也不适合大件垃圾、易燃易爆物品、危险化学品、坚硬物品、粘性物品、膨胀物品、动物排泄物或尸体、厨余垃圾等固体废弃物的收集。建设时应从各方面充分考虑技术适用性和可行性，包括气力管道收集系统的初始投资、运行费用、与现有系统的衔接性、居民生活习惯和垃圾组分等。

垃圾气力管道收集系统主要由投放系统、管道系统和中央收集站系统组成，分为固定式和移动式两类，其中固定式系统适合应用于大型的项目，而移动式系统则比较适合应用于低密度建筑、建筑物分布广泛、垃圾量少且垃圾密度较低的项目。应根据服务区域内垃圾高产月份平均日产量、所选输送管管径和最远输送距离来确定收集中心的数量。

不同管径输送管各项指标（推荐） 表 X-1

管径（毫米）	最远输送距离（米）	最大收集面积（公顷）	垃圾高产月平均日产量（吨/天）	适用范围
φ400—650	1500—2500	100—200	20—100	大范围区域
φ250—400	800—1500	40—100	5—20	中小区域

一般来说，投放口的尺寸小于垃圾管道，目前常用的垃圾投放口最大尺寸一般不超过 50 厘米。大件垃圾须单独收集处理，防止堵塞垃圾输送管道。垃圾输送管宜选择防腐蚀性、耐磨性材质，在易磨损的弯接部位应相应增加管壁厚度或使用高耐磨的材质。收集中心必须采取除臭、除尘、降噪等完善的二次污染防治措施。

（2）电动汽车充电设施（EV Charging Facilities）

电动汽车是指以车载电源为动力，用电机驱动车轮行驶，符合道路交通、安全法规各项要求的车辆，可划分为纯电动汽车、（可充电）混合动力汽车、燃料电池电动汽车三种类型。

电动汽车充电设施按服务对象可划分为公用车与私家车两大类。其中公用车又分为公务车、公交车、出租车等三种；按充电模式可分为常规充电、快速充电、机械充电等三种。目前电动车充电设施的概念并无明确定义，各地充电方式的差异较大。

按深圳市目前做法，充电设施根据设施充电时间的差异分为充电站与充电桩两种。充电站主要是指满足电动车快速充电需求的充电设施；充电桩是指为电动车提供慢速充电服务的充电设施。按照服务对象的不同又可分为社会充电站（桩）与公交充电站（桩）。电动汽车发展尚处于初期阶段，尤其是电池技术的发展正积极寻求突破，作为配套的充电设施发展因此也存在不确定性。

电动汽车充电设施建设模式一览表　　表 X-2

设施类别	建设模式	建设规模（平方米）		适用范围
充电站	结合开敞空间及大型停车场库	紧凑型	400	现状建设区用地较充裕；交通集中的道路设施沿线
		一般型	900	
		充裕型	1000 及以上	
	结合公用设施	700		现状建设区用地受限制，需结合已有设施建设
	结合路边停车	120		适于车流量较小的城市生活性道路
充电桩	结合停车设施	不需单独考虑		社会公共停车场，为公共设施、居住区配建的停车场，路边停车位

电动汽车充电设施规划的主要任务是根据电动汽车充电设施的发展现状及特征，以规划区的综合发展条件分析为基础，研判发展形势，科学制定发展策略，弹性预测设施规模，合理布局设施，提出近期实施计划及保障措施。

编制电动汽车充电设施规划的思路有别于一般的市政设施规划，建议以落实近期、引导中期、展望远期为指导思想和出发点，制定电动汽车充电设施的发展策略。

（3）电缆隧道（Cable Tunnel）

电缆隧道是一种地下构筑物，是集中敷设多回高低压电力电缆的电力设施。电缆隧道宜布置在城市中心区等土地开发强度高、地下空间资源紧缺、电缆敷设施工难度大的地区，或变配电站附近等同一路由上集中敷设多回电力电缆的地区。电缆隧道内部空间应满足电缆敷设、人员巡检以及电缆敷设施工的要求。另外电缆隧道须配套建设人员出入口及通风、照明等设施。

在高低压电缆出线规模较大、较为集中，而周边道路无法提供足够的电缆直埋空间和电缆沟规划空间的条件下，规划电缆隧道作为电缆进出线的空间解决方案。

①电缆隧道的内净空尺寸较大，高度宜大于 2 米，宽度不宜小于 2.5 米。具体的规模应根据容纳的电缆数量而确定。

②电缆隧道需要设置工作井，所以一般设置于车行道下或较宽的绿化带内，并且应注意与地铁、其他管线、地下空间的协调。

（4）环境园（Environmental Sanitation Base）

环境园是将垃圾分选回收、焚烧发电、高温堆肥、卫生填埋、渣土消纳、粪渣处理、渗滤液处理等诸多处理工艺的部分或全部集于一身，并具有宣传、教育、培训等功能的环境友好型环卫综合基地。

环境园详细规划主要任务是根据全市环卫及相关专项规划，选址入园项目，进行项目特性分析，规模预测、处理模式确定、园区规划布局与指标控制、交通组织等，并明确园区的污染防治与风险控制措施，提出近期建设计划与实施保障措施。确定各类环卫设施的种类、等级、数量、用地和建筑面积、定点位置等内容，满足环卫车辆通道要求。

（5）移动通信基站（Mobile Communications Base）

移动通信基站指移动通信系统中，连接固定部分及无线部分，并通过空中的无线传输与移动电话终端之间进行信息传递的无线电收发信电台（站）。

移动通信基站由机房（包括电源、空调、交换设备）、天线系统、馈线系统、天面等部分组成。基站具有数量多、面积小、分布广、设置灵活、技术含量高等特点，并由于辐射的存在逐渐成为市民敏感型设施。

移动通信基站按覆盖功能可分为：宏基站、微基站、微微基站；按建设形式可分为独立站、附设站；按网络制可分为：GSM 站、CDMA 站、PHS 站、WCDMA 站、CDMA2000 站、TD-SCDMA 站、TD-LTE 站、FDD-LTE 站。

移动通信基站的设置应符合国家电磁辐射标准《电磁辐射防护规定》GB8702-1988、《环境电磁波卫生标准》GB9175-88 中关于电磁环境的相关规定，避免电磁辐射造成对周围人居环境的污染和危害。

（6）220/20 千伏电力系统（220/20 Kilovolt Electrical System）

我国城市高中压配电网一般采用的电压等级是：220/110/10 千伏，需配套建设三个电压等级的变配电设施。为提高供电可靠性、减少系统损耗、节约用地，在满足一定条件的地区，建设 220/20 千伏电力系统，将城市高中压配电网电压层次简化，取消 110 千伏电压等级。

建设 220/20 千伏电力系统区域应满足以下条件：一是区域规划电力负荷密度大于 1 万千瓦 / 平方公里；二是区域开发强度高，电力通道建设空间不足；三是区域尚未大规模开发建设，现状电力用户少。

220 千伏 /20 千伏变电站内需要布置主变、高低压配电装置等设施，另外需设置消防通道等配套设施，总用地面积约需 5000 平方米，主变容量一般为（3-4）×100 兆伏安、4×75 兆伏安。220/20 千伏变电站中压线路的敷设形式应根据所在区域的建设要求确定，如采用电缆在电缆沟内敷设，中压通道应规划有两个方向的双沟出线，电缆沟尺寸为 1.4 米 ×1.7 米。

目前 220 千伏 /20 千伏电力系统在国内只在深圳光明新区等局部地区进行试点，具体的技术经济指标正在完善中。

“一张图”管理
The “One-Map” Administration System

（1）概念

空间上，“一张图”是基于统一地理坐标系的、空间连续的全市域规划信息集合，在信息系统中可进行叠合显示、分析和检索；在时间上，是具备动态更新机制，能够及时、准确反映最新城市建设现状、地籍信息、审批信息以及基础地理信息的“现状图”；全面反映最新、有效规划成果的“规划图”[1]。

通过“一张图”建立，促进规划编制和管理高效衔接，提高规划管理工作效率；“一张图”纳入了城乡规划和土地利用规划的相关信息，成为衔接“两规”最直接有效的技术平台；“一张图”具有实时、动态的特征，反映了最新的规划、现状和审批情况，为规划实施评估提供了丰富的数据基础。

各地对“一张图”的不同定义（控制性详细规划一张图）　　表 Y-1

城市	定义
武汉	以基础地理信息、规划审批信息和用地现状信息为基础，以控制性详细规划和乡（镇）级土地利用规划层面为核心，系统整合各层次、各专项规划成果，具备动态更新机制的信息共享管理平台，是规划编制成果转化为规划管理法定依据的主要技术平台[2]
深圳	以现状信息为基础，以法定图则为核心，系统整合各类规划成果，具备动态更新机制的规划管理工作平台
广州	控制性详细规划的编制应以满足规划管理需求为导向，在全面整合纳入城市规划管理动态信息和已审批各项规划成果的基础上，形成覆盖全市的面向规划管理的“一张图”管理平台； 为了方便规划管理人员的管理操作，提高行政效率，实现城市规划高效管理，提出将法定文件与管理文件的主要规划管理信息尽可能集中在一张图则上表达，实现“一张图”管理的形式
南京	控规“一张图”是指依托统一信息平台，以控规成果为核心内容，通过将控规成果整合、拼接、转化为规划管理的直接依据，形成标准统一、无缝衔接的“一张图”管理共享平台；技术上主要利用 GIS 技术对控规成果进行数字化处理，将全部控规纳入“一张图”系统[3]

[1] 刘全波，刘晓明．深圳城市规划“一张图”的探索与实践．城市规划，2011，35（6）：50-54.

[2] 张文彤等．建立“一张图”平台，促进规划编制和管理一体化 [J]. 城市规划，2012，36（4）：84-87.

[3] 杨勇等．南京“一张图”控制性详细规划更新体系构建 [J]. 规划师，2013，29（9）：67-70.

（2）构成

各地“一张图”构成及框架　　表 Y-2

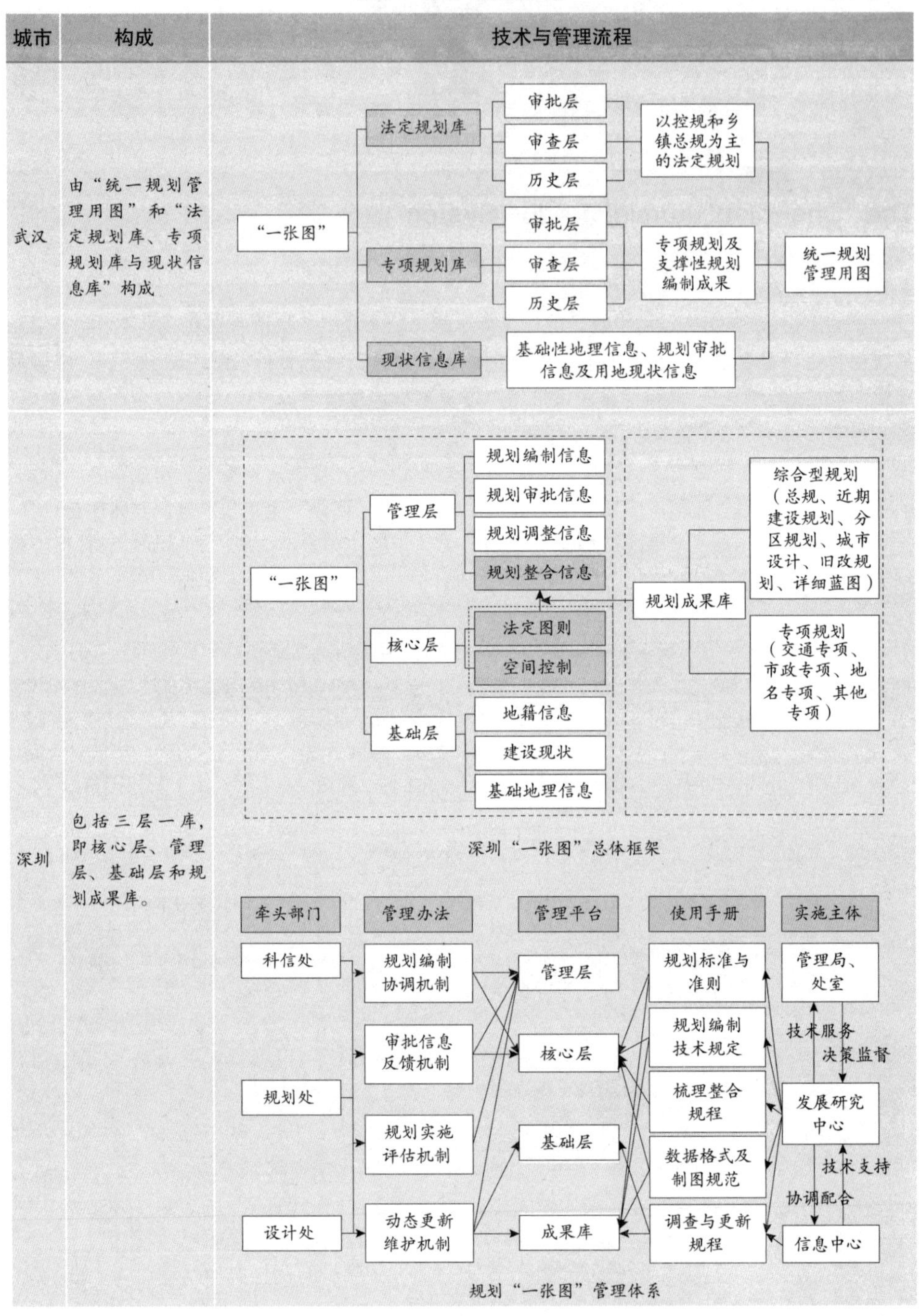

城市	构成	技术与管理流程
武汉	由“统一规划管理用图”和“法定规划库、专项规划库与现状信息库”构成	“一张图”；法定规划库：审批层、审查层、历史层 → 以控规和乡镇总规为主的法定规划；专项规划库：审批层、审查层、历史层 → 专项规划及支撑性规划编制成果；现状信息库 → 基础性地理信息、规划审批信息及用地现状信息；→ 统一规划管理用图
深圳	包括三层一库，即核心层、管理层、基础层和规划成果库。	“一张图”；管理层：规划编制信息、规划审批信息、规划调整信息、规划整合信息；核心层：法定图则、空间控制；基础层：地籍信息、建设现状、基础地理信息；规划成果库：综合型规划（总规、近期建设规划、分区规划、城市设计、旧改规划、详细蓝图）、专项规划（交通专项、市政专项、地名专项、其他专项） 深圳“一张图”总体框架 牵头部门：科信处、规划处、设计处；管理办法：规划编制协调机制、审批信息反馈机制、规划实施评估机制、动态更新维护机制；管理平台：管理层、核心层、基础层、成果库；使用手册：规划标准与准则、规划编制技术规定、梳理整合规程、数据格式及制图规范、调查与更新规程；实施主体：管理局、处室、发展研究中心、信息中心；技术服务、决策监督、技术支持、协调配合 规划“一张图”管理体系

续表

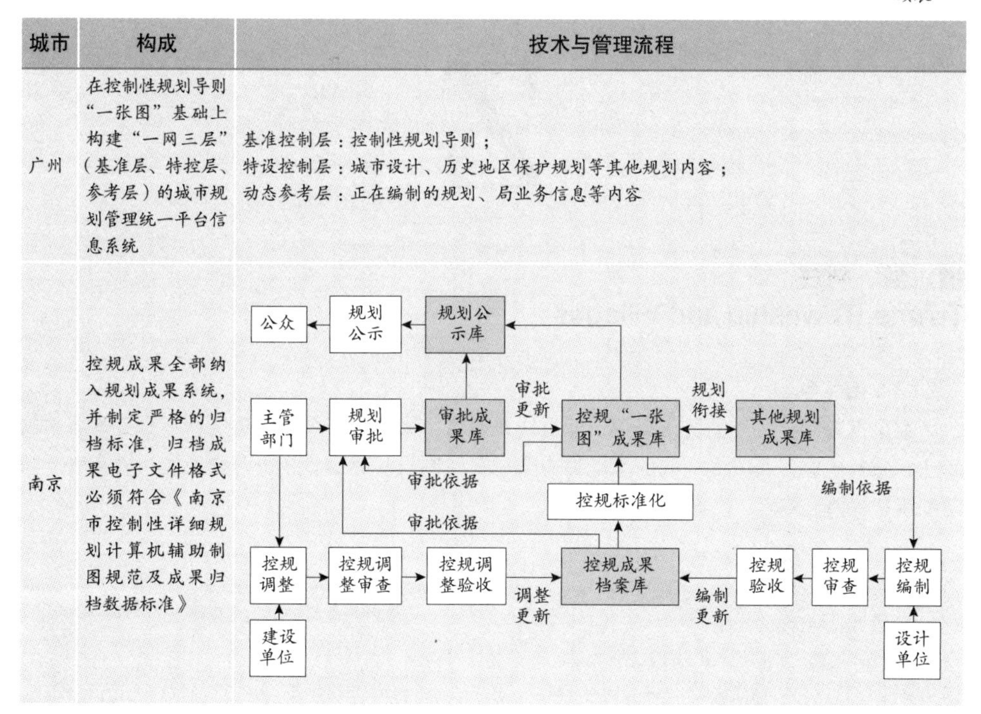

城市	构成	技术与管理流程
广州	在控制性规划导则"一张图"基础上构建"一网三层"（基准层、特控层、参考层）的城市规划管理统一平台信息系统	基准控制层：控制性规划导则； 特设控制层：城市设计、历史地区保护规划等其他规划内容； 动态参考层：正在编制的规划、局业务信息等内容
南京	控规成果全部纳入规划成果系统，并制定严格的归档标准，归档成果电子文件格式必须符合《南京市控制性详细规划计算机辅助制图规范及成果归档数据标准》	

Z

镇、乡、村庄
Towns, Township and Villages

（1）镇（乡）

镇是指建制市以外的城市聚落，偏重城市属性，具有城带乡的二重性，同时又是乡村的商业和服务中心，属城乡间的中间地带，常见有建制镇和集镇（乡）两种类型，通常将一般建制镇和集镇合称为“小城镇”。

镇的类型与定义　　表 Z-1

类型		定义	行政属性	规划性质
建制镇	县城关镇	县人民政府所在地的建制镇	市以下、村以上的行政建制	城市规划
	一般建制镇	指经国家批准设镇建制的地域，属一级行政单元，具有一定的人口规模、人口和劳动力结构、产业结构和基础设施水平		镇规划
集镇	乡	乡、民族乡政府所在地		乡规划
	其他	县级人民政府确认由集市发展而成的，作为农村一定区域经济、文化和生活服务中心的非建制镇	非行政建制	村庄规划

（2）村庄

指农村居民居住和从事各种生产的聚居点，依行政属性，可区分为行政村和自然村两类。行政村是政府为了便于管理，在乡镇政府以下建立的中国最基层的农村行政单元，由若干个自然村组成。自然村则是自然形态的居民聚落，非行政建制。

智慧城市
Smart City

（1）概念

智慧城市，从学术界理解为：利用新一代信息技术（如物联网、云计算等），以整合、系统的方式管理城市的运行，以智慧技术、智慧产业、智慧人文、智慧服务、智慧管理、智慧生活为重要内容的一种城市发展新模式。其目的在于让城市中各个功能彼此协调运行，为城市中的产业提供优质的发展空间，最终为城市居民提供更高的生活品质。

智慧城市，从城乡规划角度可理解为：利用现代综合技术解决城乡发展问题以实现城乡经济社会和环境协调、高效发展的一种思路和理念。

（2）评价指标体系

住房和城乡建设部颁布的《国家智慧城市（区镇）试点指标体系（试行）（2012）》[1]，包括一级指标 4 项、二级 11 项和三级指标 57 项，涉及保障体系与基础设施、智慧建设与宜居、智慧管理与服务、智慧产业与经济四大方面。其中保障体系与基础设施包括保障体系、网络基础设施及公共平台与数据库；智慧建设与宜居包括城市建设管理与城市功能提升；智慧管理与服务包括政务服务、基本公共服务和专项应用；智慧产业与经济包括产业规划、产业升级与新兴产业发展。

（3）智慧城市对城乡规划的应用

智慧城市作为一种理念，重点解决城乡规划中的城镇空间发展动态监控、资源管理和高效、城市安全、城市基础设施规划、城市交通规划与管理、智慧经济发展、智慧社区建设、历史文化保护、绿色建筑、园林绿化等十个关键问题。

智慧化解决城乡规划的十个关键问题汇总表[2] 表 Z-2

关键问题	智慧化解决思路
城镇空间发展动态监控	利用遥感等获取有关城镇空间发展的动态信息并对其发展轨迹进行动态评价、模拟和监控，进而作出科学决策和判断，实现对城镇空间增长的理性管理
资源管理和高效	通过对现状资源数量和质量进行评估，并根据各类资源使用情况及城市发展对资源的需求建立模拟系统和预测模型，实现对资源的使用情况进行动态监控和优化调整，从而提高资源利用效益
城市安全	防灾减灾及应急规划利用新一代信息技术收集和处理海量数据，针对气象、旱涝、空气污染等方面建立感知预警监测系统，就环境灾害发展范围、强度和破坏能力等进行预测响应和决策，从而提升防灾减灾能力
城市基础设施规划	利用新一代信息技术建立市政设施在线监测系统获取相关信息数据，建立模拟系统和决策系统，进而提高基础设施规划与建设效率，同时在突发事件或设施故障发生时实现应急响应
城市交通规划与管理	通过监控摄像头、传感器、通信系统、导航系统等对城市交通系统等进行实时监控，掌握交通流量和道路使用状况，并通过建模系统和应急仿真，对交通流量进行预测和智能判断，提供综合的实时信息服务，促进交通管理体制的一体化
智慧经济发展	智慧城市海量的数据系统可以帮助判断城市经济运行状况，判断现存问题，并通过模拟分析，协助决策者制定改进经济发展政策；同时智慧产业本身将带动新一轮经济发展，成为产业转型和升级的重要内容
智慧社区建设	通过物联网等技术综合应用，建立涵盖交通物流、商务管理、市政安全、智能电网以及卫生医疗等智能社区服务体系，提升社区智能化、便捷化和智慧化水平
历史文化保护	运用 GIS 等技术对历史建筑和街区现状数据进行处理和评估，并动态监控受保护建筑和街区的发展动态，提出相应的保护措施，从而促进城市历史文化的保护水平
绿色建筑	通过信息技术手段的应用，就建筑材料、建造方式、能源以及环保等问题进行全生命周期的监督、评价、控制和管理，提升绿色建筑建设水准
园林绿化	通过遥感等先进技术手段的应用，对园林绿化进行监测、评价和管理，提升城市园林绿化水平

[1] 国务院．国家智慧城市（区、镇）试点指标体系（试行）（2012 年）[EB/OL].（2012-12-05）[2014-11-10].http://www.gov.cn/zwgk/2012-12/05/content_2282674.htm

[2] 丁国胜，宋彦．智慧城市与“智慧规划”智慧城市视野下城乡规划展开研究的概念框架与关键领域探讨．城市规划，2013（8）：34-39.

（4）国内智慧城市建设实践

我国智慧城市建设普遍将智慧产业集聚发展和智慧基础设施建设作为重点，其中，北京、上海、广州、深圳、杭州、南京、宁波、武汉、厦门和成都等城市已制定了智慧城市发展的专项规划。

中国智慧城市的主要建设举措及特点简析[1]　　表 Z-3

城市	主要举措	特点
北京	借助第 14 届北京国际科技产业博览会营销“智慧北京”，目标为人人享有“智慧生活”	“智慧北京”亮相
上海	2011 年公布《推进智慧城市建设 2011—2013 年行动计划》，将建设涵盖交通、医疗、物流等领域的 10 个物联网应用示范工程	探索综合型智慧城市建设
深圳	重视物联网发展，成立 RFID 产业标准联盟，从科技、人文和生态三个方面打造新时期的智慧城市	首次提出“智慧深圳”理念，打造物联网产业的“黄埔军校”
无锡	建设国家级传感网络产业创新示范基地，在智能交通、健康工程、平安城市和环境保护等方面加快推进 TD 与传感网融合	唱响“感知中国”
武汉	将智慧城市建设纳入“十二五”规划，提出用 10 年时间打造智慧城市，构建基于“中国云”的智慧城市基础设施及智能处理基础平台，建设四大智能示范应用工程，重点发展智慧产业，组建 RFID 创新技术联盟，力争突破 6 个关键技术	成为我国智慧城市技术创新中心、区域智慧城市发展高地
南京	率先出台智慧城市建设专项规划——《南京市物联网产业发展规划》，明确智能工业、环保、交通、灾害控制、农业、公共安全、医护和电网等十大应用示范工程	依托多项示范工程，打造我国“智慧之都”
宁波	出台《宁波市委市人民政府关于建设智慧城市的决定》、《宁波市智慧城市发展总体规划》，推动十大智慧应用和六个智慧产业基地建设	打造智慧产业集群和具有国际港口城市特色的智慧城市
沈阳	与 IBM 公司、东北大学等联合建设沈阳生态城市联合研究院，创造性地运用绿色科技和智慧技术，努力打造“生态沈阳”	创立一个生态城市和智慧城市携手发展的典范
杭州	出台《“智慧杭州”建设总体规划 (2012—2015)》，打造“绿色智慧城市”，实现建设“天堂硅谷”和“生活品质之城”的城市发展战略目标	打造物联网经济高地，创建国家电子商务示范城市
广州	出台《“四化融合，智慧佛山”发展规划纲要 (2010—2015)》、《广州南沙智慧岛建设战略规划》等，打造“智慧广州”、“智慧南海”、“智慧佛山”等	系统地推动多层次智慧城镇试点建设
成都	实施“感知双流”战略，推动交通、医疗、物流、农业、电网和环境等领域的物联网技术应用，重点建设感知交通、感知电网等六大工程	双流是全国首个提出建设“智慧县城”的县级市

宗地
Land Parcel

（1）概念

宗地指土地权属界址线封闭的地块或空间[2]，是地籍的基本单元。通常由一个权属主所有或使用的相连成片的用地范围划分为一宗地（独立宗）；如果同一个权属主所有或使用不相连

[1] 赵四东，欧阳东，钟源．智慧城市发展对城市规划的影响评述．规划师，2013（2）：5-10.

[2] TDT 1001-2012，地籍调查规程．中华人民共和国国土资源部，2012.

的两块或两块以上的土地，则划分为两个或两个以上的宗地。如果一个地块由若干个权属主共同所有或使用，实地又难以划分清楚各权属主的用地范围的，划为一宗地，称组合宗[1]。

（2）宗地编码

为便于土地登记和宗地标识，宗地采用五层 17 位层次码结构，按层次分别表示县级行政区划（6 位）、地籍区（2 位）、地籍子区（2 位）、土地所有权类型（字母表示）、宗地号（6 位）。

（3）宗地出让

国有土地出让方式确定后，需由市、县国土资源管理部门编制宗地出让方案，提出宗地开发的条件及标准，包括地块的界址、空间范围、用途、面积、年限、土地使用条件、供地时间及方式等，并依法报土地所在地的市、县人民政府审批，方可实施出让活动。举例而言，针对宗地出让面积，《限制用地项目目录（2006 年本增补本）》规定商品住宅项目的宗地出让面积不得超过下列标准：小城市（镇）7 公顷，中等城市 14 公顷，大城市 20 公顷。针对宗地出让最高使用年限，《中华人民共和国城镇国有土地使用权出让和转让暂行条例（1990）》规定土地使用权出让的最高年限应为：居住用地 70 年；工业用地 50 年；教育、科技、文化、卫生、体育用地 50 年；商业、旅游、娱乐用地 40 年；综合或者其他用地 50 年。

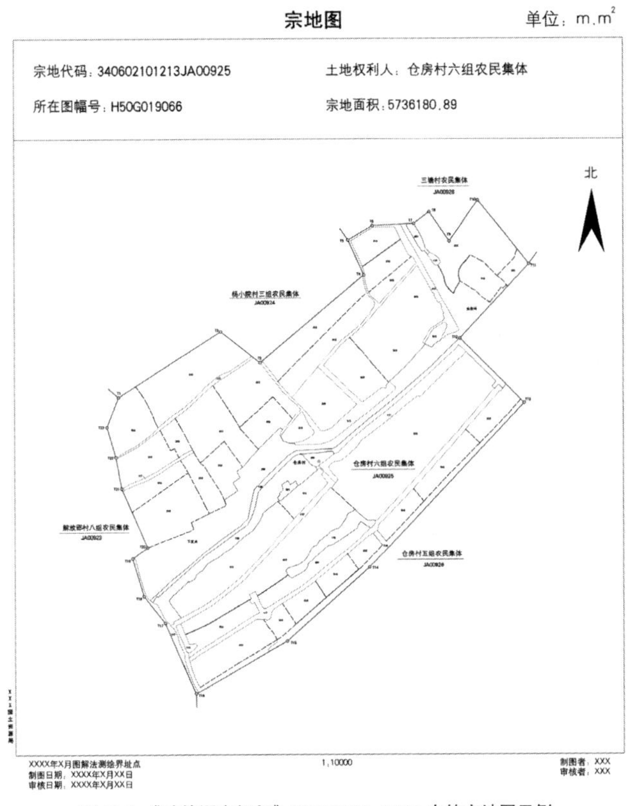

图 Z-1 《地籍调查规程》TDT 1001-2012 中的宗地图示例

[1] 詹长根，唐祥云等. 地籍测量学. 武汉：武汉大学出版社，2005.

综合防灾规划
Comprehensive Disaster Pervention Planning

（1）概念

城市综合防灾规划是指城市在面临日益多样化和复杂化的灾害类型时，通过风险评估明确城市的主要灾害种类和高风险地区，针对灾害发生的前期预防、中期应急和后期重建等不同阶段，制定包括灾害管理法规、管理体制和工程技术相结合的综合规划，由全社会共同参与规划编制与实施过程，并指导单项城市防灾规划（包括抗震工程规划、防洪（潮）工程规划、消防工程规划、人民防空工程规划等）。城市综合防灾规划具有全社会、全过程、多灾种、多风险、多手段的特征。

（2）主要内容

1）主要灾种分析及风险评估：通过现状调研与资料收集筛选主要的灾种。一般来说，编制城市综合防灾规划中确定的主要灾种即为风险最大的一种或几种灾害类型。

2）风险评估：确定在城市抗灾能力发挥中起关键作用或对灾害破坏性有重大影响的设施作为重要防护目标；结合主要灾种分析和风险评估的结论，预测主要灾种发生情境下可能造成的人员生命安全和财产损失，针对不同的主要灾害类型，绘制城市危险程度分区图，表征城市各区域主要灾害类型和危险性高低，为不同区域采取不同的分区防灾规划对策提供依据。

3）工程设施布局及非工程措施规划：针对主要灾种类型，并按照危险程度分区的结论，相应布局抗灾工程设施；而非工程措施规划则以构建城市抗灾“软实力”为目标，包括相关的设防标准的确定、防灾指挥体系、应急预案；设施日常管理工作等。

4）校核与评估：在工程布局规划和非工程措施规划全部落实的情况下，再次进行城市风险评估，重新预测规划实施灾害损失，绘制相应的城市灾害危险程度分区图。评估规划实施情况下，灾害损失和风险是否可以达到接受范围，不同分区各主要灾种的危险程度是否显著减低，城市重要目标是否得到有效保护，最终提出评估意见。若评估结论指出城市安全水平仍不能达到可接受的阈值之下，则需要调整规划对策后重新校核与评估。

5）实施建议：提出保障规划工程和非工程措施落实的具体要求。

综合管廊
Comprchensive Utility Tunnels

（1）概念

综合管廊是指实施统一规划、设计、施工和维护，建于城市地下用于敷设两种或两种以上市政公用管线的市政公用设施。综合管沟主要具有以下优点：

①减少道路开挖，减轻对城市交通的影响和干扰，具有良好的综合经济社会效益；

②高效利用城市地下空间，节约城市建设用地；

③提高市政管线安全可靠性，增强城市防灾减灾能力；

④便于市政管线运行维护管理。

（2）应用

综合管沟在国外发达国家或地区已有较多的应用实例，截至 2009 年，全世界已建综合管沟超过 3000 公里。日本和台湾地区是综合管沟发展比较成功的案例，不仅规模大，而且建立了较为完善的共同沟建设、运营、管理机制。

市政公用管线的建设在遇到下列情况之一时，宜采用综合管廊形式规划建设：①交通运输繁忙或者地下工程管线设施较多的机动车道、城市主干道以及配合地下铁道、地下道路、立体交叉等建设工程地段；②不宜开挖路面的路段；③广场或者主干道路的交叉处；④需同时敷设多种工程管线的道路；⑤道路与铁道或河流的交叉处；⑥道路宽度难以满足直埋敷设多种管线的路段。

综合管廊宜纳入通信电（光）缆、电力电缆、给水管道、热力管道等市政公用管线，不宜纳入地势平坦建设场地的重力流管线。热力管道、燃气管道不得与电力电缆同舱敷设。

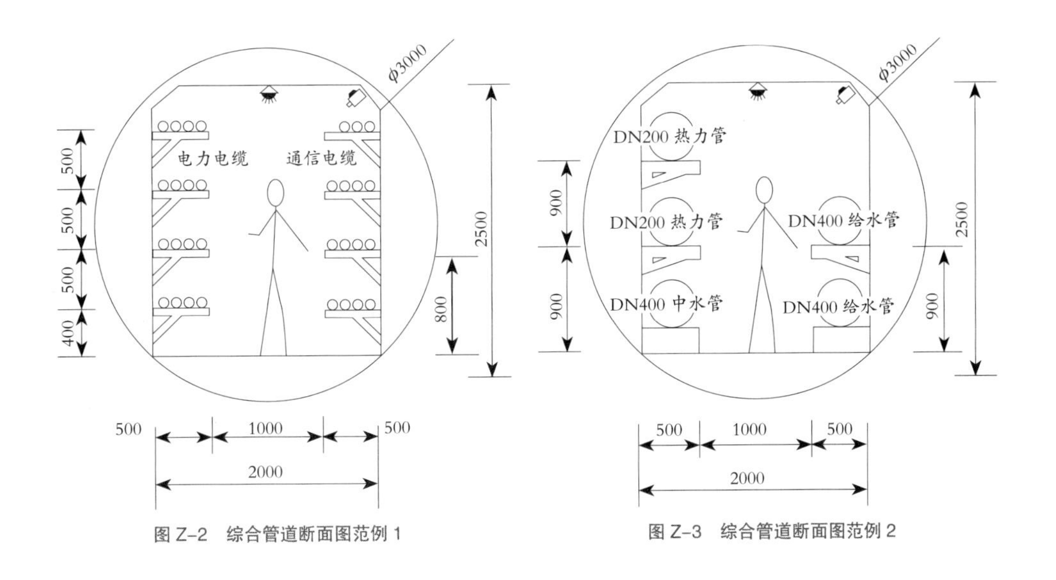

图 Z-2　综合管道断面图范例 1

图 Z-3　综合管道断面图范例 2

（3）标准

综合管廊根据敷设管线的等级和数量分为干线综合管廊、支线综合管廊和电缆沟。综合管廊标准断面内部净高应根据容纳的管线种类、数量综合确定。干线综合管廊的内部净高不宜小于 2.1 米，支线综合管廊的内部净高不宜小于 1.9 米，与其他地下构筑物交叉的局部区段或有困难地区的净高不应小于 1.4 米。当不能满足最小净高要求时，可改为排管连接。

综合管廊的标准断面应根据容纳的管线种类、数量、施工方法综合确定。采用明挖现浇施工时宜采用矩形断面，采用明挖预制装配施工时宜采用矩形断面或圆形断面，采用非开挖技术施工时宜采用圆形断面、马蹄形断面。

（4）案例

以《深圳市共同沟系统布局规划》为例，主要编制内容包括以下九个部分：①借鉴国内外共同沟建设经验，研究共同沟的设置条件；②对全市共同沟建设进行可行性和必要性研究；③研究确定入沟管线种类；④共同沟建设区位分析；⑤确定全市共同沟布局；⑥制定共同沟分期实施计划；⑦提出典型共同沟设计指引；⑧对共同沟的建设、运营和管理体制进行研究，并结合深圳实际提出推荐模式；⑨提出规划实施策略及政策保障措施。

综合规划
Comprehensive Planning

（1）概念

综合规划是在新型城镇化背景下为务实高效地解决城市问题而建立的“由规划专业全面统筹、多专业多团队合作、多部门协同”的综合性规划工作方法。规划应贯彻“以人为本、务实结题、弹性适应、面向实施”四大原则。

综合规划的适用条件：现状问题较为复杂、规划管理部门专业水平较高、有明确开发主体或负责机构的重要城市新区。综合规划涉及多专业多部门之间的技术统筹与协调，工作量大、难度高，城市一般地区不建议开展。

（2）组织方式及工作步骤

综合规划的专业技术团队可包含：“产业研究、综合交通、低碳生态、综合市政、城市规划、城市设计、土地整备、城市更新、水专业、工程设计、建筑学”等，应依据地区特点、主要问题以及管理需求有针对性地选择。

一般情况下，综合规划的工作步骤包括：“建立共同纲领→完成纲要初稿→部门沟通协调→深化设计及专题研究编制成果→专家评审及成果修改→报批”五个阶段：

①建立共同纲领：对整体规划工作目标和原则进行多方讨论并对重要问题建立共识。

②完成纲要初稿：各专业成果由规划专业统筹，将指导地区发展的框架性内容及方案形成纲要初稿。

③部门沟通协调：以纲要为平台，与内容涉及的地区相关管理部门进行沟通和对接，完善纲要文件。

④深化设计及专题研究编制成果：在纲要基础上完善专题研究内容，深化规划方案设计并最终形成成果。

⑤专家评审及成果修改：召开专家评审会并修改完善专家意见。

⑥报批：成果报送主管部门审批。

（3）保障机制

综合规划协同专业和部门较多，应建立有效的规划监督、裁决与保障机制，建议形成统筹小组、领导小组、专家小组，并建立例会制度。

统筹小组应由主管部门派专人承担，规划专业人员配合。负责制定整体和详细工作计划，确定规划推进的时间节点和各专业需提交的成果内容，同时及时向技术部门提供资料支持，各专题小组应严格按照计划推进执行。

领导小组由主管部门统筹各相关管理部门的指定负责人组成，领导小组应履行责任，在例会上对重要问题予以回应和方向性裁决，并形成会议纪要。

专家小组根据专题类别不同进行选取组建，可从专家库或各主管部门推荐列表中选取。

例会制度是保障规划有效推进的重要手段，例会周期可根据需求制定，会上应对阶段成果及重要问题进行汇报，供领导小组决策并听取各方意见。

综合交通体系规划
Comprehensive Transport System Planning

（1）概念

城市综合交通体系是指包括对外交通、道路、公共交通、步行与自行车交通、交通枢纽、停车、交通管理、交通信息化等城市交通各子系统的综合性交通体系。

城市综合交通体系规划是城市总体规划的重要组成部分，是政府实施城市综合交通体系建设，调控交通资源，倡导绿色交通，引导区域交通，协调城市对外交通和市区交通发展，统筹城市交通各子系统关系，支撑城市经济与社会发展的战略性专项规划，是编制城市交通设施单项规划、客货运系统组织规划、近期交通规划、局部地区交通改善规划等专业规划的依据。

根据《城市综合交通体系规划编制办法》，编制城市综合交通体系规划的规划期限和地域，应当与城市总体规划一致，并应符合以下原则[1]：

①城市综合交通体系规划应当与城市总体规划同步编制，相互反馈与协调；

②应当与区域规划、土地利用总体规划、重大交通基础设施规划等相衔接；

③应当遵循国家有关法律、法规和技术规范；

④应当以建设集约化城市和节约型社会为目标，遵循资源节约、环境友好、社会公平、城乡协调发展的原则，贯彻优先发展城市公共交通战略，优化交通模式与土地使用的关系，保护自然与文化资源，考虑城市应急交通建设需要，处理好长远发展与近期建设的关系，保障各种交通运输方式协调发展。

（2）内容

城市综合交通体系规划包括发展战略、交通系统功能组织、对外交通系统、城市道路系统、公共交通系统、步行与自行车系统、城市停车系统、货运系统、交通管理与交通信息化和近期建设等 11 项内容。

[1] 中华人民共和国住房和城乡建设部．城市综合交通体系规划编制导则．北京：中华人民共和国住房和城乡建设部，2010：3-6.

城市综合交通体系规划内容　表 Z-4

内容	备注
发展战略	根据城市社会经济发展和城市发展目标，优化选择交通发展模式，确定交通发展与市域城镇布局、城市土地使用的关系，制定综合交通体系发展目标、分区发展目标、交通方式结构，提出交通发展政策和策略
交通系统功能组织	依据城市综合交通体系总体发展目标和交通资源配置策略，统筹城市综合交通体系功能组织，提出规划布局原则和要求
对外交通系统	依据城市具体情况研究对外交通系统网络和区域交通设施布局，处理好与相关专业规划的关系
交通场站	提出各类交通场站设施规划建设原则和要求，论证城市交通与对外交通的衔接关系，确定各类综合交通枢纽的总体规划布局、功能等级、用地规模和配套设施；确定城市公共交通场站规划建设指标、布局和用地规模；确定城市物流设施用地、布局和规模
城市道路系统	按照与道路交通需求基本适应、与城市空间形态和土地使用布局相互协调、有利公共交通发展、内外交通系统有机衔接的要求，合理规划道路功能、等级与布局
公共交通系统	依据城市公共交通系统构成和客运系统总体布局框架，统筹规划公共交通系统设施安排和网络布局
步行与自行车交通系统	按照安全、方便、通畅的原则，结合城市功能布局，合理规划步行与自行车交通系统
城市停车系统	遵循城市停车设施的供给策略，综合利用城市土地资源和地下空间，确定各类机动车停车设施规划建设基本要求
货运系统	依据城市功能布局，合理规划货运交通系统
交通管理与交通信息化	按照人性化管理、信息资源共享的要求，合理确定交通管理和交通信息化发展对策及设施规划原则
近期建设	依据城市近期发展目标和城市财政能力，制定近期交通发展策略，提出近期交通基础设施安排和实施措施
保障措施	遵循有利于促进规划实施和管理的原则，提出规划的实施策略和措施

城市综合交通体系规划成果由规划文本、规划说明书、规划图纸、基础资料汇编等组成。

城市综合交通体系规划成果构成　表 Z-5

项目	内容	项目	内容
文本	总则 规划目标 交通发展战略 综合交通体系组织 对外交通系统规划 城市道路网络规划 公共交通系统规划 步行与自行车交通系统规划 客运枢纽规划 城市停车系统规划 货运系统规划 交通管理与交通信息化规划 近期建设规划 规划实施保障措施	图纸	市域交通状图 城市综合交通体系现状图 市域交通规划图 城市综合交通体系规划图 对外交通规划图 城市道路系统规划图 城市公共交通系统规划图 自行车、步行系统规划图 城市客运枢纽规划图 停车系统规划图 货运系统规划图 近期建设规划图